中文版

AutoCAD

2020 从入门到精通

（实战微视频版）

点线设计　编著

中国水利水电出版社
www.waterpub.com.cn
·北京·

内 容 简 介

本书从实际应用角度出发，融合了机械设计、园林设计、室内设计行业的知识，全面系统地介绍了AutoCAD 2020软件在二维绘图和三维建模方面的基础知识和应用技巧。

全书共19章，主要介绍了AutoCAD入门知识、AutoCAD基本操作、辅助绘图知识、图层的设置与管理、图形的输出与发布、二维绘图与编辑、图块的应用、文本与表格的应用、尺寸标注的应用、三维绘图环境、三维模型的创建与编辑、三维建模的渲染以及相关行业的图纸绘制等知识。在讲解过程中，每个知识点均有相应的实例讲解，既能提高读者的动手能力，又能加深对相关知识的理解与应用。

本书结构清晰、案例丰富、通俗易懂，解说详略得当，既可作为大中专院校及高等院校相关专业学生的学习用书，又可作为AutoCAD相关从业人员的参考用书。同时，也可以作为社会各类AutoCAD培训班的首选教材。

图书在版编目（C I P）数据

中文版AutoCAD 2020从入门到精通 ：实战微视频版 /
点线设计编著. -- 北京：中国水利水电出版社，2020.3
ISBN 978-7-5170-8442-6

Ⅰ. ①中… Ⅱ. ①点… Ⅲ. ①AutoCAD软件 Ⅳ.
①TP391.72

中国版本图书馆CIP数据核字(2020)第034715号

策划编辑：张天娇　　责任编辑：周春元　　加工编辑：张天娇　　封面设计：德胜书坊

书　　名	中文版AutoCAD 2020从入门到精通（实战微视频版） ZHONGWEN BAN AutoCAD 2020 CONG RUMEN DAO JINGTONG （SHIZHAN WEI SHIPIN BAN）	
作　　者	点线设计　编著	
出版发行	中国水利水电出版社	
	（北京市海淀区玉渊潭南路1号D座　100038）	
	网址：www.waterpub.com.cn	
	E-mail: mchannel@263.net（万水）	
	sales@waterpub.com.cn	
	电话：（010）68367658（营销中心）、82562819（万水）	
经　　售	全国各地新华书店和相关出版物销售网点	
排　　版	徐州德胜书坊教育咨询有限公司	
印　　刷	三河市铭浩彩色印装有限公司	
规　　格	185mm×240mm　16开本　31.5印张　690千字	
版　　次	2020年3月第1版　2020年3月第1次印刷	
印　　数	0001—5000册	
定　　价	99.80元	

前言

　　AutoCAD 是美国 Autodesk 公司开发的一款集二维绘图、三维建模、参数化设计、协同设计及互联网通信功能于一体的计算机辅助绘图软件。自 1982 年推出以来，其版本和性能经历了多次更新和完善，被广泛应用于建筑室内外设计、机械设计、景观园林设计、航空航天、工业设计、电子电气、服装设计等领域，并取得了丰硕的成果和巨大的经济效益。

　　本书以目前版本更新、功能更强大的 AutoCAD 2020 简体中文版为基础进行编写，遵循由易到难、由局部到整体、由理论知识到实际应用的写作原则，对 AutoCAD 软件进行了全方位的介绍。

本书特色

1. 内容全面，注重学习规律

　　本书涵盖了 AutoCAD 2020 几乎所有的命令和功能，书中采用了"理论知识 + 知识点拨 + 绘图技巧 + 动手练 + 综合实例 + 课后作业"的模式进行编写，注重学习规律，轻松易学。

2. 视频讲解，手把手教你学

　　本书配备了大量的教学视频，涵盖了全书几乎所有实例，手机扫码即可观看，如同老师在身边手把手教你，学习更轻松、更高效！

3. 案例丰富，强化动手能力

　　"动手练"便于读者随书动手操作，在模仿中学习绘图技巧；"综合实例"用于加深章节印象，熟悉实战流程；"课后作业"用于巩固章节知识，在练习某个操作时触类旁通。

4. 综合实战，与实际工作结合

　　本书最后的实战章节，囊括了机械零件图、室内施工图和园林施工图，从实际工作角度出发，手把手绘图，为今后的工作奠定基础。

5. 双色印刷，更直观、更醒目

　　本书采用双色印刷，对各级标题及主要知识点进行标识。与传统的黑白印刷相比，双色印刷的书籍在学习时更直观易读，为高效学习提供了强有力的保证。

6. 配套资源完善，便于深度拓展

　　为了方便读者快速、高效、轻松地学习本书，我们为读者提供了极为丰富的学习配套资源，期望读者朋友用最短的时间能够学会并精通这门技术。

　　（1）本书配套自学视频和案例素材。

（2）AutoCAD 常见疑难问题汇总。

（3）AutoCAD 常用速查手册。

（4）AutoCAD 常用填充图案集。

（5）AutoCAD 常用图块集。

（6）AutoCAD 大型图纸案例。

（7）AutoCAD 认证考试大纲。

本书服务

1. AutoCAD 2020软件的获取方式

要学习本书，首先要安装 AutoCAD 2020 软件，用户可以通过以下三种方式获取 AutoCAD 2020 软件：

（1）登录 Autodesk 官方网站（https://www.autodesk.com.cn）咨询。

（2）到当地电脑城的软件专卖店咨询。

（3）网上咨询、搜索软件购买方式。

2. 本书配套资源的下载方式及相关服务

（1）加入本书的学习交流群（QQ 群：670923821，加群时请注意提示文字，并输入本书书名），根据群公告提示即可下载本书的配套资源，或者对学习问题进行交流。

（2）关注微信公众号（ID：DSSF007），获取更多的学习资源。

（3）扫码看视频，方便、高效、实用。

致谢

本书由点线设计团队组织编写，该团队包含众多高校专业教师及设计制图领域的专家，其着重于 CAD/CAM/CAE 技术的研究、设计的创新、软件培训咨询和图书创作。团队成员精通 Autodesk 系列软件，不仅有着丰富的教学经验，还有着多年设计制图经验，他们所编著的图书易教易学，很多已被高校选作教材，在国内相关专业图书创作领域具有一定的影响力。除本版图书外，我们还有更多的作品即将上市，敬请期待。

本书内容较多，撰写工作持续周期较长，感谢在此期间为本书作出贡献的团队成员及其家属。

由于我们的水平有限，疏漏之处在所难免，敬请广大读者朋友批评指正。

编 者

2020 年 3 月

PREFACE

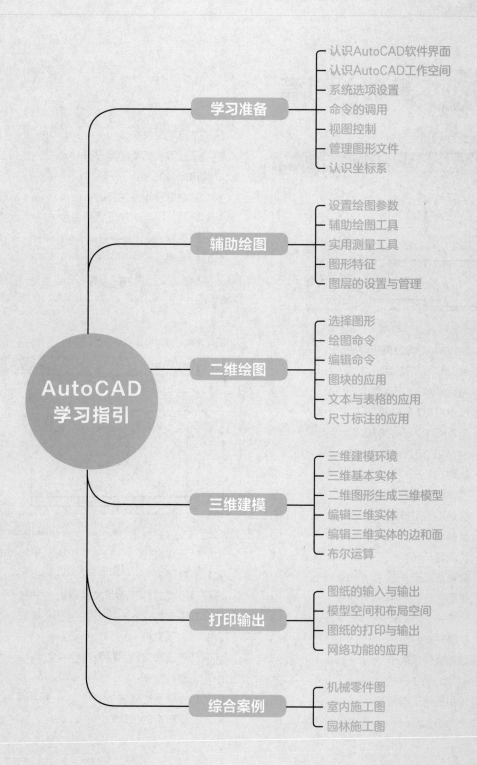

AutoCAD
学习指引

学习准备
- 认识AutoCAD软件界面
- 认识AutoCAD工作空间
- 系统选项设置
- 命令的调用
- 视图控制
- 管理图形文件
- 认识坐标系

辅助绘图
- 设置绘图参数
- 辅助绘图工具
- 实用测量工具
- 图形特征
- 图层的设置与管理

二维绘图
- 选择图形
- 绘图命令
- 编辑命令
- 图块的应用
- 文本与表格的应用
- 尺寸标注的应用

三维建模
- 三维建模环境
- 三维基本实体
- 二维图形生成三维模型
- 编辑三维实体
- 编辑三维实体的边和面
- 布尔运算

打印输出
- 图纸的输入与输出
- 模型空间和布局空间
- 图纸的打印与输出
- 网络功能的应用

综合案例
- 机械零件图
- 室内施工图
- 园林施工图

Part 01 基础入门篇

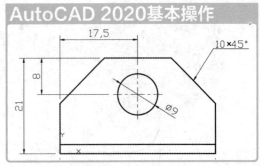

CONTENTS

✦ Chapter 05

图形的输出与发布

CONTENTS

Part 02　二维绘图篇

✛ Chapter 06
二维绘图基础命令

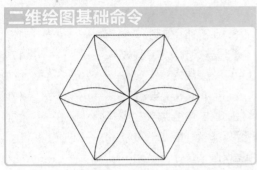

✛ Chapter 07
二维绘图高级命令

CONTENTS 目录

Chapter 08

图形编辑基础命令

Chapter 09

图形编辑高级命令

Chapter 10
图块与设计中心

Chapter 11
文字与表格的应用

编号	名称	型号规格及材质	单位	数量
1	潜水排水泵	JYWQ、FLygt系列	台	1
2	不锈钢链接卡链	DN3	个	2
3	织物增强橡胶软管	胶管内径2A PAO.6MPa	根	1
4	盘插异径管	DN1×DN2	个	1
5	球形污水止回阀	HQ41X-1.0 DN1	个	1
6	法兰	DN1 PN1.0MPa,材质同排出管管材	个	1
7	排出管	DN1管材由设定定	m	设定定
8	液位自动控制装置	与潜水排污泵配套供给	套	1

⟡ Chapter 12
尺寸标注的应用

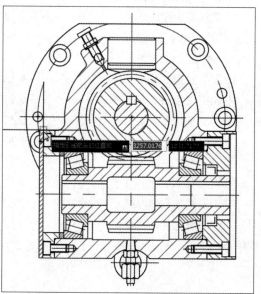

Part 03 三维模型篇

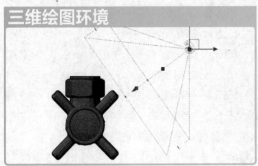

✛ **Chapter 15**

三维模型的编辑

✛ **Chapter 16**

三维模型的渲染

Part 04　综合实战篇

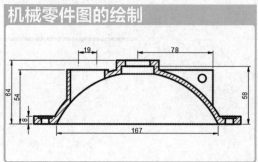

Part 01

基础
入门篇

Chapter 01

AutoCAD 2020
入门简介

本章概述

　　AutoCAD是一款专业的绘图软件，使用该软件不仅能够将设计方案用规范美观的图纸表达出来，而且能够有效地帮助设计人员提高设计水平及工作效率，从而解决了传统手工绘图中存在的效率低、绘图准确度差及劳动强度大的缺点，便于及时进行必要的调整和修改。通过学习本章内容，读者可以对AutoCAD有一个初步了解，并且能够掌握命令的调用方式和系统选项设置知识。

学习目标

- 了解AutoCAD的发展及应用领域
- 了解AutoCAD的启动与退出
- 熟悉AutoCAD 2020的工作界面
- 掌握命令的调用方式
- 掌握系统选项的设置

1.1　AutoCAD 2020概述

CAD（Computer Aided Design）的含义是计算机辅助设计，是计算机技术一个非常重要的领域。AutoCAD是由美国Autodesk公司开发的一款交互绘图软件，主要用于二维及三维设计、绘图。

1.1.1　AutoCAD的发展历程

从1982年研发至今，AutoCAD先后经历了二十余次重大改进，每一次升级和更新后，功能都会得到不断完善。其发展过程可以分为初级阶段、发展阶段、高级发展阶段、完善阶段和进一步完善阶段。

● **初级阶段：** 从1982年11月的AutoCAD 1.0到1984年10月的AutoCAD 2.0经历了五个版本的更新，其执行方式类似DOS命令；从1985年5月到1987年末又经历了AutoCAD 2.17、AutoCAD 2.18、AutoCAD 2.5、AutoCAD 9.0和AutoCAD 9.03五个版本，出现了状态行和下拉式菜单。

● **发展阶段：** 从1988年的AutoCAD 10.0到1992年推出的AutoCAD 12.0版本，CAD出现了工具条，功能已经比较齐全，还提供了完善的AutoLisp语言进行二次开发；从1996年起至1999年1月，AutoCAD经历了AutoCAD R13、AutoCAD R14、AutoCAD 2000三个版本，逐步由DOS平台转向Windows平台，实现与Internet网络的连接，后期提供了更加开放的二次开发环境，出现了Vlisp独立编程环境，使3D绘图及编辑更为方便。

● **高级发展阶段：** 2002—2004年，AutoCAD经历了两个版本，功能逐渐加强。2001年9月推出了AutoCAD 2002版本，2003年5月则推出了CAD软件的划时代版本——AutoCAD 2004简体中文版。

● **完善阶段：** 从2004年推出的2005版本到2013年3月推出的2014版本，都对AutoCAD的功能进行不断的完善，界面也越来越人性化，并且与较低版本完全兼容。

● **进一步完善阶段：** 从2014年推出的AutoCAD 2015版本到2019年推出的2020版本，取消了CAD经典模式，界面更加美观，增强了与其他软件的兼容性。本书所介绍的AutoCAD 2020版本于2019年3月发布。

1.1.2　AutoCAD的应用领域

AutoCAD具有易于掌握、使用方便、体系结构开放等优点，能够绘制二维图形与三维图形、标注尺寸、渲染图形和打印输出图纸，目前已广泛应用于机械、建筑、电子、航天、造船、石油化工、土木工程、冶金、地质、气象、纺织、轻工、商业等领域。下面来介绍AutoCAD在几种常用领域中的绘图应用。

1. 建筑设计领域

AutoCAD是建筑制图的核心制图软件，设计人员通过该软件可以轻松表现出他们所需要的设计效果，不但可以提高设计质量，缩短工程周期，还可以节约建筑投资。图1-1为利用AutoCAD绘制建筑图纸。

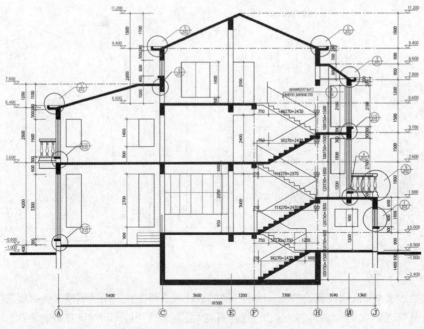

图1-1　建筑剖面图

2. 机械设计领域

　　AutoCAD在机械制造行业的应用最早，也最为广泛，主要集中在零件与装配图的实体生成等。图1-2为利用AutoCAD绘制的机械图形。

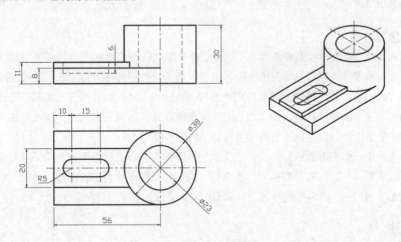

图1-2　机械零件图

3. 服装设计领域

　　以往我国纺织品及服装的工序都由人工来完成，速度慢，效率低。采用CAD技术后，可以用来绘制服装款式图、对基础样板进行放码、对完成的衣片进行排料、直接通过服装裁剪系统对完成的排料方案进行裁剪等，不仅使设计更加精确，还加快了产业的开发周期，更提高了生产率。图1-3为利用AutoCAD绘制的服装样板图。

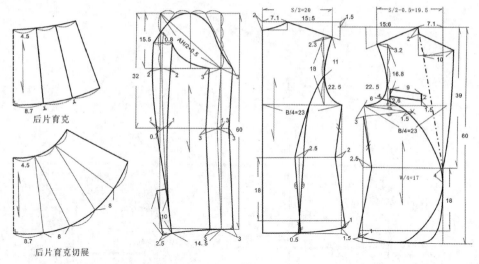

图1-3 服装样板图

　　由于功能的强大和应用范围的广泛，越来越多的设计单位和企业采用这一技术来提高工作效率、产品质量及改善劳动条件。因此，AutoCAD已经逐渐成为工程设计中最流行的计算机辅助绘图软件之一。

1.1.3　AutoCAD的基本功能

　　想要学好AutoCAD软件，前提是要了解该软件的基本功能，如图形的创建与编辑、图形的标注、图形的显示和图形的打印功能等。下面来介绍几项AutoCAD的基本功能。

1. 图形的创建与编辑

　　在AutoCAD的"绘图"菜单或"默认"功能面板中包含各种二维和三维的绘图工具，使用这些工具可以绘制直线、多段线和圆等基本二维图形，也可以将绘制的图形转换为面域，对其进行填充。

　　对于一些二维图形，通过拉伸设置标高和厚度等操作就可以轻松地转换为三维图形，或者使用基本实体或曲面功能，快速创建圆柱体、球体和长方体等基本实体，以及三维网格、旋转网格等曲面模型，而使用"编辑"工具则可以快速创建出各种各样复杂的三维图形。

　　此外，为了方便查看图形的机构特征，还可以绘制轴测图，以二维绘图技术来模拟三维对象。轴测图实际上是二维图形，只需将软件切换到"轴测图"模式后，即可绘制出轴测图。此时，利用直线可以绘制出30°、90°、150°等角度的斜线，利用圆轮廓线可以绘制出椭圆形。

2. 图形的标注

　　图形的标注是制图过程中一个较为重要的环节。AutoCAD的"标注"菜单和"注释"功能面板中包含了一套完整的尺寸标注和尺寸编辑工具。使用它们可以在图形的各个方向上创建各种类型的标注，也可以方便快捷地以一定的格式创建符合行业或项目标准的标注。

　　AutoCAD的"标注"功能不仅提供了线性、半径和角度三种基本的标注类型，还提供了引线标注、公差标注和粗糙度标注等。而标注的对象可以是二维图形，也可以是三维图形。

3. 渲染和观察三维视图

在AutoCAD中可以运用雾化、光源和材质，将模型渲染成具有真实感的图像。如果是为了演示，可以渲染全部对象；如果时间有限或显示设备和图形设备不能提供足够的灰度等级和颜色，就不必精细渲染；如果只需快速查看设计的整体效果，则可以简单消隐或设置视觉样式。

此外，为了查看三维图形各方面的显示效果，可以在三维操作环境中使用动态观察器观察模型，也可以设置漫游和飞行方式观察图形，甚至可以录制运动动画和设置观察相机，更方便地查看模型结构。

4. 图形的输出与打印

AutoCAD不仅允许将所绘制的图形以不同样式通过绘图仪或打印机输出，还能够将不同格式的图形导入AutoCAD，或者将AutoCAD图形以其他格式输出，因此，当图形绘制完成后可以使用多种方法将其输出。例如，可以将图形打印在图纸上，或者创建成文件以供其他应用程序使用。

5. 图形显示控制

AutoCAD可以任意调整图形的显示比例，以便于观察图形的全部或局部，并可以使图形上、下、左、右移动来进行观察。该软件为用户提供了6个标准视图和4个轴侧视图，可以利用视点工具设置任意的视角，还可以利用三维动态观察器设置任意视角效果。

6. Internet功能

利用AutoCAD强大的Internet工具，可以在网络上发布图形、访问和存取，为用户之间相互共享资源和信息，同步进行设计、讨论、演示，获得外界消息等提供了极大的帮助。

"电子传递"功能可以把AutoCAD图形及相关文件进行打包或制成可执行文件，然后将其以单个数据包的形式传递给客户和工作组成员。

AutoCAD的"超级链接"功能可以将图形对象与其他对象建立链接关系。此外，AutoCAD提供了一种既安全又适于在网上发布的DWF文件格式，用户可以使用Autodesk DWF Viewer来查看或打印DWF文件的图形集，也可以查看DWF文件中包含的图层信息、图纸和图纸集特性、块信息和属性，以及自定义特性等信息。

1.1.4　AutoCAD 2020的新功能

最新版的AutoCAD 2020带来了一些新的功能或性能的提升，与旧版本的AutoCAD相比，2020版本增添了不少新的功能，如暗色主题、更优质的性能、新的"块"选项板等。

1. 潮流的暗色主题

继Mac、Windows、Chrome推出或即将推出暗色主题（Dark Theme）后，AutoCAD 2020也带来了全新的暗色主题，它有着现代的深蓝色界面、扁平的外观、改进的对比度和优化的图标，提供了更柔和的视觉感受和更清晰的视界体验，如图1-4所示。

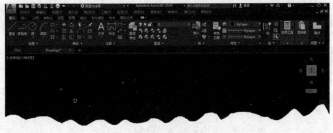

图1-4　新界面颜色

2. 新的"块"选项板

新的"块"选项板可以提高查找和插入多个块的效率，包括当前的、最近使用的和其他的块，并添加了"重复放置"选项以节省步骤，如图1-5所示。用户可以通过blockspalette命令来打开该选项板。

3. 功能区访问图块

从功能区便可访问当前图形中可用块的库，并提供了两个新选项，即"最近使用的块"和"其他图形中的块"，如图1-6所示。这两个选项可以将"块"选项板打开到"最近使用"选项卡或"其他图形"选项卡。"块"选项板中的"当前图形"选项卡显示当前图形中与功能区的库相同的块，可以通过拖放或单击再放置操作，从"块"选项板放置块。

图1-5 新的"块"选项板

图1-6 功能区访问图块

4. 更便捷的"清理"功能

重新设计的"清理"工具有了更一目了然的选项，通过简单的选择，可以一次删除多个不需要的对象。单击"查找不可清除的项目"和"可能的原因"按钮，以帮助了解无法清理某些项目的原因，如图1-7所示。在功能区的"管理"选项卡中也增加了"清理"选项板，用户也可以通过此处进行清理操作。

5. "快速测量"工具

新版本的测量工具中增加了"快速测量"工具，允许通过移动或悬停光标来动态地显示对象的标注、距离、角度等数据，测量速度变得更快，被测量的活动区域会以高亮显示，如图1-8所示。

图1-7 "清理"对话框

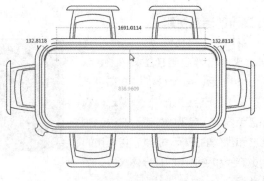
图1-8 快速测量

6. DWG Compare功能增强

新版本中的DWG Compare（比较）功能得到了增强，用户可以在不离开当前窗口的情况下比较图形的两个版本，并将所需的更改实时导入到当前图形中。

7. 更优质的性能

AutoCAD 2020的文件保存工作只需0.5秒，比上一版本整整快了1秒。此外，软件在固态硬盘上的安装时间也缩短了约50%。

1.1.5　AutoCAD 2020的启动与退出

AutoCAD 2020应用程序安装完成后，用户即可启动该程序，进行图形的相关操作，使用完毕后再退出该程序。

1. 启动AutoCAD 2020

正确安装AutoCAD 2020后，如果要了解软件的内容，则首先需要了解如何启动AutoCAD 2020。启动AutoCAD 2020的方法主要有以下三种：

（1）从菜单栏执行"开始>所有程序>Autodesk>AutoCAD 2020"命令，即可启动AutoCAD 2020应用程序，如图1-9所示。

（2）AutoCAD 2020应用程序安装完毕后，系统会自动在计算机桌面上生成快捷方式，用户只需双击该快捷方式即可启动AutoCAD 2020应用程序，如图1-10所示。

（3）如果文件中存在.dwg格式的文档，也可以双击该文档，那么在打开文档的同时即可启动AutoCAD 2020应用程序。

图1-9　"开始"菜单启动　　　图1-10 双击快捷图标启动

知识点拨

在默认情况下，每次启动AutoCAD 2020软件后，系统都会启动欢迎界面。若想取消该界面的显示，只需在该界面左下角取消勾选"启动时显示"选项，再单击"关闭"按钮即可。此时再次启动该软件后，欢迎界面将不再显示。

2. 退出AutoCAD 2020

结束绘图后，则需要退出AutoCAD程序。退出该软件的方法有四种，下面分别对其操作进行介绍。

（1）在AutoCAD 2020软件运行的状态下，单击界面右上角的"关闭"按钮。

（2）执行"文件>退出AutoCAD 2020"命令即可退出。

（3）单击"菜单浏览器"按钮，在打开的菜单中单击"退出Autodesk AutoCAD 2020"按钮。

（4）在命令行中输入QUIT命令，然后按回车键即可关闭应用程序。

知识点拨

除了以上介绍的四种操作外，还可以使用以下两种方法退出软件。第一种：使用组合键Alt+F4即可快速退出；第二种：在桌面任务栏中右击AutoCAD 2020软件图标，在打开的快捷菜单中选择"关闭窗口"选项，同样也可以退出软件。

1.2 AutoCAD 2020的软件界面

启动AutoCAD 2020应用程序后，即可进入软件界面，可以看到界面中包括"菜单浏览器"按钮、标题栏、快速访问工具栏、菜单栏、功能区、文件选项卡、绘图区、命令行、状态栏等几个部分，如图1-11所示。

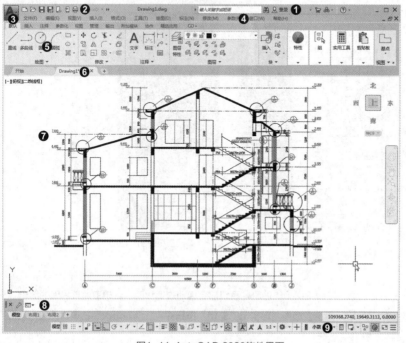

❶标题栏
❷菜单浏览器
❸快速访问工具栏
❹菜单栏
❺功能区
❻文件选项卡
❼绘图区
❽命令行
❾状态栏

图1-11 AutoCAD 2020软件界面

1.2.1　标题栏

标题栏位于工作界面的最顶端。标题栏左侧依次显示的是应用程序菜单和快速访问工具栏，中间显示当前运行程序的名称和文件名等信息，右侧依次显示的是"搜索""登录""交换""保持连接""帮助"和窗口控制按钮，如图1-12所示。

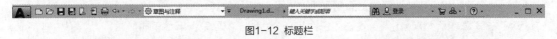

图1-12 标题栏

在标题栏上的空白处右击，会弹出一个菜单，在该菜单中可以进行最小化窗口、最大化窗口、还原窗口、移动窗口和关闭软件等操作，如图1-13所示。

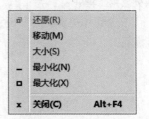

图1-13 标题栏右键菜单

1.2.2　"菜单浏览器"按钮

"菜单浏览器"按钮位于AutoCAD界面的左上角，单击该按钮，可以展开浏览器菜单，如图1-14所示。通过菜单浏览器能更方便地访问公用工具。用户可以创建、打开、保存、打印和发布AutoCAD文件，将当前图形作为电子邮件附件发送，制作电子传送集。此外，你可执行图形维护，如查核和清理，并关闭图形。

菜单浏览器中有一个搜索工具，用户可以查询快速访问工具、应用程序菜单和当前加载的功能区以定位命令、功能区面板名称和其他功能区控件。另外，菜单浏览器上的按钮可以轻松访问最近或打开的文档，在最近文档列表中有一个新的选项，除了可以按大小、类型和规则列表排序外，还可以按照日期排序。

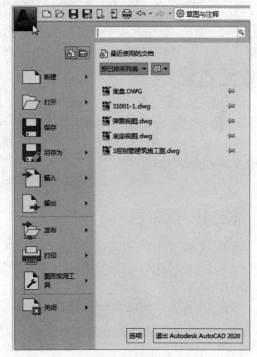

图1-14 浏览器菜单

AutoCAD为用户提供了"菜单浏览器"功能，所有的菜单命令可以通过"菜单浏览器"执行，因此默认设置下，菜单栏是隐藏的，当变量MENUBAR的值为1时，显示菜单栏；值为0时，隐藏菜单栏。

1.2.3　快速访问工具栏

快速访问工具栏位于标题栏左侧，带有更多的功能并与其他的Windows应用程序保持一致。"放弃"和"重做"工具包括了"历史支持"，右键菜单包括了新的选项，使用户可以轻易从工具栏中移除工具、在工具间添加分隔条、将快速访问工具栏显示在功能区的上面或下面，如图1-15所示。

除了右键菜单外，快速访问工具栏还包含了一个新的扩展菜单，该菜单显示了一系列常用工具列表，用户可以选定工具并置于快速访问工具栏内，如图1-16所示。扩展菜单提供了轻松访问额外工具的方法，它使用了CUI编辑器中的命令列表面板。

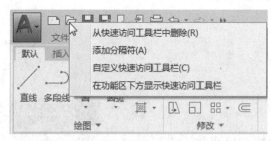

图1-15 快速访问工具栏的右键菜单

图1-16 扩展菜单

知识点拨

在AutoCAD中，快速访问工具栏中的命令选项是可以根据用户需求进行设定的。单击"工作空间"右侧的"自定义快速访问工具栏"下拉按钮，在打开的下拉列表中只需勾选所需命令选项，即可在该工具栏中显示；相反，若取消对某命令的勾选，则在工具栏中不显示。在该列表中选择"在功能区上方显示"选项，可以自定义工具栏位置。

1.2.4　菜单栏

菜单栏位于标题栏的下侧，AutoCAD的常用制图工具和管理编辑等工具都分门别类地排列在这些主菜单中，用户可以非常方便地启动各主菜单中的相关菜单项，来进行必要的图形绘制工作，如图1-17所示。

具体操作就是单击主菜单项展开此主菜单，然后将光标移至需要启动的命令选项上单击即可。

图1-17 菜单栏

AutoCAD为用户提供了"文件""编辑""视图""插入""格式""工具""绘图""标注""修改""参数""窗口""帮助"12个主菜单。各菜单的主要功能如下：

● "文件"菜单主要用于对图形文件进行设置、管理和打印、发布等。
● "编辑"菜单主要用于对图形进行一些常规的编辑，包括复制、粘贴、链接等。
● "视图"菜单主要用于调整和管理视图，以方便视图内图形的显示等。

● "插入"菜单用于向当前文件中引用外部资源,如块、参照、图像等。

● "格式"菜单用于设置与绘图环境有关的参数和样式等,如绘图单位、颜色、线型及文字、尺寸样式等。

● "工具"菜单为用户设置了一些辅助工具和常规的资源组织管理工具。

● "绘图"菜单是一个二维和三维图元的绘制菜单,几乎所有的绘图和建模工具都组织在此菜单内。

● "标注"菜单是一个专用于为图形标注尺寸的菜单,它包含了所有与尺寸标注相关的工具。

● "修改"菜单是一个很重要的菜单,用于对图形进行修整、编辑和完善。

● "参数"菜单用于管理和设置图形创建的各种参数。

● "窗口"菜单用于对AutoCAD文档窗口和工具栏状态进行控制。

● "帮助"菜单主要用于为用户提供一些帮助性的信息。

知识点拨

　　菜单栏右侧提供了"最小化""最大化"和"关闭"按钮,可以对当前的图形文件进行最小化、最大化和关闭操作。

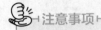 **注意事项**

　　默认情况下,在"草图与注释""三维基础""三维建模"三个工作空间是不显示菜单栏的,若要显示菜单栏,可以在快速访问工具栏的扩展菜单中选择"显示菜单栏"命令,则可以显示菜单栏。

1.2.5　功能区

　　功能区代替了AutoCAD众多的工具栏,以面板的形式将各工具按钮分门别类地集合在选项卡内,如图1-18所示。用户在调用工具时,只需在功能区中展开相应的选项卡,然后在所需面板上单击工具按钮即可。由于在使用功能区时无需再显示AutoCAD的工具栏,因此,应用程序窗口变得更加简洁有序。通过简洁的界面,功能区还可以将可用的工作区域最大化。

　　功能区位于菜单栏下方、绘图区上方,用于显示工作空间中基于任务的按钮和控件,包括"默认""插入""注释""参数化""视图""管理""输出""附加模块""协作""精选应用"10个功能选项板,如图1-18所示。各选项板包含了许多面板,每一个面板上的每一个命令都有形象化的按钮,单击按钮即可执行相应的命令。

图1-18　功能区

　　功能区标题最右侧是"最小化"按钮,单击"最小化"下拉按钮,在展开的列表中可以选择将功能区最小化为选项卡、最小化为面板标题、最小化为面板按钮,如图1-19、图1-20、图1-21所示。

图1-19　最小化为选项卡

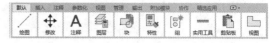

图1-20 最小化为面板标题　　　　　　　　图1-21 最小化为面板按钮

1.2.6　文件选项卡

文件选项卡位于功能区下方，默认新建选项卡会以Drawing1的形式显示，如图1-22所示。再次新建选项卡时，名字便会命名为Drawing2，该选项卡有利于用户寻找需要的文件，方便使用。

| 开始 | Drawing1* | × | Drawing4 | × | Drawing5 | × | 废盘 | × | 31001-1 | × | + |

图1-22 文件选项卡

知识点拨

在制图过程中，如果想扩大绘图区域，可以关闭功能区和图形选项卡。单击三次功能区中的"最小化"按钮，可以关闭功能区。若想关闭图形选项卡，只需在功能区中单击"文件图标"按钮，在打开的文件列表中单击"选项"按钮，打开"选项"对话框，在"显示"选项卡中取消勾选"显示文件选项卡"复选框，单击"确定"按钮即可关闭图形选项卡。

1.2.7　绘图区

绘图区位于用户界面的正中央，即被工具栏和命令行所包围的整个区域，此区域是用户的工作区域，图形的设计与修改工作就是在此区域内进行操作的。缺省状态下，绘图区是一个无限大的电子屏幕，无论尺寸多大或多小的图形，都可以在绘图区中绘制和灵活显示。

绘图窗口包含有坐标系、十字光标和导航盘等，一个图形文件对应一个绘图区，所有的绘图结果（如绘制的图形、输入的文本及尺寸标注等）都将反映在这个区域中，如图1-23所示。用户可以根据需要利用"缩放"命令来控制图形的大小显示，也可以关闭周围的各个工具栏以增加绘图空间，或者是在全屏模式下显示绘图窗口。

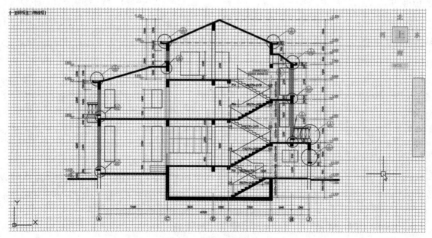

图1-23 绘图区

1.2.8　命令行

命令行位于绘图区下方，它是用户与AutoCAD软件进行数据交流的平台，主要功能就是用于提示和显示用户当前的操作步骤。

命令行可以分为"命令输入窗口"和"命令历史窗口"两部分，上面灰色底纹部分为"命令历史窗口"，用于记录执行过的操作信息；下面白色底纹部分是"命令输入窗口"，用于提示用户输入命令或命令选项，如图1-24所示。

```
命令: 指定对角点或 [栏选(F)/圈围(WP)/圈交(CP)]:
命令: 指定对角点或 [栏选(F)/圈围(WP)/圈交(CP)]:
命令: *取消*
▼ 键入命令
```

图1-24 命令行

知识点拨

命令行也可以作为文本窗口的形式显示命令。文本窗口是记录AutoCAD历史命令的窗口，按F2键可以打开文本窗口，该窗口中显示的信息和命令行显示的信息完全一致，便于快速访问和复制完整的历史记录，如图1-25所示。

```
AutoCAD 文本窗口 - Drawing1.dwg
编辑(E)
命令: *取消*

命令: *取消*

命令: _close
命令: 〈正交 关〉
命令: 〈正交 开〉
命令: 〈栅格 开〉
命令:
命令:
自动保存到 C:\Users\Administrator\AppData\Local\Temp\Drawing1_1_24801_9d89995

命令:
命令: 指定对角点或 [栏选(F)/圈围(WP)/圈交(CP)]:
命令: *取消*

命令:
```

图1-25 命令行文本窗口

1.2.9　状态栏

状态栏位于命令行下方、操作界面最底端，它用于显示当前用户的工作状态，如图1-26所示。在该工具栏左侧显示了光标所在的坐标点，其次则显示了一些绘图辅助工具，分别为"推断约束""捕捉模式""栅格显示""正交模式""极轴追踪""三维对象捕捉""允许/禁止动态UCS""动态输入""显示/隐藏线宽""显示/隐藏透明度""快捷特性"等；在该工具栏最右侧则显示了"全屏显示"按钮，若单击该按钮，则操作界面以全屏显示。

图1-26 状态栏

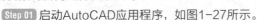 动手练 隐藏文件选项卡

扫码观看视频

在绘图过程中，如果想扩大绘图区域，除了最小化功能区外，还可以将文件选项卡隐藏。操作步骤介绍如下：

Step 01 启动AutoCAD应用程序，如图1-27所示。

Step 02 执行"工具>选项"命令，打开"选项"对话框，如图1-28所示。

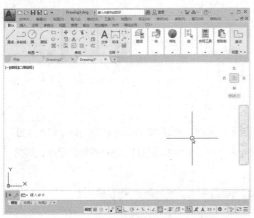

图1-27 工作界面

图1-28 "选项"对话框

Step 03 切换到"显示"选项卡，在"窗口元素"选项组中取消勾选"显示文件选项卡"复选框，如图1-29所示。

Step 04 设置完毕后单击"确定"按钮关闭对话框，再观察软件界面，可以看到文件选项卡已经被隐藏，如图1-30所示。

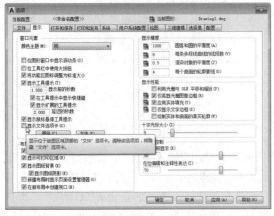

图1-29 取消勾选"显示文件选项卡"复选框

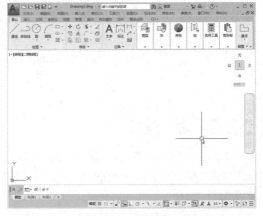

图1-30 界面效果

 注意事项

控制绘图的辅助功能按钮包括栅格显示、捕捉模式、正交模式、对象捕捉、等轴测草图、指定角度限制等。

1.3　AutoCAD的工作空间

　　工作空间是由分组组织的菜单、工具栏、选项板和功能区控制面板组成的集合，使用户可以在专业的面向任务的绘图环境中工作。AutoCAD提供了三种工作空间，分别为"草图与注释""三维基础""三维建模"，其中，"草图与注释"为默认的工作空间。

　　用户可以通过以下四种方法切换工作空间：

　　（1）从菜单栏执行"工具>工作空间"命令，在打开的级联菜单中选择需要的工作空间选项即可。

　　（2）单击快速访问工具栏中的"工作空间"下拉按钮 草图与注释 。

　　（3）单击状态栏右侧的"切换工作空间"按钮 ☼ 。

　　（4）在命令行输入WSCURRENT命令并按回车键，根据命令行提示输入"草图与注释""三维基础"或"三维建模"，再按回车键即可切换到相应的工作空间。

　　下面分别对各工作空间进行介绍。

1. 草图与注释

　　"草图与注释"工作空间是AutoCAD 2020默认的工作空间，也是最常用的工作空间，主要用于绘制二维草图。该空间是以xy平面为基准的绘图空间，可以提供所有二维图形的绘制，并提供了常用的绘图工具、图层、图形修改等各种功能面板，如图1-31所示。

图1-31 "草图与注释"工作空间

2. 三维基础

　　"三维基础"工作空间只限于绘制三维模型。用户可以运用系统所提供的建模、编辑、渲染等各种命令，创建出三维模型，如图1-32所示。

图1-32 "三维基础"工作空间

3. 三维建模

　　"三维建模"工作空间与"三维基础"工作空间相似，但其功能中增添了"实体"和"曲面"建模等功能，而在该工作空间中也可以运用二维命令来创建三维模型，如图1-33所示。

图1-33 "三维建模"工作空间

动手练 模拟经典工作空间

扫码观看视频

新版本的AutoCAD取消了"AutoCAD经典"工作空间的选项，对于习惯使用传统界面的用户来说会不太习惯。用户可以对工作空间进行自定义来模拟经典工作空间。操作步骤介绍如下：

Step 01 启动AutoCAD 2020应用程序，观察其默认的"草图与注释"工作空间，如图1-34所示。

Step 02 在状态栏中单击"切换工作空间"按钮，在打开的列表中选择"自定义"选项，如图1-35所示。

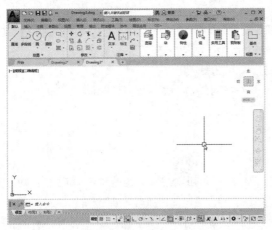

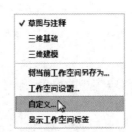

图1-34 观察界面   图1-35 选择"自定义"选项

Step 03 打开"自定义用户界面"对话框，在"所有文件中的自定义设置"面板中选择并右击"工作空间"选项，在打开的快捷菜单中选择"新建工作空间"选项，如图1-36所示。

Step 04 输入新工作空间名"AutoCAD经典"，单击该工作空间，在右侧的"工作空间内容"面板中可以看到该工作空间中目前的内容，除了"选项板"下方有固定的内容，其余都是空白，如图1-37所示。

图1-36 新建工作空间   图1-37 输入名称

Step 05 保持选择"AutoCAD经典",展开左侧"工具栏"列表,选择需要的工具栏名称,按住并拖动到右侧的"工具栏"下方,如图1-38所示。

Step 06 依次拖动其他工具栏内容到右侧的"工具栏"列表中,如图1-39所示。

图1-38 添加工具栏

图1-39 添加其他工具栏

Step 07 再从左侧"菜单"列表中拖动"文件""编辑""视图""插入"等内容到右侧的"菜单"列表中,如图1-40所示。

Step 08 再选择"AutoCAD经典"选项,在右下角的"特性"面板中打开"菜单栏"的显示,关闭"导航栏"的显示,如图1-41所示。

图1-40 添加菜单

图1-41 调整"特性"面板

Step 09 设置完毕后右击"AutoCAD经典"选项，在打开的快捷菜单中选择"置为当前"选项，将该工作空间置为当前，如图1-42所示。

Step 10 设置完毕后单击"确定"按钮关闭对话框，返回到工作界面，此时工作界面会改变为"AutoCAD经典"工作空间，调整工具栏位置，可以看到当前的工作界面与老版本的经典界面很相似了，如图1-43所示。

图1-42　将工作空间置为当前

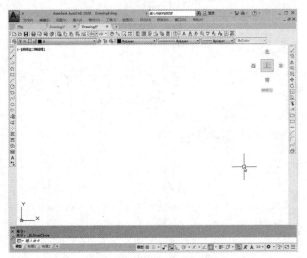

图1-43　设置后的工作界面

1.4　系统选项设置

安装AutoCAD 2020软件后，系统将自动完成默认的初始系统配置。但其默认的设置往往并不完全符合建筑制图行业的绘图习惯，因此，要绘制出规范的建筑工程图样，绘图之前的系统参数设置是非常必要的。

用户可以通过"选项"对话框设置所需的系统配置，通过以下方式可以打开"选项"对话框：

（1）从菜单栏执行"工具>选项"命令。

（2）单击"菜单浏览器"按钮，在弹出的列表中单击"选项"按钮。

（3）在命令行输入OPTIONS命令，然后按回车键。

（4）在绘图区中右击，在弹出的快捷菜单中选择"选项"命令。

下面将对"选项"对话框中的各选项卡进行说明：

● **文件**：该选项卡用于确定系统搜索支持文件、驱动程序文件、菜单文件和其他文件，如图1-44所示。

● **显示**：该选项卡用于设置窗口元素、显示精度、显示性能、十字光标大小和参照编辑的颜色等参数，如图1-45所示。

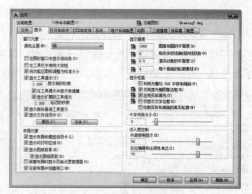

图1-44　"文件"选项卡　　　　　　　　　图1-45　"显示"选项卡

● **打开和保存**：该选项卡用于设置系统保存文件类型、自动保存文件的时间及维护日志等参数，如图1-46所示。

● **打印和发布**：该选项卡用于设置打印输出设备，如图1-47所示。

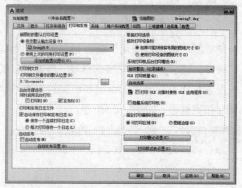

图1-46　"打开和保存"选项卡　　　　　　　图1-47　"打印和发布"选项卡

● **系统**：该选项卡用于设置三维图形的显示特性、定点设备和常规等参数，如图1-48所示。

● **用户系统配置**：该选项卡用于设置系统的相关选项，包括"Windows标准操作""插入比例""坐标数据输入的优先级""关联标注""超链接"等参数，如图1-49所示。

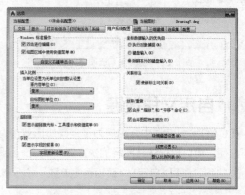

图1-48　"系统"选项卡　　　　　　　　图1-49　"用户系统配置"选项卡

● **绘图**：该选项卡用于设置绘图对象的相关操作，如"自动捕捉设置""自动捕捉标记大小""AutoTrack设置"和"靶框大小"等参数，如图1-50所示。

● **三维建模**：该选项卡用于创建三维图形时的参数设置，如"三维十字光标""三维对象""在视口中显示工具"和"三维导航"等参数，如图1-51所示。

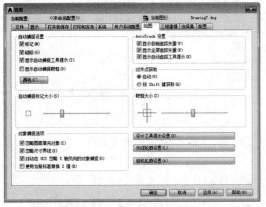

图1-50 "绘图"选项卡

图1-51 "三维建模"选项卡

● **选择集**：该选项卡用于设置与对象选项相关的特性，如"拾取框大小""夹点尺寸""选择集模式""夹点""预览"和"功能区选项"等参数，如图1-52所示。

● **配置**：该选项卡用于设置系统配置文件的参数，如置为当前、添加到列表、重命名、删除、输入、输出和重置等，如图1-53所示。

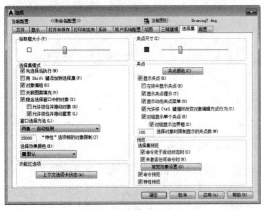

图1-52 "选择集"选项卡

图1-53 "配置"选项卡

动手练 自定义快捷键

在CAD绘图过程中，用户为了提高绘图效率，经常会使用快捷键命令。若是觉得软件自带的快捷键不方便，可以自行设置熟悉的快捷键，以便于绘图操作。设置步骤介绍如下：

Step 01 执行"工具>自定义>编辑程序参数"命令，如图1-54所示。

图1-54 执行"编辑程序参数"命令

Step 02 系统会打开一个名为acad的记事本，在该记事本中囊括了AutoCAD几乎所有命令的快捷键，并用*号隔开。找一个指令较长不便于记忆的快捷键，这里选择3DMIRROR（三维镜像），如图1-55所示。

Step 03 修改快捷键为3DMI，如图1-56所示。

图1-55 打开acad记事本

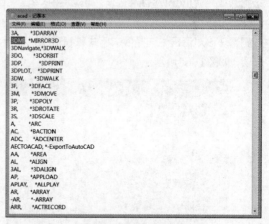

图1-56 修改快捷键

Step 04 关闭文档，此时会弹出是否修改的提示，这里单击"保存"按钮，如图1-57所示。

Step 05 在命令行输入指令3DMI，按回车键后可以看到系统自动调用"三维镜像"命令。

图1-57 关闭文档

动手练 自定义右键功能

AutoCAD软件安装之后，鼠标的默认右键功能是快捷键菜单。为了便于绘图操作，用户也可以自定义鼠标右键功能。具体操作步骤介绍如下：

Step 01 单击"菜单浏览器"按钮，在打开的菜单中单击"选项"按钮，如图1-58所示。

Step 02 系统会打开"选项"对话框，切换到"用户系统配置"选项卡，如图1-59所示。

图1-58 单击"选项"按钮

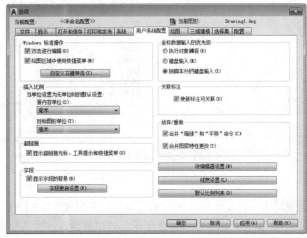

图1-59 打开"选项"对话框

Step 03 在"Windows标准操作"选项组中单击"自定义右键单击"按钮，打开"自定义右键单击"对话框，如图1-60所示。

Step 04 在该对话框中选择默认模式和编辑模式都为"重复上一个命令"选项，选择命令模式为"确认"选项，如图1-61所示。

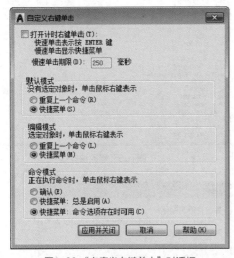

图1-60 "自定义右键单击"对话框

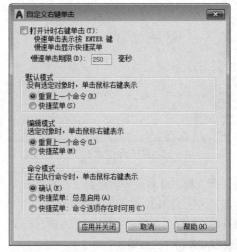

图1-61 设置右键功能

Step 05 单击"应用并关闭"按钮即可完成鼠标右键功能的设置。

1.5 调用命令的方式

命令是AutoCAD中人机交互最重要的内容，在操作过程中有多种调用命令的方法，如通过功能区按钮、菜单或命令行等。用户在绘图时，应该根据实际情况选择最佳的执行方式，以提高工作效率。

1.5.1 命令行输入快捷键

对于一些习惯用快捷键来绘图的用户来说，使用命令行执行相关命令非常方便快捷。在命令行中输入所需执行的命令的快捷键，即可快速调用命令。例如，在命令行输入PL命令后，命令行会弹出一个命令列表，显示以PL为开头的所有命令，直接按回车键即可调用"多段线"命令，如图1-62所示。

而在命令行中单击"最近使用的命令"按钮，在打开的列表中用户同样可以调用所需命令，如图1-63所示。

图1-62 输入快捷命令

图1-63 最近使用的命令

1.5.2 菜单栏与功能区调用命令

菜单栏和功能区是所有绘图及编辑命令的集中地，几乎所有的命令在这里都可以被找到。比如用户想调用"直线"命令，可以在菜单栏单击"绘图"菜单选项，在打开的列表中单击"直线"选项，如图1-64所示。也可以在功能区的"默认"选项板的"绘图"面板中单击"直线"按钮，同样可以调用"直线"命令，如图1-65所示。

图1-64 单击菜单栏命令

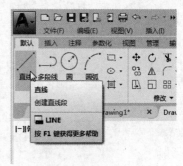

图1-65 单击功能区命令

1.5.3 重复命令

在绘图时，经常会遇到要重复多次执行同一个命令的情况，如果每次都输入命令，那会很麻烦。此时用户可以使用以下快捷方法进行命令重复操作。

1. 使用空格键或回车键重复

在AutoCAD中，空格键和回车键表示重复或确认。执行过某个命令后，若需重复使用该命令时，用户只需按空格键或回车键即可重复执行该命令的操作。

2. 使用右键菜单重复

执行过某个命令后，在绘图区的空白处右击，在打开的快捷菜单中选择第一个"重复***"选项（*为命令名称），即可重复执行操作。需要注意的是，使用该方法重复操作时，只限于当前命令。

如果设置过鼠标右键功能，在重复操作命令时直接单击鼠标右键即可。

知识点拨

在命令行中输入MULTRIPLE，按回车键确认，其后根据命令行的提示信息，输入所要重复执行的命令即可。使用MULTRIPLE命令可与任何绘图、修改和查询命令组合使用，但PLOT命令除外。要注意的是，MULTRIPLE命令只重复命令名，所以每次使用MULTRIPLE命令时，都必须重新输入该命令的所有参数值。

1.5.4　透明命令

所谓透明命令，是指在一个命令的执行过程中，中间插入另一个命令，其后继续完成前一个命令，此时插入的命令被称为透明命令。常见的透明命令有视图缩放、视图平移、系统变量设置、对象捕捉、正交及极轴追踪等。

使用透明命令时应注意以下几点：

（1）透明命令在键入时需要在命令前添加一个符号"'"。

（2）有些命令作为透明命令使用时，其功能将会有所变化。

（3）在命令行提示"命令："时直接使用透明命令，其效果与非透明命令相同。

（4）在输入文字时，不能使用透明命令。

（5）不能同时执行两条及两条以上的透明命令。

（6）在执行"打印"命令时不能使用透明命令。

自定义用户界面颜色

绘制好的CAD图形，可以根据用户需求将其保存为其他格式的文件，如PDF、JPG、DXF等格式，下面来介绍将CAD文件保存为JPG文件格式的操作方法。

扫码观看视频

Step 01 启动AutoCAD 2020软件应用程序，可以看到默认的工作界面为深蓝色，如图1-66所示。

Step 02 在命令行中输入OPTIONS命令，按回车键后打开"选项"对话框，在"显示"选项卡中单击"窗口元素"选项组的"颜色主题"下拉按钮，在打开的列表中选择"明"选项，如图1-67所示。

Step 03 单击"应用"按钮，观察工作界面效果，如图1-68所示。

Step 04 再单击"颜色"按钮打开"图形窗口颜色"对话框，在对话框中单击"颜色"下拉按钮并选择需要替换的颜色，如图1-69所示。

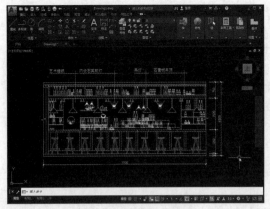

图1-66　默认的工作界面

图1-67　单击"颜色主题"下拉按钮

图1-68　预览工作界面颜色

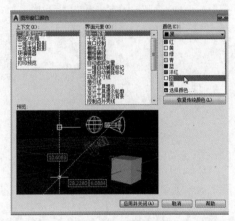

图1-69　选择颜色

Step 05 选择颜色后在"预览"窗口中会显示预览效果，设置完成后，单击"应用并关闭"按钮，如图1-70所示。

Step 06 返回到上一层对话框，单击"确定"按钮完成设置操作。此时，绘图区的背景颜色已经发生了变化，如图1-71所示。

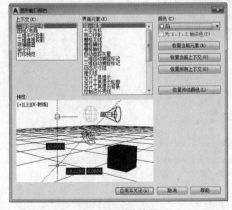

图1-70　预览效果

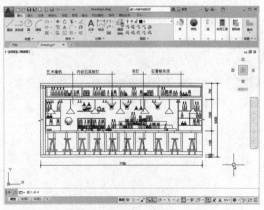

图1-71　界面最终效果

为了让读者更好地掌握本章所学的知识，在这里提供了两个关于本章知识的课后作业，以供读者练手。

1. 调整十字光标大小

AutoCAD默认的十字光标大小为10，这里将其设置为100，如图1-72和图1-73所示。

操作提示：

Step 01 打开"选项"对话框，在"显示"选项卡中拖动滑块调整十字光标大小的数值。

Step 02 关闭对话框完成十字光标的调整。

图1-72 预览效果

图1-73 界面最终效果

2. 设置"图层"快捷指令

打开"图层特性管理器"选项板的快捷键为LAYER，快捷指令为LA，这里将其改为LY，如图1-74所示。

操作提示：

Step 01 执行"工具>自定义>编辑程序参数"命令，打开acad记事本。

Step 02 找到打开"图层特性管理器"选项板的快捷键，将其指令改为LY并保存。

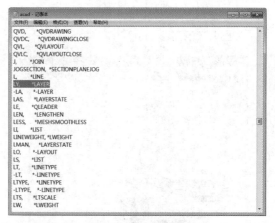

图1-74 设置快捷指令

Chapter 02

AutoCAD 2020 基本操作

本章概述

　　AutoCAD是一款专业的绘图软件，使用该软件不仅能够将设计方案用规范美观的图纸表达出来，而且能够有效地帮助设计人员提高设计水平及工作效率，从而解决了传统手工绘图中存在的效率低、绘图准确度差及劳动强度大的缺点，便于及时进行必要的调整和修改。通过对本章内容的学习，读者可以对AutoCAD有一个初步了解，并且能够掌握命令的调用方式和系统选项设置知识。

学习目标

- 了解坐标系的应用
- 了解视口显示
- 熟悉视图控制
- 掌握图形文件的基本操作

2.1 图形文件的基本操作

在使用AutoCAD进行绘图工作之前，用户需要先了解图形文件的基本操作，如新建文件、打开文件、保存文件和关闭文件等操作。

2.1.1 新建文件

启动AutoCAD 2020应用程序后，系统会先进入"开始"界面。如果想要进行绘图操作，就需要创建新的图形文件。新建文件的方法有以下几种：

（1）从菜单栏执行"文件>新建"命令。

（2）单击"文件"菜单按钮▲，在弹出的列表中执行"新建>图形"命令。

（3）单击快速访问工具栏中的"新建"按钮□。

（4）在命令行中输入NEW命令，然后按回车键。

（5）在文件选项卡单击"新图形"按钮 ＋ ，直接创建新的图形文件。

除了在文件选项卡单击"新图形"按钮外，执行以上任意操作，都会打开"选择样板"对话框，如图2-1所示。从对话框中选择合适的样板，然后单击"打开"按钮即可创建新的图形文件，一般情况下使用默认的样板。

图2-1 "选择样板"对话框

知识点拨

在打开图形时还可以选择不同的打开方式，在"选择样板"对话框中单击"打开"按钮右侧的下拉按钮，系统提供了三种打开方式，如图2-2所示。若选择"无样板打开-英制"选项，则使用英制单位为计量标准绘制图形；若选择"无样板打开-公制"选项，则使用公制单位为计量标准绘制图形。

图2-2 样板打开方式

2.1.2　打开文件

如果用户想要修改或查看图形，则需要先将其打开。在AutoCAD中，用户可以通过以下几种方式打开绘制好的图形文件：

（1）从菜单栏执行"文件>打开"命令。

（2）单击"菜单浏览器"按钮▲，在弹出的列表中执行"打开>图形"命令。

（3）单击快速访问工具栏中的"打开"按钮 。

（4）在命令行中输入OPEN命令后按回车键。

（5）双击绘制好的图形文件。

执行以上任意操作后，系统会自动打开"选择文件"对话框，如图2-3所示。用户在"选择文件"对话框中可以选择需要打开的文件，在右侧的"预览"区中可以预先查看所选择的图像，单击"打开"按钮即可打开图形。

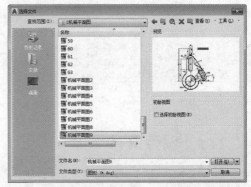

图2-3　"选择文件"对话框

动手练　查找并打开DXF文件

扫码观看视频

除了直接双击打开图形文件外，用户可以从本地磁盘查找并打开图形文件，操作步骤介绍如下：

Step 01 启动AutoCAD 2020软件，执行"文件>打开"命令，打开"选择文件"对话框，如图2-4所示。

Step 02 在"查找范围"列表中选择要打开的文件所在的文件夹，如图2-5所示。

图2-4　执行"文件＞打开"命令

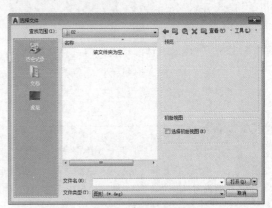

图2-5　查找文件所在地

Step 03 在对话框中设置文件类型为DXF，此时可以看到文件夹中显示出DXF格式的图形文件，如图2-6所示。

Step 04 选择图形文件并单击"打开"按钮打开图形，如图2-7所示。

图2-6 设置文件类型

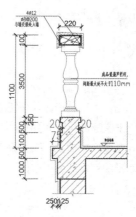

图2-7 打开图形文件

2.1.3 保存文件

绘制或编辑完图形后，要对文件进行保存操作，避免因失误导致文件没有保存。用户可以直接保存文件，也可以将文件进行另存为。

1. 保存新建文件

用户可以通过以下方法保存文件：

（1）从菜单栏执行"文件>保存"命令。

（2）单击"菜单浏览器"按钮，在弹出的菜单中执行"保存>图形"命令。

（3）单击快速访问工具栏的"保存"按钮。

（4）按组合键Ctrl+S。

（5）在命令行中输入SAVE命令，然后按回车键。

执行以上任意一种操作后，将打开"图形另存为"对话框，如图2-8所示。命名图形文件后单击"保存"按钮即可保存文件。

图2-8 "图形另存为"对话框

 注意事项

在进行第一次保存操作时，系统都会自动打开"图形另存为"对话框来确定文件的位置和名称，如果进行第二、第三次保存时，则系统将自动保存并替换第一次所保存的文件。当然，用户若单击"文件>保存"命令，或者单击快速访问工具栏中的"保存"按钮，同样可以进行保存操作。

2. 另存文件

如果用户需要重新命名文件名称或更改保存路径，就需要另存为文件。通过以下方法可以执行另存文件操作：

（1）单击"菜单浏览器"按钮，在弹出的列表中单击"另存为>图形"命令。

（2）执行"文件>另存为"命令。

（3）单击快速访问工具栏的"另存为"按钮 。

（4）按组合键Ctrl+Shift+S。

（5）在命令行输入SAVEAS，然后按回车键。

注意事项

为了便于在AutoCAD早期版本中也能够打开AutoCAD 2020绘制的图形文件，在保存图形文件时，可以保存为较早的格式类型。在"图形另存为"对话框中单击"文件类型"下拉按钮，在打开的下拉列表中包括12种类型的保存方式，选择其中一种较早的文件类型后在"图形另存为"对话框中单击"保存"按钮即可。

2.1.4　关闭文件

当图形绘制并保存完毕后，即可关闭当前图形。在AutoCAD中，关闭文件的方法有以下四种：

（1）从菜单栏执行"文件>关闭"命令。

（2）单击"菜单浏览器"按钮，在弹出的列表中执行"关闭>图形"命令。

（3）在标题栏的右上角单击 ✕ 按钮。

（4）在命令行输入CLOSE命令，然后按回车键。

如果文件没有修改，可以直接关闭文件；如果是修改过的文件，再次保存时系统会提示是否保存文件或放弃已做的修改，如图2-9所示。

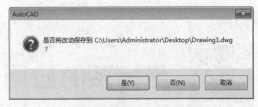

图2-9　关闭文件的提示信息

注意事项

如果当前图形尚未保存，而在进行关闭操作时，则会打开"保存提示"对话框；如果进行保存操作，则可以直接将当前文件进行关闭。

动手练 将图形文件另存为低版本文件

扫码观看视频

在工作过程中，为了避免出现工作伙伴因AutoCAD软件版本低而打不开图纸的情况，用户可以将图纸另存为低版本的图形格式。操作步骤介绍如下：

Step 01 启动AutoCAD 2020软件，打开素材文件，如图2-10所示。

Step 02 执行"文件>另存为"命令，打开"图形另存为"对话框，可以看到默认保存的文件版本是AutoCAD 2018，如图2-11所示。

Step 03 输入新的文件名，再重新设置文件类型为

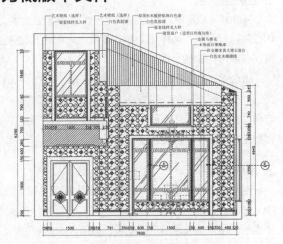

图2-10　打开素材

AutoCAD 2010/LT 2010图形（用户也可以根据实际需求设置合适的版本号），如图2-12所示。

Step 04 设置完毕后单击"保存"按钮即可。

图2-11 "图形另存为"对话框　　　　　　　图2-12 设置文件名及文件版本

2.2 坐标系的应用

坐标系是AutoCAD绘图中不可缺少的元素，它是确定对象位置的基本方法。坐标系分为两种：世界坐标系和用户坐标系。

2.2.1 坐标系的概述

坐标（x，y）是表示点的最基本的方法。在AutoCAD中，坐标系分为世界坐标系和用户坐标系。两种坐标系都可以通过坐标（x，y）来精确定位点。

1. 世界坐标系

AutoCAD系统为用户提供了一个绝对的坐标系，即世界坐标系（World Coordinate System，WCS）。通常，AutoCAD构造新图形时将自动使用WCS，虽然WCS不可更改，但可以从任意角度、任意方向来观察或旋转图形。

WCS是由三个垂直并相交的坐标轴（X轴、Y轴和Z轴）构成，一般显示在绘图区域的左下角，如图2-13所示。在WCS中，X轴和Y轴的交点就是坐标原点O（0,0），X轴正方向为水平向右，Y轴正方向为垂直向上，Z轴正方向为垂直于XOY平面且指向操作者。在二维绘图状态下，Z轴是不可见的。世界坐标系是一个固定不变的坐标系，其坐标原点和坐标轴方向都不会改变，是系统默认的坐标系。

2. 用户坐标系

相对于世界坐标系，用户可以根据需要创建无限多的坐标系，这些坐标系称为用户坐标系（User Coordinate System，UCS）。比如进行复杂的绘图操作，尤其是三维造型操作时，固定不变的世界坐标系已经无法满足用户的需要，故而AutoCAD定义了一个可以移动的用户坐标系，用户可以在需要的位置上设置原点和坐标轴的方向，更加便于绘图。

在默认情况下，用户坐标系和世界坐标系完全重合，但是用户坐标系的图标少了原点处的小方格，如图2-14所示。

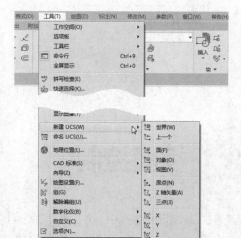

图2-13　世界坐标系　　　图2-14　用户坐标系

2.2.2　坐标系的创建

坐标系是可变动的，用户可以根据作图需要来进行创建和更改。用户可以通过以下两种方式来创建坐标系：

（1）从菜单栏执行"工具>新建UCS"命令，根据需要选择合适的坐标创建方式，如图2-15所示。

（2）在命令行中输入UCS命令，然后按回车键确认。

若用户需要更改当前的坐标系，可以执行菜单栏中的"工具>新建UCS"命令，根据需求更改坐标系。

命令行的提示如下：

图2-15　创建坐标系

```
命令：_UCS
当前UCS名称：*没有名称*
指定UCS的原点或 [面（F）/命名（NA）/对象（OB）/上一个（P）/视图（V）/世界（W）/X/Y/Z/Z轴（ZA）] <世界>：
指定X轴上的点或 <接受>：
指定XY平面上的点或 <接受>：
```

动手练　新建坐标原点

在使用AutoCAD绘图的过程中，固定坐标绘图对于距离坐标点远的图形来说是很麻烦的，这时自定义一个新的坐标系是很有必要的。操作步骤介绍如下：

Step 01　启动AutoCAD 2020软件，打开素材文件，如图2-16所示。

Step 02　执行"工具>新建UCS>原点"命令，根据提示指定新的坐标原点，这里捕捉图形的左下角，如图2-17所示。

Step 03　单击鼠标即可完成坐标原点的创建，可以看到位于图形左下角的新的坐标原点，如图2-18所示。

扫码观看视频

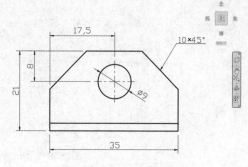

图2-16　打开素材

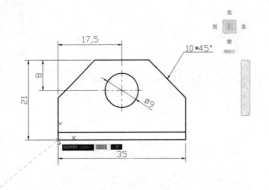

图2-17　指定新的坐标原点

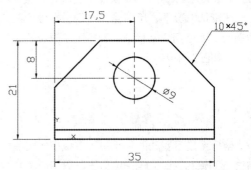

图2-18　新的坐标原点

2.3　视图控制

在查看或设计图形的过程中，为了更灵活地观察图形的整体效果或局部细节，经常需要对视图进行移动、放大或缩小等操作，便于观察、对比和校准。

2.3.1　缩放视图

在绘制图形局部细节时，通常会选择放大视图的显示，绘制完成后再利用"缩放"工具缩小视图，以观察图形的整体效果。缩放图形可以增加或减少图形的屏幕显示尺寸，但对象的尺寸保持不变，通过改变显示区域来改变图形对象的大小，可以更准确、更清晰地进行绘制操作。

用户可以通过以下方式缩放视图：

（1）从菜单栏执行"视图>缩放"命令，在其级联菜单中选择合适的缩放方式，如图2-19所示。

（2）在导航栏中单击"缩放"下拉按钮，在展开的列表中选择合适的缩放方式，如图2-20所示。

（3）在命令行中输入ZOOM命令并按回车键。

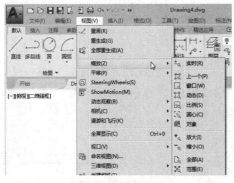

图2-19　菜单栏命令

图2-20　导航栏命令

执行上述命令后，用户可以根据需要选择相应的缩放选项，即可进行视图的缩放操作。各选项含义介绍如下：

- **实时：** 实时缩放是默认的缩放选项，可以通过上下移动鼠标进行放大和缩小操作。在使用实时缩放时，光标旁边会显示一个"+"或"-"号。当缩放比例接近极限时，将不再显示"+"或"-"号。需要从缩放状态中退出时，可以按回车键、Esc键。

- **上一个：** 在绘制一幅复杂的图形时，有时需要放大图形的一部分以进行细节的编辑。当编辑完成后，若希望回到前一个视图，就可以通过"上一个"选项来实现。当前视口由缩放命令或移动视图、视图恢复、平行投影、透视命令等引起的任何变化，系统都会保存。每个视口最多可以保存10个视图，连续使用"上一个"选项可以恢复前10个视图。

- **窗口：** 窗口缩放功能可以将矩形窗口内选择的图形对象放大显示，并将其最大化显示。矩形的对角点可以由鼠标指定，也可以输入坐标确定。指定窗口的中心点将成为新的显示屏幕的中心点，窗口中的区域将被放大或缩小。

- **动态：** 动态缩放是指通过操作一个表示视口的视图框，可以确定所需显示的区域。选择该选项后，在绘图区中会出现一个小的视图框，按住鼠标左键左右移动可以改变该视图框的大小，定型后释放鼠标，再按下鼠标左键移动视图框确定需要放大的位置，系统将会清除当前视口并显示一个图形的视图选择屏幕。

- **比例：** 比例缩放提供了三种使用方式：第一种是根据提示信息直接输入比例系数，AutoCAD将按照该比例放大或缩小图形的尺寸；第二种是在比例系数后加一个X，表示相对于当前视图计算的比例因子；第三种是相对于图形空间，比如说可以在图纸空间阵列布排或打印出模型的不同视图。

- **圆心：** 通过指定一个中心点，该选项可以定义一个新的显示窗口。操作过程中需要指定中心点及输入比例或高度。默认新的中心点就是视图的中心点，默认的输入高度就是当前视图的高度，直接按回车键后，视图不会被放大。输入比例值时，数值越大，则图形放大倍数越大。也可以在比例之后加一个X，表示在放大时不按照绝对值变化，而是按照相对于当前视图的相对值缩放。

- **对象：** 对象缩放可以尽可能大地显示一个或多个选定的对象并使其位于视图的中心。可以在启动"缩放"命令前后选择对象。

- **全部：** 选择该选项后，不论图形有多大，该操作都将显示图形的边界或范围，即使对象不包括在边界以内，它们也将被显示。使用该选项可以查看当前视口中的整个图形。

- **范围：** 当绘制或浏览较为复杂的图形时，通常都要使用缩放命令用于图形某一区域的放大或对较大图形的整体观察。该操作不能改变图形中对象的绝对大小，只能改变视图的比例。

2.3.2　平移视图

当图形的位置不利于用户观察和绘制时，可以平移视图，将图形平移到合适的位置。使用平移图形命令可以重新定位图形，方便查看。平移视图操作不改变图形的比例和大小，只改变位置。

用户可以通过以下方式平移视图：

（1）从菜单栏执行"视图>平移"命令，在其级联菜单中选择合适的平移方式，如图2-21所示。

（2）在导航栏中单击"平移"按钮🖑。

（3）在命令行中输入PAN命令。

（4）按住鼠标滚轮进行拖动。

执行上述命令后，光标会变成手掌的样式🖐，可以在绘图窗口中任意移动，以示当前正处于平移模式。命令行中提示的各选项的含义介绍如下：

● **实时**：该选项是"平移"命令的默认选项，前面提到的平移操作都是指实时平移，主要是通过鼠标的移动来实现任意方向上的平移。

● **点**：通过指定的基点和位移指定平移视图的位置。

● **左**：选择该选项后，移动图形会使屏幕左侧的图形进入显示窗口。

图2-21　"平移"命令

● **右**：选择该选项后，移动图形会使屏幕右侧的图形进入显示窗口。

● **上**：选择该选项后向底部平移图形，会使屏幕顶部的图形进入显示窗口。

● **下**：选择该选项后向顶部平移图形，会使屏幕底部的图形进入显示窗口。

2.3.3　重画与重生成

在绘制过程中，有时视图中会出现一些残留的光标点，为了擦除这些多余的光标点，用户可以使用"重画"与"重生成"功能进行操作。下面将对"重画"与"重生成"功能进行介绍。

1. 重画

"重画"功能是用于从当前窗口中删除编辑命令留下的点标记，同时还可以编辑图形留下的点标记，是对当前视图中的图形进行刷新操作。

用户只需在命令行中输入REDRAW或REDRAWALL命令后，按回车键即可进行重画操作。

知识点拨

输入REDRAW命令，是将从当前视口中删除编辑命令留下来的点标记；输入REDRAWALL命令，则是将从所有视口中删除编辑命令留下来的点标记。

2. 重生成

"重生成"功能则是用于在视图中进行图形的重生成操作，其中包括生成图形、计算坐标、创建新索引等。在当前视口中重生成整幅图形并重新计算所有对象的坐标、重新创建图形数据库索引，从而优化显示和对象选择的性能。

在命令行中输入REGEN或REGENALL命令后，按回车键即可进行操作。在输入REGEN命令后，则会在当前视口中重生成整个图形并重新计算所有对象的坐标；输入REGENALL命令后，则在所有视口中重生成整个图形并重新计算所有对象的屏幕坐标。

3. 自动重新生成图形

"自动重新生成图形"功能用于自动生成整个图形，它与重生成图形功能不相同。在对图形进行编辑时，在命令行中输入REGENAUTO命令后，按回车键即可自动再生成整个图形，以确保屏幕上的显示能反映图形的实际状态，保持视觉的真实度。

2.3.4　全屏显示

在AutoCAD中提供了"全屏显示"这一功能，可以让读者充分使用屏幕空间，将图形尽可能地放大使用，并且只使用命令行，不受任何因素的干扰。用户可以通过以下方式将绘图区全屏显示：

（1）从菜单栏执行"视图>全屏显示"命令。

（2）在状态栏中单击"全屏显示"按钮。

（3）在命令行中输入CIEANSCREENON，然后按回车键。

（4）在键盘上按组合键Ctrl+0。

2.4　选择图形

在编辑二维图形之前，首先要选择图形，选择时用户可以选择单个图形，也可以多选实体对象形成一个选择集。

2.4.1　设置对象的选择模式

打开"选项"对话框，单击"选项集"选项卡，在"选择集"选项卡中可以设置选择模式，如图2-22所示。

在"选择集模式"选项组中，各个复选框的功能介绍如下：

● **先选择后执行**：打破传统选择的次序，可以在命令行的提示下先选择图形对象，再执行"修改"命令。

● **按Shift键添加到选择集**：按住Shift键才可以同时选择对象。

● **对象编组**：勾选该复选框后，若选择对象中的一个图形对象被编组，则整个编组中的图形对象都将被选中。

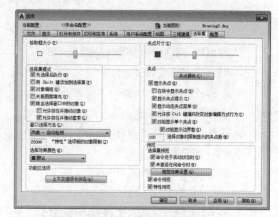

图2-22　"选项"对话框

● **关联图案填充**：选择关联填充的对象，则填充的边界对象也被选中。

● **隐含选择窗口中的对象**：包括"允许按住并拖动对象"和"允许按住并拖动套索"两种方式，若勾选"允许按住并拖动对象"复选框，则以矩形选择窗口的形式选择对象；若勾选"允许按住并拖动套索"复选框，则以套索选择窗口的形式选择对象。

┤注意事项├

　　用拾取框选择单个实体。在命令行中输入SELECT命令并按回车键，这时光标会变成拾取框，可以单击鼠标左键拾取对象。若勾选"隐含选择窗口中的对象"选项，当拾取框没有选择图形时，拾取框会更改成设置的选择方式来选择图形。

2.4.2 快速选择图形对象

在复杂图形中，图形太多，单一选择对象很浪费时间，如果图形的特性是一致的，那么可以使用快速选择图形对象这一功能。在"快速选择"对话框中，用户可以根据图形对象的颜色、图案填充和类型来创建一个选择集。

用户可以通过以下方式调用"快速选择"命令：

（1）执行"工具>快速选择"命令。

（2）在"默认"选项卡的"实用工具"面板中单击"快速选择"按钮 。

（3）在命令行中输入QSELECT命令，然后按回车键。

2.4.3 编组选择图形对象

编组选择就是将图形进行编组，创建一个选择集，一个图形可以作为多个编组成员的对象，在"对象编组"对话框中可以创建对象编组，也可以编辑编组，进行添加或删除、重命名、重排等操作。

用户可以通过以下方式打开"对象编组"对话框：

（1）在"默认"选项卡的"组"面板中单击 "编组管理器"按钮 。

（2）在命令行中输入CLASSICGROUP命令，然后按回车键。

在对图形进行编组后，即可对该编组进行编辑。

知识点拨

"对象编组"对话框中常用按钮的含义介绍：

● 添加：添加编组中的图形。

● 删除：删除编组中的图形。

● 重命名：重新命名编组。

● 重排：重新对编组对象进行排序。

● 分解：取消编组。

● 可选择的：设置编组的可选择性。

动手练 快速选择图纸中的图形

这里利用"快速选择"功能选择图纸中所有的尺寸标注。

Step 01 打开素材图形，如图2-23所示。

扫码观看视频

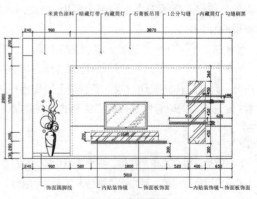

图2-23 素材图形

Step 02 执行"工具>快速选择"命令，打开"快速选择"对话框，如图2-24所示。

Step 03 在"特性"列表中选择"图层"，在"值"列表中选择"标注"，表示选择"标注"图层中的所有图形，如图2-25所示。

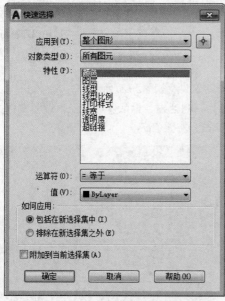

图2-24 "快速选择"对话框

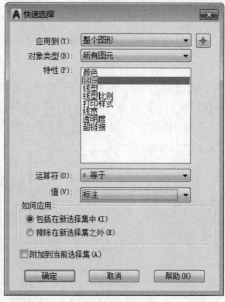

图2-25 设置参数

Step 04 单击"确定"按钮关闭对话框，系统会自动选择"标注"图层中的标注等图形，如图2-26所示。

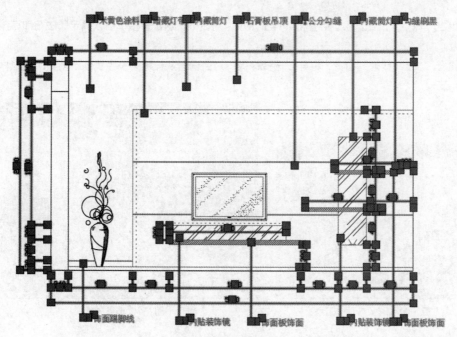

图2-26 快速选择结果

创建公用的图形样板

每个公司都有自己的图框格式，如果每次绘图之前都要绘制图框或对图框进行缩放调整，那样会非常麻烦。用户利用AutoCAD提供的图形样板功能，即可创建属于自己的图形样板。

扫码观看视频

Step 01 启动AutoCAD 2020软件，打开绘制好的图框图形文件，如图2-27所示。

Step 02 执行"文件>另存为"命令，打开"图形另存为"对话框，默认保存路径，设置文件类型为"AutoCAD图形样板（*.dwt）"，并输入新的文件名，如图2-28所示。

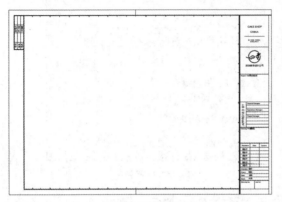

图2-27 打开图框

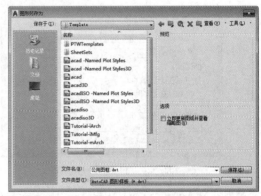

图2-28 设置另存参数

Step 03 单击"保存"按钮，系统会弹出"样板选项"对话框，这里直接单击"确定"按钮即可创建新的图形样板，如图2-29所示。

Step 04 执行"文件>新建"命令，打开"选择样板"对话框，从样板列表中找到新创建的图形样板，如图2-30所示。

图2-29 "样板选项"对话框

图2-30 选择样板

Step 05 单击"打开"按钮即可创建新的样板文件。

为了让读者更好地掌握本章所学的知识，在这里提供了两个关于本章知识的课后作业，以供读者练手。

1. 创建三点坐标

将原本水平垂直的坐标系变个角度，如图2-31和图2-32所示。

操作提示：

`Step 01` 执行"工具>新建UCS>三点"命令，移动光标指定Z轴的位置。

`Step 02` 继续移动光标，分别指定X轴和Y轴的角度。

　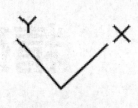

图2-31 坐标原点　　　　　图2-32 新建坐标系

2. 全屏显示工作界面

全屏显示AutoCAD工作界面，以使绘图区最大化展现，如图2-33所示。

操作提示：

执行"视图>全屏显示"命令，即可全屏显示AutoCAD工作界面。

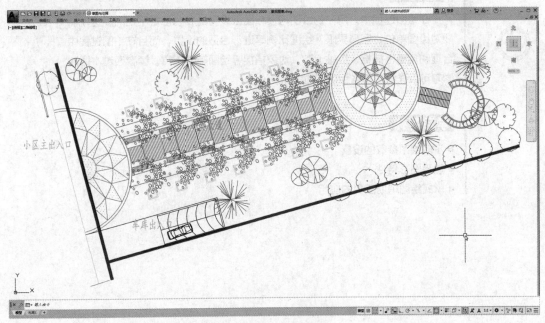

图2-33 全屏显示工作界面

Chapter 03

精确绘图辅助功能

本章概述

在绘图过程中，用户的绘图习惯和图纸设置的要求都各不相同，这就需要对绘图单位、图形界限、绘图比例等进行合适的设置，而且在绘图过程中合理利用栅格捕捉、极轴追踪、对象捕捉等绘图辅助工具。读者通过本章的学习可以详细了解各种功能的操作及设置。

学习目标

- 了解绘图参数的设置
- 熟悉图形特性
- 掌握绘图辅助工具的应用

3.1　基本绘图参数

系统默认的绘图参数不一定符合用户需求，用户可以根据要求对单位、界线、比例等进行设置，从而提高绘图的效率。

3.1.1　绘图单位

在绘图之前，首先应对绘图单位进行设定，以保证图形的准确性。其中，绘图单位包括长度单位、角度单位、缩放单位、光源单位和方向控制等。

用户可以通过以下方式打开"图形单位"对话框：

（1）从菜单栏执行"格式>单位"命令。

（2）单击"菜单浏览器"按钮，在展开的菜单列表中执行"图形实用工具>单位"命令。

（3）在命令行中输入UNITS命令并按回车键。

在菜单栏中执行"格式>单位"命令，打开"图形单位"对话框，从中便可对绘图单位进行设置，如图3-1所示。

● "长度"选项组：在"类型"下拉列表中可以设置长度单位，在"精度"下拉列表中可以对长度单位的精度进行设置。

● "角度"选项组：在"类型"下拉列表中可以设置角度单位，在"精度"下拉列表中可以对角度单位的精度进行设置。勾选"顺时针"复选框后，图像以顺时针方向旋转；若不勾选，图像则以逆时针方向旋转。

● "插入时的缩放单位"选项组：缩放单位是插入图形后的测量单位，默认情况下是"毫米"，一般不作改变，用户也可以在下拉列表中设置缩放单位。

● "光源"选项组：光源单位是指光源强度的单位，其中包括"国际""美国""常规"选项。

● "方向"按钮："方向"按钮在"图形单位"对话框的下方。单击"方向"按钮，打开"方向控制"对话框，如图3-2所示。默认测量角度为"东"，用户也可以设置测量角度的起始位置。

图3-1　"图形单位"对话框

图3-2　"方向控制"对话框

3.1.2 图形界限

绘图界限是指在绘图区中设定的有效区域。在实际的绘图过程中，如果没有设定绘图界限，那么AutoCAD系统对作图范围将不作限制，会在打印和输出过程中增加难度。

用户可以通过以下方法执行设置绘图边界的操作：

（1）从菜单栏执行"格式>图形界限"命令。

（2）在命令行中输入LIMITS命令并按回车键。

命令行的提示如下：

```
命令：_LIMITS
重新设置模型空间界限：
指定左下角点或 [开（ON）/关（OFF）] <0.0000, 0.0000>：
指定右上角点 <420.0000, 297.0000>：
```

3.1.3 绘图比例

绘图比例的设置与所绘制图形的精确度有很大关系。比例设置得越大，绘图的精度则越精确。当然，各行业领域的绘图比例是不相同的。所以在制图前，需要调整好绘图比例的值。

用户可以通过以下方式设置绘图比例：

（1）从菜单栏执行"格式>比例缩放列表"命令。

（2）在命令行中输入SCALELISTEDIT命令，然后按回车键。

执行"格式>比例缩放列表"命令，打开"编辑图形比例"对话框，在列表中可以选择需要的比例，如图3-3所示。

图3-3 "编辑图形比例"对话框

3.2 图形特性

AutoCAD中绘制的每一个图形对象都有自己的特性，包括颜色、线型、线宽等，用户可以通过设置图形特性来区分不同作用的图形。

3.2.1 认识图形特性

图形特性包括基本特性和专有特性两种。基本特性是指图形的颜色、线型、线宽等，可以直接指定给对象，也可以通过图层指定给对象；专有特性是指某一类特性图像具有的信息，如圆的特性包括半径和面积、直线的特性包括长度和角度。

1. 图形颜色

在AutoCAD中，用户可以按需对线段的颜色进行设置。在"默认"选项卡的"特性"面板中单击"对象颜色"下拉按钮，在打开的列表中选择所需颜色即可。若在列表中没有满意的颜色，也可以选择"选择颜色"选项，打开"选择颜色"对话框，在该对话框中用户可以根据需要选择合适的颜色，如图3-4所示。

图3-4　"选择颜色"对话框

● **索引颜色：** 在AutoCAD软件中使用的颜色都为ACI标准颜色。每种颜色用ACI编号（1～255）进行标识。而标准颜色名称仅适用于1～7号颜色，分别为红、黄、绿、青、蓝、洋红、白/黑。

● **真彩色：** 真彩色使用24位颜色定义显示1600多万种颜色。在选择某色彩时，可以使用RGB或HSL颜色模式。通过RGB颜色模式，可以选择颜色的红、绿、蓝组合；通过HSL颜色模式，可以选择颜色的色调、饱和度和亮度要素。

● **配色系统：** AutoCAD包括多个标准Pantone配色系统。用户可以载入其他配色系统，如DIC颜色指南或RAL颜色集。载入用户定义的配色系统可以进一步扩充可供使用的颜色选择。

2. 图形线型

在绘制工程图时经常需要采用不同的线型来表现图形，如虚线、中心线等，用户可以从视觉上区别出图形的变化。

在"默认"选项卡的"特性"面板中单击"线型"下拉按钮，在打开的列表中选择所需线型即可。若在列表中找不到合适的线型，也可以选择"其他"选项，打开"线型管理器"对话框，该对话框中显示的是已加载的线型，如图3-5所示。单击"加载"按钮，打开"加载或重载线型"对话框，用户可以从列表中选择合适的线型并加载，如图3-6所示。

图3-5　"线型管理器"对话框

图3-6　"加载或重载线型"对话框

3. 图形线宽

线宽是指图形对象和某些类型的文字的宽度值，使用线宽可以清楚地表达出截面的剖切方式、标高深度、尺寸线和小标记等。

在"默认"选项卡的"特性"面板中单击"线宽"下拉按钮，在打开的列表中可以选择合适的线宽。若列表中没有合适的宽度，也可以选择"线宽设置"选项，打开"线宽设置"对话框，在该对话框中可以选择线宽并设置线宽单位，还可以调整线宽显示比例，如图3-7所示。

图3-7 "线宽设置"对话框

知识点拨

AutoCAD可以控制线宽在绘图区的显示和隐藏，只要在状态栏中单击"显示/隐藏线宽"按钮即可。

3.2.2 设置对象特性

在绘制图形的过程中，用户绘制的每一个对象都是具有特性的。那么在设计图纸的时候，怎么设置对象的特性呢？有以下两种方式可以设置对象特性：

（1）在功能区的"默认"选项卡的"特性"面板设置对象特性，如图3-8所示。

（2）在"特性"选项板中设置对象特性，如图3-9所示。

图3-8 "特性"面板

图3-9 "特性"选项板

用户可以通过以下方式打开"特性"选项板：

（1）从菜单栏执行"修改>特性"命令。

（2）在功能区的"默认"选项卡的"特性"面板中单击右下角的"特性"按钮。

（3）在命令行中输入PROPERTIES命令，然后按回车键。

（4）按组合键Ctrl+1。

动手练 **设置图形的颜色**

下面介绍图形颜色的设置方法，操作步骤介绍如下：

Step 01 启动AutoCAD 2020软件，打开素材图形，如图3-10所示。

Step 02 选择图框中所有的梅花图形，如图3-11所示。

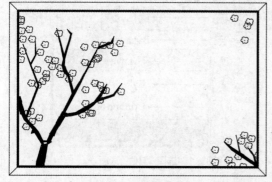

图3-10 素材图形　　　　　　　　　　　　　图3-11 选择图形

Step 03 在"默认"选项卡的"特性"面板中单击打开"对象颜色"下拉列表，从中选择红色，如图3-12所示。

Step 04 颜色设置完毕后按Esc键取消选择，完成本次操作，如图3-13所示。

图3-12 选择红色　　　　　　　　图3-13 设置图形颜色效果

动手练 **设置图形的线型和线宽**

下面介绍图形线型和线宽的设置方法，操作步骤介绍如下：

Step 01 启动AutoCAD 2020软件，打开素材图形，如图3-14所示。

Step 02 在"默认"选项卡的"特性"面板中单击打开"线型"下拉列表，从中选择"其他"选项，如图3-15所示。

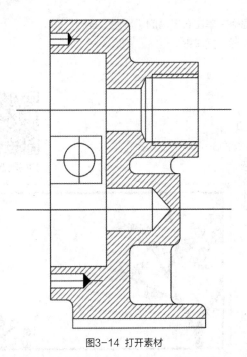

图3-14 打开素材

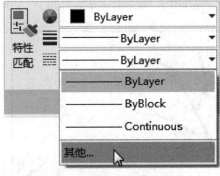

图3-15 选择"其他"选项

Step 03 系统会打开"线型管理器"对话框，在"当前线型"列表中可以看到当前已加载的所有线型，如图3-16所示。

Step 04 单击"加载"按钮打开"加载或重载线型"对话框，从"可用线型"列表中选择CENTER线型作为中线，如图3-17所示。

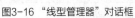

图3-16 "线型管理器"对话框

图3-17 加载线型

Step 05 再加载ACAD_ISO02W100线型作为虚线，单击"确定"按钮返回"线型管理器"对话框，在"当前线型"列表中可以看到新加载的两种线型，如图3-18所示。

Step 06 设置完毕后关闭对话框，在绘图区中选择所有中线，再执行"修改>特性"命令，打开"特性"选项板，从"常规"卷展栏中设置"线型"为CENTER，"线型比例"为0.3，如图3-19所示。

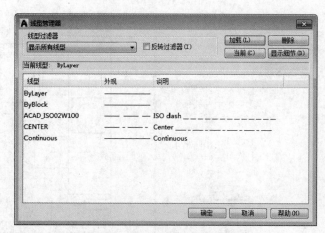

图3-18 返回"线型管理器"对话框

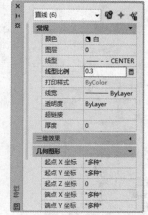

图3-19 设置图形特性

Step 07 设置完毕后关闭"特性"选项板,观察设置线型后的图形效果,如图3-20所示。

Step 08 再设置虚线的线型及线型比例,如图3-21所示。

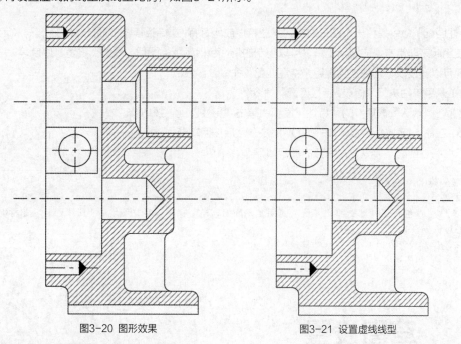

图3-20 图形效果　　　　　　　　　　　　图3-21 设置虚线线型

Step 09 选择图形的轮廓线,如图3-22所示。

Step 10 在"默认"选项卡的"特性"面板中单击打开"线宽"列表,从中选择"0.30毫米",如图3-23所示。

Step 11 线宽设置完毕后,在状态栏中单击"显示线宽"按钮,即可看到最终的设置效果,如图3-24所示。

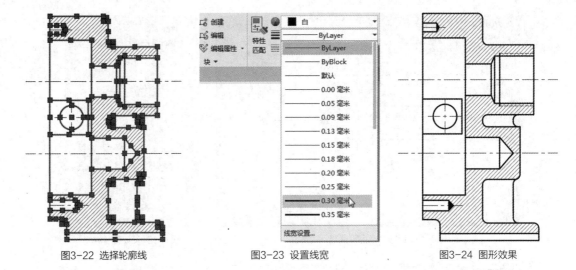

图3-22 选择轮廓线　　　　　图3-23 设置线宽　　　　　图3-24 图形效果

3.2.3　特性匹配

"特性匹配"命令是将一个图形对象的某些特性或所有特性复制到其他的图形对象上，是AutoCAD中一个使用起来非常方便的编辑工具，可以复制的特性包括颜色、图层、线型、线宽、厚度等。

用户可以通过以下几种方式调用"特性匹配"命令：

（1）从菜单栏执行"修改>特性匹配"命令。

（2）在"默认"选项卡的"特性"面板中单击"特性匹配"按钮 。

（3）在命令行中输入MATCHPROP命令，然后按回车键。

执行"特性匹配"命令，命令行的提示如下：

```
命令：_MATCHPROP
选择源对象：
当前活动设置：颜色 图层 线型 线型比例 线宽 透明度 厚度 打印样式 标注 文字 图案填充 多段线 视口 表格材质 多重
引线中心对象
选择目标对象或 [设置（S）]：
```

3.3　草图设置

AutoCAD为用户提供了捕捉和栅格、极轴追踪、对象捕捉、动态输入等工具，以帮助用户进行精确绘图。其参数主要通过"草图设置"对话框进行设置，如图3-25所示。

用户可以通过以下几种方式打开"草图设置"对话框：

（1）从菜单栏执行"工具>绘图设置"命令。

（2）在状态栏中右击图形栅格、捕捉模式、动态输入、极轴追踪、对象捕捉等按钮，在打开的菜单中选择相应的设置选项，皆可打开"草图设置"对话框。

（3）在命令行中输入DSETTINGS命令，然后按回车键。

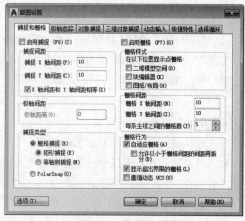

图3-25 "草图设置"对话框

3.3.1　栅格和捕捉

栅格显示是指在屏幕上显示按指定行间距和列间距排列分布的方格，就像在屏幕上铺了一张坐标纸。捕捉工具使用户捕捉光标，并约束光标只能定位在某一栅格点上。当栅格点阵的间距与光标捕捉点阵的间距相同时，栅格点阵就形象地反映出光标捕捉点阵的形状，同时反映出绘图界限。

1. 栅格

栅格是一种可见的位置参考图标，利用栅格可以对齐对象并直观显示对象之间的距离，起到坐标纸的作用，如图3-26所示。

用户可以使用以下方式显示和隐藏栅格：

（1）在状态栏中单击"显示图形栅格"按钮▦。

（2）在状态栏中右击"显示图形栅格"按钮，然后单击"网格设置"命令，在弹出的"草图设置"对话框中选择"启用栅格"选项。

（3）按组合键Ctrl+G或按F7键。

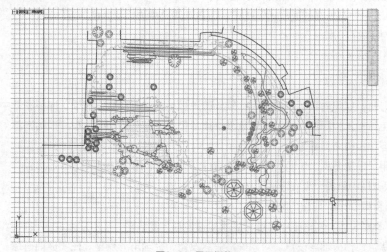

图3-26 显示栅格

知识点拨

"栅格捕捉"包括"矩形捕捉"和"等轴测捕捉"。"矩形捕捉"主要是在平面图上进行绘制,是常用的捕捉模式。"等轴测捕捉"是在绘制轴测图时使用。"等轴测捕捉"可以帮助用户创建表现三维对象的二维对象,通过设置可以很容易地沿三个等轴测平面之一对齐对象。

2. 设置显示样式

在默认情况下,栅格显示为网格状。用户可以通过"草图设置"对话框设置栅格样式和栅格间距等参数,如图3-27所示。

"捕捉和栅格"选项卡中的各选项说明如下:

● **启动栅格:** 勾选该复选框,可以启动"栅格"功能;反之,则关闭该功能。

● **栅格间距:** 用于设置栅格在水平与垂直方向的间距,其设置方法与"捕捉间距"相似。

● **每条主线之间的栅格数:** 用于指定主栅格线与次栅格线之间的方格数。

● **栅格行为:** 用于控制当Vscurrent系统变量设置为除二维线框之外的任何视觉样式时,所显示的栅格线的外观。

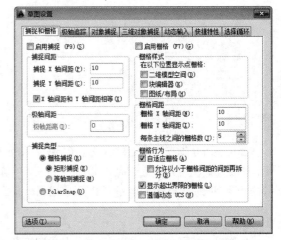

图3-27 "捕捉和栅格"选项卡

3. 捕捉模式

"栅格显示"只能提供绘制图形的参考背景,"捕捉"才是约束鼠标光标移动的工具。"栅格捕捉"功能用于设置鼠标光标移动的固定步长,即栅格点阵的间距,使鼠标在X轴和Y轴方向上的移动量总是步长的整数倍,以提高绘图的精度。可以通过以下方式打开或关闭"栅格捕捉"功能:

(1)在状态栏中单击"捕捉模式"按钮▦。

(2)在状态栏中右击"捕捉模式"按钮,在右键菜单中选择"栅格捕捉"选项。

(3)按F9键进行切换。

3.3.2　极轴追踪

在绘制图形时,如果遇到倾斜的线段,需要输入极坐标,这样就很麻烦。许多图纸中的角度都是固定角度,为了免除输入坐标这一问题,就需要使用"极轴追踪"的功能。在"极轴追踪"中也可以设置极轴追踪的类型和极轴角测量等。

若需要使用"极轴追踪"功能,用户可以通过以下方式启用追踪模式:

(1)在状态栏中单击"极轴追踪"按钮◯。

(2)按组合键Ctrl+U或按F10键。

(3)在"草图设置"对话框中勾选"启用极轴追踪"复选框。

"极轴追踪"包括极轴角设置、对象捕捉追踪设置、极轴角测量等。在"极轴追踪"选项卡中可以设置这些功能,如图3-28所示。

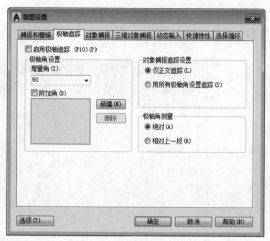

图3-28　"极轴追踪"选项卡

各选项组的作用介绍如下：

1. 极轴角设置

"极轴角设置"选项组包含"增量角"和"附加角"选项。用户可以在"增量角"下拉列表中选择具体的角度，也可以直接在"增量角"列表框内输入任意数值。

附加角是对象极轴追踪使用的任意一种附加角度，它起到辅助的作用，当绘制角度的时候，如果是附加角，设置的角度就会有提示。"附加角"复选框同样受POLARMODE系统变量控制。

勾选"附加角"复选框，再单击"新建"按钮，输入角度数，按回车键即可创建附加角。选中数值然后单击"删除"按钮，可以删除数值。

2. 对象捕捉追踪设置

"对象捕捉追踪设置"选项组包括"仅正交追踪"和"用所有极轴角设置追踪"，其具体含义介绍如下：

（1）"仅正交追踪"是追踪对象的正交路径，也就是对象X轴和Y轴正交的追踪。当"对象捕捉"打开时，仅显示已获得的对象捕捉点的正交对象捕捉追踪路径。

（2）"用所有极轴角设置追踪"是指光标从获取的对象捕捉点起沿极轴对齐角度进行追踪。该选项对所有的极轴角都将进行追踪。

3. 极轴角测量

"极轴角测量"选项组包括"绝对"和"相对上一段"两个选项。"绝对"是根据当前用户坐标系UCS确定极轴追踪角度；"相对上一段"是根据上一段绘制线段确定极轴追踪的角度。

动手练 **绘制五角星**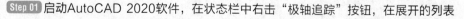

下面利用"极轴追踪"功能绘制一个边长为100mm的五角星图形，操作步骤介绍如下：

Step 01 启动AutoCAD 2020软件，在状态栏中右击"极轴追踪"按钮，在展开的列表

扫码观看视频

中选择"正在追踪设置"选项，如图3-29所示。

Step 02 打开"草图设置"对话框，在"极轴追踪"选项卡中勾选"启用极轴追踪"复选框，再设置增量角为36°，如图3-30所示。

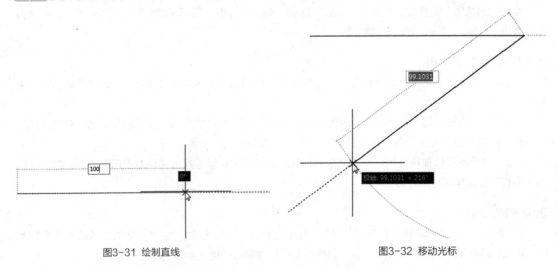

图3-29 "极轴追踪"快捷菜单　　　　图3-30 设置极轴追踪参数

Step 03 执行"绘图>直线"命令，指定一点作为直线起点，向右水平移动光标，输入长度100，如图3-31所示。

Step 04 按回车键确认，再向左下方沿极轴移动光标，如图3-32所示。

图3-31 绘制直线　　　　图3-32 移动光标

Step 05 输入长度100，按回车键确认，向上沿极轴移动光标，如图3-33所示。

Step 06 输入长度100，按回车键确认，向下沿极轴移动光标，如图3-34所示。

Step 07 再输入长度100，按回车键确认，移动光标至起点，单击后再按回车键即可完成五角星的绘制，如图3-35所示。

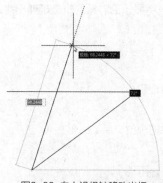
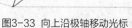
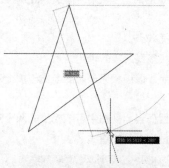

图3-33 向上沿极轴移动光标　　图3-34 向下沿极轴移动光标　　图3-35 完成绘制

3.3.3　对象捕捉

在绘图过程中，"对象捕捉"的使用频率很高，用户经常需要捕捉一些特殊点，如端点、中心、圆心、交点等。如果只凭观察来拾取，不可能非常准确地找到这些点。利用"对象捕捉"功能则可以迅速、准确地捕捉到这些特殊点，从而精确地绘制图形。

在执行"自动捕捉"操作前，需要设置对象的捕捉点。当鼠标扫过这些设置过的特殊点时，就会自动捕捉这些点。

"对象捕捉"分为"自动捕捉"和"临时捕捉"两种。"临时捕捉"主要通过"对象捕捉"工具栏来实现。执行"工具>工具栏>AutoCAD>对象捕捉"命令，打开"对象捕捉"工具栏，如图3-36所示。

图3-36 "对象捕捉"工具栏

用户可以通过以下方式打开和关闭"对象捕捉"模式：

（1）在状态栏单击"对象捕捉"按钮 。

（2）按组合键Ctrl+F或按F3键。

（3）在"草图设置"对话框中勾选"启用对象捕捉"复选框。

打开"草图设置"对话框，可以在"对象捕捉"选项卡中设置"自动捕捉"模式。需要捕捉哪些对象捕捉点和相应的辅助标记，就勾选前面的复选框，如图3-37所示。也可以在状态栏单击"对象捕捉"按钮右侧的下拉按钮，选择需要的捕捉点，如图3-38所示。

下面将对各个捕捉点的含义进行介绍：

● 端点：直线、圆弧、样条曲线、多线段、面域或三维对象的最近端点或角。

● 中点：直线、圆弧和多线段的中点。

● 圆心：圆弧、圆和椭圆的圆心。

● 几何中心：任意闭合多段线和样条曲线的质心。

● 节点：捕捉到点对象、标注定点或标注文件原点。

● 象限点：圆弧、圆和椭圆上0°、90°、180°和270°处的点。

● 交点：实体对象交界处的点。延伸交点不能用作执行"对象捕捉"模式。

- **延长线**：用户捕捉直线延伸线上的点。当光标移动对象的端点时，将显示沿对象的轨迹延伸出来的虚拟点。
- **插入点**：文本、属性和符号的插入点。
- **垂足**：圆弧、圆、椭圆、直线和多线段等的垂足。
- **切点**：圆弧、圆、椭圆上的切点。该点和另一点的连线与捕捉对象相切。
- **最近点**：离靶心最近的点。
- **外观交点**：三维空间中不相交但在当前视图中可能相交的两个对象的视觉交点。
- **平行线**：通过已知点且与已知直线平行的直线。

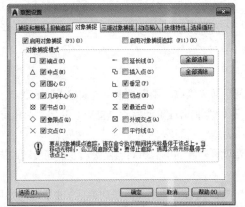 

图3-37 "对象捕捉"选项卡　　　　　图3-38 捕捉点列表

3.3.4　动态输入

在AutoCAD中，启用状态栏中DYN模式，即启用动态输入功能，便会在指针位置处显示标注输入和命令提示等信息，以帮助用户专注于绘图区域，从而极大地提高设计效率，并且该信息会随着光标移动而更新动态。

在状态栏中单击"动态输入"按钮＋▄，即可启用动态输入功能；相反，再次单击该按钮，则关闭该功能。

1. 启用指针输入

在"草图设置"对话框的"动态输入"选项卡中勾选"启用指针输入"复选框，可以启动指针输入功能。单击"指针输入"下的"设置"按钮，在打开的"指针输入设置"对话框中可以设置指针的格式和可见性，如图3-39和图3-40所示。

在执行某项命令时启用指针输入功能，十字光标右侧的工具栏中则会显示当前的坐标点，此时可以在工具栏中输入新坐标点，而不用在命令行中进行输入。

2. 启用标注输入

在"动态输入"选项卡中勾选"可能时启用标注输入"复选框即可启用该功能。单击"标注输入"下的"设置"按钮，在打开的"标注输入的设置"对话框中可以设置标注输入的可见性，如图3-41所示。

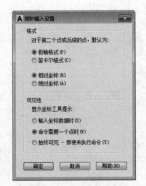
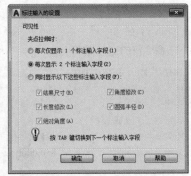

| 图3-39 "动态输入"选项卡 | 图3-40 设置指针输入 | 图3-41 设置标注输入 |

知识点拨

　　若想对"动态输入"工具栏进行外观设置，需要在"动态输入"选项卡中单击"绘图工具提示外观"按钮，在打开的"工具提示外观"对话框中设置工具栏提示的颜色、大小、透明度及应用范围。

3.4　实用工具

　　"查询"功能主要是通过"查询"工具对图形的面积、周长、图形之间的距离及图形的面域质量等信息进行查询。使用该功能可以帮助用户方便了解当前绘制图形所有的相关信息，以便于对图形进行编辑操作。

3.4.1　快速测量

　　"快速测量"功能是AutoCAD 2020的新增功能之一，非常适合在二维几何对象上方、附近及其之间动态标识多个距离及角度。

　　用户可以通过以下方式调用"快速测量"功能：

　　（1）在"默认"选项卡的"实用工具"面板中单击"测量"下拉按钮 ，从列表中选择"快速"选项。

　　（2）在命令行中输入MEASUREGEOM命令，根据命令行的提示选择"快速"选项。

3.4.2　距离查询

　　"距离查询"是测量两个点之间的最短长度值，"距离查询"是最常用的查询方式。在使用"距离查询"工具时，只需指定要查询距离的两个端点，系统将自动显示出两个点之间的距离。

　　用户可以通过以下方式调用"距离查询"功能：

　　（1）从菜单栏执行"工具>查询>距离"命令。

　　（2）在"默认"选项卡的"实用工具"面板中单击"测量"下拉按钮 ，从列表中选择"距离"

选项。

（3）在命令行中输入MEASUREGEOM命令，根据命令行的提示选择"距离查询"选项。

命令行的提示如下：

```
命令：_MEASUREGEOM
输入选项 [距离（D）/半径（R）/角度（A）/面积（AR）/体积（V）] <距离>：_distance
指定第一个点：
指定第二个点或 [多个点（M）]：
距离 = 850.0000，XY 平面中的倾角 = 270，与 XY 平面的夹角 = 0
X 增量 = 0.0000，Y 增量 = −850.0000，Z 增量 = 0.0000
```

3.4.3   半径查询

"半径查询"主要用于查询圆或圆弧的半径或直径数值。

用户可以通过以下方式调用"半径查询"功能：

（1）从菜单栏执行"工具>查询>半径"命令。

（2）在"默认"选项卡的"实用工具"面板中单击"半径"按钮◎。

（3）在命令行中输入MEASUREGEOM命令，根据命令行的提示选择"半径查询"选项。

命令行的提示如下：

```
命令：_MEASUREGEOM
输入选项 [距离（D）/半径（R）/角度（A）/面积（AR）/体积（V）] <距离>：_radius
选择圆弧或圆：
半径 = 113.0000
直径 = 226.0000
输入选项 [距离（D）/半径（R）/角度（A）/面积（AR）/体积（V）/退出（X）] <半径>：*取消*
```

3.4.4   角度查询

"角度查询"是指查询圆、圆弧、直线或顶点的角度。"角度查询"包括"查询两点虚线在XY平面内的夹角"和"查询两点虚线与XY平面内的夹角"两种类型。

用户可以通过以下方式调用"角度查询"功能：

（1）从菜单栏执行"工具>查询>角度"命令。

（2）在"默认"选项卡的"实用工具"面板中单击"角度"按钮◿。

（3）在命令行中输入MEASUREGEOM命令，根据命令行的提示选择"角度查询"选项。

在命令行中输入MEASUREGEOM命令，按照提示选择相应的选项。然后选择线段，查询角度后按Esc键完成查询，此时查询的内容将显示在命令行中。

命令行的提示如下：

```
命令：_MEASUREGEOM
输入选项 [距离（D）/半径（R）/角度（A）/面积（AR）/体积（V）] <距离>：_angle
选择圆弧、圆、直线或 <指定顶点>：
选择第二条直线：
角度 = 148°
输入选项 [距离（D）/半径（R）/角度（A）/面积（AR）/体积（V）/退出（X）] <角度>：*取消*
```

3.4.5　面积和周长查询

在AutoCAD中，使用"面积"命令可以查询若干个顶点的多边形区域，或者由指定对象围成区域的面积和周长。对于一些本身是封闭的图形，可以直接选择对象查询；对于由直线、圆弧等组成的封闭图形，就需要把组合长图形的点连接起来，形成封闭路径进行查询。

用户可以通过以下方式调用"面积查询"功能：

（1）从菜单栏执行"工具>查询>面积"命令。

（2）在"默认"选项卡的"实用工具"面板中单击"面积"按钮 。

（3）在命令行中输入MEASUREGEOM命令，根据命令行的提示选择"面积查询"选项。

在命令行中输入MEASUREGEOM命令，按照提示输入AREA命令，指定图形的顶点。查询后按Esc键取消。

命令行的提示如下：

```
命令：_MEASUREGEOM
输入选项 [距离（D）/半径（R）/角度（A）/面积（AR）/体积（V）] <距离>：_area
指定第一个角点或 [对象（O）/增加面积（A）/减少面积（S）/退出（X）] <对象（O）>：
指定下一个点或 [圆弧（A）/长度（L）/放弃（U）]：
指定下一个点或 [圆弧（A）/长度（L）/放弃（U）]：
指定下一个点或 [圆弧（A）/长度（L）/放弃（U）/总计（T）] <总计>：
指定下一个点或 [圆弧（A）/长度（L）/放弃（U）/总计（T）] <总计>：
区域 = 562500.0000，周长 = 3000.0000
输入选项 [距离（D）/半径（R）/角度（A）/面积（AR）/体积（V）/退出（X）] <面积>：*取消*
```

3.4.6　面域和质量查询

面域和质量查询可以查询面域和实体的质量特性。

用户可以通过以下方式调用"面域/质量查询"命令：

（1）从菜单栏执行"工具>查询>面域/质量特性"命令。

（2）执行"工具>工具栏>AutoCAD>查询"命令调用查询工具栏，在工具栏中单击"面域/质量特性"按钮 。

（3）在命令行中输入MASSPROP命令并按回车键。

绘制盘盖

下面将利用本章所学的对象捕捉、图形特性等知识绘制盘盖图形。操作步骤介绍如下：

扫码观看视频

Step 01 启动AutoCAD 2020软件，执行"直线"命令，绘制长度为200mm且相互垂直的直线，如图3-42所示。

Step 02 按F3键开启"对象捕捉"，执行"圆"命令，捕捉直线交点绘制半径分别为30mm、42mm、66mm、88mm的同心圆，如图3-43所示。

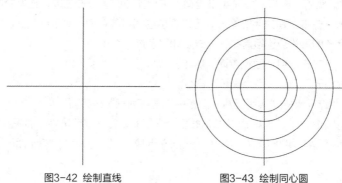

图3-42 绘制直线　　　　　　　　　图3-43 绘制同心圆

Step 03 继续执行"圆"命令，再捕捉直线和圆的交点绘制四个半径为11mm的圆，如图3-44所示。

Step 04 在"默认"选项卡的"特性"面板中单击打开"线型"列表，从中选择"其他"选项，如图3-45所示。

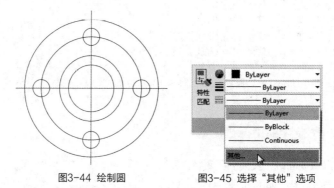

图3-44 绘制圆　　　　　　　　　图3-45 选择"其他"选项

Step 05 系统会打开"线型管理器"对话框，在"当前线型"列表中可以看到当前已加载的所有线型，如图3-46所示。

Step 06 单击"加载"按钮打开"加载或重载线型"对话框，从"可用线型"列表中选择CENTER线型作为中线，如图3-47所示。

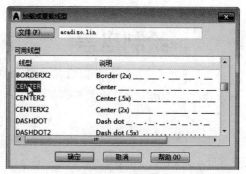

图3-46 "线型管理器"对话框　　　　　　　图3-47 选择线型

Step 07 单击"确定"按钮依次关闭对话框，在绘图区中选择并设置中线的线型，如图3-48所示。

Step 08 执行"修改>特性匹配"命令，根据提示先选择源对象，这里选择中线，如图3-49所示。

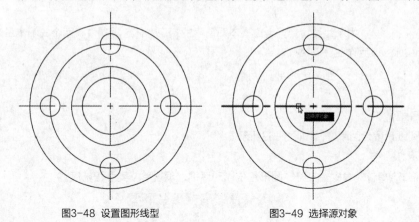

图3-48 设置图形线型　　　　　　　　图3-49 选择源对象

Step 09 选择目标对象，改变其特性，如图3-50所示。

Step 10 选择图形所有的轮廓线，在"默认"选项卡的"特性"面板中单击"线宽"下拉列表，从中选择"0.30毫米"，如图3-51所示。

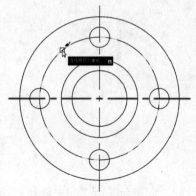
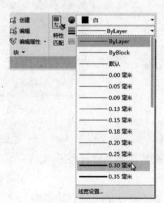

图3-50 选择目标对象　　　　　　　图3-51 选择线宽

Step 11 线宽设置完毕后，在状态栏中单击"显示线宽"按钮，即可看到最终的设置效果，如图3-52所示。

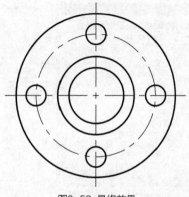

图3-52 最终效果

为了让读者更好地掌握本章所学的知识，在这里提供了两个关于本章知识的课后作业，以供读者练手。

1. 设置绘图单位

为建筑图纸设置绘图单位，如图3-53所示。

操作提示：

执行"格式>单位"命令，打开"图形单位"对话框，设置单位类型和精度。

图3-53　设置单位

2. 设置经典点栅格

将新版的网格状栅格设置为经典点栅格。

操作提示：

在"草图设置"对话框中的"捕捉和栅格"选项卡的"栅格样式"选项组中勾选"二维模型空间"复选框，如图3-54所示。经典点栅格如图3-35所示。

图3-54　勾选"二维模型空间"复选框

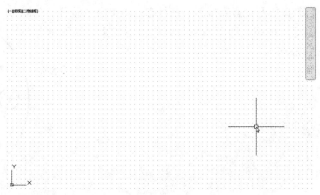

图3-55　点栅格

Chapter 04

图层的设置与管理

本章概述

　　在绘图过程中，图层起到的作用可谓是非常强大，不仅可以控制线型、颜色、打印，还能快速选择、快速修改，在布局画图中使用图层管理来实现颜色、线型、线宽等很多视图功能。一个好的图层使用习惯，将大大改变我们的制图速度和制图准确性。本章将对图层的操作、图层的管理等内容进行逐一介绍，通过对本章内容的学习，读者不仅可以熟悉图层的作用，还能够熟练应用图层特性管理器。

学习目标

- 了解图层性质
- 了解图层管理工具的应用
- 掌握图层的管理操作

4.1　图层基础知识

在绘制图形前，用户需要对图层进行必要的设置，如新建图层、设置图层线型等。本节将对这些基本操作进行详细介绍。

4.1.1　认识图层

图层用于在图形中组织对象信息和执行对象线型、颜色及其他属性。一个图层就如一张透明的图纸，将各个图层上的画面重叠在一起即可成为一个完整的图纸，用户可以将对象按类型编组，赋予其统一的线型、颜色及其他特性。

将不同类型的对象放在不同的图层上，可以很方便地控制以下五个方面的属性：

（1）图层上的对象是否在任何视口中都可见。

（2）是否打印对象及如何打印对象。

（3）为图层上的对象设置何种颜色、线型和线宽。

（4）图层上的对象是否可以修改。

（5）在绘制图形的过程中，AutoCAD总是存在一个当前图层，默认情况下当前图层是0图层。通过图层管理器可以切换当前图层，当前绘制的图形对象在未指定图层的情况下都存放在当前图层中。

> **知识点拨**
>
> 在默认情况下，系统只有一个0层，而在0层上是不可以绘制任何图形的。它主要是用来定义图块的。定义图块时，先将所有图层均设为0层，其后再定义块，这样在插入图块时，当前图层是哪个层，其图块则属于哪个层。

4.1.2　图层性质

不同的图层具有不同的图层特性，新建图层后，为了使图纸看上去井然有序，需要对图层设置图层名称、颜色、线型、线宽等。下面将对其知识内容进行介绍。

1. 图层名称

图层名称最长可达255个字符，可以是字母（大小写均可）、数字（0～9）、空格及Microsoft Windows或AutoCAD未做他用的任何特殊字符。但图层名中不允许有<、>、/、\、"、"、：、；、?、，、=、|等符号。

2. 图层数量

AutoCAD允许一个图形最多有32000层，每层的对象数是无限制的，用户可以根据自己的需要来建立。

3. 颜色的设置

在图形显示中，使用不同的颜色绘制不同的对象，可以使图形显示得更为清晰，易于操作。AutoCAD为图层提供255种颜色（色号为1～255），但对于一个图层来说，只能设置其中的一种。而图层缺省的颜色色号为7，也就是黑色或白色（根据系统配置设定的背景而定）。

在"图层特性管理器"对话框中单击"颜色"按钮，打开"选择颜色"对话框，其中包含三个颜色选项卡，即索引颜色、真彩色、配色系统。用户可以在这三个选项卡中选择需要的颜色，也可以在底部颜色文本框中下方输入颜色，如图4-1所示。

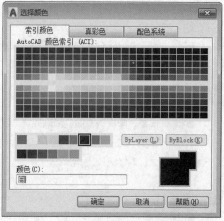

图4-1　"选择颜色"对话框

4. 线型的设置

线型是指图形线条的类型，如实线、虚线、中心线等，分为连续型和非连续型两种。连续型只有一种Continuous线型；非连续型则是由短线、点和空格组成的图案的重复，复杂一些的线型则包含其他的图形符号。

知识点拨

若设置好线型后，其线型还是显示为默认线型，这是因为线型比例未进行调整所致。只需选中所需设置的线型，在命令行中输入"CH"再按回车键，在打开的"特性"面板中选择"线型比例"选项，并输入比例值即可。

在"图层特性管理器"对话框中单击"线型"按钮，打开"选择线型"对话框，再单击"加载"按钮，会打开"加载或重载线型"对话框，在"可用线型"列表中可以选择需要的线型，如图4-2和图4-3所示。

图4-2　"选择线型"对话框

图4-3　"加载或重载线型"对话框

5. 线宽的设置

为了显示图形的作用，往往会把重要的图形用粗线宽表示，辅助的图形用细线宽表示。所以，线宽的设置也是必要的。

在"图层特性管理器"对话框中单击"线宽"图标，打开"线宽"对话框，选择合适的线宽，单击"确定"按钮，如图4-4所示。返回"图层特性管理器"对话框后，选项栏就会显示修改过的线宽。

知识点拨

有时在设置了图层线宽后，当前线宽则没有变化。此时，用户只需在该界面的状态栏中单击"显示/隐藏线宽"按钮 ，即可显示线宽；反之，则隐藏线宽。

6. 打印样式

通过指定图层对象的打印样式，可以在图层一级控制图形打印输出的显示，修改打印样式可以修改对象的颜色、线型和线宽。

图4-4 "线宽"对话框

4.2　图层管理

在绘图过程中将不同属性的实体建立在不同的图层上，可以很方便地管理图形对象。用户可以对创建好的图层进行管理操作，如置为当前图层、显示与隐藏图层、锁定及解锁图层、合并图层、图层匹配、隔离图层、创建并输出图层等。

4.2.1　图层特性管理器

"图层特性管理器"用于图层的控制与管理，并显示图形中的图层列表及其特性，如图4-5所示。在"图层特性管理器"选项板中会显示每个图层，包含名称、冻结与解冻、锁定与解锁、颜色、线型、线宽及打印样式等特性，使用户在绘图过程中可以根据需要对图层特性进行修改以方便绘图操作。

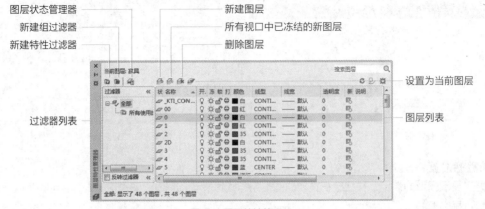

图4-5 图层特性管理器

用户可以通过以下方式打开"图层特性管理器"选项板：

（1）从菜单栏执行"格式>图层"命令。

（2）执行"工具>选项板>图层"命令。

（3）在"默认"选项卡的"图层"面板中单击"图层特性"按钮🖳。

（4）在"视图"选项卡的"选项板"面板中单击"图层特性"按钮。

（5）在命令行中输入LAYER命令，然后按回车键。

选项板中各选项含义介绍如下：

● **新建图层**：使用默认名称创建图层，用户可以立即更改名称。新图层将继承图层列表中当前选定图层的特性。

● 所有视口中已冻结的新图层：创建图层，然后在所有现有布局视口中将其冻结。

● 删除图层：删除选定图层。

● 设置为当前图层：将选定图层设定为当前图层，将在当前图层上自动创建新对象。

● 新建图形过滤器：显示"图层过滤器特性"对话框，从中可以创建图层过滤器。图层过滤器将"图层特性管理器"中列出的图层限制为具有指定设置和特性的图层。

● 新建组过滤器：创建图层过滤器，其中仅包含用户拖动到该过滤器的图层。

● 图层状态管理器：显示图层状态管理器，从中可以保存、回复和管理图层设置集（即图层状态集）。

● 过滤器列表：显示图层中的图层过滤器列表。

● 图层列表：使用图层列表可以修改图层特性。通过单击当前设置，为选定的图层或图层组更改图层特性。

4.2.2　新建图层

图层可以单独设置颜色、线型和线宽。在绘制图形的时候根据需要会使用到不同的颜色和线型等，这就需要新建不同特性的图层来进行控制。新图层将会继承当前图层的特性，包括颜色、线型、线宽及图层状态等。

用户可以通过以下方式新建图层：

（1）在"图层特性管理器"面板中单击"新建图层"按钮🚲。

（2）在"图层特性管理器"面板中右击，在弹出的快捷菜单中选择"新建图层"选项。

（3）在"图层特性管理器"面板中按组合键Alt+N。

（4）选择已有的图层，按回车键。

在"图层特性管理器"中单击"新建图层"按钮🚲，即可创建新图层，系统默认命名为"图层1"，如图4-6所示。

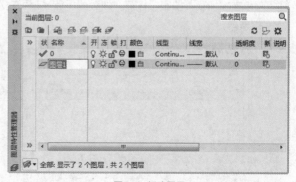

图4-6 新建图层

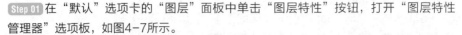

动手练 **新建虚线图层**

下面介绍虚线图层的创建，操作步骤介绍如下：

Step 01 在"默认"选项卡的"图层"面板中单击"图层特性"按钮，打开"图层特性管理器"选项板，如图4-7所示。

Step 02 在选项板中单击"新建图层"按钮，创建图层"图层1"，此时图层名称保持在编辑状态，如图4-8所示。

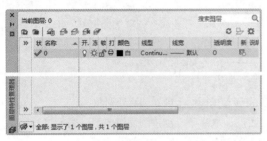

图4-7 "图层特性管理器"选项板

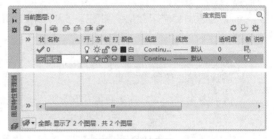

图4-8 新建图层

Step 03 输入新的图层名"虚线"，按回车键完成新图层的创建，如图4-9所示。

Step 04 单击"虚线"图层中的"颜色"按钮，打开"选择颜色"对话框，从中选择8号灰色，如图4-10所示。

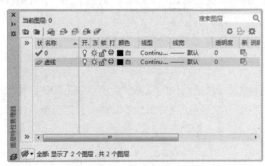

图4-9 输入图层名

图4-10 选择颜色

Step 05 设置"虚线"图层的线型，单击"线型"按钮，打开"选择线型"对话框，如图4-11所示。

Step 06 单击"加载"按钮，打开"加载或重载线型"对话框，从中选择ACAD_ISO02W100线型，如图4-12所示。

图4-11 "选择线型"对话框

图4-12 加载新的线型

Step 07 单击"确定"按钮返回"选择线型"对话框，从列表中选择新加载的线型，如图4-13所示。

Step 08 再单击"确定"按钮关闭对话框，返回"图层特性管理器"选项板，可以看到新创建的图层特性，如图4-14所示。

图4-13 选择新加载的线型

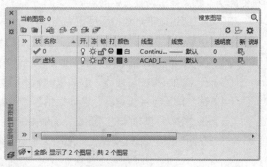

图4-14 "虚线"图层

4.2.3 删除图层

在绘图过程中，图层起到的作用非常大，但是有的图纸打开后有一大串图层，这对图层的管理非常不便。这时可以将不需要的图层删除，便于对有用的图层进行管理。

用户可以通过以下方式删除图层：

（1）从菜单栏执行"格式>图层工具>图层删除"命令。

（2）在"图层特性管理器"选项板中选择图层，单击"删除图层"按钮 。

（3）在"图层特性管理器"选项板中右击图层，在弹出的快捷菜单中选择"删除图层"选项。

（4）在"默认"选项卡的"图层"面板中单击"删除"按钮，再选择需要删除的图层上的图形对象。

（5）在"图层特性管理器"选项板中选择图层，按Delete键。

（6）在"图层特性管理器"选项板中选择图层，按组合键Alt+D。

知识点拨

删除选定图层只能删除未被参照的图层。被参照的图层则不能被删除，其中包括图层0、包含对象的图层、当前图层，以及依赖外部参照的图层，还有一些局部打开图形中的图层也被视为已参照而不能删除。当用户删除被参照图层时，系统会弹出提示，如图4-15所示。

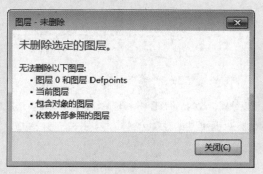

图4-15 未删除提示

4.2.4　置为当前

在新建文件后，系统会在"图层特性管理器"对话框中将图层0设置为默认图层，若用户需要使用其他图层，就需要将其置为当前层。

用户可以通过以下方式将图层置为当前：

（1）从菜单栏执行"格式>图层工具>更改为当前图层"命令。

（2）在"图层特性管理器"选项板中双击图层名称，当图层左侧状态显示√时，则置为当前图层。

（3）在"图层特性管理器"选项板中选择图层，在对话框的上方单击"置为当前"按钮 。

（4）在"图层特性管理器"选项板中右击图层，在弹出的快捷菜单中选择"置为当前"选项。

（5）在"默认"选项卡的"图层"面板中单击打开图层列表，选择需要的图层即可将其置为当前层。

（6）在命令行中输入LAYMCUR命令，按回车键确认，根据提示选择要置为当前图层的图形对象。

4.2.5　打开与关闭图层

在绘制较为复杂的图形时，可以通过对图层进行隐藏、冻结或锁定，以有效地降低误操作，提高绘图效果。在绘图过程中将暂时不用的图层关闭，被关闭的图层中的图形对象将不可见，并且不能被选择、编辑、修改及打印。

用户可以通过以下方式关闭图层：

（1）从菜单栏执行"格式>图层工具>图层关闭"命令。

（2）在"图形特性管理器"选项板中选择图层，单击"开关"按钮 。

（3）在"默认"选项卡的"图层"面板中单击打开图层下拉列表，然后单击图层开关按钮。

（4）在"默认"选项卡的"图层"面板中单击"关"按钮 ，根据命令行的提示选择一个实体对象，即可隐藏图层；单击"打开所有图层"按钮 ，则可显示图层。

（5）在命令行中输入LAYOFF命令，按回车键确认，根据提示选择要关闭的图层上的图形对象。

在执行选择和隐藏操作时，需要把图形以不同的图层区分开。当"图层特性管理器"选项板的"开关"按钮变成 图标时，图层处于关闭状态，该图层的图形将被隐藏；当图标按钮变成 时，图层处于打开状态，该图层的图形则被显示，如图4-16所示。

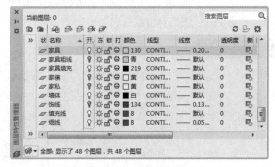

图4-16　打开或关闭图层

┃ 知识点拨 ┃

　　被关闭图层中的对象是可以编辑修改的。例如，执行删除、镜像等命令，选择对象时在命令行中输入ALL命令或按组合键Ctrl+A，那么被关闭图层中的对象也会被选中，并被删除或镜像。

关闭图层后，该图层中的对象将不再显示，但仍然可以在该图层上绘制新的图形对象，而新绘制的图形也是不可见的。另外，通过鼠标框选无法选中被关闭图层中的对象。

4.2.6 冻结与解冻图层

冻结图层和关闭图层都可以使对象不显示，只是冻结图层后不会遮盖其他对象。在绘制大型图形时，冻结不需要的图层可以加快显示和重生成的操作速度。冻结的范围很广，不仅可以冻结模型窗口的任意对象，还可以冻结各个布局视口中的图层。图层的默认设置为解冻状态。

用户可以通过以下方式冻结图层：

（1）从菜单栏执行"格式>图层工具>图层冻结"命令。

（2）在"图形特性管理器"选项板中选择图层，单击"冻结"按钮☼。

（3）在"默认"选项卡的"图层"面板中单击打开图层下拉列表，然后单击"图层冻结"按钮。

（4）在"默认"选项卡的"图层"面板中单击"冻结"按钮，根据命令行的提示选择一个实体对象，即可冻结图层；单击"解冻所有图层"按钮，则可解冻图层。

（5）在命令行中输入LAYFRZ命令，按回车键确认，根据提示选择要冻结的图层上的图形对象。

当"图层特性管理器"选项板的"冻结"按钮显示为❄时，表示图层被冻结，则图层中的图形被隐藏；当"冻结"按钮显示为☼时，表示图层已解冻，则图层中的图形被显示，如图4-17所示。

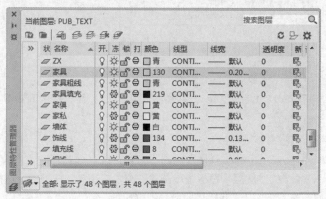

图4-17 冻结或解冻图层

> **知识点拨**
>
> 不能冻结当前图层，也不能将冻结层设置为当前层，否则会显示警告信息对话框。冻结的图层与关闭的图层的可见性是相同的，但冻结的对象不参加处理过程的运算，而关闭的图层则要参加运算，所以在复杂的图形中，通过冻结不需要的图层，可以加快系统重新生成图形时的速度。

4.2.7 锁定与解锁图层

锁定图层时，图层上的图形对象可见、可打印，也可以增加新的实体，但是不可编辑。当图标变成🔓时，表示图层处于解锁状态；当图标变为🔒时，表示图层已被锁定。锁定相应图层后，用户不可以修改位于该图层上的图形对象。

用户可以通过以下方式锁定图层：

（1）执行"格式>图层工具>图层锁定"命令。

（2）在"图形特性管理器"选项板中选择图层，单击"锁定"按钮🔓。

（3）在"默认"选项卡的"图层"面板中单击打开图层列表，单击图层的"锁定"按钮🔒。

（4）在"默认"选项卡的"图层"面板中单击"锁定"按钮🔒，根据提示选择一个实体对象，即可锁定该对象所在的图层；单击🔓按钮，则可解锁图层。

（5）在命令行中输入LAYLCK命令，按回车键确认，根据提示选择要锁定的图层上的图形对象。

当"图层特性管理器"选项板的"锁定"按钮显示为🔒时，表示图层被锁定，则图层中的图形颜色变浅；当"锁定"按钮显示为🔓时，表示图层已解锁，则图层中的图形颜色正常显示，如图4-18所示。

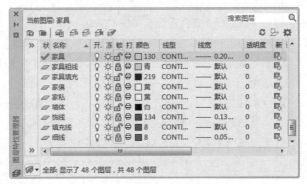

图4-18 锁定或解锁图层

4.2.8 隔离图层

"图层隔离"功能可以一次性地将选定对象以外的图层全部锁定，使画面变得更加简洁，方便用户对选定图层上的图形进行编辑。

用户可以通过以下方式隔离图层：

（1）从菜单栏执行"格式>图层工具>图层隔离"命令。

（2）在"默认"选项卡的"图层"面板中单击"隔离"按钮🔍，根据提示选择要隔离图层上的图形对象，即可隔离图层；单击🔍按钮，再选择对象，则可解除隔离。

（3）在命令行中输入LAYISO命令，按回车键确认，根据提示选择要隔离的图层上的图形对象。

4.3 管理图层工具

"图层特性管理器"选项板为用户提供了专门用于管理图层的工具，其中包括图层过滤器、图层状态管理器等。

4.3.1 图层过滤器

在AutoCAD中，当同一图形存在大量的层时，图层过滤器可以根据层的特征或特性对其进行分组，从而达到将具有某种共同特点的层过滤出来的目的。其过滤方式包括状态过滤、层名称过滤、颜色过滤和线型过滤等。

在绘制复杂的图纸时，会创建许多图层样式，看上去非常杂乱，用户可以通过特型过滤器对图层进行批量处理，按照需求过滤出想要的图层。在"图层特性管理器"选项板中单击"新建特性过滤器"按钮，即可打开"图层过滤器特性"对话框，如图4-19所示。

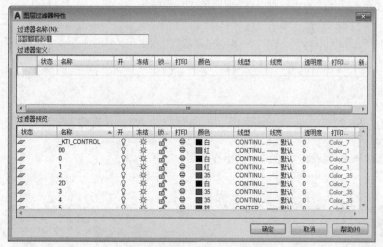

图4-19 "图层过滤器特性"对话框

4.3.2 图层状态管理器

在使用AutoCAD绘图时，掌握一些小技巧就可以帮助用户提高工作效率。比如在绘制建筑图或机械图时，能够合理利用图层状态管理器，可以节省不少时间。图层状态管理器可以将图层文件建立成模板的形式，输出保存，然后将保存的图层输入到其他文件中，从而实现图纸的统一管理。

在"图层特性管理器"选项板中单击"图层状态管理器"按钮，即可打开"图层状态管理器"对话框，如图4-20所示。

图4-20 "图层状态管理器"对话框

Example 综合实例

创建并保存室内施工图图层

在绘制一些较为复杂的图纸时，需要创建多个图层并对其进行相关设置。如果下次绘制类似的图纸，又需要重新创建图层并设置图层特性，这样一来绘图效率会大大降低。AutoCAD提供了图层的输入与输出功能，可以直接将创建好的图层保存并加以重复利用。

扫码观看视频

Step 01 在“默认”选项卡的“图层”面板中单击“图层特性”按钮，打开“图层特性管理器”选项板，如图4-21所示。

Step 02 在选项板中单击“新建图层”按钮，创建多个图层，如图4-22所示。

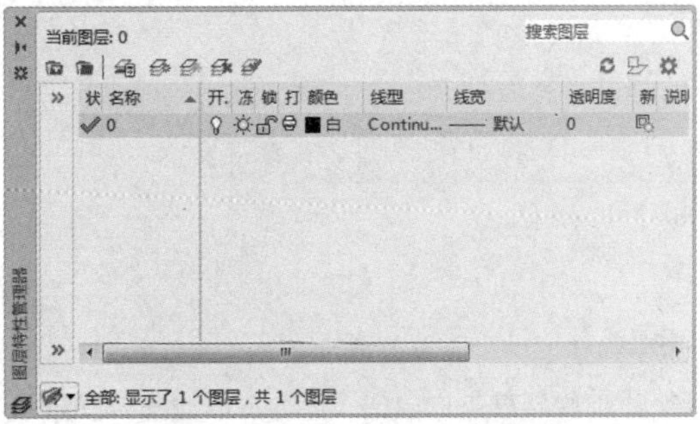

图4-21 “图层特性管理器”选项板

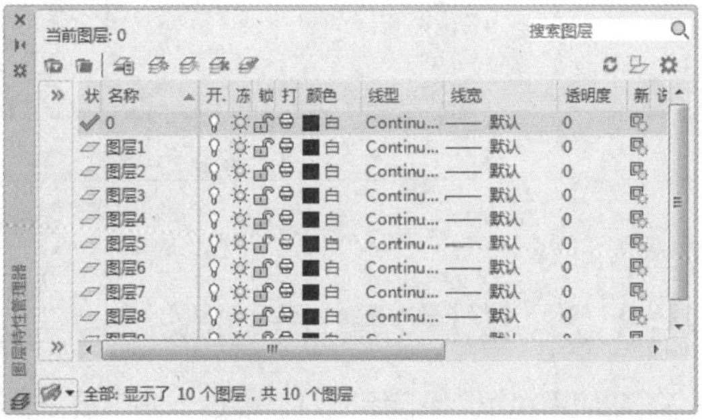

图4-22 新建图层

Step 03 为新创建的图层重命名为中心线、外墙线、内墙线等，如图4-23所示。

Step 04 单击“中心线”图层上的“颜色”图标，打开“选择颜色”对话框，从中选择红色，如图4-24所示。

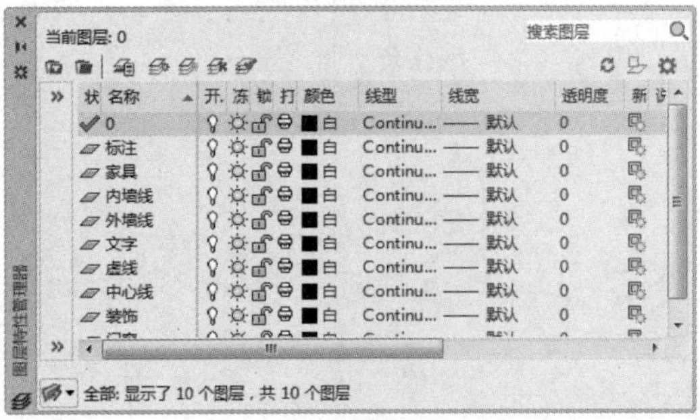

图4-23 图层重命名

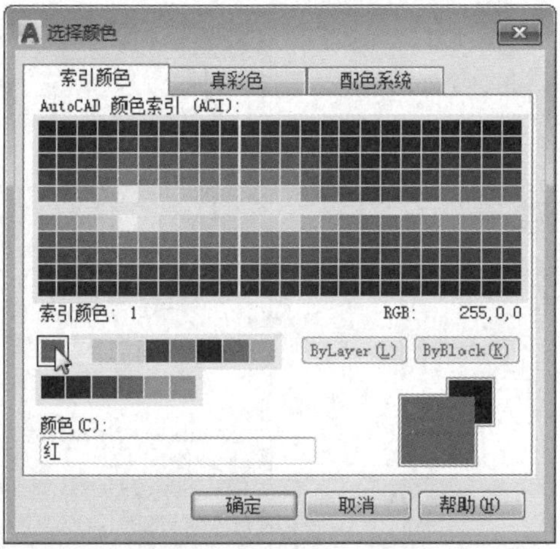

图4-24 “选择颜色”对话框

Step 05 关闭对话框，可以看到选项板中“中心线”图层的颜色，如图4-25所示。

Step 06 照此方法设置其他图层的颜色，如图4-26所示。

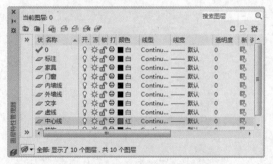 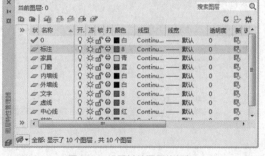

图4-25　设置"中心线"图层的颜色　　　　图4-26　设置其他图层的颜色

Step 07 单击"中心线"图层上的"线型"图标，打开"选择线型"对话框，当前"已加载的线型"列表中只有默认线型，如图4-27所示。

Step 08 单击"加载"按钮，打开"加载或重载线型"对话框，在"可用线型"列表中选择CENTER线型作为中心线的线型，如图4-28所示。

 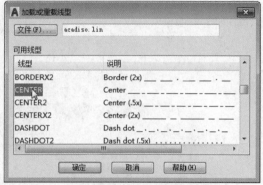

图4-27　设置图形线型　　　　图4-28　选择源对象

Step 09 单击"确定"按钮返回"选择线型"对话框，选择新加载的线型，如图4-29所示。

Step 10 单击"确定"按钮返回"图层特性管理器"选项板，在图层列表中会显示"中心线"图层的线型，如图4-30所示。

 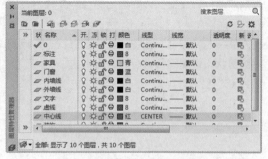

图4-29　选择目标对象　　　　图4-30　显示"中心线"的线型

Step 11 照此操作方法设置其他图层的线型，如图4-31所示。

Step 12 在选项板中单击"图层状态管理器"按钮，打开"图层状态管理器"对话框，如图4-32所示。

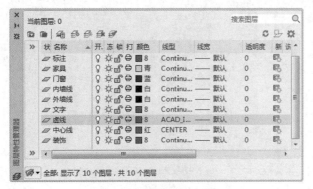

图4-31 设置其他图层的线型

图4-32 "图层状态管理器"对话框

Step 13 单击"新建"按钮，打开"要保存的新图层状态"对话框，输入新图层状态名，如图4-33所示。

Step 14 单击"确定"按钮返回"图层状态管理器"对话框，在"图层状态"列表中可以看到新建的图层状态，如图4-34所示。

图4-33 输入新图层状态名

图4-34 新建的图层状态

Step 15 单击"输出"按钮，打开"输出图层状态"对话框，设置文件的输出路径，文件名及文件类型保持默认，如图4-35所示。

Step 16 单击"保存"按钮，保存图层状态，返回"图层状态管理器"对话框，再单击"关闭"按钮关闭对话框。

图4-35 "输出图层状态"对话框

课后作业

　　为了让读者更好地掌握本章所学的知识，在这里提供了两个关于本章知识的课后作业，以供读者练手。

1. 创建"中线"图层

创建"中线"图层，设置图层颜色、线型等参数，如图4-36所示。

操作提示：

新建图层，输入新的图层名，再设置图层颜色为红色、图层线型为CENTER。

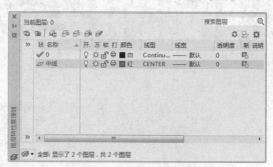

图4-36　创建"中线"图层

2. 锁定部分图层

锁定图纸中的"标注"图层，观察锁定前后的变化，如图4-37和图4-38所示。

操作提示：

打开"图层特性管理器"选项板，选择"标注"图层，单击"锁定"按钮。

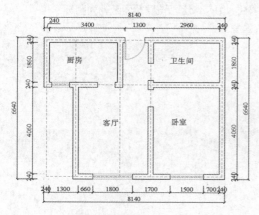

图4-37　一居室原始户型图

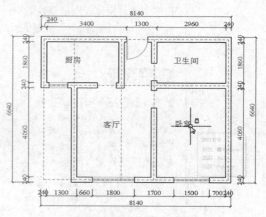

图4-38　锁定"标注"图层

Chapter 05

图形的输出与发布

本章概述

　　AutoCAD提供了图形的输入与输出接口，不仅可以将其他应用程序中处理好的数据传送给CAD，以显示图形，还可以将绘制好的图形打印出来，或者将图纸信息传送给其他应用程序。

　　本章主要介绍图纸的输入与输出、在模型空间和布局空间打印图纸、视口的创建与管理，以及通过Web浏览器在Internet上预览建筑图纸、为图纸插入超链接、将图纸以电子形式进行传递等。

学习目标

- 了解模型空间与布局空间
- 了解网络功能的应用
- 熟悉布局视口
- 掌握图纸的输入与输出
- 熟悉图纸的打印设置

5.1 图纸的输入与输出

通过AutoCAD提供的输入和输出功能，不仅可以将在其他应用软件中处理好的数据导入到AutoCAD中，还可以将在AutoCAD中绘制好的图形输出为其他格式的图形。

5.1.1 输入图纸

在AutoCAD中，用户可以通过以下方式输入图纸：

（1）从菜单栏执行"文件>输入"命令。

（2）从菜单栏执行"插入>Windows图元文件"命令。

（3）在"插入"选项卡的"输入"面板中单击"输入"按钮。

（4）在命令行中输入IMPORT命令，然后按回车键。

执行以上任意一种操作即可打开"输入文件"对话框，从中可以根据文件格式和路径选择文件，并单击"打开"按钮即可输入，如图5-1所示。AutoCAD为用户提供了多种可输入文件类型，单击"文件类型"右侧的下拉按钮即可看到，如图5-2所示。

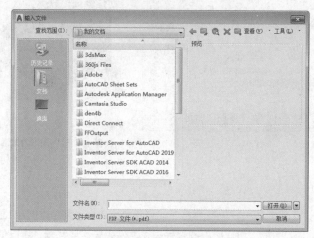

图5-1 "输入文件"对话框

图5-2 输入文件类型列表

动手练 输入三维模型

下面介绍将三维模型输入到AutoCAD的方法，操作步骤介绍如下：

Step 01 如图5-3所示为在3ds max中打开的3DS模型效果。

Step 02 启动AutoCAD应用程序，执行"文件>输入"命令，打开"输入文件"对话框，找到要输入文件的路径，选择文件，如图5-4所示。

扫码观看视频

Step 03 单击"打开"按钮，会弹出"3D Studio 文件输入选项"对话框，将"可用对象"列表中的对象全部添加到右侧，如图5-5所示。

Step 04 再单击"确定"按钮，这时弹出"材质指定警告"对话框，提示模型已被指定多个材质，根据需要选择选项，如图5-6所示。

Step 05 再单击"确定"按钮，即可将模型输入到AutoCAD中，切换到西南等轴测视图和概念视觉样式，效果如图5-7所示。

图5-3　3D场景效果

图5-4　选择文件

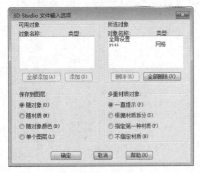

图5-5　添加对象

图5-6　警告提示

图5-7　输入模型效果

5.1.2　插入OLE对象

OLE是指对象链接与嵌入，用户可以将其他Windows应用程序的对象链接或嵌入到AutoCAD图形中，或者在其他程序中链接或嵌入AutoCAD图形，可以避免图片丢失、文件丢失这些问题，所以使用起来非常方便。

用户可以通过以下方式调用OLE对象命令：

（1）从菜单栏执行"插入>OLE对象"命令。

（2）在"插入"选项卡的"数据"面板中单击"OLE对象"按钮 。

（3）在命令行中输入INSERTOBJ命令，然后按回车键。

执行以上任意一种操作即可打开"插入对象"对话框，在"对象类型"列表中可以选择要插入的对象类型，如图5-8所示。

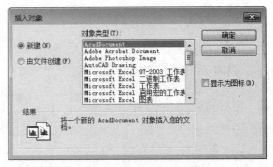

图5-8　"插入对象"对话框

动手练 为图纸插入OLE对象

扫码观看视频

下面介绍插入OLE对象的方法，操作步骤介绍如下：

Step 01 打开素材图形，如图5-9所示。

Step 02 执行"插入>OLE对象"命令，打开"插入对象"对话框，在"对象类型"列表中选择"画笔图片"选项，如图5-10所示。

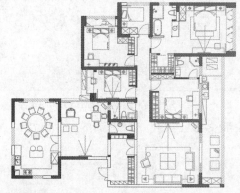

图5-9 素材图形

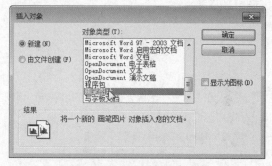

图5-10 选择"画笔图片"选项

Step 03 单击"确定"按钮，打开"画图"工具，在"剪贴板"面板中单击"粘贴"下拉按钮，从打开的列表中选择"粘贴来源"选项，如图5-11所示。

Step 04 打开"粘贴来源"对话框，从本地文件中找到需要插入的图片，如图5-12所示。

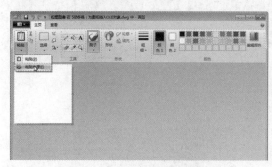

图5-11 选择"粘贴来源"选项

图5-12 选择要插入的图片

Step 05 单击"打开"按钮返回"画图"工具，如图5-13所示。

Step 06 拖动右下角的缩放滑块，将视图比例缩放到最小，如图5-14所示。

图5-13 "画图"工具

图5-14 缩放视图比例

Step 07 在"图像"面板中单击"重新调整大小"
按钮，打开"调整大小和扭曲"对话框，选择
"像素"选项，可以看到图片当前的像素，如图
5-15所示。

Step 08 修改像素值为500×310，如图5-16所示。

Step 09 单击"确定"按钮关闭对话框，返回"画
图"工具，可以看到修改像素后的图像大小，如
图5-17所示。

图5-15 当前像素　　　　图5-16 修改像素

Step 10 关闭"画图"工具，返回CAD绘图区，可以看到插入的OLE图片，调整图片的大小及位置，如
图5-18所示。

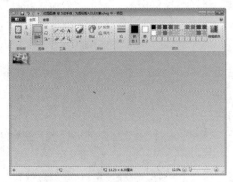

图5-17 修改像素后的图像大小

图5-18 调整图片的大小及位置

5.1.3　输出图纸

在AutoCAD中可以将图形文件输出为其他格式的文件，以便使用其他软件对图形进行编辑处理。
例如，用户想在CorelDRAW中对图形进行编辑，可以将图形文件输出为.wmf格式的文件；如果想
在Photoshop中进行编辑，则可以将图形输出
为.bmp格式的文件。

用户可以通过以下方式输出图纸：

（1）从菜单栏执行"文件>输出"命令。

（2）在"输出"选项卡的"输出为DWF/
PDF"面板中单击"输出"按钮。

（3）在命令行中输入EXPORT命令，然后
按回车键。

执行"文件>输出"命令，即可打开"输出数
据"对话框，在该对话框中用户可以设置输出文
件名、文件类型及输出路径，如图5-19所示。

图5-19 "输出数据"对话框

动手练 输出为位图

扫码观看视频

下面介绍将CAD图纸输出为位图图片的操作方法：

Step 01 打开素材图形，如图5-20所示。

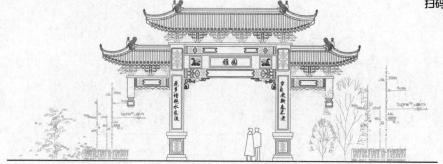

图5-20 素材图形

Step 02 执行"文件>输出"命令，打开"输出数据"对话框，设置存储路径、文件名及文件类型，如图5-21所示。

图5-21 "输出数据"对话框

Step 03 单击"保存"按钮，此时光标会变成捕捉标记，根据提示选择要输出的图形，如图5-22所示。

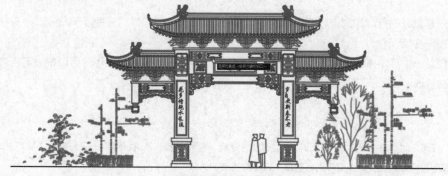

图5-22 选择输出对象

Step 04 按回车键确认，即可完成数据的输出，打开输出的位图图形，如图5-23所示。

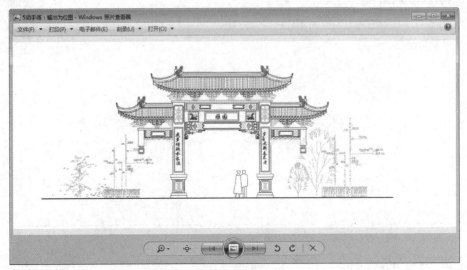

图5-23　打开输出的图形

5.2　打印图纸

　　图纸设计的最后一步是出图打印，通常意义上的打印是把图形打印在图纸上，在AutoCAD中用户也可以生成一份电子图纸，以便在互联网上访问。打印图形的关键文图之一是打印比例。图样是按1:1的比例绘制的，输出图形时，需要考虑选用多大幅面的图纸及图形的缩放比例，有时还要调整图形在图纸上的位置和方向。

5.2.1　设置打印样式

　　打印样式用于修改图形的外观。选择某个打印样式后，图形中的每个对象或图层都具有该打印样式的属性。

　　若要对设置好的打印样式进行编辑修改，可以执行"文件>打印样式管理器"命令，打开打印样式列表，如图5-24所示。

　　双击任意一个打印样式文件，即可打开"打印样式表编辑器"对话框，用户可以根据需要对打印样式进行相关修改，如图5-25所示。

> **知识点拨**
>
> 　　在"打印"对话框中，默认"打印样式"选项为隐藏。若要对其选项进行操作，只需单击"更多选项"按钮⊙，其后在打开的扩展列表框中则可显示"打印样式表"选项。

图5-24 打印样式列表

图5-25 "打印样式表编辑器"对话框

5.2.2 设置打印参数

在打印图形之前需要对打印参数进行设置，如图纸尺寸、打印方向、打印区域、打印比例等。在"打印"对话框中可以设置各个打印参数，如图5-26所示。

用户可以通过以下方式打开"打印"对话框：

（1）执行"文件>打印"命令。

（2）单击"菜单浏览器"按钮，在打开的菜单列表中选择"打印"选项。

（3）在快速访问工具栏中单击"打印"按钮。

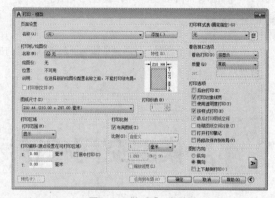

图5-26 "打印"对话框

（4）在"输出"选项卡的"打印"面板中单击"打印"按钮。

（5）在命令行中输入PLOT命令，然后按回车键。

1. 选择打印设备

在"打印机/绘图仪"选项栏的"名称"下拉列表中，AutoCAD系统列出了已安装的打印机或AutoCAD内部打印机设备的名称，用户可以在列表中选择需要的打印机输出设备，如图5-27所示。

2. 设置打印尺寸

在"图纸尺寸"下拉列表中提供了多种打印尺寸，用户可以根据需要选择合适的尺寸，如图5-28所示。

图5-27 打印机列表

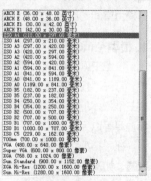

图5-28 打印尺寸列表

3. 设置打印比例

通常情况下，最终的施工图不可能按照1:1的比例绘制，图形输出到图纸上必须遵循一定的比例。所以，正确地设置图层打印比例，能够使图形更加美观。设置合理的打印比例，可以在出图时使图形更加完整地显示出来。"打印"对话框中提供了多种打印比例，用户也可以自定义合适的比例，如图5-29所示。

4. 设置打印范围

设置完打印参数后，在"打印范围"下拉列表中选择图形的打印范围，如图5-30所示。

● 窗口：自由选择一个矩形区域，而且只能打印选择范围内的图形。

● 范围：打印所有图形。

● 图形界限：打印LIMITS设置的界限范围内的图形。

● 显示：打印当前图形窗口显示的内容。

图5-29　打印比例列表

图5-30　打印范围列表

知识点拨

在设定打印参数时，用户应根据与计算机连接的打印机的类型来综合考虑打印参数的具体值，否则将无法实施打印操作。

5.3　模型空间和布局空间

用户通常在模型空间中设置图形，在图纸空间中进行打印准备。用于布局和准备图形打印的环境在视觉上更接近于最终的打印结果。

5.3.1　模型空间和布局空间简介

AutoCAD中提供了模型空间和布局空间两种绘图空间。在模型空间中，用户按1:1的比例绘图，绘图完成后，再以放大或缩小的比例打印图形。布局空间则提供了一张虚拟图纸，用户可以在该图纸上布置模型空间的图形，并设定好缩放比例，打印出图时，将设置好的虚拟图纸以1:1的比例打印出来。

1. 模型空间

模型空间是用户完成绘图和设计工作的绘图空间，创建和编辑图形的大部分工作都在模型空间中完成。打开"模型"选项卡后，即可开始在模型空间中工作。利用在模型空间中建立的模型可以完成二维或三维物体的造型，也可以根据用户需求用多个二维或三维视图来表示物体，同时配齐必要的尺寸标注和注释等以完成所需要的全部绘图工作。

在"模型"选项卡中，可以查看并编辑模型空间的对象，而且十字光标在整个图形区域都处于激活状态，如图5-31所示。

2. 布局空间

如果要设置图形以便于打印，用户可以使用"布局"选项卡，每个"布局"选项卡都提供一个图纸空间。在这种绘图环境中，可以创建视口并指定诸如图纸尺寸、图形方向及位置之类的页面设置，并与布局一起保存。为布局指定页面设置时，可以保存并命名页面设置。保存的页面设置可以应用到其他布局中，也可以根据现有的布局样板文件创建新的布局。

在"布局"选项卡中，用户可以查看并编辑图纸空间对象，如图5-32所示。

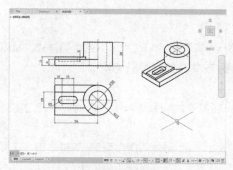

图5-31　模型空间

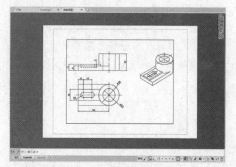

图5-32　布局空间

5.3.2　切换绘图空间

当打开一个图形文件时，默认的空间为模型空间。模型空间与图纸空间是可以相互切换的，下面将对其切换方法进行介绍。

1. 模型空间与图纸空间的切换

（1）将鼠标放置在"文件"选项卡上，在弹出的浮动面板中选择"布局"选项，如图5-33所示。

图5-33　浮动面板

（2）在状态栏左侧单击"布局1"或"布局2"按钮。

（3）在状态栏中单击"模型"按钮 **模型**。

2. 图纸空间与模型空间的切换

（1）将鼠标放置在"文件"选项卡上，在弹出的浮动面板中选择"模型"选项。

（2）在状态栏左侧单击"模型"按钮 **模型**。

（3）在状态栏中单击"图纸"按钮 **图纸**。

（4）在图纸空间中双击鼠标左键，此时激活活动视口进入模型空间。

5.4 布局视口

在设计过程中，用户可以根据需要在布局空间中创建视口，并设置布局视口和布局视口的可见性。

5.4.1 创建布局视口

AutoCAD可以创建多个布局来显示不同的视图，每一个布局都可以包含不同的绘图样式。布局视图中的图形就是绘制成果。通过"布局"功能，用户可以从多个角度表现同一图形。

用户可以通过以下几种方式进行布局视口的创建：

（1）切换到布局空间，执行"视图>视口"命令，在打开的级联菜单中选择需要的视口创建方式，如图5-34所示。

（2）切换到布局空间，在"布局"选项卡的"布局视口"面板中单击"视口"下拉按钮，在展开的列表中选择需要的创建方式，如图5-35所示。

（3）切换到布局空间，在命令行中输入VPORTS命令，然后按回车键。

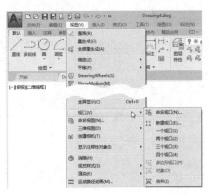

图5-34 菜单栏命令

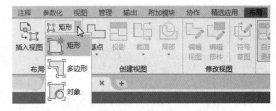

图5-35 功能区命令

5.4.2 设置布局视口

布局视口创建完成后，用户可以根据需要对该视口进行一系列的设置操作，如视口的锁定、剪裁、显示等。但对布局视口进行设置或编辑时，需要在布局空间中才可以进行，否则将无法设置。

1. 更改视口的大小和位置

如果创建的视口不符合用户的需求，用户可以利用视口边框的夹点来更改视口的大小和位置，如图5-36所示。

2. 删除和复制布局视口

用户可以通过快捷组合键Ctrl+C和Ctrl+V进行视口的复制和粘贴，按Delete键即可删除视口，也可以通过右击弹出的快捷菜单进行该操作。

3. 设置视口中的视图和视觉样式

在"布局"空间模式中可以更改视图和视觉样式，并编辑模型的显示大小。双击视图即可激活视图，使其窗口边框变为粗黑色，单击视口左上角的视图控件图标和视觉样式控件图标即可更改视图及视觉样式。

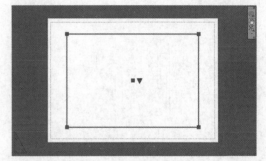

图5-36　视口边框的夹点

在布局空间中还可以创建不规则视口。执行"视图>视口>多边形视口"命令，在布局空间指定起点、端点和经过点，创建封闭的图形，按回车键即可创建不规则视口，或者在"布局"选项卡的"布局视口"面板中单击"矩形"按钮，在弹出的下拉列表框中选择"多边形"选项。

5.4.3　布局视口的可见性

在布局空间模式中，用户可以使用多种方法设置布局视口的可见性，设置布局视口的可见性有助于突出显示和隐藏图形，并缩短平面重生时间。下面将对其具体操作进行介绍。

1. 冻结视口的指定布局

（1）在每个视口中有选择地冻结图层，也可以设置为新视口和新图层指定默认的可见性。

（2）在不同的视口中冻结部分图层，这些操作并不影响其他视口，并且冻结的图层是不可以被重生和打印的。

（3）在"图层特性管理器"选项板和"常用"选项卡的"图层"面板上均可以进行操作。

2. 在布局中淡显对象

"淡显"是指在打印时使用较少的墨水对图层进行暗淡化处理。利用淡显可以不必更改图层的特性，只需更改淡显值即可将图层淡化处理，并突出重要的图形信息。

默认情况下，淡显值为100，淡显有效值为0～100，当淡显值为0时，淡显对象将不使用墨水，而且在视口中也不可见。

3. 打开或关闭布局视口

通过打开和关闭布局视口操作可以有效地减少视口数量，优化系统性能，还可以节省重生时间。

动手练　创建多个视口

下面介绍创建布局视口的方法，操作步骤介绍如下：

Step 01 打开素材图形，如图5-37所示。

Step 02 在状态栏中单击"布局1"按钮，切换到布局空间，如图5-38所示。

扫码观看视频

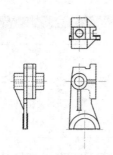

图5-37 打开素材

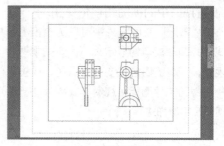

图5-38 切换到布局空间

Step 03 删除默认的视口边框，如图5-39所示。

Step 04 执行"视图>视口>新建视口"命令，打开"视口"对话框，在"标准视口"列表中选择"三个：左"选项，如图5-40所示。

图5-39 删除视口边框

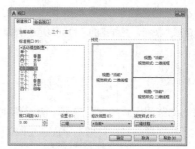

图5-40 新建视口

Step 05 单击"确定"按钮返回布局空间，根据提示指定新视口的对角点，如图5-41所示。

Step 06 确定对角点后，系统会自动创建三个新的视口，如图5-42所示。

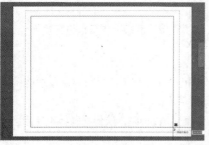

图5-41 指定视口的对角点

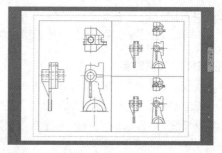

图5-42 三个新视口

Step 07 在任意一个视口中双击，视口边框会变粗，此时进入图纸编辑模式，如图5-43所示。

Step 08 按住鼠标中键平移视口，调整图形位置，如图5-44所示。

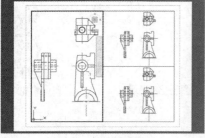

图5-43 激活视口

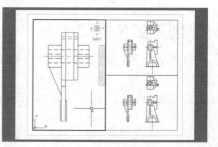

图5-44 调整图形位置

Step 09 照此方法再调整其他视口中的图形，再在视口外的空白处双击锁定视口，完成本次操作，如图5-45所示。

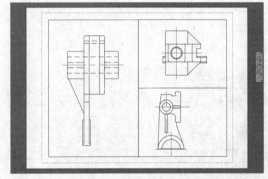

图5-45　调整其他视口图形

5.5　网络功能的应用

在AutoCAD中，用户可以在Internet上预览建筑图纸，为图纸插入超链接、将图纸以电子形式进行打印，并将设置好的图纸发布到Web以供用户浏览等。

5.5.1　Web浏览器的应用

Web浏览器是通过URL获取并显示Web网页的一种软件工具。用户可以在AutoCAD系统内部直接调用Web浏览器进入Web网络世界。

AutoCAD中的文件"输入"和"输出"命令都具有内置的Internet支持功能。通过该功能，可以直接从Internet上下载文件，其后就可以在AutoCAD环境下编辑图形。用"浏览Web"对话框，可以快速定位到要打开或保存文件的特定的Internet位置。可以指定一个默认的Internet网址，每次打开"浏览 Web"对话框时都将加载该位置。如果不知正确的URL，或者不想在每次访问Internet网址时输入冗长的URL，则可以使用"浏览 Web"对话框方便地访问文件。

此外，在命令行中直接输入BROWSER命令，按回车键，并根据提示信息打开网页。

命令行提示如下：

```
命令：_BROWSER
输入网址（URL）<http://www.autodesk.com.cn>：www.baidu.com
```

5.5.2　超链接管理

超链接就是将AutoCAD中的图形对象与其他数据、信息、动画、声音等建立链接关系。利用超链接，可以实现由当前图形对象到关联图形文件的跳转。其链接的对象可以是现有的文件或Web页，也可以是电子邮件地址等。

1. 链接文件或网页

执行"插入>超链接"命令，根据提示在绘图区中选择要进行链接的图形对象，按回车键后打开

"插入超链接"对话框，如图5-46所示。

单击"文件"浏览按钮，打开"浏览Web-选择超链接"对话框，选择要链接的文件，如图5-47所示。并单击"打开"按钮，返回到上一层对话框，单击"确定"按钮即可完成超链接操作。

图5-46 "插入超链接"对话框

图5-47 选择需要链接的文件

在带有超链接的图形文件中，将光标移至带有链接的图形对象上时，光标右侧则会显示超链接符号，并显示链接文件名称。此时，按住Ctrl键并单击该链接对象，即可按照链接网址切转到相关联的文件中。"插入超链接"对话框中各选项的说明如下：

- 显示文字：用于指定超链接的说明文字。
- 现有文件或Web页：用于创建到现有文件或Web页的超链接。
- 键入文件或Web页名称：用于指定要与超链接关联的文件或Web页面。
- 最近使用的文件：显示最近链接过的文件列表，用户可以从中选择链接。
- 浏览的页面：显示最近浏览过的Web页面列表。
- 插入的链接：显示最近插入的超级链接列表。
- 文件：单击该按钮，在"浏览Web—选择超链接"对话框中指定与超链接相关联的文件。
- Web页：单击该按钮，在"浏览Web"对话框中指定与超链接相关联的Web页面。
- 目标：单击该按钮，在"选择文档中的位置"对话框中选择链接到图形中的命名位置。
- 路径：显示与超链接关联的文件的路径。
- 使用超链接的相对路径：用于为超级链接设置相对路径。
- 将DWG超链接转换为DWF：用于转换文件的格式。

2. 链接电子邮件地址

执行"插入>超链接"命令，在绘图区中选中要链接的图形对象，按回车键后打开"插入超链接"对话框。单击左侧的"电子邮件地址"选项卡，其后在"电子邮件地址"文本框中输入邮件地址，并在"主题"文本框中输入邮件消息主题内容，单击"确定"按钮即可，如图5-48所示。

在打开电子邮件超链接时，默认电子邮件应用程序将创建新的电子邮件消息。在此填好邮件

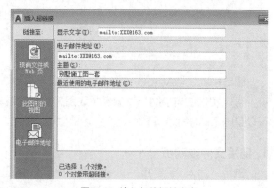

图5-48 输入邮件相关内容

地址和主题，最后输入消息内容并通过电子邮件发送。

5.5.3　电子传递的设置

　　用户在发布图纸时，有时会忘记发送字体、外部参照等相关描述文件，使得他人接收时打不开文档，从而造成无效传输。使用电子传递功能可以自动生成包含设计文档及其相关文件的数据包，然后将数据包粘贴到E-mail的附件中进行发送，保证了发送的有效性。

　　单击"菜单浏览器"按钮，在打开的列表中选择"发布>电子传递"命令，打开"创建传递"对话框，在"文件树"或"文件表"选项卡中设置相应的参数即可，如图5-49所示。

　　如需添加文件，可以在"创建传递"对话框中单击"添加文件"按钮，此时会打开"添加要传递的文件"对话框，选择要添加的文件，单击"打开"按钮即可，如图5-50所示。

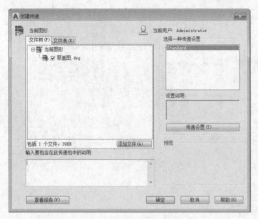

图5-49　"创建传递"对话框

图5-50　选择要添加的文件

　　另外，在"创建传递"对话框中单击"传递设置"按钮，会打开"传递设置"对话框。单击"修改"按钮打开"修改传递设置"对话框，用户可以在该对话框中对传递参数进行设置，如图5-51和图5-52所示。

图5-51　"传递设置"对话框

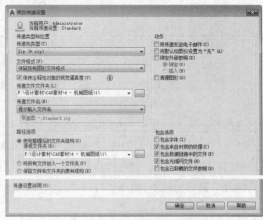

图5-52　"修改传递设置"对话框

创建布局并打印图纸

扫码观看视频

　　在绘制一些较为复杂的图纸时，需要创建多个图层并对其进行相关设置。如果下次绘制类似的图纸，又需要重新创建图层并设置图层特性，这样一来绘图效率会大大降低。AutoCAD提供了图层的输入与输出功能，可以直接将创建好的图层保存并加以重复利用。

Step 01 打开素材文件，如图5-53所示。

Step 02 在状态栏中右击"模型"标签，在弹出的快捷菜单中选择"从样板"选项，如图5-54所示。

Step 03 此时会打开"从文件选择样板"对话框，用户可以从列表中选择合适的样板，这里我们选择一个带有图框的样板，如图5-55所示。

Step 04 单击"打开"按钮，弹出"插入布局"对话框，选择布局。

Step 05 单击"确定"按钮关闭对话框，在状态栏中可以看到新创建的"D-尺寸布局"标签。

Step 06 单击该标签，进入新创建的布局空间，如图5-56所示。

图5-53 素材图形

图5-54 选择"从样板"选项

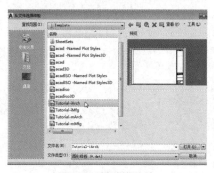

图5-55 选择样板文件

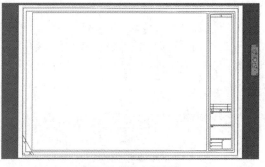

图5-56 进入布局空间

Step 07 选择并删除视口边框，如图5-57所示。

Step 08 执行"视图>视口>一个视口"命令，在布局中指定对角线绘制视口框，如图5-58所示。

Step 09 视口框绘制完毕后，图纸即会最大化显示在视口框中，如图5-59所示。

Step 10 执行"文件>打印"命令，打开"打印"对话框，这里选择一款内部打印设备SnagIt 9，如图5-60所示。

Step 11 选择该打印机后，系统会弹出警告提示，如图5-61所示。

Step 12 单击"确定"按钮以使用默认图纸尺寸，此时图纸尺寸会自动选择A4，如图5-62所示。

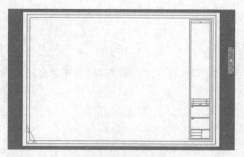

图5-57 删除视口边框

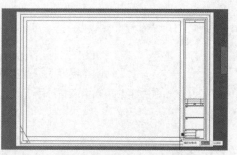

图5-58 指定视口边框对角点

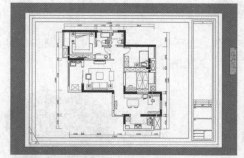

图5-59 显示图纸

图5-60 选择打印机

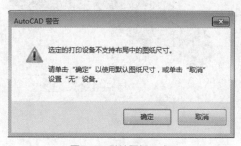

图5-61 默认图纸尺寸

图5-62 系统默认A4尺寸

Step 13 在"打印区域"选项组中设置"打印范围"为"显示",再勾选"布满图纸"和"居中打印"复选框,如图5-63所示。

Step 14 单击"预览"按钮进入预览界面,如图5-64所示。检查图纸无误后,即可在预览界面上方单击"打印"按钮,打印图形。

图5-63 选择目标对象

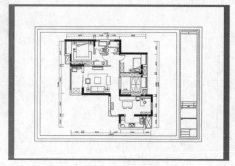

图5-64 打印预览

为了让读者更好地掌握本章所学的知识，在这里提供了两个关于本章知识的课后作业，以供读者练手。

1. 输入3D模型

将存储好的3DS格式的机械零件模型输入到AutoCAD。

操作提示：

`Step 01` 执行"文件>输入"命令，打开"输入文件"对话框，选择要输入的3DS文件，如图5-67所示。

`Step 02` 切换到西南等轴测视图和概念视觉样式，观察效果，如图5-68所示。

图5-67 输入文件

图5-68 输入模型效果

2. 创建多个视口

在布局空间中创建多个视口。

操作提示：

切换到布局空间，在"布局"选项卡的"布局视口"面板中单击"矩形"视口命令，在空间中绘制多个矩形以创建视口，如图5-69所示。

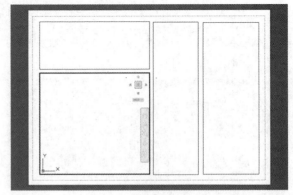

图5-69 多个视口效果

Part 02

二维
绘图篇

Chapter 06

二维绘图基础命令

本章概述

　　在AutoCAD中，任何复杂的平面图形实际上都是由点、直线、圆、圆弧和矩形等基本图形元素组成的。本章将向读者介绍如何利用CAD软件来创建一些简单二维图形的相关知识点，其中包括点、线、曲线、矩形和正多边形等操作命令。通过对本章内容的学习，使读者能够掌握一些制图的基本要领，同时为下面章节的学习打下基础。

学习目标

- 了解射线、构造线的绘制
- 了解圆环的绘制
- 熟悉点的绘制
- 掌握矩形、多边形、圆、圆弧、椭圆的绘制

6.1 直线

直线是各种绘图中最简单、最常用的一类图形对象。它既可以作为一条线段，也可以作为一系列相连的线段。绘制直线的方法非常简单，在绘图区内指定直线的起点和终点即可绘制一条直线。

用户可以通过以下方式调用"直线"命令：

（1）从菜单栏执行"绘图>直线"命令。

（2）在"默认"选项卡的"绘图"面板中单击"直线"按钮 ╱。

（3）在命令行中输入LINE命令，然后按回车键。

命令行的提示如下：

```
命令：_LINE
指定第一个点：
指定下一个点或 [放弃（U）]：
```

动手练 **利用坐标绘制直线**

下面利用坐标绘制一条长100mm且与XY轴夹角为45°的直线，操作步骤介绍如下：

扫码观看视频

Step 01 执行"绘图>直线"命令，在指定直线起点之前，在命令行中输入坐标（0,0）（输入第一个坐标0后再输入"，"号，即可将其锁定，其后会出现一个锁定符号🔒），如图6-1所示。

Step 02 按回车键后即可确认直线起点，可以看到直线起点位于坐标系原点，如图6-2所示。

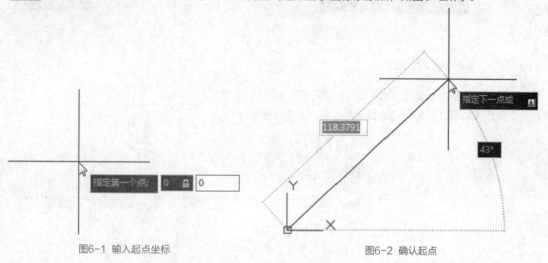

图6-1 输入起点坐标   图6-2 确认起点

Step 03 移动光标，再输入直线端点坐标（100,100），如图6-3所示。

Step 04 按回车键两次，即可完成直线的绘制，如图6-4所示。

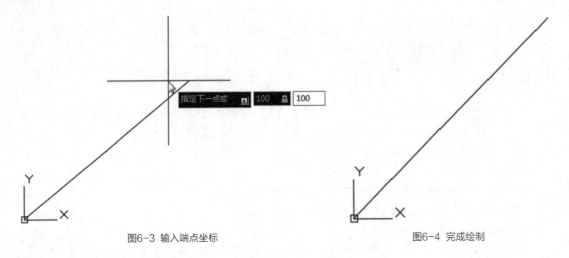

图6-3　输入端点坐标　　　　　　　　　　　　图6-4　完成绘制

动手练 **通过输入长度绘制直线**

　　下面绘制一条长度为100mm的横直线，操作步骤介绍如下：

Step 01 按F8键开启正交模式，执行"绘图>直线"命令，在绘图区中指定一点作为直线起点，如图6-5所示。

Step 02 确定起点后向一侧移动光标，光标旁边和直线上方都会显示当前长度值，如图6-6所示。

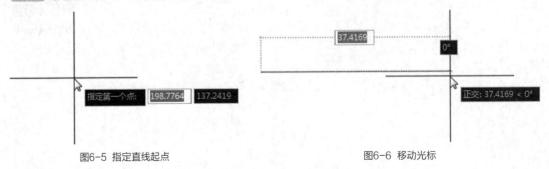

图6-5　指定直线起点　　　　　　　　　　　　图6-6　移动光标

Step 03 根据需要输入长度值100，如图6-7所示。

Step 04 按回车键两次，即可完成直线的绘制，如图6-8所示。

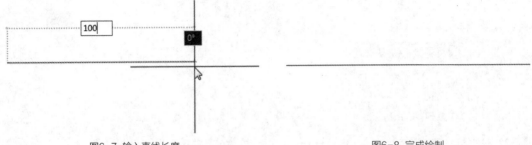

图6-7　输入直线长度　　　　　　　　　　　　图6-8　完成绘制

6.2　射线

射线是从一端点出发向某一方向一直延伸，而且只有起始点、没有终点。

用户可以通过以下方式调用"射线"命令：

（1）从菜单栏执行"绘图>射线"命令。

（2）在"默认"选项卡的"绘图"面板中单击"射线"按钮。

（3）在命令行中输入RAY命令，然后按回车键。

命令行的提示如下：

```
命令：_RAY
指定起点：
指定通过点：
指定通过点：
```

注意事项

　　射线可以指定多个通过点，绘制以同一起点为端点的多条射线，绘制完多条射线后，按Esc键或回车键即可完成操作。

6.3　构造线

构造线在建筑制图中的应用与射线相同，都是起着辅助绘图的作用，而两者的区别在于，构造线是两端无限延长的直线，没有起点和终点；射线则是一段无限延长的线，有起点、无终点。

用户可以通过以下方式调用"构造线"命令：

（1）从菜单栏执行"绘图>构造线"命令。

（2）在"默认"选项卡的"绘图"面板中单击"构造线"按钮。

（3）在命令行中输入XLINE命令，然后按回车键。

命令行的提示如下：

```
命令：_XLINE
指定点或 [水平（H）/垂直（V）/角度（A）/二等分（B）/偏移（O）]:
指定通过点：
指定通过点：
```

6.4　点

在AutoCAD中，点可以用于捕捉绘制对象的节点或参照点，用户可以利用这些点，并结合其他操作命令绘制出完美的图形。

6.4.1　设置点样式

点的形状和大小由点的样式决定，默认情况下，点在AutoCAD中是以圆点的形式显示的，用户也可以设置点的显示类型。

用户可以通过以下两种方式打开"点样式"对话框：

（1）从菜单栏执行"格式>点样式"命令。

（2）在命令行中输入DDPTYPE命令，然后按回车键。

执行以上任意方式，打开"点样式"对话框，用户可以从中选择相应的点样式并设置点的大小，如图6-9所示。若选择"相对于屏幕设置大小"单选按钮，则点大小是以百分数的形式实现的；若选择"按绝对单位设置大小"单选按钮，则点大小是以实际单位的形式实现的。

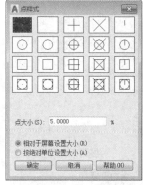

图6-9　"点样式"对话框

6.4.2　单点和多点

点是组成图形最基本的实体对象，AutoCAD为用户提供了单点和多点两种，用户可以根据用户的需要创建相应的点，下面将介绍单点或多点的绘制方法：

（1）从菜单栏执行"绘图>点>单点（多点）"命令。

（2）在"默认"选项卡的"绘图"面板中单击"多点"按钮。

（3）在命令行中输入POINT命令，然后按回车键。

命令行的提示如下：

```
命令：_POINT
当前点模式：PDMODE = 35　PDSIZE = 20.0000
指定点：
```

6.4.3　定数等分

定数等分可以将图形按照固定的数值和相同的距离进行平均等分，在对象上按照平均分出的点的位置进行绘制，作为绘制的参考点。

用户可以通过以下方式绘制定数等分点：

（1）从菜单栏执行"绘图>点>定数等分"命令。

（2）在"默认"选项卡的"绘图"面板中单击"定数等分"按钮。

（3）在命令行中输入DIVIDE命令，然后按回车键。

命令行的提示如下：

命令：_DIVIDE
选择要定数等分的对象：
输入线段数目或 [块（B）]：

[动手练] **等分圆绘制八边形**

扫码观看视频

下面利用"定数等分"功能绘制一个八边形，操作步骤介绍如下：

Step 01 打开绘制好的半径为100mm的圆，如图6-10所示。

Step 02 确定起点后向一侧移动光标，光标旁边和直线上方都会显示当前的长度值，如图6-11所示。

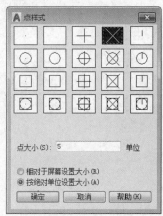

图6-10 绘制圆　　　　　　　　　　　图6-11 设置点样式

Step 03 设置完毕后关闭对话框，执行"绘图>点>定数等分"命令，根据提示选择要定数等分的对象，如图6-12所示。

Step 04 单击后再根据提示输入等分线段数目8，如图6-13所示。

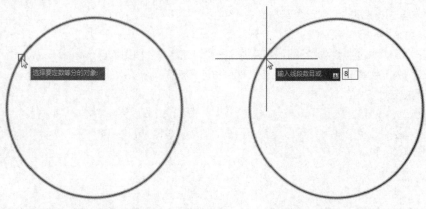

图6-12 选择等分对象　　　　　　　　图6-13 输入等分数目

Step 05 按回车键确认创建等分点，可以看到圆已经被等分为8份，如图6-14所示。

Step 06 按F3键开启对象捕捉功能，执行"绘图>直线"命令，捕捉等分点绘制直线，如图6-15所示。

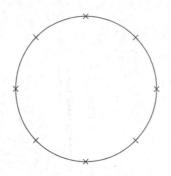

图6-14 创建等分点

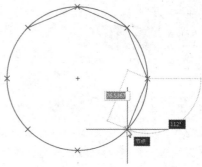

图6-15 绘制直线

Step 07 继续捕捉等分点绘制出八边形，如图6-16所示。

Step 08 删除外圆和等分点，完成本次操作，如图6-17所示。

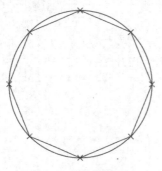

图6-16 绘制出八边形

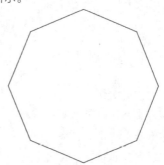

图6-17 删除外圆和等分点

6.4.4 定距等分

定距等分是指从某一端点按照指定的距离进行划分。被等分的对象在不可以被整除的情况下，等分对象的最后一段要比之前的距离短。

用户可以通过以下方式绘制定距等分点：

（1）从菜单栏执行"绘图>点>定距等分"命令。

（2）在"默认"选项卡的"绘图"面板中单击"定距等分"按钮 。

（3）在命令行中输入MEASURE命令，然后按回车键。

命令行的提示如下：

```
命令：_MEASURE
选择要定距等分的对象：
指定线段长度或 [块（B）]：
```

知识点拨

使用定数等分对象时，由于输入的是等分段数，所以如果图形对象是封闭的，则生成点的数量等于等分的段数值。无论是使用"定数等分"还是"定距等分"进行操作时，并非是将图形分成独立的几段，而是在相应的位置上显示等分点，以辅助其他图形的绘制。在使用"定距等分"功能时，如果当前的线段长度是等分值的倍数，则该线段可以实现等分；反之，则无法实现真正的等分。

6.5　矩形

　　"矩形"命令在AutoCAD中是最常用的命令之一。在使用该命令时，用户可以指定矩形的两个对角点，来确定矩形的大小和位置。当然，也可以指定矩形的长和宽来确定矩形。

　　用户可以通过以下方式调用"矩形"命令：

　　（1）从菜单栏执行"绘图>矩形"命令。

　　（2）在"默认"选项卡的"绘图"面板中单击"矩形"按钮▱ ▾。

　　（3）在命令行中输入RECTANG命令，然后按回车键。

　　命令行的提示如下：

```
命令：_RECTANG
指定第一个角点或 [倒角（C）/标高（E）/圆角（F）/厚度（T）/宽度（W）]：
指定另一个角点或 [面积（A）/尺寸（D）/旋转（R）]：
```

　　命令行各选项的说明如下：

● 倒角：使用该命令可以绘制一个带有倒角的矩形，这时需要指定两个倒角的距离。

● 标高：使用该命令可以指定矩形所在的平面高度。

● 圆角：使用该命令可以绘制一个带有圆角的矩形，这时需要输入圆角半径。

● 厚度：使用该命令可以设置具有一定厚度的矩形。

● 宽度：使用该命令可以设置矩形的线宽。

知识点拨

　　除了"矩形"命令外，利用"直线"命令也可以绘制出长方形，但与"矩形"命令绘制出的图形有所不同。前者绘制的方形，其线段都是独立存在的，而后者绘制出的方形，则是一个整体闭合线段。

动手练　利用坐标绘制矩形

　　下面利用输入坐标的方式绘制尺寸为150mm×100mm的矩形，操作步骤介绍如下：

Step 01 执行"绘图>矩形"命令，在指定第一个角点之前，输入坐标（20,20），如图6-18所示。

Step 02 按回车键确认后可以看到矩形的一个角点确认在坐标原点附近，如图6-19所示。

扫码观看视频

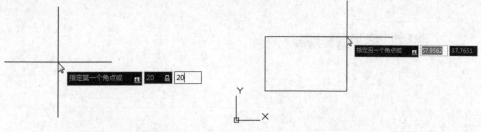

图6-18 指定第一个角点的坐标　　　　　　　图6-19 确定角点位置

Step 03 移动光标，再输入坐标（170,120）以确认矩形的第二个角点，如图6-20所示。

Step 04 按回车键确认即可完成矩形的绘制，如图6-21所示。

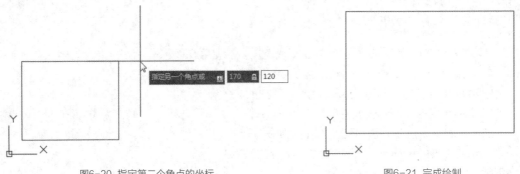

图6-20 指定第二个角点的坐标　　　　　　　　图6-21 完成绘制

动手练 通过输入尺寸绘制矩形

扫码观看视频

下面通过输入尺寸的方式绘制矩形，操作步骤介绍如下：

Step 01 执行"绘图>矩形"命令，任意指定一点作为矩形的第一个角点，如图6-22所示。

Step 02 指定角点后移动光标，如图6-23所示。

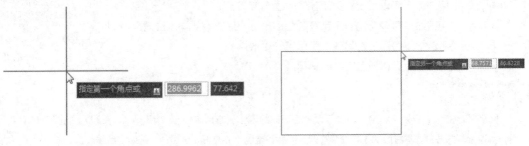

图6-22 指定第一个角点　　　　　　　　　　　图6-23 移动光标

Step 03 在命令行中输入矩形的长宽尺寸（150,100），如图6-24所示。

Step 04 按回车键确认，即可完成矩形的绘制，如图6-25所示。

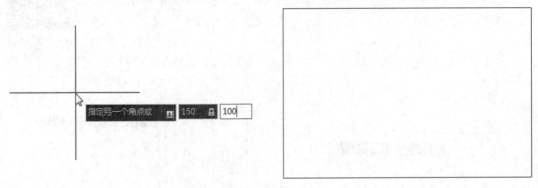

图6-24 输入矩形尺寸　　　　　　　　　　　　图6-25 完成绘制

动手练 绘制圆角矩形

扫码观看视频

下面介绍圆角矩形的画法，操作步骤介绍如下：

Step 01 执行"绘图>矩形"命令，在指定角点之前输入f命令，如图6-26所示。

Step 02 按回车键确认，再根据提示输入圆角半径值，如图6-27所示。

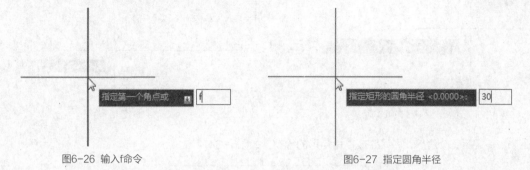

图6-26 输入f命令　　　　　　　　　　　　　　图6-27 指定圆角半径

Step 03 按回车键确认，在绘图区中指定一点作为第一个角点，如图6-28所示。

Step 04 拖动鼠标指定第二个角点，完成圆角矩形的绘制，如图6-29所示。

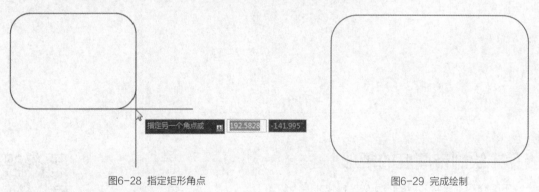

图6-28 指定矩形角点　　　　　　　　　　　　　图6-29 完成绘制

动手练 绘制倒角矩形

下面介绍倒角矩形的画法，操作步骤介绍如下：

Step 01 执行"绘图>矩形"命令，在指定角点之前输入命令c，如图6-30所示。

Step 02 按回车键确认，根据提示输入矩形的第一个倒角距离为30，如图6-31所示。

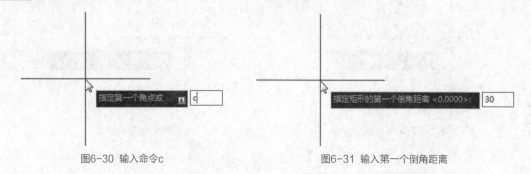

图6-30 输入命令c　　　　　　　　　　　　　图6-31 输入第一个倒角距离

Step 03 再按回车键确认，保持默认的第二个倒角距离为30，如图6-32所示。

Step 04 指定一点作为矩形的第一个角点，再拖动光标，如图6-33所示。

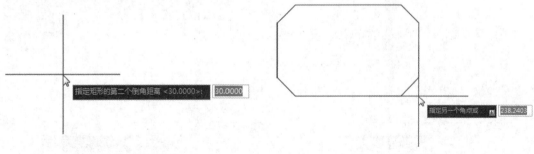

图6-32 第二个倒角距离   图6-33 指定矩形角点

Step 05 指定第二个角点，即可完成倒角矩形的绘制，如图6-34所示。

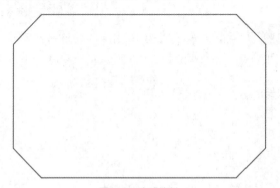

图6-34 完成绘制

动手练 绘制带厚度的矩形

下面介绍带厚度的矩形的画法，操作步骤介绍如下：

Step 01 执行"绘图>矩形"命令，在指定角点之前输入命令w，如图6-35所示。

Step 02 按回车键确认，根据提示输入矩形的线宽为10，如图6-36所示。

扫码观看视频

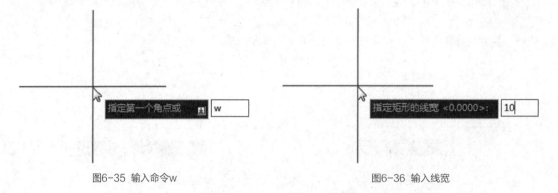

图6-35 输入命令w   图6-36 输入线宽

Step 03 再按回车键确认，在绘图区中指定一点作为矩形的第一个角点，如图6-37所示。

Step 04 再拖动光标，指定第二个角点，即可完成矩形的绘制，如图6-38所示。

指定另一个角点或　167.1847

图6-37 指定矩形的角点　　　　　　　　　　　　图6-38 完成绘制

6.6 多边形

正多边形是由多条边长相等的闭合线段组合而成。各边相等、各角也相等的多边形称为正多边形。在默认情况下，正多边形的边数为4。

用户可以通过以下方式调用"多边形"命令：

（1）从菜单栏执行"绘图>多边形"命令。

（2）在"默认"选项卡的"绘图"面板中单击"多边形"按钮⬠。

（3）在命令行中输入POLYGON命令，然后按回车键。

绘制多边形时分为内接于圆和外切于圆两个方式。内接于圆是指多边形在一个虚构的圆内，外切于圆是指多边形在一个虚构的圆外，下面将对其相关内容进行介绍。

1. 内接于圆

在命令行中输入POLYGON命令并按回车键，根据提示设置多边形的边数、内切和半径。设置完成后效果如图6-39所示。

命令行的提示如下：

```
命令：_POLYGON
输入侧面数<7>：5
指定正多边形的中心点或 [边（E）]：
输入选项 [内接于圆（I）/外切于圆（C）] <I>：i
指定圆的半径：80
```

2. 外切于圆

在命令行中输入POLYGON命令并按回车键，根据提示设置多边形的边数、内切和半径。设置完成后效果如图6-40所示。

命令行的提示如下：

```
命令：_POLYGON
输入侧面数<7>：5
指定正多边形的中心点或 [边（E）]：
输入选项 [内接于圆（I）/外切于圆（C）] <I>：c
指定圆的半径：80
```

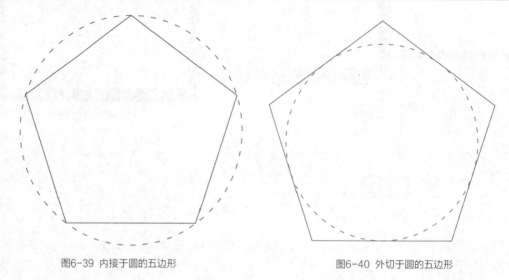

图6-39 内接于圆的五边形　　　　　　　　　图6-40 外切于圆的五边形

注意事项

　　在绘制多边形时，除了可以通过指定多边形的中心点来绘制正多边形之外，还可以通过指定多边形的一条边来进行绘制。

6.7 圆

　　圆是常用的基本图形，要创建圆，可以指定圆心、输入半径值，也可以任意拉取半径长度进行绘制。
　　用户可以通过以下方式调用"圆"命令：
　　（1）从菜单栏执行"绘图>圆"命令，在其级联菜单中选择合适的绘制方式，如图6-41所示。
　　（2）在"默认"选项卡的"绘图"面板中单击"圆"下拉按钮，在展开的列表中选择合适的绘制方式，如图6-42所示。
　　（3）在命令行中输入CIRCLE命令，然后按回车键。

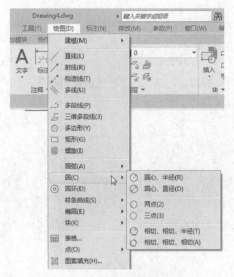
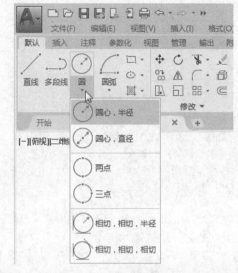

图6-41 菜单栏中的"圆"命令　　　　　图6-42 功能区中的"圆"命令

AutoCAD为用户提供了6种绘制圆的方式，包括圆心、半径，圆心、直径，两点，三点，相切、相切、半径，相切、相切、相切。

● **圆心、半径**：该方式需要先确定圆心位置，然后输入半径值或直径值，即可绘制出圆形。命令行的提示如下：

```
命令：_CIRCLE
指定圆的圆心或[三点（3P）/两点（2P）/切点、切点、半径（T）]:
指定圆的半径或[直径（D）]<500>:
```

● **圆心、直径**：该方式是通过指定圆心位置和直径值进行绘制，与圆心、半径的绘制方式类似。命令行的提示如下：

```
命令：_CIRCLE
指定圆的圆心或[三点（3P）/两点（2P）/切点、切点、半径（T）]:
指定圆的半径或[直径（D）]<500.0000>: _d
指定圆的直径<1000.0000>:
```

● **两点**：该方式是通过在绘图区任意指定两点作为直径两侧的端点，来绘制出一个圆。命令行的提示如下：

```
命令：_CIRCLE
指定圆的圆心或[三点（3P）/两点（2P）/切点、切点、半径（T）]: _2p
指定圆直径的第一个端点：
指定圆直径的第二个端点：
```

● **三点**：该方式是通过在绘图区任意指定圆上的三点即可绘制出一个圆。命令行的提示如下：

```
命令：_CIRCLE
指定圆的圆心或[三点（3P）/两点（2P）/切点、切点、半径（T）]: _3p
```

```
指定圆上的第一个点：
指定圆上的第二个点：
指定圆上的第三个点：
```

● 相切、相切、半径：该方式需要指定图形对象的两个相切点，再输入半径值即可绘制圆。命令行的提示如下：

```
命令：_CIRCLE
指定圆的圆心或[三点（3P）/两点（2P）/切点、切点、半径（T）]：_ttr
指定对象与圆的第一个切点：
指定对象与圆的第二个切点：
指定圆的半径<1109.2209>：
```

● 相切、相切、相切：该方式需要指定已有图形对象的三个点作为圆的相切点，即可绘制一个与该图形相切的圆。命令行的提示如下：

```
命令：_CIRCLE
指定圆的圆心或[三点（3P）/两点（2P）/切点、切点、半径（T）]：_3p
指定圆上的第一个点：_tan到
指定圆上的第二个点：_tan到
指定圆上的第三个点：_tan到
```

动手练 绘制半径为100mm的圆

下面利用圆心、半径的方式绘制半径为100mm的圆形，操作步骤介绍如下：

Step 01 执行"绘图>圆>圆心、半径"命令，在绘图区中指定一点作为圆心，如图6-43所示。

Step 02 指定圆心后再移动光标，根据提示输入半径值100，如图6-44所示。

Step 03 按回车键确认，即可完成圆形的绘制，如图6-45所示。

扫码观看视频

图6-43 指定圆心

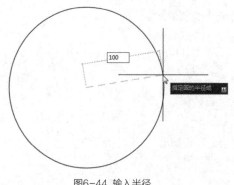

图6-44 输入半径

图6-45 完成绘制

动手练 输入直径绘制圆形

下面利用圆心、直径的方式绘制直径为100mm的圆形，操作步骤介绍如下：

Step 01 执行"绘图>圆>圆心、直径"命令，在绘图区中指定一点作为圆心，如图6-46所示。

Step 02 指定圆心后再移动光标，根据提示输入直径值100，如图6-47所示。

Step 03 按回车键确认，即可完成圆形的绘制，如图6-48所示。

图6-46 指定圆心

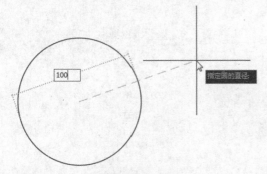

图6-47 输入直径

图6-48 完成绘制

动手练 两点绘制圆形

下面利用两点的方式绘制直径为100mm的圆形，操作步骤介绍如下：

Step 01 执行"绘图>圆>两点"命令，在绘图区中指定一点作为圆直径的第一个端点，如图6-49所示。

Step 02 移动光标，指定圆直径的第二个端点，也可以直接输入直径长度，这里输入100，如图6-50所示。

Step 03 按回车键确认，即可完成圆形的绘制，如图6-51所示。

图6-49 指定直径的第一个端点

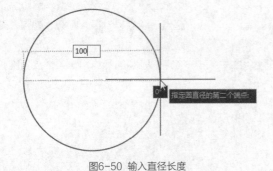

图6-50 输入直径长度

图6-51 完成绘制

6.8 圆弧

绘制圆弧的方法有很多种，默认情况下，绘制圆弧需要三点：圆弧的起点、圆弧上的点和圆弧的端点。

用户可以通过以下方式调用"圆弧"命令：

（1）从菜单栏执行"绘图>圆弧"命令，在其级联菜单中选择合适的绘制方式，如图6-52所示。

（2）在"默认"选项卡的"绘图"面板中单击"圆弧"下拉按钮，在展开的列表中选择合适的绘制方式，如图6-53所示。

（3）在命令行中输入ARC命令，然后按回车键。

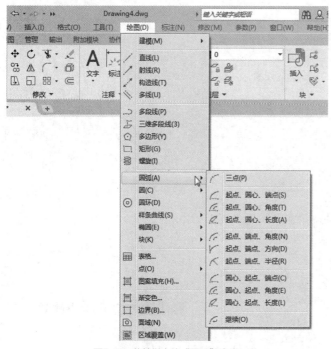

图6-52 菜单栏中的"圆弧"命令

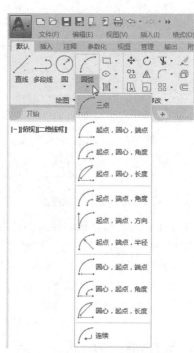

图6-53 功能区中的"圆弧"命令

AutoCAD为用户提供了11种绘制圆弧的方式，包括三点，起点、圆心、端点，起点、圆心、角度，起点、圆心、长度，起点、端点、角度，起点、端点、方向，起点、端点、半径，圆心、起点、端点，圆心、起点、角度，圆心、起点、长度，连续。

● 三点：该方式是通过指定三个点来创建一条圆弧曲线，第一个点为圆弧的起点，第二个点为圆弧上的点，第三个点为圆弧的端点。命令行的提示如下：

```
命令：_ARC
指定圆弧的起点或 [圆心（C）]：
指定圆弧的第二个点或 [圆心（C）/端点（E）]：
指定圆弧的端点：
```

● **起点、圆心、端点**：指定圆弧的起点、圆心和端点进行绘制。命令行的提示如下：

```
命令：_ARC
指定圆弧的起点或 [圆心（C）]：
指定圆弧的第二个点或 [圆心（C）/端点（E）]：_c
指定圆弧的圆心：
指定圆弧的端点（按住Ctrl键以切换方向）或 [角度（A）/弦长（L）]：
```

● **起点、圆心、角度**：指定圆弧的起点、圆心和角度进行绘制。命令行的提示如下：

```
命令：_ARC
指定圆弧的起点或 [圆心（C）]：
指定圆弧的第二个点或 [圆心（C）/端点（E）]：_c
指定圆弧的圆心：
指定圆弧的端点（按住Ctrl键以切换方向）或 [角度（A）/弦长（L）]：_a
指定夹角（按住Ctrl键以切换方向）：
```

● **起点、圆心、长度**：所指定的弦长不可以超过起点到圆心距离的两倍。命令行的提示如下：

```
命令：_ARC
指定圆弧的起点或 [圆心（C）]：
指定圆弧的第二个点或 [圆心（C）/端点（E）]：_c
指定圆弧的圆心：
指定圆弧的端点（按住Ctrl键以切换方向）或 [角度（A）/弦长（L）]：_l
指定弦长（按住Ctrl键以切换方向）：
```

● **起点、端点、角度**：指定圆弧的起点、端点和角度进行绘制。命令行的提示如下：

```
命令：_ARC
指定圆弧的起点或 [圆心（C）]：
指定圆弧的第二个点或 [圆心（C）/端点（E）]：_e
指定圆弧的端点：
指定圆弧的中心点（按住Ctrl键以切换方向）或 [角度（A）/方向（D）/半径（R）]：_a
指定夹角（按住Ctrl键以切换方向）：
```

● **起点、端点、方向**：指定圆弧的起点、端点和方向进行绘制。首先指定起点和端点，这时鼠标指定方向，圆弧会根据指定的方向进行绘制。指定方向后单击鼠标左键，即可完成圆弧的绘制。命令行的提示如下：

```
命令：_ARC
指定圆弧的起点或 [圆心（C）]：
指定圆弧的第二个点或 [圆心（C）/端点（E）]：_e
指定圆弧的端点：
指定圆弧的中心点（按住Ctrl键以切换方向）或 [角度（A）/方向（D）/半径（R）]：_d
指定圆弧起点的相切方向（按住Ctrl键以切换方向）：
```

● 起点、端点、半径：指定圆弧的起点、端点和半径进行绘制，绘制完成的圆弧的半径是指定的半径长度。命令行的提示如下：

```
命令：_ARC
指定圆弧的起点或 [圆心（C）]：
指定圆弧的第二个点或 [圆心（C）/端点（E）]：_e
指定圆弧的端点：
指定圆弧的中心点（按住Ctrl键以切换方向）或 [角度（A）/方向（D）/半径（R）]：_r
指定圆弧的半径（按住Ctrl键以切换方向）：
```

● 圆心、起点、端点：首先指定圆心，再指定起点和端点进行绘制。命令行的提示如下：

```
命令：_ARC
指定圆弧的起点或 [圆心（C）]：_c
指定圆弧的圆心：
指定圆弧的起点：
指定圆弧的端点（按住Ctrl键以切换方向）或 [角度（A）/弦长（L）]：
```

● 圆心、起点、角度：指定圆弧的圆心、起点和角度进行绘制。命令行的提示如下：

```
命令：_ARC
指定圆弧的起点或 [圆心（C）]：_c
指定圆弧的圆心：
指定圆弧的起点：
指定圆弧的端点（按住Ctrl键以切换方向）或 [角度（A）/弦长（L）]：_a
指定夹角（按住Ctrl键以切换方向）：
```

● 圆心、起点、长度：指定圆弧的圆心、起点和长度进行绘制。命令行的提示如下：

```
命令：_ARC
指定圆弧的起点或 [圆心（C）]：_c
指定圆弧的圆心：
指定圆弧的起点：
指定圆弧的端点（按住Ctrl键以切换方向）或 [角度（A）/弦长（L）]：_l
指定弦长（按住Ctrl键以切换方向）：
```

● 连续：使用该方法绘制的圆弧将与最后一个创建的对象相切。命令行的提示如下：

```
命令：_ARC
指定圆弧的起点或 [圆心（C）]：
指定圆弧的端点（按住Ctrl键以切换方向）：
```

 注意事项

　　带有起点和端点的圆弧绘制方式，默认是按逆时针绘制的。用户如果觉得不顺手，也可以利用NUITS命令将默认方向改为顺时针。

动手练 **三点绘制圆弧**

下面介绍三点绘制圆弧的方法，操作步骤介绍如下：

Step 01 执行"绘图>圆弧>三点"命令，根据提示指定圆弧的起点，如图6-54所示。

Step 02 移动光标，指定圆弧的第二个点，如图6-55所示。

扫码观看视频

图6-54 指定圆弧的起点　　　　　　　图6-55 指定圆弧的第二个点

Step 03 继续移动光标，指定圆弧的第三个点，也就是圆弧端点，如图6-56所示。

Step 04 按回车键确认，即可完成圆弧的绘制，如图6-57所示。

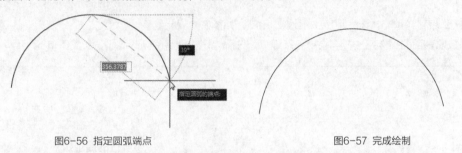

图6-56 指定圆弧端点　　　　　　　　图6-57 完成绘制

动手练 **起点、圆心、端点绘制圆弧**

下面利用起点、圆心、端点的方式绘制圆弧，操作步骤介绍如下：

Step 01 执行"绘图>矩形"命令，绘制尺寸为100mm×100mm的矩形，如图6-58所示。

Step 02 执行"绘图>圆弧>起点、圆心、端点"命令，根据提示指定矩形的一个角点作为圆弧的起点，如图6-59所示。

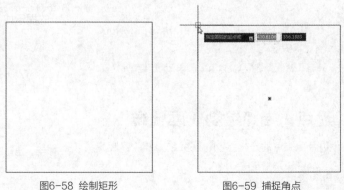

图6-58 绘制矩形　　　　　　　图6-59 捕捉角点

Step 03 移动光标，指定矩形的几何中心点作为圆弧的圆心，如图6-60所示。

Step 04 继续移动光标，指定圆弧的端点位置，如图6-61所示。

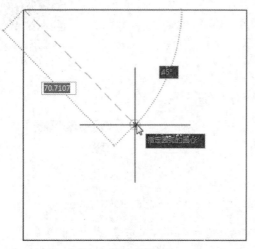

图6-60 指定圆弧的圆心

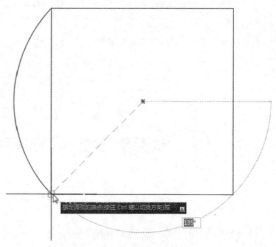

图6-61 指定圆弧的端点

Step 05 在端点位置单击鼠标即可完成圆弧的绘制，如图6-62所示。

Step 06 按照前面的操作方法，再绘制一条圆弧，分解矩形，删除两侧的线段，如图6-63所示。

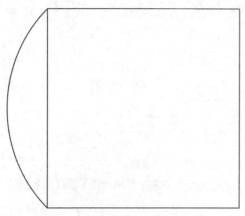

图6-62 完成绘制

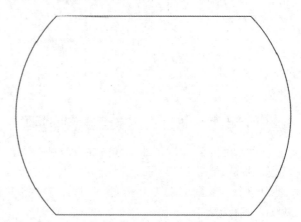

图6-63 绘制另一条圆弧

知识点拨

在绘制图形时，开启"对象捕捉"功能可以更精确地绘制图形。

动手练 圆心、起点、端点绘制轮廓弧线

下面利用圆心、起点、端点的方式绘制轮廓弧线，操作步骤介绍如下：

Step 01 打开素材图形，如图6-64所示。

扫码观看视频

Step 02 执行"绘图>圆弧>圆心、起点、端点"命令，根据提示指定圆弧的圆心，如图6-65所示。

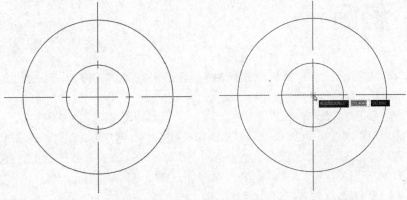

图6-64 素材图形　　　　　　　　　　　图6-65 指定圆弧的圆心

Step 03 移动光标到合适位置，指定圆弧起点角度，输入圆弧半径值2.8，如图6-66所示。

Step 04 按回车键确认后即可确认圆弧的起点位置，再移动光标指定圆弧的端点位置，如图6-67所示。

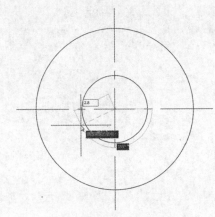
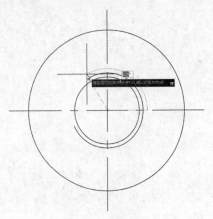

图6-66 指定圆弧起点位置及角度　　　　　图6-67 指定圆弧端点

Step 05 在端点位置单击即可完成轮廓弧线的绘制，如图6-68所示。

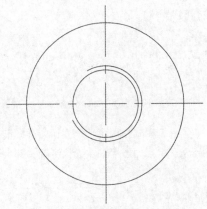

图6-68 完成绘制

6.9　椭圆

椭圆有长半轴和短半轴之分，长半轴与短半轴的值决定了椭圆曲线的形状，用户通过设置椭圆的起始角度和终止角度可以绘制椭圆弧。

用户可以通过以下方式调用"椭圆"命令：

（1）执行"绘图>椭圆"命令，在其级联菜单中选择合适的绘制方式，如图6-69所示。

（2）在"默认"选项卡的"绘图"面板中单击"椭圆"下拉按钮，在展开的列表中选择合适的绘制方式，如图6-70所示。

（3）在命令行中输入ELLIPSE命令，然后按回车键。

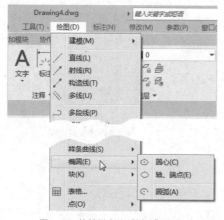

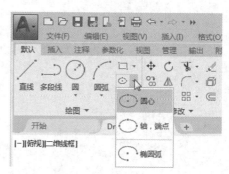

图6-69　菜单栏中的"椭圆"命令　　　　　图6-70　功能区中的"椭圆"命令

AutoCAD为用户提供了3种绘制椭圆的方式，包括圆心，轴、端点和椭圆弧，下面将对各绘制方式逐一进行介绍：

● **圆心：** 该模式是指定一个点作为椭圆曲线的圆心点，再分别指定椭圆曲线的长半轴长度和短半轴长度。命令行的提示如下：

```
命令：_ELLIPSE
指定椭圆的轴端点或 [圆弧（A）/中心点（C）]：_c
指定椭圆的中心点：
指定轴的端点：
指定另一条半轴长度或 [旋转（R）]：
```

● **轴、端点：** 该模式是指定一个点作为椭圆曲线半轴的起点，指定第二个点为长半轴（或短半轴）的端点，指定第三个点为短半轴（或长半轴）的半径点。命令行的提示如下：

```
命令：_ELLIPSE
指定椭圆的轴端点或 [圆弧（A）/中心点（C）]：
指定轴的另一个端点：
指定另一条半轴长度或 [旋转（R）]：
```

● 椭圆弧：该模式的创建方法与轴、端点的创建方式相似。使用该方法创建的椭圆可以是完整的椭圆，也可以是其中的一段圆弧。命令行的提示如下：

```
命令：_ELLIPSE
指定椭圆的轴端点或 [圆弧（A）/中心点（C）]：_a
指定椭圆弧的轴端点或 [中心点（C）]：
指定轴的另一个端点：
指定另一条半轴长度或 [旋转（R）]：
指定起点角度或 [参数（P）]：
指定端点角度或 [参数（P）/夹角（I）]：
```

知识点拨

　　椭圆弧的起点和端点角度以左侧象限点0°开始，按逆时针旋转至右侧象限点180°，旋转至360°即与0°起点重合。

动手练　圆心绘制椭圆

　　下面利用指定圆心和长短轴的方式绘制椭圆，操作步骤介绍如下：

Step 01 执行"绘图>椭圆>圆心"命令，根据提示在绘图区中指定椭圆的圆心，如图6-71所示。

扫码观看视频

Step 02 移动光标，指定椭圆长轴的端点，这里直接输入长轴的半长50，如图6-72所示。

图6-71 指定椭圆的圆心　　　　　　　　图6-72 输入长半轴长度

Step 03 按回车键后再移动光标，指定椭圆短轴的端点，这里输入短轴的半长30，如图6-73所示。

Step 04 单击后完成椭圆的绘制，如图6-74所示。

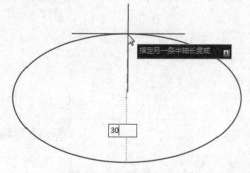
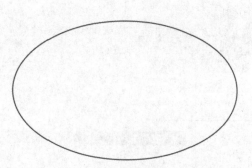

图6-73 输入短半轴长度　　　　　　　　图6-74 完成绘制

动手练 轴、端点绘制椭圆

下面通过指定椭圆轴的端点的方法绘制一个椭圆，操作步骤介绍如下：

Step 01 执行"绘图>椭圆>轴、端点"命令，根据提示指定椭圆轴的一个端点，如图6-75所示。

Step 02 确认端点后移动光标，指定椭圆轴的另一个端点，这里直接输入轴长300，如图6-76所示。

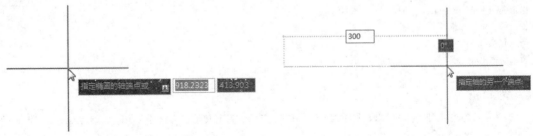

图6-75 指定椭圆轴的端点　　　　　　　　　图6-76 输入椭圆轴长度

Step 03 按回车键确认，再移动光标指定另一条轴的半轴长度，这里直接输入80，如图6-77所示。

Step 04 再按回车键确认，即可完成椭圆的绘制，如图6-78所示。

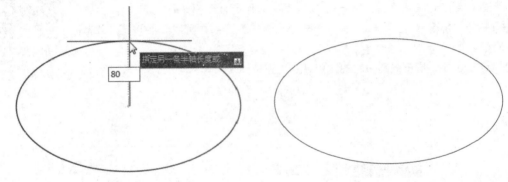

图6-77 指定半轴长度　　　　　　　　　　图6-78 完成绘制

动手练 三点绘制椭圆弧

下面介绍三点绘制圆弧的方法，操作步骤介绍如下：

Step 01 执行"绘图>椭圆>圆弧"命令，根据提示指定椭圆弧轴线的一个端点，如图6-79所示。

扫码观看视频

Step 02 移动光标，指定椭圆弧轴线的另一个端点，这里直接输入轴线长度150，如图6-80所示。

图6-79 指定椭圆弧轴线的端点　　　　　　　图6-80 指定轴线长度

Step 03 按回车键确认，移动光标指定另一条半轴的长度，这里直接输入长度40，如图6-81所示。

Step 04 再按回车键确认，指定椭圆弧的起点角度，这里直接输入角度300，如图6-82所示。

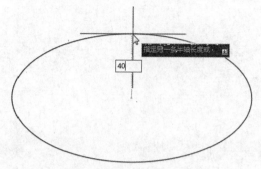

图6-81 指定另一半轴长度

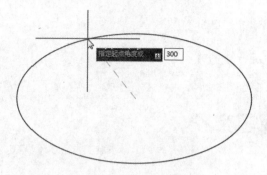

图6-82 指定椭圆弧的起点角度

Step 05 按回车键确认椭圆弧的起点位置，移动光标指定椭圆弧的端点位置，这里直接输入端点角度180，如图6-83所示。

Step 06 再按回车键确认，即可完成椭圆弧的绘制，如图6-84所示。

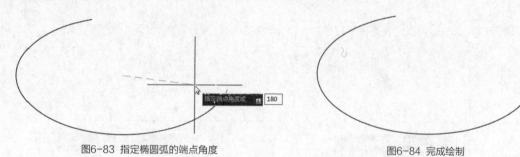

图6-83 指定椭圆弧的端点角度

图6-84 完成绘制

6.10 圆环

　　圆环是由两个圆心相同、半径不同的圆组成的。圆环分为填充环和实体填充圆，即带有宽度的闭合多段线。绘制圆环时，应首先指定圆环的内径、外径，然后再指定圆环的中心点，即可完成圆环的绘制。

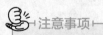 注意事项

　　绘制完一个圆环后，可以继续指定中心点的位置，来绘制相同大小的多个圆环，直到按Esc键退出操作。

　　用户可以通过以下方式调用"圆环"命令：

　　（1）从菜单栏执行"绘图>圆环"命令。

　　（2）在"默认"选项卡的"绘图"面板中单击"圆环"按钮◎。

（3）在命令行中输入DONUT命令，然后按回车键。

命令行的提示如下：

```
命令：_DONUT
指定圆环的内径 <228.0181>：100
指定圆环的外径 <1.0000>：120
指定圆环的中心点或 <退出>：
指定圆环的中心点或 <退出>：*取消*
```

知识点拨

　　执行"圆环"命令后，若指定其内径为0，则可以通过指定外径的大小来绘制实心圆。

动手练 绘制圆环

　　下面介绍圆环的绘制方法，操作步骤介绍如下：

Step 01 执行"绘图>圆环"命令，根据提示指定圆环的内径尺寸，默认尺寸为10，这里输入100，如图6-85所示。

Step 02 按回车键确认，再指定圆环的外径尺寸，默认为20，这里输入120，如图6-86所示。

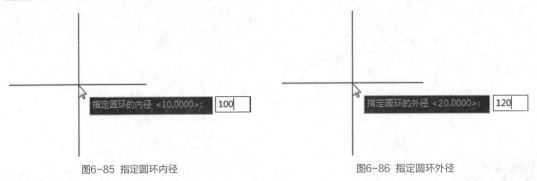

图6-85 指定圆环内径　　　　　　　　　　　　　　　　图6-86 指定圆环外径

Step 03 再按回车键确认，根据提示指定圆环中心点的位置，如图6-87所示。

Step 04 单击即可创建圆环，此时绘图命令仍处于激活状态，用户可以任意绘制多个圆环，按回车键即可完成操作，如图6-88所示。

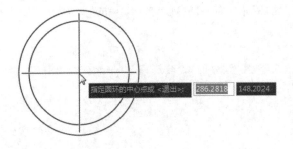

图6-87 指定中心点的位置　　　　　　　　　　　　　图6-88 绘制多个圆环

综合
实例

绘制拼花图案

Example

本案例将利用前面所学习的知识绘制一个拼花图案，操作步骤介绍如下：

扫码观看视频

Step 01 在状态栏中右击"对象捕捉"按钮，在弹出的列表中选择"对象捕捉设置"选项，打开"草图设置"对话框，在"对象捕捉"选项卡中勾选"启用对象捕捉"复选框，再勾选"端点""圆心""几何中心""节点""象限点"等捕捉点，如图6-89所示。

Step 02 执行"绘图>矩形"命令，绘制尺寸为250mm×250mm的矩形，如图6-90所示。

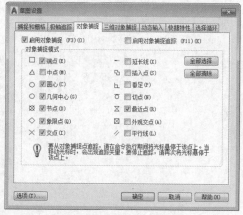

图6-89　设置对象捕捉参数

图6-90　绘制矩形

Step 03 执行"绘图>圆>圆心、半径"命令，捕捉矩形的几何中心点为圆心，如图6-91所示。

Step 04 指定圆心后拖动鼠标，根据提示指定圆的半径，这里直接输入半径值80，如图6-92所示。

Step 05 按回车键即可完成圆的绘制，如图6-93所示。

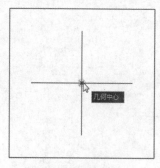

图6-91　捕捉圆心

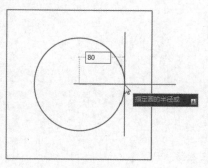

图6-92　输入半径

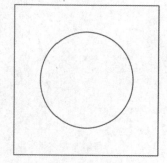

图6-93　绘制圆

Step 06 继续执行"绘图>圆>圆心、半径"命令，绘制半径分别为600mm、530mm、500mm、350mm、320mm、240mm、210mm、100mm、80mm的同心圆，如图6-94所示。

Step 07 执行"绘图>多边形"命令，默认侧边数为4，按回车键确认后指定圆心为正多边形的中心点，如图6-95所示。

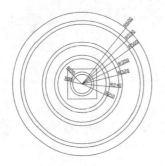
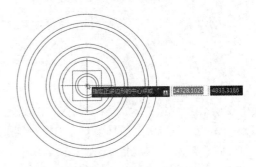

图6-94 绘制多个同心圆　　　　图6-95 指定正多边形的中心

Step 08 系统会弹出输入选项，这里选择"内接于圆"选项，如图6-96所示。

Step 09 移动光标，指定多边形半径，这里捕捉外侧圆的象限点，如图6-97所示。

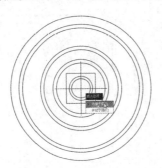
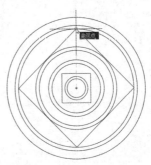

图6-96 选择"内接于圆"选项　　　　图6-97 指定多边形半径

Step 10 单击即可完成四边形的绘制，如图6-98所示。

Step 11 执行"绘图>直线"命令，捕捉圆的象限点和矩形的角点绘制交叉直线，如图6-99所示。

图6-98 绘制四边形　　　　图6-99 绘制直线

Step 12 继续执行"绘图>直线"命令，捕捉直线和圆的角点及圆的象限点绘制封闭直线图形，如图6-100所示。

Step 13 删除矩形和直线等多余图形，如图6-101所示。

Step 14 执行"绘图>圆弧>三点"命令,根据提示指定捕捉四边形的角点作为圆弧的起点,如图6-102所示。

图6-100 绘制封闭图形

图6-101 删除图形

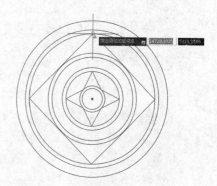

图6-102 指定圆弧的起点

Step 15 移动光标,捕捉圆的象限点为圆弧的第二个点,如图6-103所示。

Step 16 继续移动光标,指定下方四边形的角点作为圆弧的端点,如图6-104所示。

Step 17 在端点处单击鼠标即可完成圆弧的绘制,如图6-105所示。

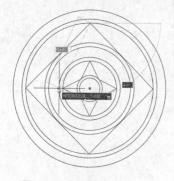

图6-103 指定圆弧的第二个点

图6-104 指定圆弧的端点

图6-105 绘制圆弧

Step 18 照此操作方法再绘制其他几处圆弧,如图6-106所示。

Step 19 删除多余的辅助线条,完成拼花图案的绘制,如图6-107所示。

图6-106 绘制多条圆弧

图6-107 完成绘制

课后作业

为了让读者更好地掌握本章所学的知识，在这里提供了两个关于本章知识的课后作业，以供读者练手。

1. 绘制带宽度的圆角矩形

绘制宽度为10mm、圆角半径为30mm、长宽尺寸为200mm×120mm的圆角矩形，如图6-108所示。

操作提示：

Step 01 执行"绘图>矩形"命令，根据提示分别设置宽度和圆角半径。

Step 02 输入矩形长度和宽度，绘制出矩形。

图6-108 带宽度的圆角矩形

2. 绘制简单的图案

利用"多边形"和"圆弧"命令绘制简单的图案，如图6-109所示。

操作提示：

Step 01 执行"绘图>多边形"命令，绘制半径为100mm的内接于圆的六边形。

Step 02 执行"绘图>圆弧>三点"命令，指定六边形的角点为圆弧起点，指定多边形的中心点为圆弧第二个点，再指定另一角点为圆弧端点，绘制圆弧。

图6-109 绘制简单的图案

Chapter 07

二维绘图高级命令

本章概述

　　使用绘图菜单中的命令不仅可以绘制点、直线、圆、圆弧和多边形等简单的二维图形对象，还可以绘制多线、多段线和样条曲线等复杂的二维图形对象。本章将介绍如何对复杂的二维图形进行创建和编辑，其中包括多线的创建与编辑、多段线的创建与编辑、样条曲线的创建与编辑等操作。这些操作命令在制图中也是经常遇到的。

学习目标

- 了解修订云线的绘制
- 熟悉样条曲线的绘制
- 掌握多段线的绘制与编辑
- 掌握多线的绘制与编辑
- 掌握图形图案的应用

7.1 多段线

多段线是由相连的直线和圆弧曲线组成的，在直线和圆弧曲线之间可以进行自由切换。用户可以设置多段线的宽度，也可以在不同的线段中设置不同的线宽。此外，还可以设置线段的始末端点。

7.1.1 绘制多段线

多段线由相连的直线或弧线组合，多段线具有多样性，它可以设置宽度，也可以在一条线段中显示不同的线宽。默认情况下，当指定了多段线另一端点的位置后，将从起点到该点绘制出一段多段线。

用户可以通过以下方式调用"多段线"命令：

（1）从菜单栏执行"绘图>多段线"命令。

（2）在"默认"选项卡的"绘图"面板中单击"多段线"按钮 。

（3）在命令行中输入PLINE命令，然后按回车键。

命令行的提示如下：

```
命令：_PLINE
指定起点：
当前线宽为 0.0000
指定下一个点或 [圆弧（A）/半宽（H）/长度（L）/放弃（U）/宽度（W）]：1000（下一点距离值）
指定下一个点或 [圆弧（A）/闭合（C）/半宽（H）/长度（L）/放弃（U）/宽度（W）]：
```

命令行中各选项的说明如下：

● 圆弧：在命令行中输入命令a，则可以进行圆弧的绘制。

● 半宽：该选项用于设置多线的半宽度。用户可以分别指定所绘制对象的起点半宽和端点半宽。

● 闭合：该选项用于自动封闭多段线，系统默认以多段线的起点作为闭合终点。

● 长度：该选项用于指定绘制的直线段的长度。在绘制时，系统将以沿着绘制上一段直线的方向接着绘制直线，如果上一段对象是圆弧，则方向为圆弧端点的切线方向。

● 放弃：该选项用于撤销上一次操作。

● 宽度：该选项用于设置多段线的宽度，还可以通过FILL命令来自由选择是否填充具有宽度的多段线。

> **知识点拨**
>
> 多段线是一条完整的线，折弯的地方是一体，不像直线，线跟线以端点相连。另外，多段线可以改变线宽，使端点和尾点的粗细不一，形成梯形，多段线还可以绘制圆弧，这是直线绝对不可能做到的。另外，对"偏移"命令而言，直线和多段线的偏移对象也不相同，直线是偏移单线，多段线是偏移图形。

动手练 绘制楼梯间指示箭头

扫码观看视频

下面利用多段线绘制楼梯间指示箭头，操作步骤介绍如下：

Step 01 打开素材图形，如图7-1所示。

Step 02 按F8键开启正交模式，执行"绘图>多段线"命令，根据提示指定多段线的起点，如图7-2所示。

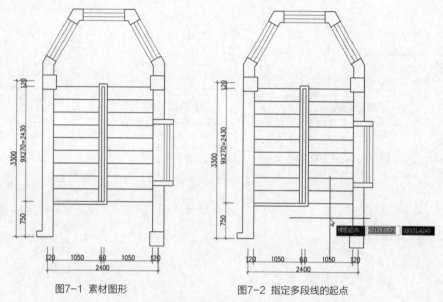

图7-1 素材图形　　　　　　　　　　　图7-2 指定多段线的起点

Step 03 确定起点后，向上移动光标，确定转折点的位置后再向左移动光标，确定转折点的位置后向下移动光标，如图7-3所示。

Step 04 单击确定下一点的位置，再输入w命令，如图7-4所示。

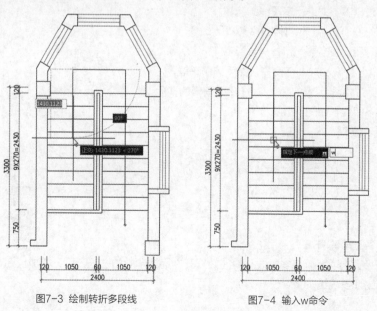

图7-3 绘制转折多段线　　　　　　　　　图7-4 输入w命令

Step 05 按回车键确认，根据提示指定起点宽度为80，如图7-5所示。

Step 06 按回车键确认，指定端点宽度为0，如图7-6所示。

Step 07 再按回车键确认，向下移动光标，拖出箭头造型，在合适的位置单击，再按回车键即可完成多段线的绘制，如图7-7所示。

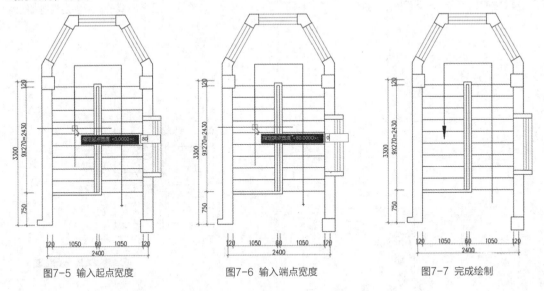

图7-5　输入起点宽度　　　　　图7-6　输入端点宽度　　　　　图7-7　完成绘制

7.1.2　编辑多段线

在图形设计的过程中可以通过闭合和打开多段线，以及移动、添加或删除单个顶点来编辑多段线，可以在任意两个顶点之间拉直多段线，也可以切换线型以便在每个顶点前或后显示虚线，还可以通过多段线创建线性近似样条曲线。

用户可以通过以下方式进行多段线的编辑：

（1）从菜单栏执行"修改>对象>多段线"命令。

（2）双击多段线图形对象。

（3）在命令行中输入PEDIT命令，然后按回车键。

执行"修改>对象>多段线"命令，选择要编辑的多段线，就会弹出一个快捷菜单，用来编辑多段线，如图7-8所示。

命令行的提示如下：

图7-8　快捷编辑菜单

```
命令：_PEDIT
选择多段线或 [多条（M）]：
输入选项 [闭合（C）/合并（J）/宽度（W）/编辑顶点（E）/拟合（F）/样条曲线（S）/非曲线化（D）/线型生成（L）/反转（R）/放弃（U）]：
```

命令行中的各选项说明如下：

● **打开：**执行该选项可以将多段线从封闭处打开，而提示中的"打开"会变成"闭合"；执行"闭合"命令，则会封闭多段线。

● **合并**：将线段、圆弧或多段线连接到指定的非闭合多段线上。执行该命令后，选取各对象，会将它们连成一条多段线。

● **宽度**：指定所编辑多段线的新宽度。执行该选项后，命令行会提示输入所有线段的新宽度，完成操作后，所编辑的多段线上的各线段均会显示该宽度。

● **编辑顶点**：编辑多段线的顶点。

● **拟合**：创建一条平滑曲线，它由连接各对顶点的弧线段组成，而且曲线通过多段线的所有顶点并使用指定的切线方向。

● **样条曲线**：用样条曲线拟合多段线。系统变量splframe控制是否显示所产生的样条曲线的边框，当该变量值为0时（默认值），只显示拟合曲线；当值为1时，同时显示拟合曲线和曲线的线框。

● **非曲线化**：反拟合，即对多段线恢复到上述执行"拟合"或"样条曲线"选项之前的状态。

● **线型生成**：规定非连续性多段线在各顶点处的绘线方式。

● **反转**：可反转多段线的方向。

● **放弃**：取消"编辑"命令的上一次操作。用户可以重复使用该选项。

注意事项

执行"合并"选项进行连接时，欲连接的各相邻对象必须在形式上彼此已经首尾相连，否则，在选取各对象后AutoCAD就会提示：0条线段已添加到多段线。

动手练 将多段线转换为样条曲线

下面介绍将多段线转换为样条曲线的操作方法，操作步骤介绍如下：

Step 01 打开素材文件，可以看到一段由多段线绘制的图形，如图7-9所示。

Step 02 执行"修改>对象>多段线"命令，根据命令行的提示选择多段线，如图7-10所示。

扫码观看视频

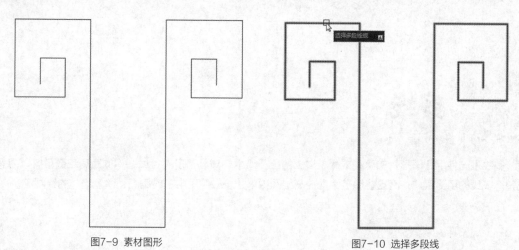

图7-9 素材图形   图7-10 选择多段线

Step 03 选择对象后，系统会弹出"输入选项"快捷菜单，从中选择"样条曲线"选项，如图7-11所示。

Step 04 此时原本的多段线会转换为样条曲线，但依然保持编辑状态，如图7-12所示。

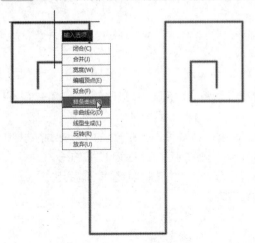

图7-11 选择"样条曲线"选项

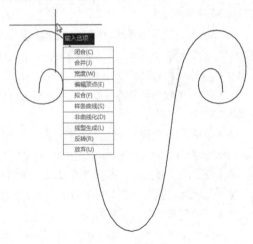

图7-12 编辑状态

Step 05 按回车键后即可完成操作，如图7-13所示。

知识点拨

定义多段线的宽度时，应注意以下几点：

（1）起点宽度将成为默认的端点宽度。

（2）端点宽度在再次修改宽度之前将作为所有后续线段的统一宽度。

（3）带宽度的多段线的起点和端点位于线段的中心。

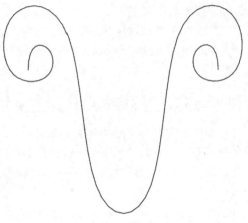

图7-13 完成操作

7.2　多线

多线是一种组合图形，由两条或两条以上的平行元素构成，各条平行线之间的距离和数目可以随意调整。多线的用途很广，而且能够极大地提高绘图效率，一般用于电子线路图、建筑墙体的绘制等。

7.2.1　多线样式

在AutoCAD软件中，可以创建和保存多线的样式或应用默认样式，还可以设置多线中每个元素的颜色和线型，并能显示或隐藏多线转折处的边线。

用户可以通过以下两种方式来打开"多线样式"对话框：

（1）从菜单栏执行"格式>多线样式"命令，即可打开"多线样式"对话框。

（2）在命令行中输入MLSTYLE命令，然后按回车键。

执行"格式>多线样式"命令，打开"多线样式"对话框，如图7-14所示。再单击"修改"按钮，即可打开"修改多线样式"对话框，用户可以在该对话框中设置多线样式，如图7-15所示。

图7-14 "多线样式"对话框

图7-15 "修改多线样式"对话框

"修改多线样式"对话框中的各选项说明如下：

● **封口**：在该选项组中，用户可以设置多线平行线段之间两端封口的样式，也可以设置起点和端点的样式。

● **直线**：多线端点由垂直于多线的直线进行封口。

● **外弧**：多线以端点向外凸出的弧形线封口。

● **内弧**：多线以端点向内凹进的弧形线封口。

● **角度**：设置多线封口处的角度。

● **填充**：用户可以设置封闭多线内的填充颜色，选择"无"表示使用透明的颜色填充。

● **显示连接**：显示或隐藏每条多线线段顶点处的连接。

● **图元**：在该选项组中，用户可以通过添加或删除来确定多线图元的个数，并设置相应的偏移量、颜色及线型。

● **添加**：可以添加一个图元，其后对该图元的偏移量进行设置。

● **删除**：选中所需图元，将其进行删除操作。

● **偏移**：设置多线元素从中线偏移的值，值为正，表示向上偏移；值为负，表示向下偏移。

● **颜色**：设置组成多线元素的线条颜色。

● **线型**：设置组成多线元素的线条线型。

知识点拨

在"多线样式"对话框中，默认样式为STANDARD。若要新建样式，可以单击"新建"按钮，在"创建新的多线样式"对话框中输入新样式的名称，单击"确定"按钮；其次在"修改多线样式"对话框中根据需要进行设置，完成后返回上一层对话框，在"样式"列表中选择新建的样式，单击"置为当前"按钮即可。

动手练 新建"窗户"多线样式

　　下面介绍"窗户"多线样式的创建过程，操作步骤介绍如下：

Step 01 执行"格式>多线样式"命令，打开"多线样式"对话框，如图7-16所示。

Step 02 单击"新建"按钮，打开"创建新的多线样式"对话框，从中输入新样式名"窗户"，如图7-17所示。

图7-16　"多线样式"对话框

图7-17　新建样式

Step 03 单击"继续"按钮，打开"新建多线样式：窗户"对话框，在"封口"选项组中勾选直线"起点"和"端点"复选框，再在"图元"选项组中设置两个偏移值，分别为40和-40，如图7-18所示。

Step 04 单击"添加"按钮，添加两个图元，如图7-19所示。

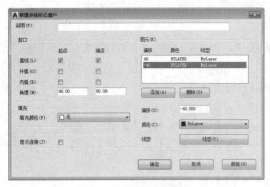

图7-18　设置封口及图元

图7-19　新增图元

Step 05 修改新添加图元的偏移值，分别为120和-120，如图7-20所示。

Step 06 单击"确定"按钮返回到"多线样式"对话框，单击"置为当前"按钮，将该多线样式置为当前，用户即可开始绘制窗户图形了，如图7-21所示。

图7-20 设置图元参数   图7-21 置为当前

7.2.2 绘制多线

在绘制多线时，应注意多线的对正方式和比例的设置。

用户可以通过以下方式调用"多线"命令：

（1）在菜单栏执行"绘图>多线"命令。

（2）在命令行中输入MLINE命令，然后按回车键。

命令行的提示如下：

```
命令：_MLINE
当前设置：对正 = 无，比例 = 1.00，样式 = 窗户
指定起点或 [对正（J）/比例（S）/样式（ST）]:
指定下一点：
指定下一点或 [放弃（U）]:
```

注意事项

　　默认情况下，绘制多线的操作和绘制直线相似，若想更改当前多线的对齐方式、显示比例及样式等属性，可以在命令行中进行选择操作。

7.2.3 编辑多线

多线绘制完毕后，通常都会需要对该多线进行修改编辑，才能达到预期的效果。在AutoCAD中，"多线编辑工具"面板专用于控制和编辑多线的交叉点、断开及增加顶点等，如图7-22所示。

用户可以通过以下方式打开"多线编辑工具"面板：

（1）从菜单栏执行"修改>对象>多线"命令。

（2）在命令行中输入MLEDIT命令，然后按回车键。

（3）双击多线。

"多线编辑工具"面板中各工具的含义介绍如下：

- **十字闭合**：表示相交的两条多线的十字封闭状态。
- **十字打开**：表示相交的两条多线的十字开放状态。
- **十字合并**：表示相交的两条多线的十字合并状态。
- **T形闭合**：表示相交的两条多线的T形封闭状态。
- **T形打开**：表示相交的两条多线的T形开放状态。
- **T形合并**：表示相交的两条多线的T形合并状态。
- **角点结合**：表示修剪或延长两条多线直到它们连接形成一个相交角，将第一条和第二条多线的拾取点部分保留，并将其相交部分全部断开剪去。
- **添加顶点**：表示在多线上生成一个顶点并显示出来，相当于打开显示链接开关，显示交点一样。
- **删除顶点**：表示删除多线转折处的交点，使其变为直线型多线。

图7-22 "多线编辑工具"面板

- **单个剪切**：在多线中的某条线上拾取两个点从而断开此线。
- **全部剪切**：在多线上拾取两个点从而将此多线全部切断一截。
- **全部接合**：连接多线中的全部可见间断，但不能用来连接两条独立的多线。

动手练 绘制窗户图形

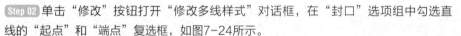

下面利用多线绘制窗户图形，操作步骤介绍如下：

Step 01 执行"格式>多线样式"命令，打开"多线样式"对话框，如图7-23所示。

Step 02 单击"修改"按钮打开"修改多线样式"对话框，在"封口"选项组中勾选直线的"起点"和"端点"复选框，如图7-24所示。

扫码观看视频

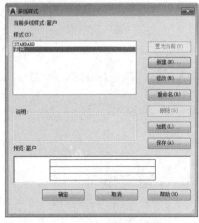

图7-23 "多线样式"对话框

图7-24 "修改多线样式"对话框

Step 03 设置完毕后关闭对话框返回到"多线样式"对话框，可以看到设置后的多线预览效果，如图7-25所示。

Step 04 执行"绘图>多线"命令，根据命令行的提示输入命令j，如图7-26所示。

Step 05 按回车键确认，根据提示选择对正类型为"无"，如图7-27所示。

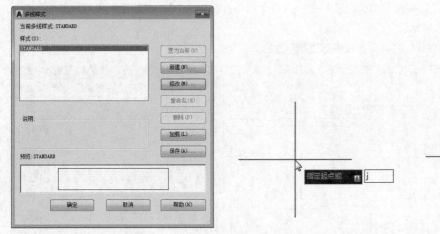

图7-25 预览效果　　　　　　　　　图7-26 输入命令j　　　　　　　　图7-27 对正类型为"无"

Step 06 再根据命令行的提示输入命令s，如图7-28所示。

Step 07 按回车键确认，根据提示输入多线比例60，如图7-29所示。

Step 08 再按回车键确认，即可绘制墙体轮廓，指定多线起点，向右移动光标，输入长度距离1200，如图7-30所示。

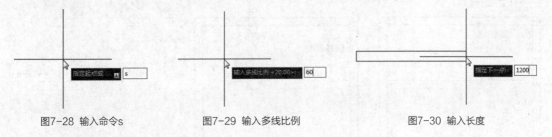

图7-28 输入命令s　　　　　　　　图7-29 输入多线比例　　　　　　　图7-30 输入长度

Step 09 按回车键确认，再向下移动光标，输入长度1480，如图7-31所示。

Step 10 按回车键确认，向左移动光标，输入长度1200，再按回车键确认，向上移动光标，输入长度1480，继续按回车键完成多线的绘制，如图7-32所示。

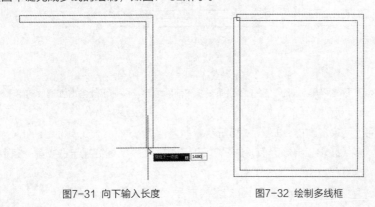

图7-31 向下输入长度　　　　　　　图7-32 绘制多线框

Step 11 再执行"绘图>多线"命令，绘制一条横向多线，如图7-33所示。

Step 12 继续执行"绘图>多线"命令，输入命令j，设置对正方式为"上"，捕捉图形内角，再绘制两个方形的多线，如图7-34所示。

Step 13 双击任意一条多线，打开"多线编辑工具"面板，如图7-35所示。

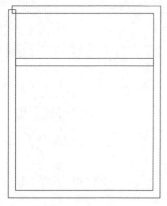

图7-33　绘制多线

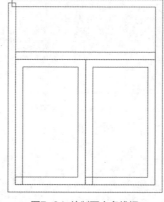

图7-34　绘制两个多线框

图7-35　"多线编辑工具"面板

Step 14 选择"角点结合"工具，根据提示选择角点的第一侧边线，如图7-36所示。

Step 15 再选择第二条多线，如图7-37所示。

Step 16 单击后即可看到多线编辑效果，如图7-38所示。

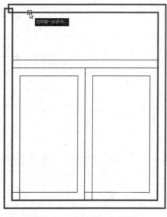

图7-36　选择第一条多线

图7-37　选择第二条多线

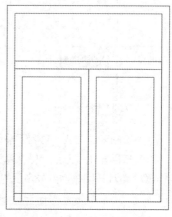

图7-38　角点结合

知识点拨

在使用多线编辑工具编辑多线时，应注意选择多线的前后顺序，否则可能会得到相反的结果。

Step 17 继续编辑另外两条多线框，如图7-39所示。

Step 18 再次打开"多线编辑工具"面板，选择"T形合并"工具，根据提示选择第一条多线，这里选择横向多线的左端，如图7-40所示。

Step 19 再选择第二条多线，这里选择最外侧的多线方框，如图7-41所示。

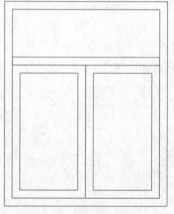

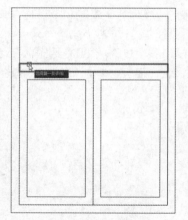

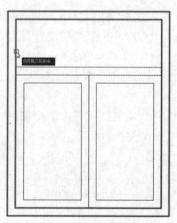

图7-39 编辑两个多线框　　　　　图7-40 选择第一条多线　　　　　图7-41 选择第二条多线

Step 20 多线编辑效果如图7-42所示。

Step 21 照此方式再编辑横向多线右侧，完成操作，如图7-43所示。

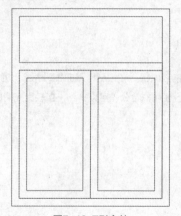

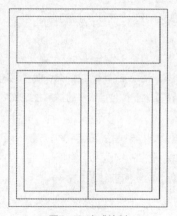

图7-42 T形合并　　　　　　　　图7-43 完成绘制

7.3 样条曲线

　　样条曲线是经过或接近一系列给定点的光滑曲线。可以控制曲线与点的拟合程度。SPLINE命令将创建一种称为非一致有理B样条（NURBS）曲线的特殊样条曲线类型。NURBS曲线在控制点之间产生一条光滑的曲线。

7.3.1 绘制样条曲线

　　样条曲线是一种通过或接近指定点的拟合曲线。在AutoCAD中，其类型是非均匀有理B样条曲线，适用于表达具有不规则变化曲率半径的曲线，如机械图形的断切面积、地形外貌轮廓等。

用户可以通过以下方式调用"样条曲线"命令：

（1）从菜单栏执行"绘图>样条曲线"命令，根据需要选择"拟合点"或"控制点"。

（2）在"默认"选项卡的"绘图"面板中单击"样条曲线拟合"按钮 或"样条曲线控制点"按钮 。

（3）在命令行中输入SPLINE，然后按回车键。

命令行的提示如下：

```
命令：_SPLINE
当前设置：方式 = 拟合节点 = 弦
指定第一个点或[方式（M）/节点（K）/对象（O）]：_m
输入样条曲线创建方式[拟合（F）/控制点（CV）]<拟合>：
```

命令行中各选项的含义如下：

● **节点：**是指NURBS曲线中控制点影响的范围。

● **拟合：**是指在曲线上的点。

● **控制点：**是指NURBS曲线的控制点。

知识点拨

拟合公差是指样条曲线与输入点之间允许偏移距离的最大值。在绘制样条曲线时，绘出的样条曲线不一定会通过各个输入点，但对于拟合点很多的样条曲线来说，使用拟合公差可以得到一条较为光滑的样条曲线。

绘制样条曲线分为样条曲线拟合和样条曲线控制点两种方式。图7-44为拟合绘制的曲线，图7-45为控制点绘制的曲线。

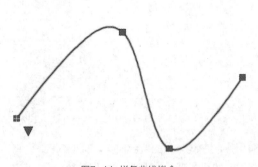

图7-44 样条曲线拟合

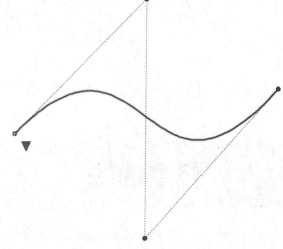

图7-45 样条曲线控制点

知识点拨

选中样条曲线，在出现的夹点中可以编辑样条曲线。单击夹点中的方形符号，可以对拟合点进行拉伸、添加、删除等操作，如图7-46所示；单击夹点中的三角符号，可以进行类型切换，如图7-47所示。

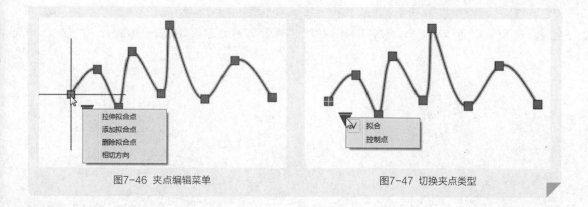

图7-46 夹点编辑菜单　　　　　　　　　　　图7-47 切换夹点类型

动手练 **绘制等高线**

扫码观看视频

下面利用样条曲线绘制简易的等高线，操作步骤介绍如下：

Step 01 执行"绘图>样条曲线>拟合点"命令，根据提示指定样条曲线的第一个点，如图7-48所示。

Step 02 移动光标，依次指定后面的点，如图7-49所示。

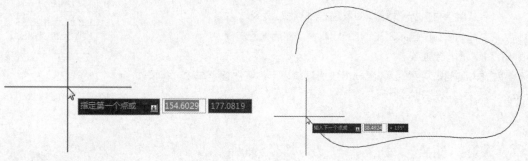

图7-48 指定第一个点　　　　　　　　　　　图7-49 依次指定下面的点

Step 03 捕捉端点封闭图形，如图7-50所示。

Step 04 再移动光标，调整最后一段曲线的轮廓，如图7-51所示。

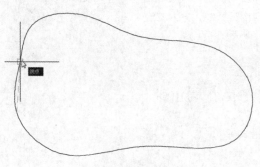

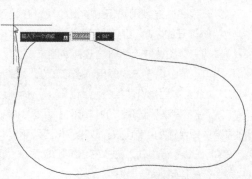

图7-50 捕捉端点　　　　　　　　　　　　图7-51 调整曲线轮廓

Step 05 保持光标的位置，按回车键确认，完成样条曲线的绘制，如图7-52所示。

Step 06 按照前面的操作方法，再绘制多条样条曲线，完成等高线的绘制，如图7-53所示。

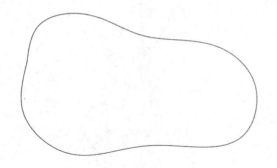

图7-52 完成绘制　　　　　　　　　　　　　图7-53 绘制多条样条曲线

7.3.2　编辑样条曲线

在AutoCAD中，用户可以根据需要对样条曲线进行闭合、合并、拟合数据、顶点编辑、转换为多段线、反转等操作。

用户可以通过以下方式编辑样条曲线：

（1）从菜单栏执行"修改>对象>样条曲线"命令。

（2）在命令行中输入SPLINEDIT命令，然后按回车键。

（3）双击样条曲线。

双击样条曲线，系统会弹出一个快捷菜单，用户在快捷菜单中进行操作即可，如图7-54所示。

图7-54 样条曲线编辑菜单

7.4　修订云线

修订云线是由连续圆弧组成的多段线，在检查或用红线圈阅图形时，可以使用"修订云线"功能高亮标记以提高工作效率。"修订云线"分为"矩形""多边形"和"徒手画"这三种绘图方式。

用户可以通过以下方式调用"修订云线"命令：

（1）从菜单栏执行"绘图>修订云线"命令。

（2）在"默认"选项卡的"绘图"面板中单击"修订云线"下拉按钮，根据需要选择合适的绘制方式，如图7-55所示。

（3）在命令行中输入REVCLOUD命令，然后按回车键。

命令行的提示如下：

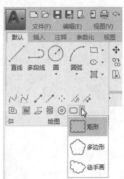

图7-55 功能区命令

```
命令：_REVCLOUD
最小弧长：0.5  最大弧长：0.5  样式：普通
指定起点或 [弧长（A）/对象（O）/样式（S）] <对象>：
沿云线路径引导十字光标……
修订云线完成。
```

命令行中各选项的含义如下：

● **指定起点：** 是指在绘图区中指定线段起点，拖动鼠标绘制云线。

● **弧长：** 该选项用于指定云线的弧长范围。用户可以根据需要对云线的弧长进行设置。

● **对象：** 该选项用于选择某个封闭的图形对象，并将其转换为云线。

● **样式：** 选择该选项可以设置使用"普通"还是"手绘"方式来绘制云线。

执行"修订云线"命令后，根据命令行的提示输入命令s，在命令行中会出现"选择圆弧样式[普通（N）/手绘（C）]"的提示内容，选择"普通"选项后画出的云线是普通的单线形式，如图7-56所示；选择"手绘"选项就是手绘状态，如图7-57所示。

图7-56 普通样式　　　　　　　图7-57 手绘样式

知识点拨

在绘制云线的过程中，使用鼠标单击沿途各点，也可以通过拖动鼠标自动生成。当开始点和结束点接近时，云线会自动封闭，并提示"云线完成"，此时生成的对象是多段线。

7.5　图形图案的填充

在绘制物体的剖面或断面时，需要使用某一种图案来充满某个指定区域，这个过程就叫作图案填充。图案填充经常用于在剖视图中表达对象的材料类型，从而增加了图形的可读性。

7.5.1　图案填充

图案填充是一种使用图形图案对指定的图形区域进行填充的操作。

用户可以通过以下方式调用"图案填充"命令：

（1）从菜单栏执行"绘图>图案填充"命令。

（2）在"默认"选项卡的"绘图"面板中单击"图案填充"按钮。

（3）在命令行中输入HATCH命令，然后按回车键。

执行以上任意操作后，在功能区会自动打开"图案填充创建"选项卡，该选项卡包括"边界""图案""特性""原点""选项""关闭"六个面板。用户可以通过该选项卡对图形图案进行设置，如图7-58所示。

图7-58 "图案填充创建"选项卡

选项卡中各面板的功能介绍如下：

1."边界"面板

● 拾取点：通过选择由一个或多个对象形成的封闭区域内的点，确定图案填充边界。

● 选择：指定基于选定对象图案填充边界。

● 删除：从边界定义中删除之前添加的任何对象。

● 重新创建：围绕选定的图案填充或填充对象创建多段线或面域，并使其与图案填充对象相关联。

● 显示边界对象：选择构成选定关联图案填充对象的边界的对象。使用显示的夹点可以修改图案填充边界。

● 保留边界对象：指定如何处理图案填充边界对象，其选项包括不保留边界、保留边界–多段线、保留边界–面域、选择新边界集四种。

● 指定边界集：定义在定义边界时分析的对象集。

● 使用当前视口：从当前视口范围内的所有对象定义边界集。

2."图案"面板

"图案"面板显示所有预定义和自定义图案的预览图像。用户可以在"图案"面板中图案库的底部查找自定义图案，如图7-59所示。

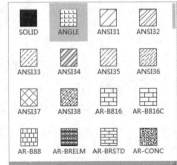

图7-59 预览图案

3."特性"面板

● 图案填充类型：指定是使用纯色、渐变色、图案还是用户定义的填充。

● 图案填充颜色或渐变色1：替代实体填充和填充图案的当前颜色，或者指定两种渐变色中的第一种。

● 背景色或渐变色2：指定填充图案背景的颜色，或者指定第二种渐变色。

● 图案填充透明度：设定新图案填充或填充的透明度，替代当前对象的透明度。选择"使用当前值"可以使用当前对象的透明度设置。

- 图案填充角度：指定图案填充或填充的角度，有效值为0～359。
- 填充图案缩放：放大或缩小预定义或自定义的填充图案。
- 图案填充间距：指定用户定义图案中的直线间距。
- 打开/关闭渐变明暗：指定双色渐变是处于启用状态还是禁用状态。
- 渐变明暗：当"图案填充类型"设定为"渐变色"时，此选项指定用于单色渐变填充的明色或暗色。
- 图层名：为指定的图层指定新图案的填充对象，替代当前图层。
- 相对图纸空间：相对于图纸空间单位缩放填充图案。使用此选项，可以很容易地做到以适合于布局的比例显示填充图案。
- 双向：将绘制第二组直线，与原始直线成90°，从而构成交叉线。
- ISO笔宽：基于选定的笔宽缩放ISO图案。
- 原点面板：控制填充图案生成的起始位置。某些图案填充需要与图案填充边界上的一点对齐。默认情况下，所有图案填充原点都对应于当前的UCS原点。

4."原点"面板

- 设定原点：直接指定新的图案填充原点。
- 左下/右下/左上/右上：将图案填充原点设定在图案填充边界矩形范围的四个角。
- 中心：将图案填充原点设定在图案填充边界矩形范围的中心。
- 使用当前原点：将图案填充原点设定在HPORIGIN系统变量中存储的默认位置。
- 存储为默认原点：将新图案填充原点的值存储在HPORIGIN系统变量中。

5."选项"面板

- 关联：指定图案填充或填充为关联图案填充。关联的图案填充或填充在用户修改其边界对象时将会更新。
- 注释性：指定图案填充为注释性。此特性会自动完成缩放注释过程，从而使注释能够以正确的大小在图纸上打印或显示。
- 特性匹配：包括使用当前原点和使用源图案填充的原点。前者是指使用除图案填充原点以外的图案填充对象设定图案填充的特性；后者是指使用包括图案填充原点的图案填充对象设定图案填充的特性。
- 允许的间隙：设定将对象用作图案填充边界时可以忽略的最大间隙。默认值为0，此值指定对象必须封闭区域而没有间隙。
- 创建独立的图案填充：控制当指定了几个单独的闭合边界时，是创建单个图案填充对象，还是创建多个图案填充对象。
- 孤岛检测：包括普通孤岛检测、外部孤岛检测、忽略孤岛检测三种。
- 绘图次序：为图案填充或填充指定绘图次序。

6."关闭"面板

单击"关闭图案填充创建"按钮即可退出填充操作并关闭"关闭图案填充创建"选项卡。

除了"图案填充创建"选项卡外，用户也可以利用"图案填充和渐变色"对话框设置填充图案。执行"绘图>图案填充"命令，根据命令行的提示输入命令t，再按回车键确认，即可打开该对话框，如图7-60所示。

图7-60　"图案填充和渐变色"对话框

7.5.2　渐变色填充

　　在AutoCAD软件中，除了可以对图形进行图案填充，还可以对图形进行渐变色填充。

　　用户可以通过以下方式调用"图案填充"命令：

　　（1）从菜单栏执行"绘图>渐变色"命令。

　　（2）在"默认"选项卡的"绘图"面板中单击"填充"下拉按钮，从中选择"渐变色"按钮 。

　　（3）在命令行中输入GRADIENT命令，然后按回车键。

　　执行以上任意操作后，即可打开"图案填充创建"选项卡，如图7-61所示。

图7-61　"图案填充创建"选项卡

　　在进行渐变色填充时，用户可以对渐变色进行透明度的设置。选中所需设置的渐变色，单击"特性>图案填充透明度"命令，拖动该滑块或在右侧的文本框中输入数值即可。数值越大，颜色越透明。

动手练 填充零件剖面图

下面为机械零件剖面图创建填充图案，操作步骤介绍如下：

Step 01 打开素材图形，如图7-62所示。

Step 02 执行"绘图>图案填充"命令，根据提示拾取内部点，系统会以默认的图案ANGLE填充该区域，如图7-63所示。

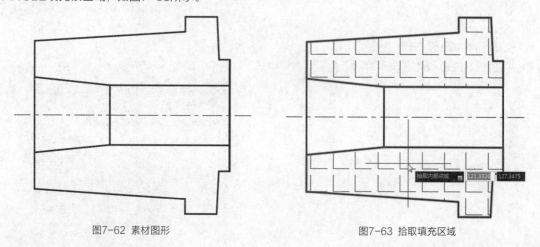

图7-62 素材图形　　　　　　　　图7-63 拾取填充区域

Step 03 在"图案填充创建"选项卡的"图案"面板中选择合适的图案ANSI31，在"特性"面板中设置填充颜色为8号灰色，填充比例为0.5，如图7-64所示。

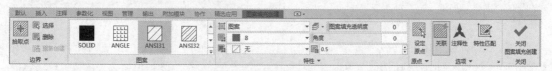

图7-64 设置填充图案及比例

Step 04 设置完毕后，单击"图案填充创建"选项卡中的"关闭图案填充创建"按钮，退出填充操作，如图7-65所示。

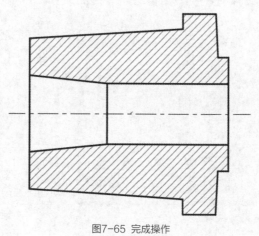

图7-65 完成操作

绘制建筑墙体

本案例将利用前面所学习的知识绘制一个建筑墙体图形，操作步骤介绍如下：

扫码观看视频

Step 01 打开素材图形，如图7-66所示。

Step 02 执行"格式>多线样式"命令，打开"多线样式"对话框，如图7-67所示。

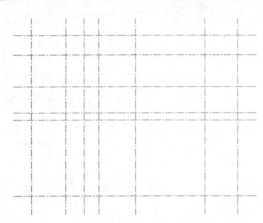

图7-66 素材图形

图7-67 "多线样式"对话框

Step 03 单击"修改"按钮打开"修改多线样式"对话框，在"封口"选项组中勾选直线的"起点"和"端点"复选框，如图7-68所示。

Step 04 设置完毕后关闭对话框，返回到"多线样式"对话框，可以看到设置后的多线预览效果，如图7-69所示。

图7-68 设置多线参数

图7-69 多线预览效果

Step 05 执行"绘图>多线"命令，根据命令行的提示输入j命令，如图7-70所示。

Step 06 按回车键确认，根据提示选择对正类型为"无"，如图7-71所示。

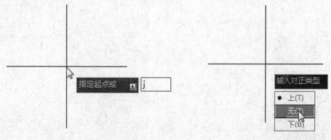

图7-70 输入j命令　　　　　图7-71 对正类型为"无"

Step 07 再根据命令行的提示输入s命令，如图7-72所示。

Step 08 按回车键确认后根据提示输入多线比例240，如图7-73所示。

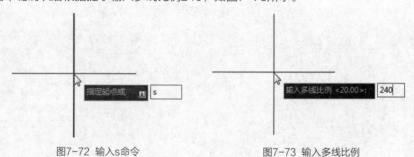

图7-72 输入s命令　　　　　图7-73 输入多线比例

Step 09 再按回车键确认，即可绘制墙体轮廓，如图7-74所示。

Step 10 再次执行"绘图>多线"命令，设置多线比例为120，继续绘制墙体，如图7-75所示。

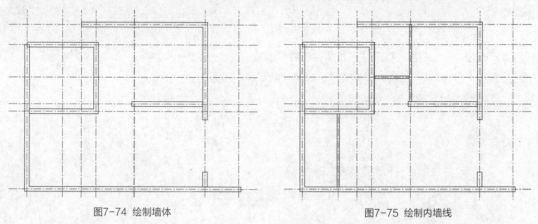

图7-74 绘制墙体　　　　　图7-75 绘制内墙线

Step 11 执行"格式>多线样式"命令，再次打开"多线样式"对话框，单击"新建"按钮，新建"窗户"多线样式，设置多线参数，如图7-76所示。

Step 12 设置完毕后单击"确定"按钮返回到"多线样式"对话框，再单击"置为当前"按钮，如图7-77所示。

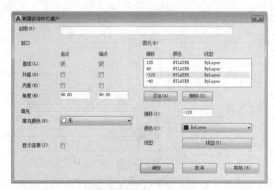

图7-76 设置"窗户"多线样式

图7-77 置为当前

Step 13 单击"确定"按钮关闭对话框,执行"绘图>多线"命令,设置多线比例为1,绘制窗户图形,如图7-78所示。

Step 14 利用"直线""修剪"命令绘制出门洞,再隐藏中线,如图7-79所示。

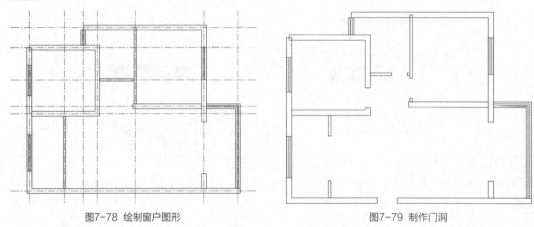

图7-78 绘制窗户图形

图7-79 制作门洞

Step 15 双击任意一条多线,打开"多线编辑工具"面板,如图7-80所示。

Step 16 选择"T形合并"工具,根据提示选择第一条多线,如图7-81所示。

图7-80 "多线编辑工具"面板

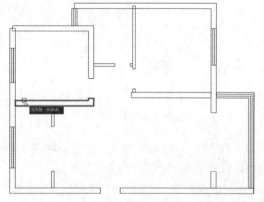

图7-81 选择第一条多线

Step 17 再选择第二条多线，如图7-82所示。

Step 18 单击后即可看到多线的编辑效果，如图7-83所示。

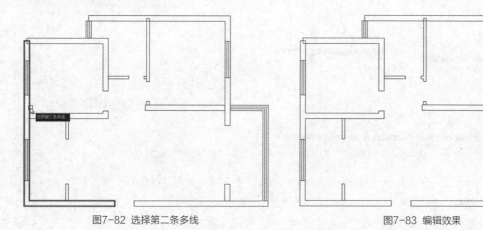

图7-82 选择第二条多线　　　　　　　　　　　　　　图7-83 编辑效果

Step 19 再次打开"多线编辑工具"面板，选择"角点结合"工具，编辑墙体，如图7-84所示。

Step 20 最后选择多线，拖动夹点调整多线，完成墙体轮廓的绘制，如图7-85所示。

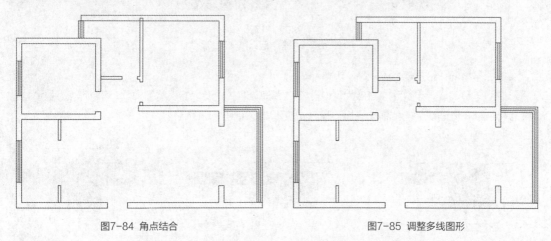

图7-84 角点结合　　　　　　　　　　　　　　　图7-85 调整多线图形

Step 21 执行"绘图>图案填充"命令，在"图案填充创建"选项卡的"图案"面板中选择图案SOLID，如图7-86所示。

图7-86 选择填充图案

Step 22 拾取建筑外墙部分进行填充，效果如图7-87所示。

Step 23 执行"绘图>多段线"命令，根据提示指定多段线的起点，如图7-88所示。

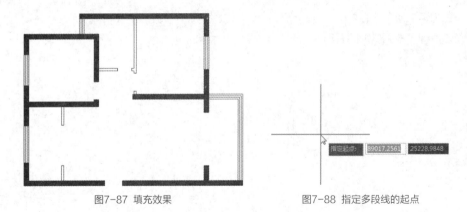

图7-87 填充效果　　　　　　　　　　图7-88 指定多段线的起点

Step 24 向上移动光标，根据命令行的提示输入w命令，如图7-89所示。

Step 25 按回车键确认，指定起点宽度和端点宽度皆为200，如图7-90所示。

Step 26 按回车键确认，向上移动光标，输入长度160，如图7-91所示。

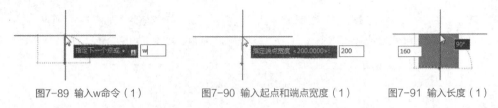

图7-89 输入w命令（1）　　　图7-90 输入起点和端点宽度（1）　　　图7-91 输入长度（1）

Step 27 按回车键确认，再输入w命令，如图7-92所示。

Step 28 按回车键确认，设置起点宽度为500，再按回车键确认，设置端点宽度为0，如图7-93所示。

Step 29 再按回车键确认，向上移动光标，输入长度200，如图7-94所示。

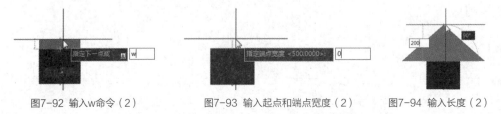

图7-92 输入w命令（2）　　　图7-93 输入起点和端点宽度（2）　　　图7-94 输入长度（2）

Step 30 按两次回车键，完成多段线箭头的绘制，将箭头移动至入户门处，完成本案例的绘制，如图7-95所示。

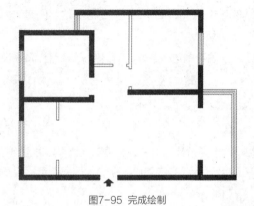

图7-95 完成绘制

为了让读者更好地掌握本章所学的知识，在这里提供了两个关于本章知识的课后作业，以供读者练手。

1. 绘制箭头图形

利用"多段线"命令绘制带宽度的箭头图形，如图7-96所示。

操作提示：

`Step 01` 执行"绘图>多段线"命令，指定多段线的起点，根据提示输入w命令，设置起点和端点的宽度均为50，绘制一段长40mm的多段线。

`Step 02` 再输入w命令，设置起点宽度为120，端点宽度为0，绘制箭头造型。

图7-96　箭头图形

2. 填充拼花图案

利用"图案填充"命令为拼花图形创建填充图案，如图7-97所示。

操作提示：

执行"绘图>图案填充"命令，拾取需要填充的区域，分别选择填充图案AR-SAND和实体图案SOLID对图形区域进行填充。

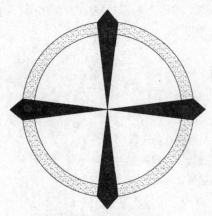

图7-97　填充拼花图案

Chapter 08

图形编辑基础命令

本章概述

　　如同传统的手工绘图一样，使用AutoCAD绘图也是一个由简到繁、由粗到精的过程。用户总是要首先勾画出一个简单的草图，然后反复进行修改、补充和细化，直到最后完成符合要求的图形，这是绘图过程中必不可少的工作。AutoCAD提供了与之相应的一系列命令，用户可以应用这些命令来对图形进行编辑加工。

　　本章主要介绍图形编辑基础命令的知识，包括图形的选取、移动、旋转、缩放、镜像、偏移、阵列等。通过本章的学习，用户可以熟练掌握图形编辑基础命令的应用。

学习目标

- 了解图形的选取
- 熟悉夹点的应用
- 掌握删除、分解命令的应用
- 掌握移动、旋转、缩放命令的应用
- 掌握复制、镜像、偏移、阵列命令的应用

8.1 图形对象的选取

在编辑图形之前，首先要指定一个或多个编辑对象，这个指定编辑对象的过程就是选择。准确熟练地选择对象是编辑操作的基本前提。在AutoCAD中，图形的选取方式有多种，下面将分别对其进行介绍。

8.1.1 图形选取方式

用户可以通过点选图形的方式进行选择，也可以通过框选的方式进行选择，还可以通过围选或栏选的方式进行选择。

1. 点选图形的方式

点选的方法较为简单，用户只需直接选取图形对象即可。当用户在选择某图形时，只需将光标放置该图形上，其后单击该图形即可选中。当图形被选中后，将会显示该图形的夹点。若要选择多个图形，则只需单击其他图形即可，如图8-1和图8-2所示。

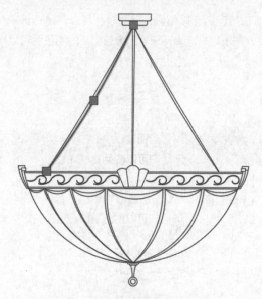

图8-1 点选一个图形

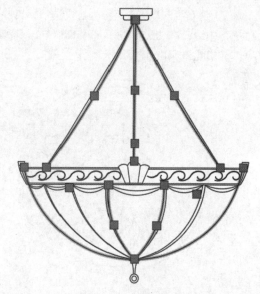

图8-2 点选多个图形

该方法选择图形较为简单、直观，但其精确度不高。如果在较为复杂的图形中进行选取操作，往往会出现误选或漏选现象。

2. 框选图形的方式

在选择大量图形时，使用框选方式较为合适。选择图形时，用户只需在绘图区中指定框选起点，移动光标至合适位置，如图8-3所示。此时，在绘图区中则会显示矩形窗口，而在该窗口内的图形将被选中，选择完成后再次单击鼠标左键即可，如图8-4所示。

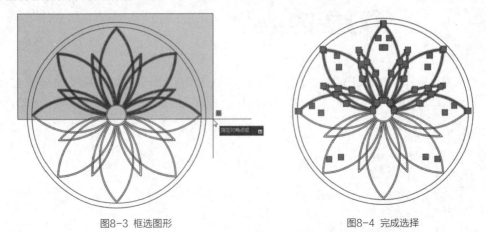

| 图8-3 框选图形 | 图8-4 完成选择 |

　　框选的方式分为两种，一种是从左至右框选，另一种则是从右至左框选。使用这两种方式都可以进行图形的框选。

　　（1）从左至右框选。又称为窗口选择，其位于矩形窗口内的图形将被选中，窗口外的图形将不能被选中。

　　（2）从右至左框选。又称为窗交选择，其操作方法与窗口选择相似，它同样也可以创建矩形窗口，并选中窗口内的所有图形，而与窗口方式不同的是，在进行框选时，与矩形窗口相交的图形也可以被选中，如图8-5和图8-6所示。

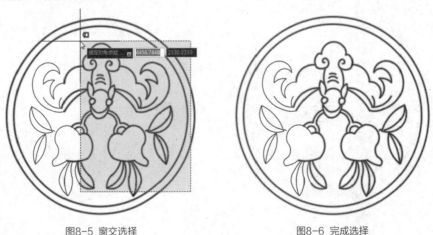

| 图8-5 窗交选择 | 图8-6 完成选择 |

3. 围选图形的方式

　　使用围选的方式来选择图形，其灵活性较大。它可以通过不规则图形围选所需选择的图形。而围选的方式可以分为圈选和圈交两种。

　　（1）圈选。圈选是一种多边形窗口选择方法，用户在要选择图形的任意位置指定一点，其后在命令行中输入WP命令，然后按回车键。接着在绘图区中指定其他拾取点，通过不同的拾取点构成任意多边形，其多边形内的图形将被选中，随后按回车键即可，如图8-7和图8-8所示。

命令行的提示如下：

命令：
指定对角点或 [栏选（F）/圈围（WP）/圈交（CP）]：wp
指定直线的端点或 [放弃（U）]：
指定直线的端点或 [放弃（U）]：

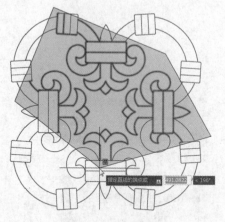

图8-7 选择圈选范围

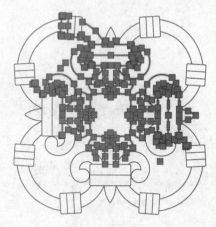

图8-8 完成选择

（2）圈交。圈交与窗交方式相似，它是绘制一个不规则的封闭多边形作为交叉窗口来选择图形对象的。完全包围在多边形中的图形与多边形相交的图形将被选中。用户只需在命令行中输入CP命令并按回车键，即可进行选取操作，如图8-9和图8-10所示。

命令行的提示如下：

命令：
指定对角点或 [栏选（F）/圈围（WP）/圈交（CP）]：cp
指定直线的端点或 [放弃（U）]：

图8-9 圈交选择图形

图8-10 完成选择

4. 栏选图形的方式

栏选方式则是利用一条开放的多段线进行图形的选择，其所有与该线段相交的图形都会被选中。在对复杂图形进行编辑时，使用栏选方式，可以方便地选择连续的图形。用户只需在命令行中输入f命令，然后按回车键，即可选择图形，如图8-11和图8-12所示。

命令行的提示如下：

```
命令：
指定对角点或 [栏选（F）/圈围（WP）/圈交（CP）]: f
指定下一个栏选点或 [放弃（U）]:
```

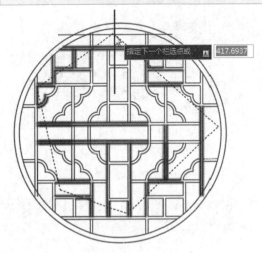

图8-11 栏选图形

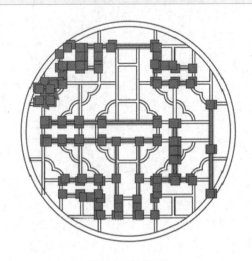

图8-12 完成选择

5. 其他选取方式

除了以上常用选取图形的方式外，还可以使用其他一些方式进行选取，如"上一个""全部""多个""自动"等。用户只需在命令行中输入SELECT命令后按回车键，其后输入"？"，则可以显示多种选取方式，此时用户即可根据需要进行选取操作。

命令行的提示如下：

```
命令：_SELECT
选择对象：？
*无效选择*
需要点或窗口（W）/上一个（L）/窗交（C）/框（BOX）/全部（ALL）/栏选（F）/圈围（WP）/圈交（CP）/编组
（G）/添加（A）/删除（R）/多个（M）/前一个（P）/放弃（U）/自动（AU）/单个（SI）/子对象（SU）/对象（O）
```

命令行中的主要选取方式说明如下：

- 上一个：选择最近一次创建的图形对象。该图形需在当前绘图区中。
- 全部：该选项用于选取图形中没有被锁定、关闭或冻结的图层上所有的图形对象。
- 添加：该选项可以使用任何对象选择方式将选定对象添加到选择集中。
- 删除：该选项可以使用任何对象选择方式从当前选择集中删除图形。
- 前一个：该选项表示选择最近创建的选择集。

● **放弃**：该选项将放弃选择最近添加到选择集中的图形对象。如果最近一次选择的图形对象多于一个，将从选择集中删除最后一次选择的图形。

● **自动**：该选项切换到自动选择，单击一个对象即可选择。单击对象内部或外部的空白区，将形成框选方法定义的选择框的第一点。

● **多个**：该选项可以单击选中多个图形对象。

● **单个**：该选项表示切换到单选模式，选择指定的第一个或第一组对象而不继续提示进一步选择。

● **子对象**：该选项使用户可以逐个选择原始形状，这些形状是复合实体的一部分或三维实体上的顶点、边和面。

● **对象**：该选项表示结束选择子对象的功能，使用户可以使用对象选择方法。

8.1.2 过滤选取

使用"过滤选取"功能可以使用对象特性或对象类型将对象包含在选择集中或排除对象。用户在命令行中输入FILTER命令并按回车键，则可以打开"对象选择过滤器"对话框。在该对话框中可以将对象的类型、图层、颜色、线型等特性作为过滤条件来过滤选择符合条件的图形对象，如图8-13所示。

"对象选择过滤器"对话框中各选项的说明如下：

● **选择过滤器**：该选项组用于设置选择过滤器的类型。

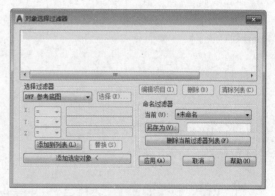

图8-13 "对象选择过滤器"对话框

● **X、Y、Z轴**：该选项用于设置与选择调节对应的关系运算符。

● **添加到列表**：该选项用于将选择的过滤器及附加条件添加到过滤器列表中。

● **替换**：该选项可用当前"选择过滤器"选项组中的设置替代列表框中选定的过滤器。

● **添加选定对象**：该按钮将切换到绘图区，选择一个图形对象，系统将会把选中的对象特性添加到过滤器列表框中。

● **编辑项目**：该选项用于编辑过滤器列表框中选定的项目。

● **删除**：该选项用于删除过滤器列表框中选定的项目。

● **清除列表**：该按钮用于删除过滤器列表框中选中的所有项目。

● **当前**：该选项用于显示出可用的已命名的过滤器。

● **另存为**：该按钮可以保存当前设置的过滤器。

● **删除当前过滤器列表**：该按钮可以从Filter.nfl文件中删除当前的过滤器集。

 注意事项

用户在选择图形的过程中，可以随时按Esc键终止目标图形对象的选择操作，并放弃已选中的目标。在CAD中，如果没有进行任何编辑操作时，按组合键Ctrl+A，则可以选择绘图区中的全部图形。

8.2　删除

在绘图过程中，会有很多绘制错误或不需要的图形，这时就需要将其删除。删除图形对象操作是图形编辑操作中最基本的操作。

用户可以通过以下方式调用"删除"命令：

（1）从菜单栏执行"修改>删除"命令。

（2）在"默认"选项卡的"修改"面板中单击"删除"按钮 。

（3）在命令行中输入ERASE命令，然后按回车键。

知识点拨

　除了以上方式可以删除图形对象外，用户还可以利用键盘进行操作。选择图形对象，按Delete键即可将其删除。

8.3　分解

用"多段线""矩形""正多边形"命令绘制出的图形及图块和尺寸，当对其进行编辑修改时，系统只会将其作为一个图元来处理。分解操作可以将这些对象分为多个图元，以便用户分开编辑。

用户可以通过以下方式调用"分解"命令：

（1）从菜单栏执行"修改>分解"命令。

（2）在"默认"选项卡的"修改"面板中单击"分解"按钮 。

（3）在命令行中输入EXPLODE命令，然后按回车键。

执行以上任意操作后，选择要分解的图形对象，按回车键确认即可将其分解。选择分解前的图形，可以看到其夹点由方形夹点和长方形夹点组成；而选择分解后的图形，则全部由方形夹点组成，如图8-14和图8-15所示为正五边形分解前后的选择效果。

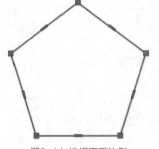

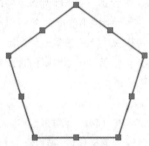

图8-14　选择正五边形　　　　图8-15　选择分解后的图形

命令行的提示如下：

```
命令：_EXPLODE
选择对象：找到一个
选择对象：
```

8.4　移动

移动是将一个图形从现在的位置挪动到一个指定的新位置，图形的大小和方向不会发生改变。

用户可以通过以下方式调用"移动"命令：

（1）从菜单栏执行"修改>移动"命令。

（2）在"默认"选项卡的"修改"面板中单击"移动"按钮 ✣。

（3）在命令行中输入MOVE命令，然后按回车键。

命令行的提示如下：

```
命令：_MOVE
选择对象：找到 1 个
选择对象：
指定基点或 [位移（D）] <位移>：
指定第二个点或 <使用第一个点作为位移>：
```

知识点拨

通过选择并移动夹点，可以将对象拉伸或移动到新的位置。因为对于某些夹点，移动时只能移动对象而不能拉伸，如文字、块、直线中点、圆心、椭圆中心点、圆弧圆心和点对象上的夹点。

动手练 移动图形位置

扫码观看视频

下面利用"移动"功能移动绿植的位置，操作步骤介绍如下：

Step 01 打开素材图形，如图8-16所示。

Step 02 执行"修改>移动"命令，根据提示选择要移动的绿植对象，如图8-17所示。

图8-16 素材图形

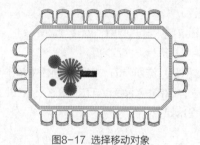
图8-17 选择移动对象

Step 03 按回车键后指定移动基点的位置，如图8-18所示。

Step 04 再移动光标指定目标点的位置，如图8-19所示。

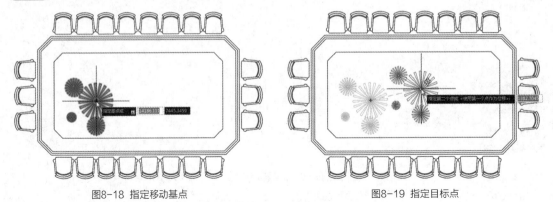

图8-18 指定移动基点　　　　　　　　　　　图8-19 指定目标点

Step 05 在目标点单击即可完成移动操作，如图8-20所示。

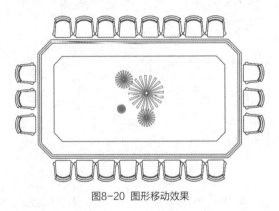

图8-20 图形移动效果

8.5 旋转

　　旋转就是将选定的图形对象按照指定的基点改变其角度，正的角度按逆时针方向旋转，负的角度按顺时针方向旋转。

　　用户可以通过以下方式调用"旋转"命令：

　　（1）从菜单栏执行"修改>旋转"命令。

　　（2）在"默认"选项卡的"修改"面板中单击"旋转"按钮↻。

　　（3）在命令行中输入ROTATE命令，然后按回车键。

　　命令行的提示如下：

命令：_ROTATE
UCS 当前的正角方向：ANGDIR = 逆时针　ANGBASE = 0
选择对象：找到 1 个
选择对象：
指定基点：
指定旋转角度或 [复制（C）/参照（R）] <0>：

 注意事项

　　在输入旋转角度的时候，用户可以输入正值，也可以输入负值。负角度值转换为正角度值的方法是，用360减去负角度值的绝对值，如−40°转换为正角度值是320°。

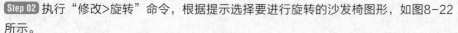

动手练 旋转沙发椅图形

扫码观看视频

　　下面利用"旋转"命令旋转沙发椅图形，操作步骤介绍如下：
Step 01 打开素材图形，如图8-21所示。
Step 02 执行"修改>旋转"命令，根据提示选择要进行旋转的沙发椅图形，如图8-22所示。

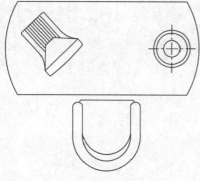

图8-21 素材图形

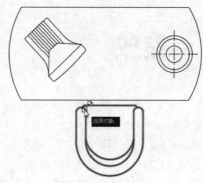

图8-22 选择旋转对象

Step 03 按回车键确认，根据提示单击指定的旋转基点，如图8-23所示。
Step 04 移动光标，指定旋转角度，这里输入−30，如图8-24所示。

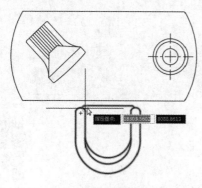

图8-23 指定旋转基点

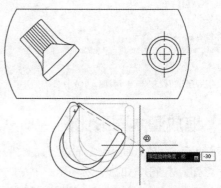

图8-24 输入旋转角度

Step 05 再按回车键确认，即可完成旋转操作，如图8-25所示。

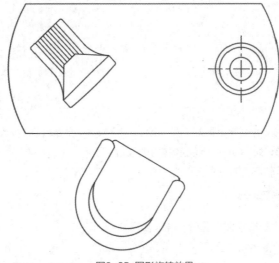

图8-25　图形旋转效果

8.6　缩放

"缩放"是将选定的图形在X轴和Y轴方向上按相同的比例系数放大或缩小，比例系数不能取负值。在绘图过程中常常会遇到图形比例不合适的情况，这时就可以利用"缩放"工具。

用户可以通过以下方式调用"缩放"命令：

（1）从菜单栏执行"修改>缩放"命令。

（2）在"默认"选项卡的"修改"面板中单击"缩放"按钮 。

（3）在命令行中输入SCALE命令，然后按回车键。

命令行的提示如下：

```
命令：_SCALE
选择对象：
指定对角点：找到 1 个
选择对象：
指定基点：
指定比例因子或 [复制（C）/参照（R）]：1.5
```

动手练 缩放灌木图形比例

下面利用"缩放"命令改变灌木图形的比例，操作步骤介绍如下：

Step 01 打开素材图形，如图8-26所示。

Step 02 执行"修改>缩放"命令，根据提示选择要缩放的灌木图形，如图8-27所示。

扫码观看视频

图8-26　素材图形

图8-27　选择缩放对象

Step 03 按回车键确认后再指定缩放基点位置，如图8-28所示。

Step 04 单击指定基点后再根据提示指定比例因子，这里直接输入0.6，如图8-29所示。

Step 05 按回车键确认，即可完成缩放操作，如图8-30所示。

图8-28　指定缩放基点

图8-29　输入缩放比例

图8-30　图形缩放效果

8.7　复制

在绘图过程中，经常会出现一些相同的图形，如果将图形一个个地进行重复绘制，工作效率显然会很低。AutoCAD中的"复制"命令，可以将任意复杂的图形复制到视图中的任意位置。

用户可以通过以下方式调用"复制"命令：

（1）从菜单栏执行"修改>复制"命令。

（2）在"默认"选项卡的"修改"面板中单击"复制"按钮%。

（3）在命令行中输入COPY命令，然后按回车键。

命令行的提示如下：

```
命令：_COPY
选择对象：找到 1 个
选择对象：
当前设置：复制模式 = 多个
指定基点或 [位移（D）/模式（O）] <位移>：
指定第二个点或 [阵列（A）] <使用第一个点作为位移>：
指定第二个点或 [阵列（A）/退出（E）/放弃（U）] <退出>：
```

 注意事项

在使用"复制"命令复制对象时，系统默认的是一次只能复制一个图形对象，如果用户想对同一个图形对象进行重复复制，可以在选择要移动的对象后在命令窗口中输入快捷命令o并选择模式为"多个"，这样程序就会将选择的对象进行重复选择，用户只需在绘图窗口中指定复制对象的目标点即可。想要退出复制状态，按Esc键即可。

【动手练】复制花朵图形

下面利用"复制"命令复制花朵图形，操作步骤介绍如下：

Step 01 打开素材图形，如图8-31所示。

Step 02 执行"修改>复制"命令，根据提示选择要复制的对象，这里选择图形中已有的一朵花，如图8-32所示。

扫码观看视频

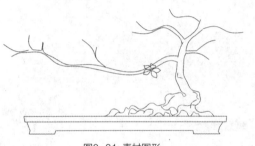

图8-31 素材图形

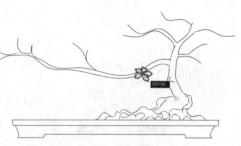

图8-32 选择复制对象

Step 03 按回车键确认后，再根据提示指定复制基点，这里选择花朵的中心位置，如图8-33所示。

Step 04 移动光标，单击鼠标指定复制的目标点，如图8-34所示。

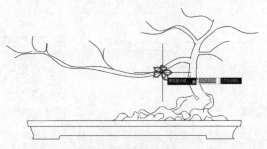

图8-33　指定复制基点

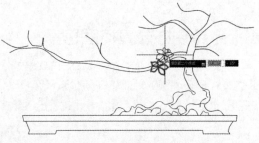

图8-34　指定目标点

Step 05 继续移动光标指定下一个目标点，如图8-35所示。

Step 06 依次指定下一个目标点复制花朵图形，完成花树的绘制，如图8-36所示。

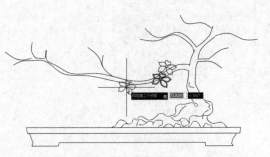

图8-35　指定下一个目标点

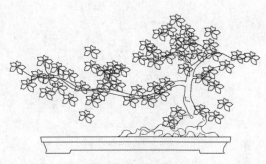

图8-36　图形复制效果

8.8　镜像

　　在绘图过程中，对称图形是非常常见的，在绘制好图形后，若使用"镜像"命令操作，即可得到一个相同并反向呈现的图形。"镜像"是指对选定的图形进行对称变换，以便在对称的方向上生成一个反向的图形。

　　用户可以通过以下方法调用"镜像"命令：

　　（1）从菜单栏执行"修改>镜像"命令。

　　（2）在"默认"选项卡的"修改"面板中单击"镜像"按钮⚠。

　　（3）在命令行中输入MIRROR命令，然后按回车键。

　　命令行的提示如下：

```
命令：_MIRROR
选择对象：找到 1 个
选择对象：
```

指定镜像线的第一点：
指定镜像线的第二点：
要删除源对象吗？[是（Y）/否（N）] <否>：

动手练 绘制办公桌椅图形 ——————————————

扫码观看视频

　　下面利用"镜像"命令复制对称的办公桌椅图形，操作步骤介绍如下：

Step 01 打开素材图形，如图8-37所示。

Step 02 执行"修改>镜像"命令，根据提示选择需要镜像的图形，如图8-38所示。

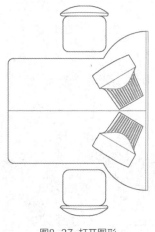

图8-37　打开图形

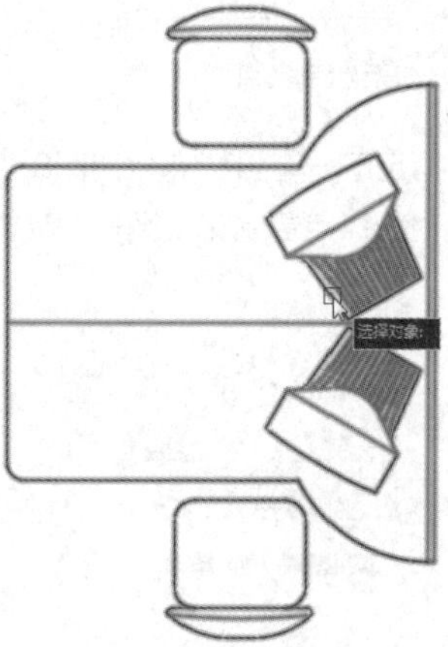

图8-38　选择镜像图形

Step 03 按回车键确认，根据命令行的提示指定镜像线的第一点，如图8-39所示。

Step 04 再移动光标指定镜像线的第二点，此时可以看到预览图像，如图8-40所示。

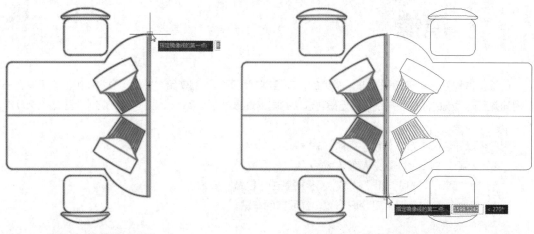

图8-39　指定镜像线的第一点

图8-40　指定镜像线的第二点

Step 05 单击选择镜像的第二点后，光标旁会显示"要删除源对象吗？"的提示，如图8-41所示。

Step 06 选择"否"选项保留源对象，完成镜像操作，效果如图8-42所示。

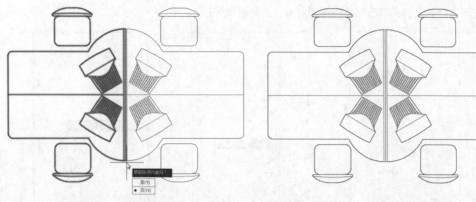

图8-41　不删除源对象　　　　　　　　　　　　图8-42　图形镜像效果

8.9　偏移

"偏移"是按照一定的偏移值将图形进行复制和位移，偏移后的图形和原图形的形状相同。

用户可以通过以下方式调用"偏移"命令：

（1）从菜单栏执行"修改>偏移"命令。

（2）在"默认"选项卡的"修改"面板中单击"偏移"按钮◎。

（3）在命令行中输入OFFSET命令，然后按回车键。

命令行的提示如下：

```
命令：_OFFSET
当前设置：删除源 = 否　图层 = 源　OFFSETGAPTYPE = 0
指定偏移距离或 [通过（T）/删除（E）/图层（L）] <20.0000>：150
选择要偏移的对象或 [退出（E）/放弃（U）] <退出>：
指定要偏移的那一侧上的点或 [退出（E）/多个（M）/放弃（U）] <退出>：
```

> **知识点拨**
>
> 使用"偏移"命令时，如果偏移的对象是直线，则偏移后的直线大小不变；如果偏移的对象是圆、圆弧和矩形，其偏移后的对象将被缩小或放大。

动手练 绘制简易门图形

下面利用"矩形""偏移"等命令绘制简易门图形，操作步骤介绍如下：

Step 01 执行"绘图>矩形"命令，绘制长宽尺寸为2000mm×860mm的矩形，如图8-43所示。

扫码观看视频

Step 02 再执行"修改>偏移"命令，根据提示指定偏移距离为150，如图8-44所示。

Step 03 按回车键确认后，再选择要偏移的对象，这里选择矩形，如图8-45所示。

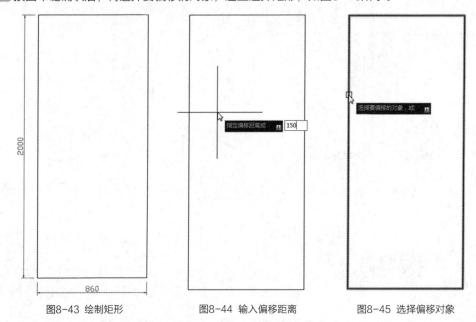

图8-43 绘制矩形　　　　图8-44 输入偏移距离　　　　图8-45 选择偏移对象

Step 04 选择偏移对象后，再向矩形内部移动光标，指定偏移方向，如图8-46所示。

Step 05 单击鼠标后再按回车键，即可完成偏移操作，如图8-47所示。

Step 06 选择内部矩形，执行"修改>分解"命令，将其进行分解，如图8-48所示。

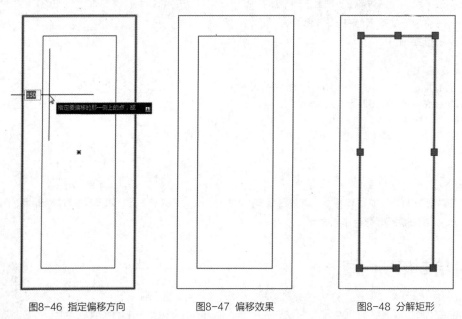

图8-46 指定偏移方向　　　　图8-47 偏移效果　　　　图8-48 分解矩形

Step 07 执行"绘图>点>定数等分"命令，将内部矩形的一侧边线等分为四份，如图8-49所示。

Step 08 执行"绘图>直线"命令，捕捉等分点和直线中点绘制直线，如图8-50所示。

Step 09 执行"绘图>图案填充"命令，选择图案ANSI31，设置填充比例为10，填充原点为中心，分别填充门板区域，如图8-51所示。

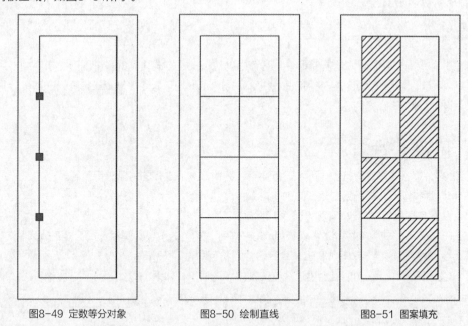

图8-49 定数等分对象　　　　　　图8-50 绘制直线　　　　　　图8-51 图案填充

Step 10 继续执行"绘图>图案填充"命令，选择同样的图案，设置填充角度为90°，再分别填充剩下的门板区域，如图8-52所示。

Step 11 执行"绘图>矩形"命令，绘制尺寸为450mm×40mm的矩形作为门拉手，放置到合适的位置，完成门图形的绘制，如图8-53所示。

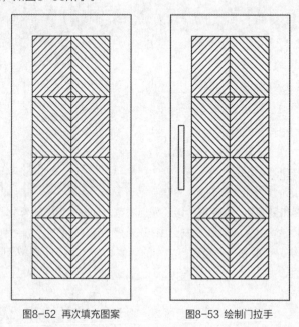

图8-52 再次填充图案　　　　　　图8-53 绘制门拉手

8.10　阵列

"阵列"命令是一种有规则的复制命令，它可以创建按指定方式排列的多个图形副本。如果用户遇到一些规则分布的图形时，就可以使用该命令来解决。AutoCAD软件提供了三种阵列选项，分别为矩形阵列、环形阵列和路径阵列。

8.10.1　矩形阵列

"矩形阵列"是通过设置行数、列数、行偏移和列偏移来对选择的对象进行复制。

用户可以通过以下方式调用"矩形阵列"命令：

（1）从菜单栏执行"修改>阵列>矩形阵列"命令。

（2）在"默认"选项卡的"修改"面板中单击"阵列"下拉按钮，从列表中选择"矩形阵列"选项 。

（3）在命令行中输入ARRAYRECT命令，然后按回车键。

执行以上任意操作，在功能区会出现"阵列创建"选项卡，如图8-54所示。

默认	插入	注释	参数化	视图	管理	输出	附加模块	协作	精选应用	阵列创建		
	列数:	4		行数:	3		级别:	1				
矩形	介于:	281.9585		介于:	281.9585		介于:	1	关联	基点	关闭阵列	
	总计:	845.8754		总计:	563.9169		总计:	1				
类型		列			行 ▼			层级		特性	关闭	

图8-54　"阵列创建"选项卡

命令行的提示如下：

```
命令：_ARRAYRECT
选择对象：找到 1 个
选择对象：
类型 = 矩形　关联 = 是
选择夹点以编辑阵列或 [关联（AS）/基点（B）/计数（COU）/间距（S）/列数（COL）/行数（R）/层数（L）/退出（X）] <退出>：
```

命令行中各选项的具体含义介绍如下：

- 关联：指定阵列中的对象是关联的还是独立的。
- 基点：指定需要阵列基点和夹点的位置。
- 计数：指定行数和列数，并可以动态地观察变化。
- 间距：指定行间距和列间距，并使其在移动光标时可以动态地观察结果。
- 列数：编辑列数和列间距。"列数"是阵列中图形的列数，"列间距"是每列之间的距离。
- 行数：指定阵列中的行数、行间距和行之间的增量标高。"行数"是阵列中图形的行数，"行间距"是指定个行之间的距离，"总计"是起点和端点行数之间的总距离，"增量标高"用于设置每个后续行的增加或减少。
- 层数：指定阵列图形的层数和层间距。"层数"用于指定阵列中的层，"层间距"用于Z坐标值中指定每个对象等效位置之间的差值，"总计"是在Z坐标值中指定第一个和最后一个层中对象等效位置之间的总差值。

● 退出：退出阵列操作。

动手练 阵列复制圆形

扫码观看视频

下面利用"矩形阵列"命令复制圆形，操作步骤介绍如下：

Step 01 执行"绘图>圆"命令，绘制半径为50mm的圆，如图8-55所示。

Step 02 "修改>阵列>矩形阵列"命令，根据提示选择阵列对象，如图8-56所示。

Step 03 按回车键确认，系统会以默认的3排4列复制对象，如图8-57所示。

图8-55　绘制圆

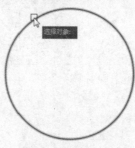

图8-56　选择阵列对象

图8-57　默认阵列效果

Step 04 在"阵列创建"选项卡中设置列数、行数及间距值，如图8-58所示。

默认	插入	注释	参数化	视图	管理	输出	附加模块	协作	精选应用	阵列创建			
		列数：	6		行数：	6		级别：	1				
矩形		介于：	100		介于：	100		介于：	1		关联	基点	关闭阵列
		总计：	500		总计：	500		总计：	1				
类型		列			行			层级			特性		关闭

图8-58　设置阵列参数

Step 05 设置完毕后在绘图区的空白处单击鼠标，即可完成阵列操作，如图8-59所示。

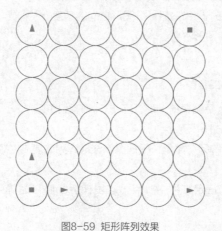

图8-59　矩形阵列效果

8.10.2　环形阵列

"环形阵列"是指阵列后的图形呈环形。使用环形阵列时也需要设定有关参数，其中包括中心点、方法、项目总数和填充角度。与矩形阵列相比，环形阵列创建出的阵列效果更灵活。

用户可以通过以下方式调用"环形阵列"命令：

（1）从菜单栏执行"修改>阵列>环形阵列"命令。

（2）在"默认"选项卡的"修改"面板中单击"阵列"下拉按钮，从列表中选择"环形阵列"选项 。

（3）在命令行中输入ARRAYPOLAR命令，然后按回车键。

执行以上任意操作，在功能区会出现"阵列创建"选项卡，如图8-60所示。

默认	插入	注释	参数化	视图	管理	输出	附加模块	协作	精选应用	阵列创建

	极轴	项目数：6	行数：1	级别：1	关联 基点 旋转项目 方向	关闭阵列
		介于：60	介于：43.3944	介于：1		
		填充：360	总计：43.3944	总计：1		
	类型	项目	行 ▼	层级	特性	关闭

图8-60　"阵列创建"选项卡

命令行的提示如下：

```
命令：_ARRAYPOLAR
选择对象：找到 1 个
选择对象：
类型 = 极轴　关联 = 是
指定阵列的中心点或 [基点（B）/旋转轴（A）]：
选择夹点以编辑阵列或 [关联（AS）/基点（B）/项目（I）/项目间角度（A）/填充角度（F）/行（ROW）/层（L）/旋转项目（ROT）/退出（X）]<退出>：
```

命令行中各选项的具体含义介绍如下：

● 中心点：指定环形阵列的围绕点。

● 旋转轴：指定由两个点定义的自定义旋转轴。

● 项目：指定阵列图形的数值。

● 项目间角度：阵列图形对象和表达式指定项目之间的角度。

● 填充角度：指定阵列中第一个和最后一个图形之间的角度。

● 旋转项目：控制是否旋转图形本身。

动手练 **阵列复制餐椅图形**

下面利用"环形阵列"命令复制餐椅图形，操作步骤介绍如下：

Step 01 打开素材图形，如图8-61所示。

Step 02 执行"修改>阵列>环形阵列"命令，根据提示选择阵列的复制对象，如图8-62所示。

Step 03 按回车键后再根据提示指定阵列中心点，这里捕捉圆心作为阵列中心，如图8-63所示。

扫码观看视频

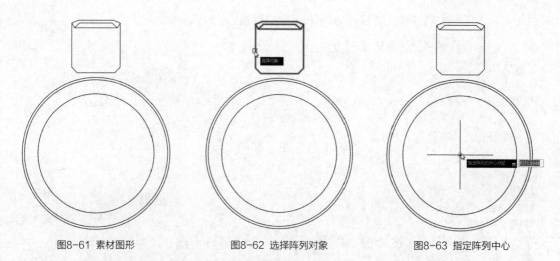

图8-61 素材图形　　　　　　　　　图8-62 选择阵列对象　　　　　　　　图8-63 指定阵列中心

Step 04 确定阵列中心后，系统会自动创建包括原图形在内的6个图形，如图8-64所示。

Step 05 在"阵列创建"选项卡的"项目"面板中设置项目数为8，也就是创建包括原图形在内的8个图形，然后在绘图区的空白处单击即可完成阵列操作，如图8-65所示。

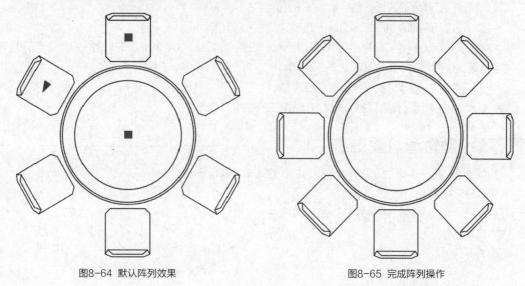

图8-64 默认阵列效果　　　　　　　　　　　　图8-65 完成阵列操作

8.10.3　路径阵列

"路径阵列"是根据所指定的路径进行阵列，如曲线、弧线、折线等所有开放型线段。

用户可以通过以下方式调用"路径阵列"命令：

（1）从菜单栏执行"修改>阵列>路径阵列"命令。

（2）在"默认"选项卡的"修改"面板中单击"阵列"下拉按钮，从列表中选择"路径阵列"选项。

（3）在命令行中输入ARRAYPATH命令，然后按回车键。

执行以上任意操作，在功能区会出现"阵列创建"选项卡，如图8-66所示。

图8-66 "阵列创建"选项卡

命令行的提示如下：

```
命令：_ARRAYPATH
选择对象：找到 1 个
选择对象：
类型 = 路径   关联 = 是
选择路径曲线：
选择夹点以编辑阵列或 [关联（AS）/方法（M）/基点（B）/切向（T）/项目（I）/行（R）/层（L）/对齐项目（A）/
Z 方向（Z）/退出（X）] <退出>：
```

命令行中各选项的具体含义介绍如下：

● 路径曲线：指定用于阵列的路径对象。

● 方法：指定阵列的方法，包括定数等分和定距等分两种。

● 切向：指定阵列的图形如何相对于路径的起始方向对齐。

● 项目：指定图形数和图形对象之间的距离。"沿路径项目数"用于指定阵列的图形数，"沿路径项目之间的距离"用于指定阵列图形之间的距离。

● 对齐项目：控制阵列图形是否与路径对齐。

● Z方向：控制图形是否保持原始Z方向或沿三维路径自然倾斜。

动手练 绘制轨道灯具效果

下面利用"路径阵列"命令制作带轨道的灯具效果，操作步骤介绍如下：

Step 01 打开素材图形，如图8-67所示。

Step 02 执行"修改>阵列>路径阵列"命令，根据提示选择阵列复制的对象，如图8-68所示。

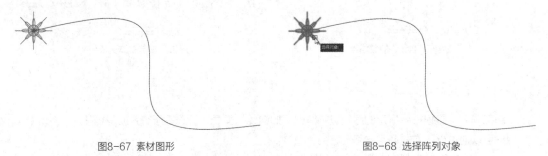

图8-67 素材图形　　　　　　　　　　　　　图8-68 选择阵列对象

知识点拨

在使用"路径阵列"选择路径时，用户选择路径的一端，图形的复制就从这一端开始进行。

Step 03 按回车键确认后再选择路径曲线，如图8-69所示。

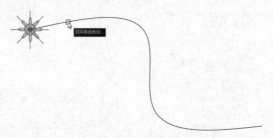

图8-69 选择路径曲线

Step 04 在"阵列创建"选项卡的"特性"面板中选择"定数等分"选项，默认项目数为6，如图8-70所示。

图8-70 设置阵列参数

Step 05 设置完毕后在绘图区的空白处单击鼠标即可完成阵列操作，如图8-71所示。

图8-71 阵列效果

8.11 夹点编辑

在没有进行任何编辑命令时，当光标选中图形，就会显示出夹点；而将光标移动至夹点上时，被选中的夹点会以红色显示。夹点在默认情况下以蓝色小方块显示，个别的也以圆形显示，用户可以根据个人的喜好和需要改变夹点的大小和颜色。

8.11.1 设置夹点

在AutoCAD中，用户可以根据需要对夹点的大小、颜色等参数进行设置。用户只需打开"选项"对话框，切换至"选择集"选项卡即可进行相关设置，如图8-72和图8-73所示。

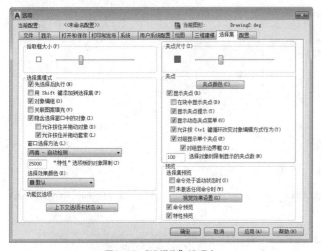

图8-72 "选择集"选项卡

图8-73 设置夹点颜色

设置夹点各选项的说明如下：

● **夹点尺寸**：该选项用于控制显示夹点的大小。

● **夹点颜色**：单击该按钮，打开"夹点颜色"对话框，根据需要选择相应的选项，其后在"选择颜色"对话框中选择所需的颜色即可。

● **显示夹点**：勾选该选项，用户在选择对象时显示夹点。

● **在块中显示夹点**：勾选该选项，系统将会显示块中每个对象的所有夹点；若取消勾选该选项，则在被选择的块中显示一个夹点。

● **显示夹点提示**：勾选该选项，光标悬停在自定义对象的夹点上时，则显示夹点的特定提示。

● **选择对象时限制显示的夹点数**：设定夹点的显示数，其默认为100。若被选的对象上其夹点数大于设定的数值，此时该对象的夹点将不显示。夹点的设置范围为1～32767。

8.11.2　编辑夹点

夹点就是图形对象上的控制点，是一种集成的编辑模式。使用AutoCAD的"夹点"功能，可以对图形对象进行各种编辑操作。

选择要编辑的图形对象，此时该对象上会出现若干个夹点，单击夹点再右击，即可打开夹点编辑菜单，其中包括拉伸、移动、旋转、缩放、镜像、复制等命令，如图8-74所示。

快捷菜单中各命令的说明如下：

● **拉伸**：在默认情况下激活夹点，单击激活点，释放鼠标，即可对夹点进行拉伸。

● **移动**：选择该命令，可以将图形对象从当前位置移动到新的位置，也可以进行多次复制。选择要移动的图形

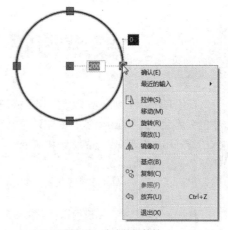

图8-74 夹点编辑菜单

对象，进入夹点选择状态，按回车键即可进入移动编辑模式。

● 旋转：选择该命令，可以将图形对象绕基点进行旋转，还可以进行多次旋转复制。选择要旋转的图形对象，进入夹点选择状态，连续按两次回车键，即可进入旋转编辑模式。

● 缩放：选择该命令，可以将图形对象相对于基点缩放，同时也可以进行多次复制。选择要缩放的图形对象，选择夹点编辑菜单中的"缩放"命令，连续按三次回车键，即可进入缩放编辑模式。

● 镜像：选择该命令，可以将图形物体基于镜像线进行镜像或镜像复制。选择要镜像的图形对象，指定基点及第二点后进行连线即可进行镜像编辑操作。

● 复制：选择该命令，可以将图形对象基于基点进行复制操作。选择要复制的图形对象，将鼠标指针移动到夹点上，按回车键即可进入复制编辑模式。

绘制燃气灶

Example 综合实例

本案例将利用所学的知识绘制一个燃气灶图形，具体的绘制过程介绍如下：

扫码观看视频

Step 01 执行"绘图>矩形"命令，绘制一个长宽尺寸为760mm×450mm、圆角半径为30mm的圆角矩形，如图8-75所示。

Step 02 执行"修改>偏移"命令，设置偏移尺寸为10mm，将圆角矩形向内偏移，如图8-76所示。

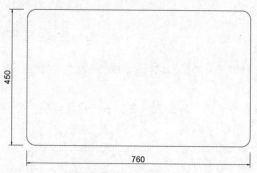

图8-75　绘制圆角矩形

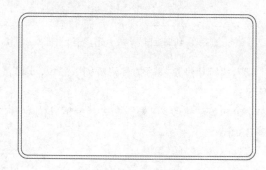

图8-76　偏移图形

Step 03 执行"绘图>矩形"命令，再绘制一个长宽尺寸为190mm×190mm、圆角半径为20mm的圆角矩形，将其移动到距离内边框80mm的居中位置，如图8-77所示。

Step 04 执行"绘图>圆"命令，捕捉内部矩形的中心点，绘制半径尺寸分别为80mm、50mm、35mm的同心圆，如图8-78所示。

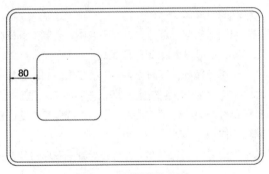

图8-77　再绘制圆角矩形

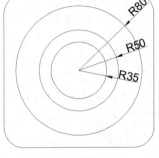

图8-78　绘制同心圆

Step 05 执行"绘图>矩形"命令，绘制长40mm、宽15mm的矩形，放置到如图8-79所示的位置。

Step 06 分别执行"圆"命令和"直线"命令，捕捉绘制如图8-80所示的图形。

Step 07 修剪图形并删除多余线条，如图8-81所示。

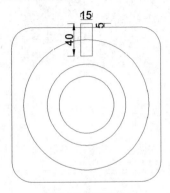

图8-79　绘制矩形

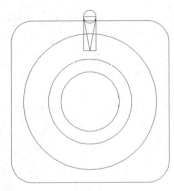

图8-80　绘制圆和直线

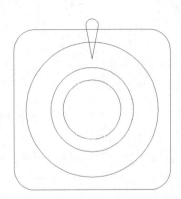

图8-81　修剪并删除图形

Step 08 执行"修改>阵列>环形阵列"命令，以圆心为阵列中心对图形进行阵列复制操作，如图8-82所示。

Step 09 执行"修改>镜像"命令，捕捉外侧矩形边线的中心点，将图形向右侧进行镜像复制，如图8-83所示。

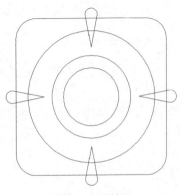

图8-82　环形阵列

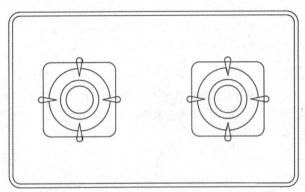

图8-83　镜像复制对象

Step 10 执行"绘图>矩形"命令，绘制长宽尺寸为90mm×190mm、圆角半径为20mm的圆角矩形，捕捉其几何中心对齐到外侧矩形的几何中心，如图8-84所示。

Step 11 执行"修改>偏移"命令，将刚绘制的圆角矩形向内偏移10mm，如图8-85所示。

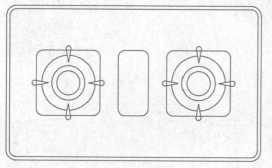

图8-84 绘制圆角矩形

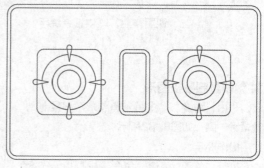

图8-85 偏移矩形

Step 12 执行"绘图>图案填充"命令，在"图案填充创建"选项卡中设置图案填充类型为"用户定义"，再设置填充比例为5，如图8-86所示。

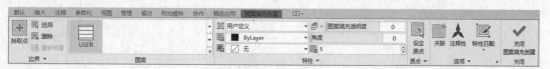

图8-86 设置填充参数

Step 13 拾取圆角矩形内部进行填充，再在绘图区的空白处单击即可完成填充操作，至此完成燃气灶的绘制，如图8-87所示。

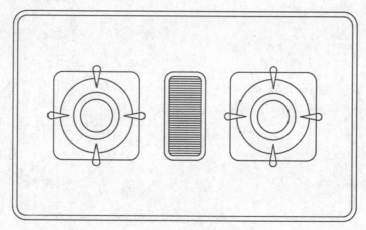

图8-87 完成绘制

为了让读者更好地掌握本章所学的知识，在这里提供了两个关于本章知识的课后作业，以供读者练手。

1. 镜像复制餐椅图形

利用"镜像"命令将餐椅图形对称复制到餐桌另一侧，如图8-88所示。

操作提示：

执行"修改>镜像"命令，根据提示选择镜像对象，按回车键后指定镜像线，再按回车键两次，即可完成镜像操作。

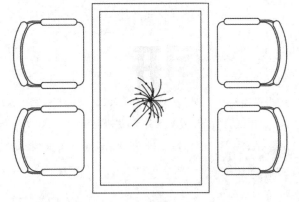

图8-88 镜像复制餐椅图形

2. 绘制艺术吊灯

利用"镜像""阵列"等命令绘制艺术吊灯图形，如图8-89所示。

操作提示：

Step 01 依次执行"圆""直线"命令，绘制主灯图形。

Step 02 再用同样的方法绘制一个辅灯图形，执行"修改>阵列>环形阵列"命令，阵列复制出8个辅灯图形。

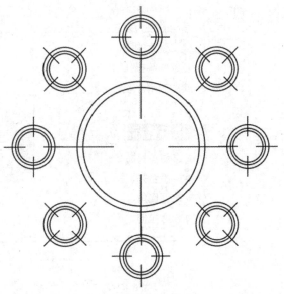

图8-89 艺术吊灯图形

Chapter 09

图形编辑高级命令

本章概述

在AutoCAD中单纯地使用绘图工具只能创建出一些基本的图形对象，要绘制较为复杂的图形，就必须借助于图形编辑命令。AutoCAD为用户提供了强大的图形编辑功能，用户可以通过对图形的倒角、圆角、拉伸、修剪及延伸等操作进行合理的构造和组织，保证绘图的准确性，从而极大地提高绘图效率。本章将详细介绍这些编辑命令的使用方法及应用技巧。

学习目标

- 了解拉长命令的应用
- 熟悉合并、打断命令的应用
- 掌握倒角、圆角命令的应用
- 掌握拉伸、修剪命令的应用

9.1　倒角

"倒角"命令常用于将两条非平行的相交直线或多段线绘制出有斜度的倒角，既可以修剪多余的线段，还可以设置图形中两条边的倒角距离和角度。

用户可以通过以下方式调用"倒角"命令：

（1）从菜单栏执行"修改>倒角"命令。

（2）在"默认"选项卡的"修改"面板中单击"倒角"按钮 。

（3）在命令行中输入CHAMFER命令，然后按回车键。

命令行的提示如下：

```
命令：_CHAMFER
（"修剪"模式）当前倒角距离 1 = 0.0000，距离 2 = 0.0000
选择第一条直线或 [放弃（U）/多段线（P）/距离（D）/角度（A）/修剪（T）/方式（E）/多个（M）]：
```

下面介绍命令行中各选项的含义：

● 放弃：取消"倒角"命令。

● 多段线：根据设置的倒角大小对多段线进行倒角操作。

● 距离：设置倒角尺寸距离。

● 角度：根据第一个倒角尺寸和角度设置倒角尺寸。

● 修剪：修剪多余的线段。

● 方式：设置倒角的方法。

● 多个：可以对多个对象进行倒角操作。

动手练 为矩形创建倒角

下面为绘制的矩形创建倒角效果，操作步骤介绍如下：

Step 01 执行"绘图>矩形"命令，绘制尺寸150mm×100mm的矩形，如图9-1所示。

Step 02 执行"修改>倒角"命令，在选择倒角对象前，先根据命令行的提示输入d命令，如图9-2所示。

扫码观看视频

图9-1 绘制矩形　　　　　　　　　　　图9-2 输入d命令

Step 03 按回车键确认，根据提示输入第一个倒角距离20，如图9-3所示。

Step 04 再按回车键，输入第二个倒角距离20，如图9-4所示。

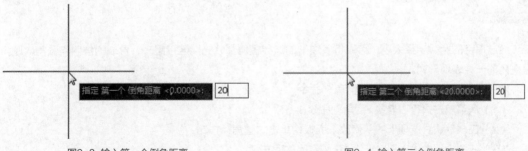

图9-3　输入第一个倒角距离　　　　　　　　　　图9-4　输入第二个倒角距离

Step 05 按回车键后，根据提示选择倒角的第一条直线，如图9-5所示。

Step 06 再选择第二条直线，此时可以预览到倒角效果，如图9-6所示。

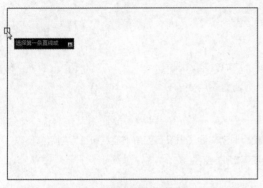

图9-5　选择第一条直线　　　　　　　　　　图9-6　选择第二条直线

Step 07 在第二条直线上单击后即可完成倒角操作，如图9-7所示。

Step 08 继续执行"修改>倒角"命令，依次对其他三个角进行倒角操作，如图9-8所示。

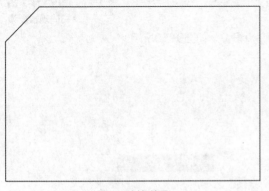

图9-7　倒角效果　　　　　　　　　　图9-8　完成操作

9.2　圆角

通过指定的圆弧半径大小，可以将多边形的边界棱角部分光滑连接起来，形成的角叫作圆角。圆角是倒角的一种表现形式。

用户可以通过以下方式调用"圆角"命令：

（1）从菜单栏执行"修改>圆角"命令。

（2）在"默认"选项卡的"修改"面板中单击"圆角"按钮 。

（3）在命令行中输入FILLET命令，然后按回车键。

命令行的提示如下：

```
命令：_FILLET
当前设置：模式 = 修剪，半径 = 0.0000
选择第一个对象或 [放弃（U）/多段线（P）/半径（R）/修剪（T）/多个（M）]：
```

下面介绍命令行中各选项的含义：

● **多段线：** 在二维多段线中，两条直线段相交的每个顶点处插入圆角。

● **半径：** 设置后续圆角的半径值。更改此值不会影响现有圆角。

知识点拨

执行"圆角"命令时，系统默认的半径是0，所以在使用时就需要注意设置圆角半径。如果遇到两条直线不相交但延长线相交的情况，用户可以利用"圆角"命令使其相交。

动手练 **为多边形创建圆角**

下面为绘制的正六边形创建圆角效果，操作步骤介绍如下：

Step 01 执行"绘图>多边形"命令，绘制半径为200mm、内接于圆的正六边形，如图9-9所示。

Step 02 执行"修改>圆角"命令，在选择圆角对象前输入r命令，如图9-10所示。

扫码观看视频

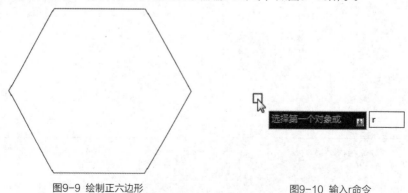

图9-9　绘制正六边形　　　　　　　　图9-10　输入r命令

Step 03 按回车键确认，根据提示输入圆角半径为50，如图9-11所示。

Step 04 再按回车键确认，根据提示选择第一个对象，如图9-12所示。

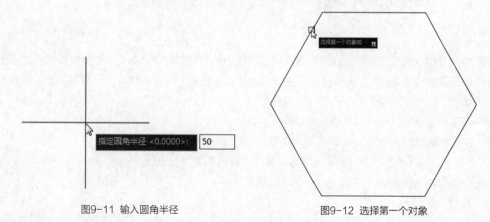

图9-11　输入圆角半径　　　　　　图9-12　选择第一个对象

Step 05 选择第二个对象，此时可以预览到圆角效果，如图9-13所示。

Step 06 在第二个对象上单击即可完成圆角操作，如图9-14所示。

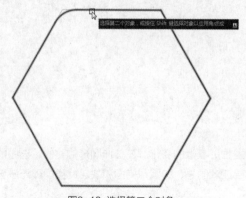 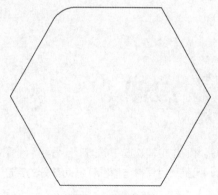

图9-13　选择第二个对象　　　　　　图9-14　圆角效果

Step 07 继续执行"修改>圆角"命令，依次对多边形的其他几个角进行圆角操作，如图9-15所示。

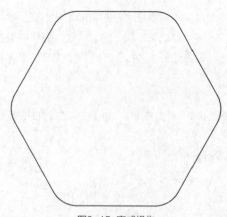

图9-15　完成操作

189

9.3　光顺曲线

　　光顺曲线是指在两条选定的直线或曲线之间的间隙中创建样条曲线。启动命令后选择端点附近的每个对象，其生成的样条线的形状取决于指定的连续性，选定对象的长度保持不变。有小对象包括直线、圆弧、椭圆弧、螺旋、开放的多段线和开放的样条线。

　　用户可以通过以下几种方式调用"光顺曲线"命令：

　　（1）从菜单栏执行"修改>光顺曲线"命令。

　　（2）在"默认"选项卡的"修改"面板中单击"光顺曲线"按钮～。

　　（3）在命令行中输入BLEND命令，然后按回车键。

　　命令行的提示如下：

```
命令：_BLEND
连续性 = 相切
选择第一个对象或 [连续性（CON）]：
选择第一个点：
选择第二个点：
```

9.4　拉伸

　　拉伸就是通过拉伸被选中的图形部分使整个图形发生形状上的变化。在拉伸图形的时候，选中的图形被移动，但是同时保持与原图形不动部分的相连。要注意的是，如圆、椭圆和块，此类图形无法进行拉伸操作。

　　用户可以通过以下方式调用"拉伸"命令：

　　（1）从菜单栏执行"修改>拉伸"命令。

　　（2）在"默认"选项卡的"修改"面板中单击"拉伸"按钮。

　　（3）在命令行中输入STRETCH命令，然后按回车键。

　　　在选择要拉伸的线段时，也要注意选择点的位置，靠近光标的一段就是要被拉长的一段。

　　命令行的提示如下：

```
命令：_STRETCH
以交叉窗口或交叉多边形选择要拉伸的对象……
选择对象：
```

指定对角点：找到 1 个
选择对象：
指定基点或 [位移（D）] <位移>：
指定第二个点或 <使用第一个点作为位移>：

下面介绍命令行中各选项的含义：

- **基点：** 指定基点，将计算自该基点的拉伸的偏移。
- **第二个点：** 指定第二个点，该点定义拉伸的距离和方向。
- **位移：** 指定拉伸的相对距离和方向。

知识点拨

　　在进行拉伸操作时，矩形和块图形是不能被拉伸的。如果要将其拉伸，需要将其进行分解后才可以进行拉伸。在选择拉伸图形时，通常需要执行窗交方式来选取图形。

动手练 制作六人餐桌

扫码观看视频

　　下面将利用"拉伸"等命令，将四人餐桌改成六人餐桌，操作步骤介绍如下：

Step 01 打开素材图形，如图9-16所示。

Step 02 执行"修改>拉伸"命令，根据提示指定对角点选择要拉伸的图形部分，如图9-17所示。

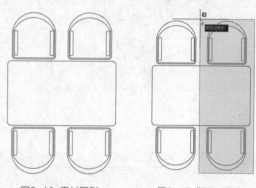

图9-16　素材图形　　　　　图9-17　指定对角点

Step 03 选择图形后，移动光标任意指定一点作为拉伸基点，如图9-18所示。

Step 04 再移动光标指定拉伸目标点，这里直接输入拉伸距离200，如图9-19所示。

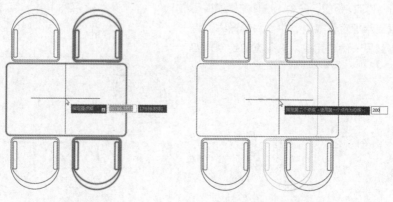

图9-18　指定拉伸基点　　　　　图9-19　输入拉伸距离

Step 05 按回车键确认即可完成拉伸操作，拉伸效果如图9-20所示。

Step 06 继续执行"修改>拉伸"命令，再将餐桌椅的上半部分向上拉伸100，如图9-21所示。

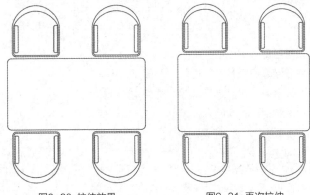

图9-20 拉伸效果　　　　　　图9-21 再次拉伸

Step 07 执行"修改>移动"命令，将餐桌椅各自向中心位置移动100mm的距离，如图9-22所示。

Step 08 复制一个椅子图形，执行"修改>旋转"命令，根据提示选择椅子图形，将其旋转90°，移动椅子图形到餐桌一侧，如图9-23所示。

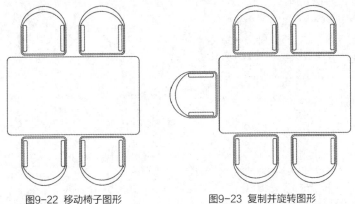

图9-22 移动椅子图形　　　　　　图9-23 复制并旋转图形

Step 09 执行"修改>镜像"命令，选择左侧的椅子图形，根据提示指定餐桌边线中心为镜像线，将其镜像复制到另一侧，完成六人餐桌的绘制，如图9-24所示。

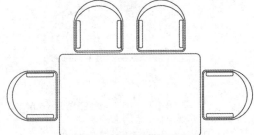

图9-24 镜像图形

9.5　拉长

　　"拉长"命令可以测量当前图形的长度并将其拉长至指定长度，其修改对象为开放曲线，如直线、圆弧、开放的多段线、椭圆弧等。

　　用户可以通过以下方式调用"拉长"命令：

　　（1）从菜单栏执行"修改>拉长"命令。

　　（2）在"默认"选项卡的"修改"面板中单击"拉长"按钮 ╱ 。

　　（3）在命令行中输入LENGTHEN命令，然后按回车键。

　　命令行的提示如下：

```
命令：_LENGTHEN
选择要测量的对象或 [增量（DE）/百分比（P）/总计（T）/动态（DY）] <总计（T）>：
当前长度：2000.0000
选择要测量的对象或 [增量（DE）/百分比（P）/总计（T）/动态（DY）] <总计（T）>：
指定总长度或 [角度（A）] <2000.0000>：3000
选择要修改的对象或 [放弃（U）]：
选择要修改的对象或 [放弃（U）]：
```

　　下面介绍命令行中各选项的含义：

- 增量：以指定的增量修改对象长度，该增量从距离选择点最近的端点处开始测量。
- 百分比：通过指定对象总长度的百分比设定对象长度。
- 动态：打开动态拖动模式，通过拖动选定对象的端点之一来更改其长度，其他端点保持不变。
- 总长度：将对象从离选择点最近的端点拉长到指定值。
- 角度：以指定的角度修改选定圆弧的包含角。

9.6　修剪

　　"修剪"命令是将某一对象作为剪切边修剪其他对象。

　　用户可以通过以下方式调用"修剪"命令：

　　（1）从菜单栏执行"修改>修剪"命令。

　　（2）在"默认"选项卡的"修改"面板中单击"修剪"按钮 ╳ 。

　　（3）在命令行中输入TRIM命令，然后按回车键。

　　命令行的提示如下：

```
命令：_TRIM
当前设置：投影 = UCS，边 = 无
```

选择剪切边……
选择对象或 <全部选择>：找到 1 个
选择对象：
选择要修剪的对象，或按住 Shift 键选择要延伸的对象，或
[栏选（F）/窗交（C）/投影（P）/边（E）/删除（R）/放弃（U）]：

下面介绍命令行中各选项的含义：

- ● **选择对象**：分别指定对象。
- ● **选择剪切边**：指定一个或多个对象以用作修剪边界。
- ● **全部选择**：指定图形中的所有对象都可以用作修剪边界。
- ● **要修剪的对象**：指定修剪对象。
- ● **按住Shift键选择要延伸的对象**：延伸选定对象而不是修剪它们。
- ● **栏选**：选择与选择栏相交的所有对象。
- ● **窗交**：选择矩形区域内部或与之相交的对象。
- ● **投影**：指定修剪对象时使用的投影方式。
- ● **边**：确定对象是在另一对象的延长边处进行修剪，还是仅在三维空间中与该对象相交的对象处进行修剪。

 注意事项

　　在选择要修剪的曲线时，选择点的位置很重要，选择点的位置就是要被删除的部分。

动手练 绘制欧式沙发

扫码观看视频

　　下面介绍欧式沙发图形的绘制，操作步骤介绍如下：

Step 01 执行"绘图>多段线"命令，绘制一个长740mm、宽650mm的U形多段线图形，如图9-25所示。

Step 02 执行"修改>圆角"命令，设置圆角半径为150mm，对多段线进行圆角操作，如图9-26所示。

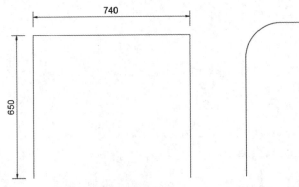

图9-25 绘制多段线图形　　　　　　　图9-26 圆角操作

Step 03 执行"修改>偏移"命令，将多段线向内依次偏移20mm、80mm、20mm，如图9-27所示。

Step 04 执行"绘图>圆"命令，捕捉绘制两个半径分别为100mm和80mm的同心圆，如图9-28所示。

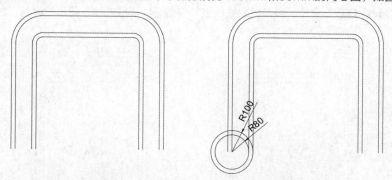

图9-27 偏移多段线   图9-28 绘制同心圆

Step 05 执行"修改>镜像"命令，将同心圆镜像到多段线另一侧，如图9-29所示。

Step 06 执行"修改>修剪"命令，将多余的线段进行修剪。修剪完成后，在其中绘制一个长25mm、宽60mm的长方形，将其移至餐桌椅靠背的适当位置，如图9-30所示。

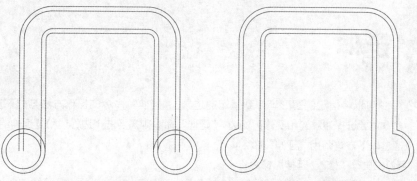

图9-29 镜像图形   图9-30 修剪图形

Step 07 执行"绘图>圆弧>起点、端点、方向"命令，捕捉圆弧的起点和端点后按回车键确定，移动鼠标调整圆弧与水平线的夹角度数，调整到30°，如图9-31所示。

Step 08 单击鼠标完成圆弧的绘制，如图9-32所示。

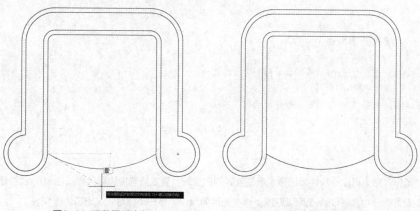

图9-31 调整圆弧夹角   图9-32 绘制圆弧

Step 09 执行"修改>偏移"命令，将内部的多段线和弧线各自向内偏移20mm，如图9-33所示。

Step 10 执行"修改>修剪"命令，将多余的线段进行修剪，完成欧式沙发图形的绘制，效果如图9-34所示。

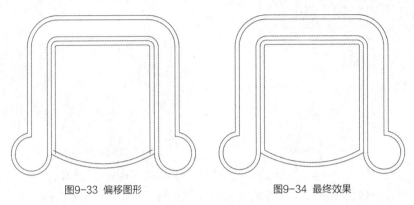

图9-33 偏移图形　　　　　　　　　　　　图9-34 最终效果

9.7　延伸

　　"延伸"命令可以将指定的图形延伸到指定的边界。"延伸"命令的操作方法与"修剪"命令相似，"修剪"命令需要选择边界边和要修剪的边，"延伸"命令则需要选择边界边和要延伸的边。

　　用户可以通过以下方式调用"延伸"命令：

　　（1）从菜单栏执行"修改>延伸"命令。

　　（2）在"默认"选项卡的"修改"面板中单击"延伸"按钮--/。

　　（3）在命令行中输入EXTEND命令，然后按回车键。

　　命令行的提示如下：

```
命令：_EXTEND
当前设置：投影 = UCS，边 = 无
选择边界的边……
选择对象或 <全部选择>：找到 1 个
选择对象：
选择要延伸的对象，或按住 Shift 键选择要修剪的对象，或
[栏选（F）/窗交（C）/投影（P）/边（E）]：
选择要延伸的对象，或按住 Shift 键选择要修剪的对象，或
[栏选（F）/窗交（C）/投影（P）/边（E）/放弃（U）]：
```

注意事项

　　使用"延伸"命令可以一次性地选择多条需要延伸的线段，要重新选择边界只需按住Shift键然后取消原来的边界对象即可。按组合键Ctrl+Z可以取消上一次的延伸操作，按Esc键可以退出延伸操作。

动手练 延伸窗格图形

下面利用"延伸"命令延伸窗格图形，操作步骤介绍如下：

Step 01 打开素材图形，如图9-35所示。

Step 02 执行"修改>延伸"命令，根据提示选择延伸边界对象，如图9-36所示。

扫码观看视频

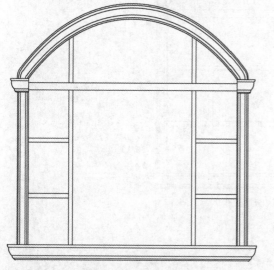

图9-35 素材图形

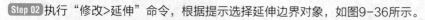

图9-36 选择延伸边界

Step 03 按回车键确定，再根据提示选择要延伸的对象，如图9-37所示。

Step 04 单击线条即可将其延伸至边界，如图9-38所示。

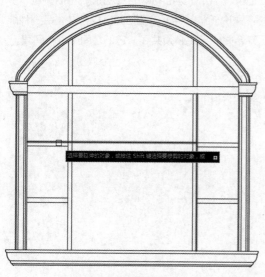

图9-37 选择要延伸的对象

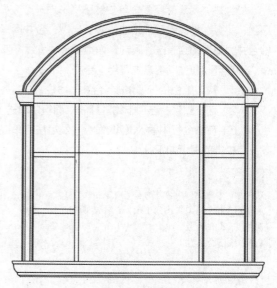

图9-38 延伸效果

Step 05 依次再延伸其他图形，即可完成操作，然后按回车键结束操作，如图9-39所示。

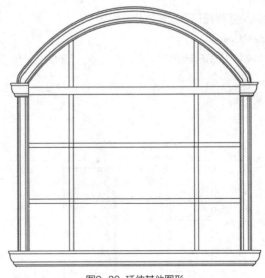

图9-39 延伸其他图形

9.8 合并

"合并"就是使用多个单独的图形形成一个完整的图形。AutoCAD可以合并图形，包括直线、多段线、圆弧、椭圆弧和样条曲线等。当然，合并图形并不是说任意条件下的图形都可以合并，每一种能够合并的图形都会有条件限制。如果要合并直线，那么待合并的直线必须共线，它们之间可以有间隙。

用户可以通过以下方式调用"合并"命令：

（1）从菜单栏执行"修改>合并"命令。

（2）在"默认"选项卡的"修改"面板中单击"合并"按钮 ⤙。

（3）在命令行中输入JOIN命令，然后按回车键。

命令行的提示如下：

```
命令：_JOIN
选择源对象或要一次合并的多个对象：找到 1 个
选择要合并的对象：找到 1 个，总计 2 个
选择要合并的对象：
2 条直线已合并为 1 条直线
```

下面介绍命令行中各选项的含义：

● 选择源对象：指定可以合并其他对象的单个源对象。

● 一次合并的多个对象：合并多个对象，而无需指定源对象。

> **注意事项**
>
> 合并两条或多条圆弧时，将从源对象开始沿逆时针方向合并圆弧；合并直线时，所要合并的所有直线必须共线，即位于同一无限长的直线上；合并多个线段时，其对象可以是直线、多段线或圆弧，但各对象之间不能有间隙，而且必须位于同一平面上。

动手练 绘制法兰盘剖面

扫码观看视频

下面利用"圆角""修剪""镜像""合并"等命令绘制法兰盘剖面图，操作步骤介绍如下：

Step 01 执行"绘图>直线"命令，绘制尺寸为40mm×40mm的正方形，如图9-40所示。

Step 02 执行"修改>偏移"命令，将边线依次进行偏移操作，如图9-41所示。

图9-40 绘制正方形

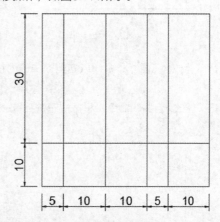

图9-41 偏移图形

Step 03 执行"修改>修剪"命令，修剪图形，如图9-42所示。

Step 04 执行"修改>圆角"命令，在命令行中输入r命令，然后设置圆角的半径尺寸为2mm，对图形的角进行圆角编辑，如图9-43所示。

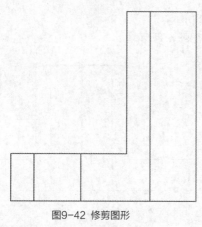

图9-42 修剪图形

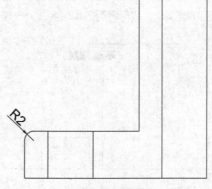

图9-43 圆角操作

Step 05 执行"修改>偏移"命令,设置偏移距离为5mm,将其中一条线段进行偏移操作,如图9-44 所示。

Step 06 选择其中两条线段,拖动其两端夹点调整线段长度,将其作为中线,如图9-45所示。

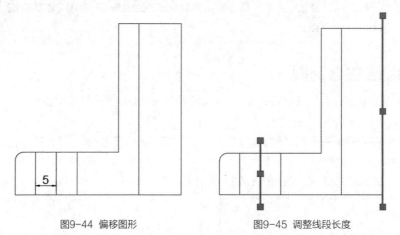

图9-44 偏移图形　　　　　　　　　图9-45 调整线段长度

Step 07 执行"修改>镜像"命令,以右侧的中线为镜像线,将左侧的图形镜像复制到右侧,如图9-46 所示。

Step 08 执行"修改>合并"命令,根据提示选择第一条要合并的线段图形,如图9-47所示。

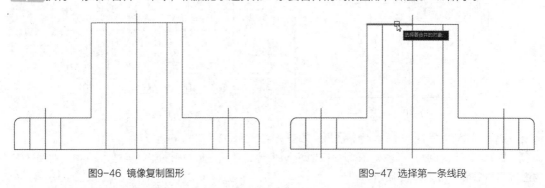

图9-46 镜像复制图形　　　　　　　　图9-47 选择第一条线段

Step 09 移动光标再选择第二条要合并的线段,如图9-48所示。

Step 10 按回车键确认,即可将两条线段合并为一条,如图9-49所示。

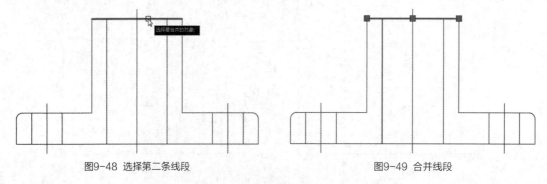

图9-48 选择第二条线段　　　　　　　图9-49 合并线段

Step 11 按照上述操作方法，将底部两条线段也合并为一条，如图9-50所示。

Step 12 执行"绘图>图案填充"命令，选择图案ANSI31，设置填充比例为0.5，填充截面部分，完成法兰盘剖面的绘制，如图9-51所示。

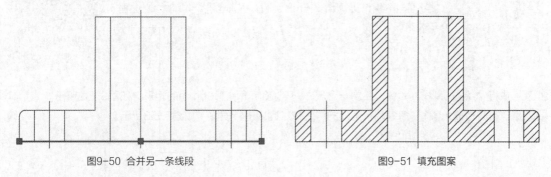

图9-50 合并另一条线段　　　　　　　　　　　　　图9-51 填充图案

9.9 打断

使用"打断"命令可以将已有的线段分离为两段，被分离的线段只能是单独的线条，不能是任何组合形体，如图块、编组等。该命令可以通过指定两点或选择物体后再指定两点这两种方式断开线条。

用户可以通过以下方式调用"打断"命令：

（1）从菜单栏执行"修改>打断"命令。

（2）在"默认"选项卡的"修改"面板中单击"打断"按钮。

（3）在命令行中输入BREAK命令，然后按回车键。

命令行的提示如下：

```
命令：_BREAK
选择对象：
指定第二个打断点或[第一点（F）]：
```

下面介绍命令行中各选项的含义：

● 第一点：使用用户指定的新点代替原来的第一个点。

● 第二点：指定第二个点，两个指定点之间的对象部分将会被删除。

"打断于点"命令是"打断"命令的派生命令，会将对象在一点处断开，成为两个对象。用户可以在"默认"选项卡的"修改"面板中单击"打断于点"按钮来调用该命令。

> **知识点拨**
>
> AutoCAD中的"打断"和"打断于点"命令的快捷键都是br，区别在于：选中第一个点的时候，会提示"第一点（f）"，键入f后按回车键，会提示用户指定第一个点，指定后会提示指定第二个点，这时在第一个点的位置再单击一下，就是"打断于点"的效果了；如果第二个点不同于第一个点，就是"打断"的效果。

绘制双人床图形

下面将利用前面所学的知识绘制双人床图形，具体绘制过程介绍如下：

扫码观看视频

Step 01 执行"绘图>直线"命令，绘制一个尺寸为1800mm×2000mm的矩形，如图9-52所示。

Step 02 执行"修改>偏移"命令，将矩形的边线依次向内进行偏移，如图9-53所示。

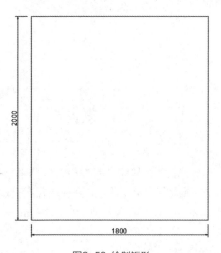

图9-52 绘制矩形

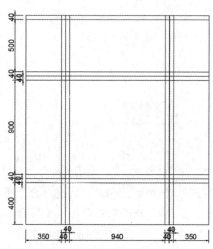

图9-53 偏移图形

Step 03 执行"绘图>圆弧"命令，随意绘制三条弧线，如图9-54所示。

Step 04 执行"修改>修剪"命令，修剪被覆盖的图形，如图9-55所示。

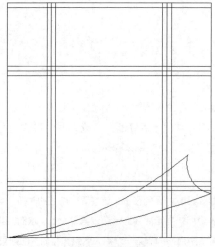

图9-54 绘制弧线

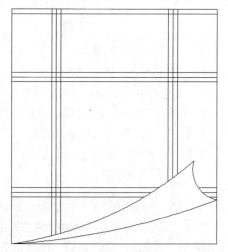

图9-55 修剪图形

Step 05 执行"绘图>样条曲线"命令，绘制出一个枕头轮廓，如图9-56所示。

Step 06 复制枕头图形，并执行"修剪"命令，修剪被覆盖的图形，如图9-57所示。

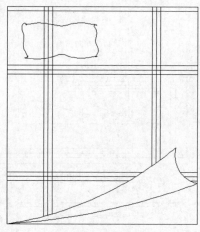

图9-56　绘制枕头

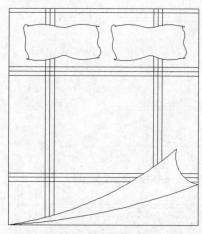

图9-57　复制并修剪图形

Step 07 执行"绘图>矩形"命令，绘制尺寸为500mm×400mm的矩形作为床头柜，放置到双人床一侧，如图9-58所示。

Step 08 执行"圆"和"直线"命令，绘制半径分别为120mm和60mm的同心圆，再绘制长度为280mm的垂直直线，作为台灯图形，如图9-59所示。

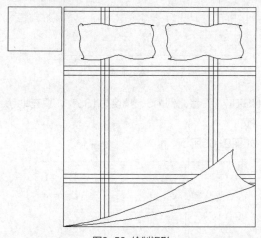

图9-58　绘制矩形

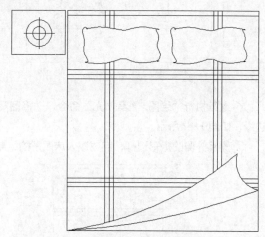

图9-59　绘制台灯图形

Step 09 执行"修改>镜像"命令，将床头柜图形镜像复制到另一侧，如图9-60所示。

Step 10 执行"绘图>矩形"命令，分别绘制尺寸为2200mm×900mm和2500mm×1000mm的两个矩形，如图9-61所示。

Step 11 执行"修改>修剪"命令，修剪被覆盖的图形，如图9-62所示。

Step 12 执行"绘图>图案填充"命令，选择图案CROSS，设置比例为10，填充地毯区域，如图9-63所示。

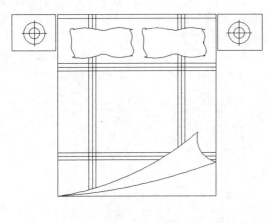

图9-60 镜像复制图形

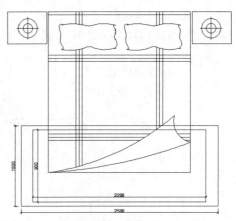

图9-61 绘制矩形

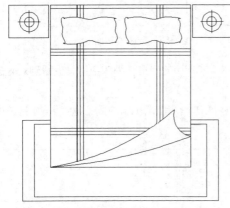

图9-62 修剪图形

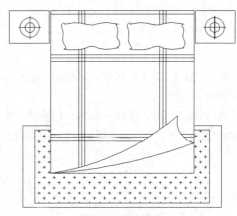

图9-63 填充地毯

Step 13 继续执行"绘图>图案填充"命令，选择图案ANSI34，设置比例为3，角度为135°，填充地毯边缘，如图9-64所示。

Step 14 删除外侧的矩形边框，完成双人床图形的绘制，如图9-65所示。

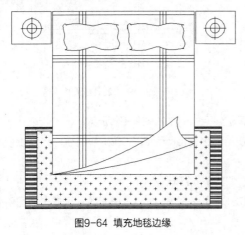

图9-64 填充地毯边缘

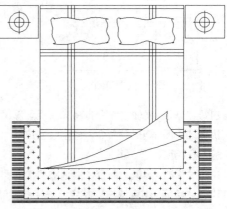

图9-65 完成绘制

为了让读者更好地掌握本章所学的知识，在这里提供了两个关于本章知识的课后作业，以供读者练手。

1. 绘制双人沙发图形

利用"偏移""修剪""镜像"等命令绘制一个双人沙发图形，如图9-66所示。

操作提示：

`Step 01` 执行"直线""偏移""修剪"等命令，绘制沙发靠背及扶手造型。

`Step 02` 执行"矩形"命令绘制圆角矩形作为坐垫和抱枕，执行"镜像"命令镜像复制沙发坐垫及抱枕图形。

图9-66　双人沙发图形

2. 绘制零件图形

利用"偏移""圆角""旋转"等命令绘制机械零件图，如图9-67所示。

操作提示：

`Step 01` 依次执行"圆""直线"命令，绘制主灯图形。

`Step 02` 再用同样的方法绘制一个辅灯图形，执行"修改>阵列>环形阵列"命令，复制出八个辅灯图形。

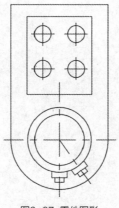

图9-67　零件图形

Chapter 10

图块与设计中心

本章概述

  在绘制图形时，创建图块是绘制相同结构图形的有效方法。用户可以将经常使用的图形定义为图块，并根据需要为块创建属性，指定块的名称、用途及设计等信息，在需要时直接插入它们，从而提高绘图效率。

学习目标

- 了解设计中心的应用
- 熟悉动态图块的设置
- 掌握图块的创建与插入
- 掌握属性块的定义

10.1　图块的创建与插入

　　图块是一个或多个对象组成的对象集合，常用于绘制复杂、重复的图形。一旦对象组合成块，就可以根据绘制需要将这组对象插入到图中任意指定位置，同时可以在插入过程中对其进行缩放和旋转。这样可以避免重复绘制图形，节省绘图时间，提高工作效率。

10.1.1　内部图块

　　所谓内部图块，则是指使用"创建"命令创建的图块。内部图块是跟随定义它的图形文件一起保存的，存储在图形文件内部，因此该图块只能在当前图形中使用，不能被其他图形文件调用。

　　用户可以通过以下方式创建块：

　　（1）执行"绘图>块>创建"命令。

　　（2）在"插入"选项卡的"块定义"面板中单击"创建"按钮 。

　　（3）在命令行中输入BLOCK命令并按回车键。

　　执行以上任意一种方法均可以打开"块定义"对话框，如图10-1所示。

图10-1　"块定义"对话框

　　"块定义"对话框中各选项的含义介绍如下：

　　● **名称：** 用于输入块的名称，最多可以使用255个字符。

　　● **基点：** 该选项组用于指定图块的插入基点。系统默认图块的插入基点值为（0,0,0），用户可以直接在X、Y和Z数值框中输入坐标相对应的数值，也可以单击"拾取点"按钮，切换到绘图区中的指定基点。

　　● **对象：** 用于设置组成块的对象。单击"选择对象"按钮 ，可以切换到绘图窗口中选择组成块的各对象；也可以单击"快速选择"按钮 ，在打开的"快速选择"对话框中设置所选择对象的过滤条件。

　　● **保留：** 勾选该选项，则表示创建块后仍在绘图窗口中保留组成块的各对象。

　　● **转换为块：** 勾选该选项，则表示创建块后将组成块的各对象保留并把它们转换成块。

　　● **删除：** 勾选该选项，则表示创建块后删除绘图窗口中组成块的各对象。

　　● **设置：** 该选项组用于指定图块的设置。

- **方式：** 该选项组用于设置插入后的图块是否允许被分解、是否统一比例缩放等。
- **说明：** 该选项组用于指定图块的文字说明，在该文本框中可以输入当前图块说明部分的内容。
- **超链接：** 单击该按钮，打开"插入超链接"对话框，从中可以插入超级链接文档。
- **在块编辑器中打开：** 选中该复选框，当创建图块后，进行块编辑器窗口中进行"参数""参数集"等选项的设置。

 注意事项

　　在建筑设计中的家具、建筑符号等图形都需要重复绘制，如果先将这些复杂的图形创建成块，然后再在需要的地方进行插入，这样绘图的速度则会大大提高。

动手练 创建沙发图块

扫码观看视频

　　下面将一个沙发图形定义成图块，操作步骤介绍如下：

Step 01 打开素材图形，选择沙发图形，可以看到图形是由多个独立的线条构成，如图10-2所示。

Step 02 执行"绘图>块>创建"命令，打开"块定义"对话框，输入图块名称，如图10-3所示。

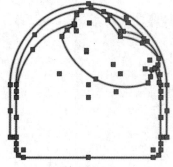

图10-2　素材图形

图10-3　"块定义"对话框

Step 03 在对话框中单击"选择对象"按钮，在绘图区中选择沙发图形，如图10-4所示。

Step 04 按回车键确认，返回"块定义"对话框，再单击"拾取点"按钮，在绘图区中指定一点作为图块插入基点，如图10-5所示。

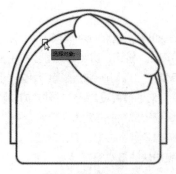

图10-4　选择沙发图形

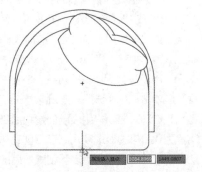

图10-5　指定插入基点

Step 05 单击指定基点后返回"块定义"对话框，可以看到沙发图形的预览效果和拾取点的坐标，如图10-6所示。

Step 06 单击"确定"按钮，完成图块的创建。选择图块，可以看到整个图块仅在插入点处有一个夹点，将鼠标移动到图形上，会有"块参照"的提示，如图10-7所示。

图10-6 返回"块定义"对话框

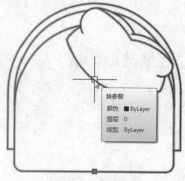

图10-7 创建成块

10.1.2　写块

写块也是创建块的一种，又叫块存盘，是将文件中的块作为单独的对象保存为一个新文件，被保存的新文件可以被其他对象使用。创建块只能在本章图纸中应用，以后在绘制图纸中不能被引用，而写块定义的块，则可以被大量无限的引用。

外部图块不依赖于当前图形，它可以在任意图形中调入并插入，其实就是将这些图形变成一个新的、独立的图形。

用户可以通过以下方式打开"写块"对话框：

（1）在"插入"选项卡的"块定义"面板中单击"写块"按钮，打开"写块"对话框，如图10-8所示。

（2）在命令行中输入WBLOCK命令并按回车键。

"写块"对话框中各选项的说明如下：

● **块：** 如果当前图形中含有内部图块，选中此选项，可以在右侧的下拉列表框中选择一个内部图块，系统可以将此内部图块保存为外部图块。

图10-8 "写块"对话框

● **整个图形：** 单击此按钮，可以将当前图形作为一个外部图块进行保存。

● **对象：** 单击此按钮，可以在当前图形中任意选择若干个图形，并将选择的图形保存为外部图块。

● **基点：** 用于指定外部图块的插入基点。

● **"对象"选项组：** 用于选择保存为外部图块的图形，并决定图形被保存为外部图块后是否删除图形。

● **目标：** 主要用于指定生成外部图块的名称、保存路径和插入单位。

● **插入单位：** 用于指定外部图块插入到新图形中时所使用的单位。

知识点拨

　　"定义块"和"写块"都可以将对象转换为块对象，但是它们之间还是有区别的。"定义块"创建的块对象只能在当前文件中使用，不能用于其他文件中。"写块"创建的块对象可以用于其他文件，然后将创建的块插入到文件中。对于经常使用的图像对象，可以将其写块保存，下次使用时直接调用该文件，可以大大提高工作效率。

动手练　存储盆栽图块

扫码观看视频

　　下面将盆栽图形存储为外部图块，操作步骤介绍如下：

Step 01 打开素材图形，如图10-9所示。

Step 02 在"插入"选项卡的"块定义"面板中单击"写块"按钮，如图10-10所示。

图10-9　素材图形

图10-10　"写块"对话框

Step 03 在"写块"对话框中单击"选择对象"按钮，在绘图区中选择盆栽图形，如图10-11所示。

Step 04 按回车键确认后返回"写块"对话框，再单击"拾取点"按钮，在绘图区中拾取一点作为插入基点，如图10-12所示。

图10-11　选择图形

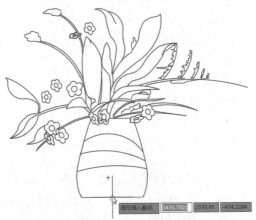

图10-12　指定插入基点

Step 05 在插入基点单击后返回"写块"对话框，在"目标"选项组中单击路径右侧的"浏览"按钮，打开"浏览图形文件"对话框，设置好图块名称和存储路径，如图10-13所示。

Step 06 单击"保存"按钮返回"写块"对话框，单击"确定"按钮即可完成写块的创建，如图10-14所示。

图10-13　设置存储名称及路径

图10-14　返回"写块"对话框

10.1.3　插入图块

插入图块是指将定好的内部或外部图块插入到当前图形中。在插入图块或图形时，必须指定插入点、比例与旋转角度。插入图形为图块时，程序会将指定的插入点当作图块的插入点，可以先打开原来的图形，并重新定义图块，以改变插入点。

用户可以通过以下方式插入图块：

（1）在"默认"选项卡的"块"面板中单击"插入"按钮。

（2）在"插入"选项卡的"块"面板中单击"插入"按钮。

（3）执行"插入>块选项板"命令。

（4）在命令行中输入BLOCKSPALETTE命令，然后按回车键。

执行以上任意一种操作后，即可打开"块"选项板，用户可以通过"当前图形""最近使用""其他图形"三个选项卡访问图块，如图10-15所示。

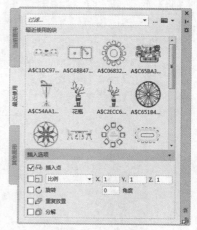

图10-15　"块"选项板

● "当前图形"选项卡：该选项卡将当前图形中的所有块定义显示为图标或列表。

● "最近使用"选项卡：该选项卡显示所有最近插入的块。该选项卡中的图块可以删除。

● "其他图形"选项卡：该选项卡提供了一种导航到文件夹的方法（也可以从其中选择图形以作为块插入或从这些图形定义的块中进行选择）。

选项卡顶部包含多个控件，包括图块名称过滤器及"缩略图大小和列表样式"选项等。选项卡底部则是"插入选项"参数设置面板，包括插入点、插入比例、旋转角度、重复放置、分解选项。

> **注意事项**
>
> 　在插入图块时，用户可以使用"定数等分"或"测量"命令进行图块的插入。但这两种命令只能用在内部图块的插入，而无法对外部图块进行操作。

动手练 为立面图插入图块

扫码观看视频

下面为立面图插入家具等图块，操作步骤介绍如下：

Step 01 打开素材图形，如图10-16所示。

Step 02 执行"插入>块选项板"命令，打开"块"选项板，如图10-17所示。

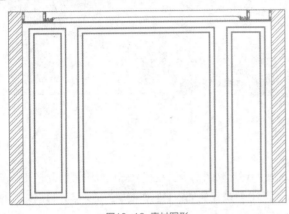

图10-16　素材图形

图10-17　"块"选项板

Step 03 在选项板的右上角单击"显示"按钮，打开"选择图形文件"对话框，选择需要插入的图块文件，如图10-18所示。

Step 04 单击"打开"按钮，即可在"块"选项板中看到该图块，如图10-19所示。

图10-18　选择图形文件

图10-19　显示图块

Step 05 单击"双人床立面"图块，再在绘图区中指定插入点，如图10-20所示。

Step 06 单击即可完成图块的插入，如图10-21所示。

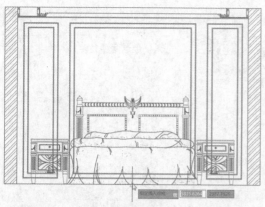

图10-20　指定插入点

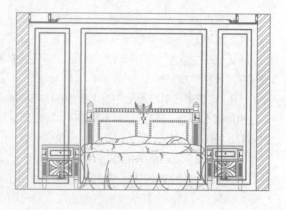

图10-21　完成图块的插入

Step 07 按照上述操作方法，再插入"欧式吊灯"图块，如图10-22所示。

Step 08 执行"修剪"命令，修剪被覆盖的图形，完成案例的操作，如图10-23所示。

图10-22　插入灯具图块

图10-23　修剪图形

10.2　定义属性块

除了可以创建普通的图块外，还可以创建带有附加信息的块，这些信息被称为属性。用户利用属性来跟踪类似于零件数量和价格等信息的数据，属性值既是可变的，也是不可变的。在插入一个带有属性的块时，AutoCAD把固定的属性值随块添加到图形中，并提示输入哪些可变的属性值。

10.2.1　创建与附着图块属性

文字对象等属性包含在块中，若要编辑和管理块，就要先创建块的属性，使属性和图形一起定义在块中，才能在后期进行编辑和管理。

用户可以通过以下方式创建与附着属性：

（1）执行"绘图>块>定义属性"命令。

（2）在"插入"选项卡的"块定义"面板中单击"定义属性"按钮 。

（3）在命令行中输入ATTDEF命令并按回车键。

执行以上任意一种方法均可以打开"属性定义"对话框，如图10-24所示。

"属性定义"对话框中各选项的含义介绍如下：

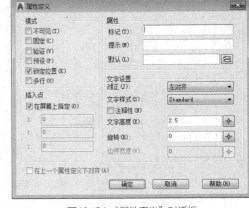

图10-24 "属性定义"对话框

● 不可见：指定插入块时不显示或打印属性值。

● 固定：在插入块时赋予属性固定值。勾选该复选框，插入块时，属性值不发生变化。

● 验证：在插入块时提示验证属性值是否正确。勾选该复选框，插入块时，系统将提示用户验证所输入的属性值是否正确。

● 预设：插入包含预设属性值的块时，将属性设定为默认值。勾选该复选框，插入块时，系统将把"默认"文本框中输入的默认值自动设置为实际属性值，不再要求用户输入新值。

● 锁定位置：锁定块参照中属性的位置。解锁后，属性可以相对于使用夹点编辑的块的其他部分移动，并且可以调整多行文字属性的大小。

● 多行：指定属性值可以包含多行文字。勾选该复选框，可以指定属性的边界宽度。

● 标记：标识图形中每次出现的属性。

● 提示：指定在插入包含该属性定义的块时显示的提示。如果不输入提示，属性标记将用作提示。如果在"模式"选项组中选择"固定"模式，"提示"选项将不可用。

● 默认：指定默认属性值。单击后面的"插入字段"按钮，显示"字段"对话框，可以插入一个字段作为属性的全部或部分值；选定"多行"模式后，显示"多行编辑器"按钮，单击此按钮，将弹出具有"文字格式"工具栏和标尺的在位文字编辑器。

● 对正：用于设置属性文字相对于参照点的排列方式。

● 文字样式：指定属性文字的预定义样式。显示当前加载的文字样式。

● 注释性：指定属性为注释性。如果块是注释性的，则属性将与块的方向相匹配。

● 文字高度：指定属性文字的高度。

● 旋转：指定属性文字的旋转角度。

● 边界宽度：换行至下一行前，指定多行文字属性中一行文字的最大长度。此选项不适用于单行文字属性。

10.2.2　编辑图块属性

当图块中包含属性定义时，属性作为一种特殊的文本对象也被一同插入。此时即可使用"块属性管理器"工具编辑之前定义的块属性，然后使用"增强属性管理器"工具将属性标记赋予新值，使之符合相似图形对象的设置要求。

1. 块属性管理器

当编辑图形文件中多个图块进行属性定义时，可以使用"块属性管理器"重新设置属性定义的构成、文字特性和图形特性等。

在"插入"选项卡的"块定义"面板中单击"管理属性"按钮，打开"块属性管理器"对话框，如图10-25所示。

"块属性管理器"对话框中各选项的含义介绍如下：

● **块**：列出具有属性的当前图形中的所有块定义。选择要修改属性的块。

● **属性列表**：显示所选块中每个属性的特性。

● **同步**：更新具有当前定义的属性特性的选定块的全部实例。

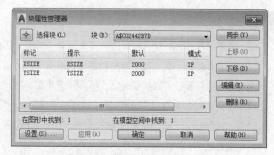

图10-25 "块属性管理器"对话框

● **上移**：在提示序列的早期阶段移动选定的属性标签。选定固定属性时，"上移"按钮不可使用。

● **下移**：在提示序列的后期阶段移动选定的属性标签。选定常量属性时，"下移"按钮不可使用。

● **编辑**：可以打开"编辑属性"对话框，从中可以修改属性特性，如图10-26所示。

● **删除**：从块定义中删除选定的属性。

● **设置**：打开"块属性设置"对话框，从中可以自定义"块属性管理器"中属性信息的列出方式，如图10-27所示。

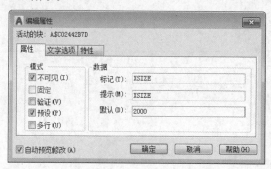

图10-26 "编辑属性"对话框

图10-27 "块属性设置"对话框

2. 增强属性编辑器

"增强属性编辑器"功能主要用于编辑块中定义的标记和值属性，与"块属性管理器"的设置方法基本相同。

在"插入"选项卡的"块"面板中单击"编辑属性"下拉按钮，在展开的下拉列表中单击"单个"按钮，然后选择属性块，或者直接双击属性块，都可以打开"增强属性编辑器"对话框，如图10-28所示。

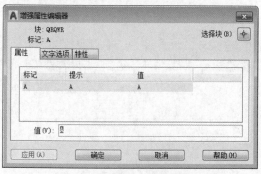

图10-28 "增强属性编辑器"对话框

在该对话框中可以指定属性块标记，在"值"文本框为属性块标记赋予值。此外，还可以利用"文字选项"和"特性"选项卡设置图块不同的文字格式和特性，如更改文字的格式、文字的图层、线宽及颜色等属性。

知识点拨

在使用AutoCAD制图时，"缩放"和"平移"命令使用的次数最多。缩放时，经常会忘了原来的位置，或者忘了要转到哪里，或者需要快速返回原来的视图。如果缩放或平移的次数很多，想要恢复原来的视图就较为麻烦，通常要按多次组合键Ctrl+Z退回，此时只需使用VTENABLE系统变量，可以启用"平滑转换"来切换显示区域。如果使用"范围缩放"命令，而且启动了"平滑转换"功能，则用户可以看到图形从局部的视图动态地转到整个图形。平滑视图转换帮助用户保持图形中的可视方位，进一步地改进了整个缩放和平移过程，通过设置把它们看成一个单独的操作。

在"选项"对话框的"用户系统设置"标签中，即可设置该选项。这样，只需要一步就可以回到以前的视图，真是省时省力。

动手练 创建带属性的标高图块

扫码观看视频

下面创建一个带属性的标高图块，操作步骤介绍如下：

Step 01 执行"多段线"命令，绘制直角边长为140mm的等腰直角三角形，如图10-29所示。

Step 02 执行"旋转"命令，将三角多段线旋转45°，如图10-30所示。

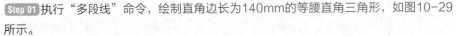

图10-29　绘制等腰直角三角形　　　　　　　图10-30　旋转多段线

Step 03 执行"直线"命令，捕捉绘制长度为400mm的直线，如图10-31所示。

Step 04 执行"图案填充"命令，选择图案SOLID填充三角形，如图10-32所示。

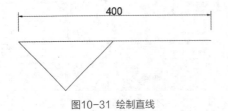

图10-31　绘制直线

图10-32　填充图案

Step 05 执行"绘图>块>定义属性"命令，设置属性参数和文字高度，如图10-33所示。

Step 06 单击"确定"按钮，在绘图区中指定属性的位置，单击即可完成操作，如图10-34所示。

图10-33 设置属性参数

图10-34 指定属性的位置

Step 07 选择标高图形，执行"绘图>块>创建"命令，打开"块定义"对话框，输入块名称，如图10-35所示。

Step 08 单击"拾取点"按钮，在图形上指定插入基点，如图10-36所示。

图10-35 "块定义"对话框

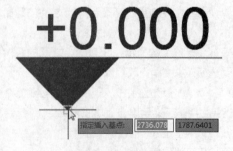

图10-36 指定插入基点

Step 09 在插入基点后单击返回"块定义"对话框，再单击"确定"按钮关闭对话框，此时会打开"编辑属性"对话框，在"标高"属性框中用户可以输入新的标高值，如图10-37所示。

Step 10 双击图块，打开"增强属性编辑器"对话框，在该对话框中可以修改标高值，如图10-38所示。

图10-37 "编辑属性"对话框

图10-38 修改标高值

10.3　动态图块的设置

动态图块是带有可变量的块，与块相比多了参数和动作，从而具有灵活性和智能性。用户可以根据需要对块的整体或局部进行动态调整，通过参数和动作的配合，动态图块可以轻松实现移动、缩放、拉伸、翻转、阵列和查询等各种各样的动态功能。

10.3.1　使用参数

向动态块定义添加参数可以定义块的自定义特性，指定几何图形在块中的位置、距离和角度。执行"工具>块编辑器"命令，打开"编辑块定义"对话框，选择所需定义的块选项后单击"确定"按钮即可打开"块编写选项板"功能面板。

下面对该面板中"参数"选项卡中的相关参数进行说明，如图10-39所示。

● 点：在图形中定义一个X和Y位置。在块编辑器中，外观类似于坐标标注。

● 线性：线性参数显示两个目标点之间的距离，约束夹点沿预置角度进行移动。

● 极轴：极轴参数显示两个目标点之间的距离和角度，可以使用夹点和"特性"选项板来共同更改距离值和角度值。

● XY：X、Y参数分别显示距参数基准点的X距离和Y距离。

● 旋转：用于定义角度。在块编辑器中，旋转参数显示为一个圆。

● 对齐：用于定义X位置、Y位置和角度。对齐参数总是应用于整个块，并且无须与任何动作相关联。

● 翻转：用于翻转对象。在块编辑器中，翻转参数显示为投影线，可以围绕这条投影线翻转对象。

图10-39　"参数"选项卡

● 可见性：设置对象在图块中的可见性。该选项不需要设置动作，在图形中单击加点即可显示参照中所有可见性状态的列表。

● 查寻：用于定义自定义特性。用户可以指定或设置该特性，以便从定义的列表或表格中计算出某个值。

● 基点：在动态块参照中相对于该块中的几何图形定义一个基准点。

向块中添加参数后，加点将被添加到参数的相关位置，可以使用关键点操作动态块。向块中添加不同的参数将显示不同的夹点，动作和夹点之间的关系见表10-1。

表10-1　参数、动作和夹点之间的关系

参数类型	夹点类型	支持的动作
点	■	移动、拉伸
线性	▷	移动、缩放、拉伸、阵列

（续表）

参数类型	夹点类型	支持的动作
极轴	⊞	移动、缩放、拉伸、阵列、极轴拉伸
XY	▣	移动、缩放、拉伸、阵列
旋转	⬧	旋转
对齐	⬮	无
翻转	⬆	翻转
可见性	▽	无
查寻	▽	查询
基点	⊕	无

10.3.2　使用动作

　　添加参数后，在"动作"选项卡添加动作，才可以完成整个操作。单击"动作"按钮打开"动作"选项卡，如图10-40所示，该选项卡由移动、缩放、拉伸、极轴拉伸、旋转、翻转、阵列、查寻、块特性表等选项组成。

　　下面具体介绍"动作"选项卡中各选项的含义：

　　● 移动：移动动态块，在点、线性、极轴、XY等参数选项下可以设置该动作。

　　● 缩放：使图块进行缩放操作。在线性、极轴、XY等参数选项下可以设置该动作。

　　● 拉伸：使对象在指定的位置移动或拉伸指定的距离。在点、线性、极轴、XY等参数选项下可以设置该动作。

　　● 极轴拉伸：当通过"特性"选项板更改关联的极轴参数上的关键点时，该动作将使对象旋转、移动和拉伸指定的距离。在极轴参数选项下可以设置该动作。

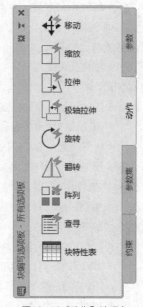

图10-40 "动作"选项卡

　　● 旋转：使图块进行旋转操作。在旋转参数选项下可以设置该动作。

　　● 翻转：使图块进行翻转操作。在翻转参数选项下可以设置该动作。

　　● 阵列：使图块按照指定的基点和间距进行阵列。在线性、极轴、XY等参数选项下可以设置该动作。

　　● 查寻：添加并与查询参数相关联后，将创建一个查询表，可以使用查询表指定动态的自定义特性和值。

　　● 块特性表：创建图块特性表格，其中包含的特性有传统参数、参数约束、用户参数和属性等。表格中每一行均定义块参照的不同变动，用户可以通过查寻夹点进行访问。

知识点拨

　　创建动态块可以随文件一起被保存，正常情况下，"块编辑器"选项卡在功能区是不会显示出来的，只有在执行"块编辑器"命令时才会被激活。编辑图块后，在"块编辑器"选项卡中单击"保存块"按钮，程序将会弹出提示提醒用户是否要保存所做的更改。

10.3.3　使用参数集

　　单击"参数"按钮，即可打开"参数集"选项卡，如图10-41所示。参数集是参数和动作的结合，在"参数集"选项卡中可以向动态块定义添加一对参数和动作，操作方法与添加参数和动作相同，参数集中包含的动作将自动添加到块定义中，并与添加的参数相关联。

　　下面具体介绍"参数集"选项卡中各选项的含义：

　　● **点移动**：添加点参数再设置移动动作。

　　● **线性移动**：添加线性参数再设置移动动作。

　　● **线性拉伸**：添加线性参数再设置拉伸动作。

　　● **线性阵列**：添加线性参数再设置阵列动作。

　　● **线性移动配对**：添加线性动作，此时系统会自动添加两个移动动作，一个与准基点相关联，一个与线性参数的端点相关联。

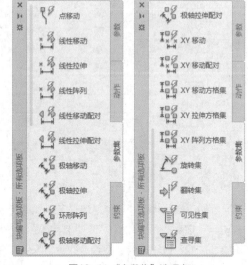

图10-41　"参数集"选项卡

　　● **线性拉伸配对**：添加两个加点的线性参数再设置拉伸动作。

　　● **极轴移动**：添加极轴参数再设置移动动作。

　　● **极轴拉伸**：添加极轴参数再设置拉伸动作。

　　● **环形阵列**：添加极轴参数再设置阵列动作。

　　● **极轴移动配对**：添加极轴参数，系统会自动添加两个移动动作，一个与准基点相关联，一个与线性参数的端点相关联。

　　● **极轴拉伸配对**：添加极轴参数，系统会自动添加两个移动动作，一个与准基点相关联，一个与线性参数的端点相关联。

　　● **XY移动**：添加X、Y参数再设置移动动作。

　　● **XY移动配对**：添加带有两个夹点的X、Y参数再设置移动动作。

　　● **XY移动方格集**：添加带有四个夹点的X、Y参数再设置移动动作。

　　● **XY拉伸方格集**：添加带有四个夹点的X、Y参数和与每个夹点相关联的拉伸动作。

　　● **XY阵列方格集**：添加X、Y参数，系统会自动添加与该X、Y参数相关联的阵列动作。

　　● **旋转集**：指定旋转基点，设置半径和角度，再设置旋转动作。

　　● **翻转集**：指定投影线的基点和端点，再设置翻转动作。

　　● **可见性集**：添加可见性参数，该选项不需要设置动作。

　　● **查寻集**：添加查寻参数再设置查询动作。

10.3.4　使用约束

　　约束分为几何约束和约束参数。几何约束主要是约束对象的形状及位置的限制，约束参数是将动态块中的参数进行约束。只有约束参数，才可以编辑动态块的特性。约束后的参数包含参数信息，可以显示或编辑参数值，如图10-42和图10-43所示。

下面具体介绍"约束"选项卡中各选项的含义：

1. 几何约束

- **重合**：约束两个点使其重合。
- **垂直**：约束两条线段保持垂直状态。
- **平行**：约束两条线段保持水平状态。
- **相切**：约束两条曲线保持相切或与其延长线保持相切。
- **水平**：约束一条直线或一个点，使其与当前UCS的X轴平行。
- **竖直**：约束一条直线或一个点，使其与当前UCS的Y轴平行。
- **共线**：约束两个直线位于一条无限长的直线上。
- **同心**：约束两个或多个圆保持一个中心点。
- **平滑**：约束一条样条曲线，使其与其他样条曲线、直线、圆弧或多段线彼此相连并保持G2连续性。
- **对称**：约束两条线段或两个点保持对称。
- **相等**：约束两条线段和半径具有相同的属性值。
- **固定**：约束一个点或一个线段在一个固定的位置上。

图10-42 几何约束

2. 约束参数

- **对齐**：约束一条直线的长度或两条直线之间、一个对象上的一点与一条直线之间及不同对象上两点之间的距离。
- **水平**：约束一条直线或不同对象上两点之间在X轴反向上的距离。
- **竖直**：约束一条直线或不同对象上两点之间在Y轴反向上的距离。
- **角度**：约束两条直线和多段线的圆弧夹角的角度值。
- **半径**：约束图块的半径值。
- **直径**：约束图块的直径值。

图10-43 约束参数

10.4 设计中心的应用

AutoCAD设计中心提供了一个直观高效的工具，它同Windows资源管理器相似。利用设计中心，不仅可以浏览、查找、预览和管理AutoCAD图形、图块、外部参照及光栅图形等不同的资源文件，还可以通过简单的拖放操作，将位于本计算机、局域网或Internet上的图块、图层、外部参照等内容插入到当前图形文件中。

10.4.1 认识设计中心

"设计中心"选项板用于浏览、查找、预览和插入内容，包括块、图案填充和外部参照。

用户可以通过以下方法打开"设计中心"选项板，如图10-44所示：

（1）执行"工具>选项板>设计中心"命令。

（2）在"视图"选项卡的"选项板"面板中单击"设计中心"按钮圙。

（3）按组合键Ctrl+2。

可以看到，"设计中心"选项板主要由工具栏、选项卡、内容窗口、树状视图窗口、预览窗口和说明窗口6个部分组成。

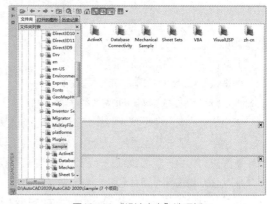

图10-44　"设计中心"选项板

1. 工具栏

工具栏控制着树状图和内容区中信息的显示。各选项的作用如下：

● 加载☞：显示"加载"对话框（标准文件选择对话框）。使用"加载"按钮可以浏览本地和网络驱动器或Web上的文件，然后选择内容加载到内容区域。

● 上一级圙：单击该按钮，将会在内容窗口或树状视图中显示上一级内容、内容类型、内容源、文件夹、驱动器等内容。

● 搜索圙：在"搜索"对话框中可以快速查找如图形、块、图层及尺寸样式等图形内容。

● 主页圙：将"设计中心"返回到默认文件夹。可以使用树状图中的快捷菜单更改默认文件夹。

● 树状图切换圙：显示和隐藏树状视图。若绘图区域需要更多的空间，则可以隐藏树状图。隐藏树状图后，可以使用内容区域浏览容器并加载内容。在树状图中使用"历史记录"列表时，"树状图切换"按钮不可用。

● 预览圙：显示和隐藏内容区域窗格中选定项目的预览效果。

● 说明圙：显示和隐藏内容区域窗格中选定项目的文字说明。

● 视图圙▼：下拉菜单可以选择显示的视图类型。

2. 选项卡

"设计中心"共有3个选项卡，分别为"文件夹""打开的图形"和"历史记录"。

● 文件夹：该选项卡可以方便地浏览本地磁盘或局域网中所有的文件夹、图形和项目内容。

● 打开的图形：该选项卡显示了所有打开的图形，以便查看或复制图形内容。

● 历史记录：该选项卡主要用于显示最近编辑过的图形名称及目录。

10.4.2　插入图形内容

使用"设计中心"选项板可以方便地在当前图形中插入块、引用光栅图或外部参照，并在图形之间复制图层、线型、文字样式和标注样式等各种内容。

1. 插入块

"设计中心"选项板提供了两种插入图块的方法，一种为按照默认缩放比例和旋转方式进行操作，另一种则是精确指定坐标、比例和旋转角度方式。

使用"设计中心"执行图块的插入时，首先选中所要插入的图块，然后按住鼠标左键，并将其拖至绘图区后释放鼠标即可。最后，调整图形的缩放比例及位置。

用户也可以在"设计中心"面板中右击所需插入的图块，在快捷列表中选择"插入块"选项，其后在"插入"对话框中根据需要确定插入基点、插入比例等数值，最后单击"确定"按钮即可完成，如图10-45和图10-46所示。

图10-45 右键插入块操作

图10-46 设置插入图块

2. 引用光栅图像

在AutoCAD中除了可以向当前图形中插入块，还可以将数码照片或其他抓取的图像插入到绘图区中，光栅图像类似于外部参照，需要按照指定的比例或旋转角度插入。

在"设计中心"面板左侧的树状图中指定图像的位置，其后在右侧内容区域中右击所需图像，在弹出的快捷菜单中选择"附着图像"选项。接着在打开的对话框中根据需要设置插入比例等选项，最后单击"确定"按钮，在绘图区中指定好插入点即可，如图10-47和图10-48所示。

图10-47 选择图像

图10-48 设置插入比例

3. 复制图层

如果使用"设计中心"进行图层的复制时，只需使用"设计中心"将预先定义好的图层拖放至新文件中即可。这样既节省了大量的作图时间，又能保证满足图形标准的要求，也保证了图形间的一致性。按照同样的操作，还可以将图形的线型、尺寸样式、布局等属性进行复制操作。

用户只需在"设计中心"面板左侧的树状图中选择所需的图形文件，单击"打开的图形"选项卡，选择"图层"选项，其后在右侧内容显示区中选中所有的图层文件，按住鼠标左键并将其拖至新的空白文件中，最后放开鼠标即可。此时在该文件中打开"图层特性管理器"面板，可以显示所复制的图层，如图10-49和图10-50所示。

图10-49　选择复制的图层文件

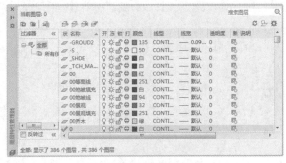

图10-50　完成图层的复制

Example

综合实例

创建时钟动态块

　　动态块在图形设计中能够直观地反应出对象的运动轨迹，下面以创建时钟动态块为例设计时钟指针动态移动轨迹。操作步骤介绍如下：

扫码观看视频

Step 01 打开素材图块，如图10-51所示。

Step 02 执行"工具>块编辑器"命令，打开"编辑块定义"对话框，从列表中选择"时钟"图块选项，单击"确定"按钮，如图10-52所示。

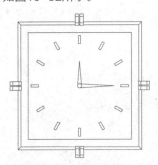

图10-51　打开图块

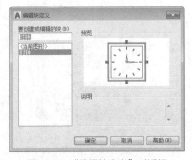

图10-52　"编辑块定义"对话框

Step 03 进入块编辑状态，可以看到背景颜色变成了灰色，如图10-53所示。

Step 04 在"块编写选项板"功能面板的"参数"选项卡中单击"旋转"按钮，指定时钟指针中心位置为旋转基点，如图10-54所示。

Step 05 移动光标，指定旋转半径为300，如图10-55所示。

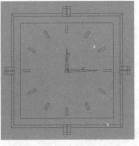

图10-53　图块编辑状态

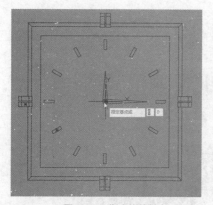

图10-54　指定旋转基点

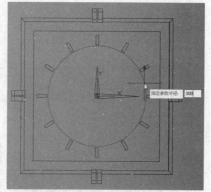

图10-55　指定旋转半径

Step 06 按回车键确认，移动光标，再指定默认的旋转角度为30，如图10-56所示。

Step 07 按回车键确认，指定标签位置，如图10-57所示。

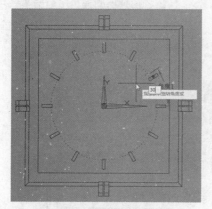

图10-56　指定旋转角度

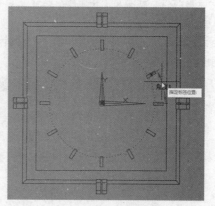

图10-57　指定标签位置

Step 08 单击鼠标后完成旋转参数的创建，如图10-58所示。

Step 09 在"动作"选项卡中单击"旋转"按钮，选择刚创建的旋转参数，如图10-59所示。

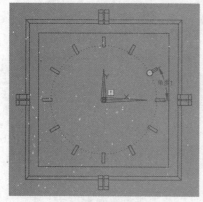

图10-58　完成参数的创建

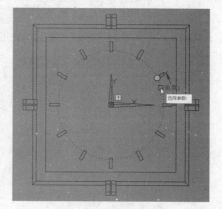

图10-59　选择旋转参数

Step 10 再选择旋转对象，如图10-60所示。

Step 11 按回车键确认，即可完成旋转动作的创建，在旋转参数旁边会出现一个旋转动作图标，如图10-61所示。

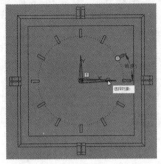
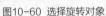

图10-60 选择旋转对象

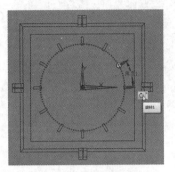

图10-61 创建旋转动作

Step 12 在"块编辑器"选项面板中单击"关闭块编辑器"按钮，在弹出的提示中单击"保存更改"选项，如图10-62所示。

Step 13 返回到绘图区，选择时钟图块，可以看到时针中心位置出现一个方形的基点夹点，分针夹角位置出现一个圆形的旋转夹点，如图10-63所示。

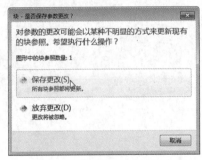

图10-62 确认保存更改

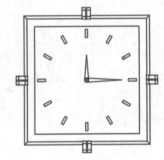

图10-63 出现夹点

Step 14 单击圆形夹点并移动光标，分针会随着光标移动而移动，用户可以直接输入旋转角度60，返回绘图区，如图10-64所示。

Step 15 按回车键确认，可以看到分针会旋转30°的角度，效果如图10-65所示。

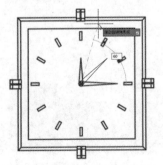

图10-64 选择夹点并输入旋转角度

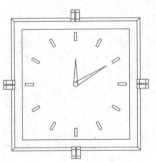

图10-65 完成旋转动作

为了让读者更好地掌握本章所学的知识，在这里提供了两个关于本章知识的
课后作业，以供读者练手。

1. 创建桌椅图块

将休闲桌椅图形创建为内部图块，如图10-66所示。

操作提示：

Step 01 执行"绘图>块>创建"命令，打开"块定义"对话框。

Step 02 单击"选择对象"按钮，选择图形，再单击"拾取点"按钮，指定插入基点，在"块定义"对话框中输入块名称，关闭对话框即可完成图块的创建。

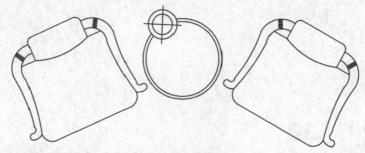

图10-66 休闲桌椅图块

2. 绘制粗糙度符号图块

创建带属性的粗糙度符号图块，如图10-67所示。

操作提示：

Step 01 绘制粗糙度符号，再创建属性定义，设置属性文字参数。

Step 02 将图形和属性一起创建成块。

图10-67 粗糙度符号图块

Chapter 11

文字与表格的应用

本章概述

　　文字对象是AutoCAD图形中很重要的图形元素，它在图纸中是不可缺少的一部分。在一个完整的图纸中，通常都需要文字注释来说明一些非图形信息。例如，填充材质的性质、图形中的技术要求、装配说明及材料说明、施工要求等。此外，在AutoCAD中使用"表格"功能可以创建不同类型的表格，还可以在其他软件中复制表格，以简化制图操作。

　　通过本章的学习，读者可以掌握设置文字样式、输入单行文字和多行文字、设置表格样式、插入和编辑表格的方法与操作技巧。

学习目标

- 了解字段的使用
- 熟悉表格的设置与应用
- 掌握特殊字符的使用
- 掌握文字样式的设置
- 掌握单行文字和多行文字的应用

11.1 文字样式的设置

在进行文字标注之前，应先对文字样式（如样式名、字体、字体的高度、效果等）进行设置，从而方便、快捷地对建筑图形对象进行标注，得到统一、标准、美观的标注文字。AutoCAD图形中的所有文字都具有与之相关联的文字样式。默认情况下，为系统提供的是Standard样式，用户根据绘图的要求可以修改或创建一种新的文字样式。

11.1.1　新建样式

在AutoCAD中，所有文字都有与之相关联的文字样式。在创建文字注释和尺寸标注时，通常使用当前的文字样式，也可以根据具体的要求重新设置文字样式或创建新的样式。

用户可以通过以下几种方法进行操作：

（1）从菜单栏执行"格式>文字样式"命令。

（2）在"注释"选项卡的"文字"面板中单击"文字样式"快捷按钮，即可打开"文字样式"对话框，在该对话框中对各个参数进行设定，如图11-1所示。

（3）在命令行中输入STYLE命令，然后按回车键。

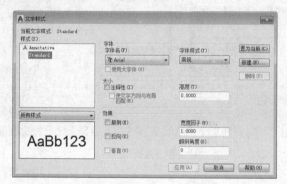

图11-1 "文字样式"对话框

"文字样式"对话框中各选项的说明如下：

● **样式：** 在该列表框中显示当前图形文件中的所有文字样式，并默认选择当前文字样式。

● **字体：** 在该选项组中，用户可以设置字体名称和字体样式。其中，单击"字体名"下拉按钮，可以选择文本的字体，该列表罗列出了AutoCAD软件中的所有字体；单击"字体样式"下拉按钮，则可以选择字体的样式，其默认为"常规"选项；当勾选"使用大字体"复选框时，"字体样式"选项将变为"大字体"选项，并在该选项中选择大字体样式。

● **大小：** 在该选项组中，用户可以设置字体的高度。单击"高度"文本输入框，输入文字高度值即可。

● **效果：** 在该选项组中，用户可以对字体的效果进行设置。其中，勾选"颠倒"复选框，可以将文字进行上下颠倒显示，该选项只影响单行文字；勾选"反向"复选框，可以将文字进行手纹反向显示；勾选"垂直"复选框，可以将文字沿着竖直方向显示；"宽度因子"选项可以设置字符间距，输入小于1

的值将缩小文字间距，输入大于1的值将加宽文字间距；"倾斜角度"选项用于指定文字的倾斜角度，当角度为正值时，向右倾斜，角度为负值时，向左倾斜。

- **置为当前：** 该选项可以将选择的文字样式设置为当前的文字样式。
- **新建：** 该选项可以新建文字样式。
- **删除：** 该选项可以将选择的文字样式进行删除。

1. 设置样式名

"样式"选项组中显示了文字样式的名称、创建新的文字样式、为已有的文字样式重命名或删除文字样式，各选项的含义如下：

- **"样式"列表框：** 列出当前可以使用的文字样式，默认文字样式为Standard。
- **新建：** 单击该按钮，打开"新建文字样式"对话框。在"样式名"文本输入框中输入新的文字样式名后，单击"确定"按钮可以创建新的文字样式，如图11-2所示。新建出的文字样式将显示在"样式"列表框中，如图11-3所示。

图11-2 新建文字样式

图11-3 "样式"列表

- **删除：** 单击该按钮，可以删除某一已有的文字样式，但是无法删除已经使用的文字样式，如默认的Standard样式。

2. 设置字体

"字体"和"大小"选项组用于设置文字样式使用的字体和字高等属性。其中，"字体名"下拉列表用于选择字体，"高度"文本输入框用于设置文字高度。勾选"使用大字体"复选框，则"字体名"列表会变成大字体列表，用于选择大字体。

> **知识点拨**
>
> AutoCAD提供了符合标注要求的字体文件，如gbenor.shx、gbeitc.shx和gbcbig.shx文件。其中，gbenor.shx、gbeitc.shx字体分别用于标注直体和斜体字母和数字，gbcbig.shx字体则用于标注中文。

3. 设置文字效果

使用"效果"选项组中的选项可以设置文字的颠倒、反向、垂直等显示效果。在"宽度因子"文本输入框中可以设置文字字符的高度和宽度之比，当"宽度因子"的值为1时，将会按系统定义的高宽比书写文字；当"宽度因子"的值小于1时，字符会变窄；当"宽度因子"的值大于1时，字符会变宽。在"倾斜角度"文本输入框中可以设置文字的倾斜角度，角度为0时不倾斜，角度为正值时向右倾斜，角度为负值时向左倾斜。

┤注意事项├

　　AutoCAD支持TrueType字体，即文字样式可以由TrueType字体定义。此时，使用系统变量TEXTFILL和TEXTQLTY可以设置所标注的文字是否填充和文字的光滑度。其中，当TEXTFILL值为0（默认值）时，不填充；当TEXTFILL值为1时，则填充。TEXTQLTY的取值范围是0～100，默认值为50，该值越大，文字效果越光滑，图形输出的时间就会越长。

动手练　新建"说明"文字样式

扫码观看视频

下面介绍文字样式的创建方法，操作步骤介绍如下：

Step 01 执行"格式>文字样式"命令，打开"文字样式"对话框，如图11-4所示。

Step 02 单击"新建"按钮，打开"新建文字样式"对话框，输入新的样式名"说明"，如图11-5所示。

图11-4 "文字样式"对话框

图11-5 新建文字样式

Step 03 单击"确定"按钮，即可打开"说明"文字样式设置面板，如图11-6所示。

Step 04 设置字体为"宋体"，字体高度为20，再依次单击"应用"和"置为当前"按钮，即可完成操作，如图11-7所示。

图11-6 "说明"文字样式

图11-7 设置字体和高度

11.1.2 修改样式

对于已创建的文字样式，如果符合要求或不满意，还可以直接进行修改。在AutoCAD中，修改文字样式的方法与创建新文字样式的方法相同，都是在"文字样式"对话框中进行的。

打开"文字样式"对话框，在"样式"列表框中选择要修改的文字样式，其后根据需求修改相关的设置，修改完成后，单击"应用"按钮使其生效，最后单击"关闭"按钮关闭对话框。

知识点拨

当修改"颠倒""反向"等文字特性后，系统自动更新文字的外观，并且会影响此后创建的文字对象。修改文字样式后，如果图形文件中的文字没有正确的显示，多数情况是由于文字样式的字体设置得不合适引起的。

11.1.3 管理样式

在AutoCAD中，用户还可以对已有的文字样式进行"置为当前""重命名""删除"等管理操作。在"文字样式"对话框的右侧有相关操作按钮，或者在样式列表中右击任意一个样式，会弹出一个快捷菜单，如图11-8所示。

图11-8 文字样式右键菜单

知识点拨

如果要删除的样式为当前样式，右键菜单中的"删除"命令显示为灰色，不可执行，如图11-9所示。如果已经使用过该样式创建文本，则该样式不可被删除，系统会提示"不能删除正在使用的样式"，如图11-10所示。系统无法删除正在使用的文字样式、默认的Standard样式及当前文字样式。

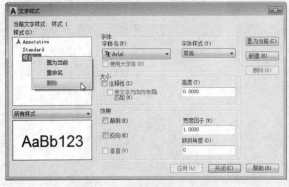

图11-9 "删除"命令不可执行

图11-10 "不可删除"提示

11.2　单行文字的输入与编辑

"单行文字"命令主要用于创建不需要使用多种字体的简短内容，它的每一行都是一个单独的文字对象。

11.2.1　创建单行文字

用户可以通过以下方式调用"单行文字"命令：

（1）从菜单栏执行"绘图>文字>单行文字"命令。

（2）在"默认"选项卡的"文字注释"面板中单击"单行文字"按钮Ａ。

（3）在"注释"选项卡的"文字"面板中单击"下拉菜单"按钮，在弹出的列表中单击"单行文字"按钮Ａ。

（4）在命令行中输入TEXT命令，然后按回车键。

命令行的提示如下：

```
命令：_TEXT
当前文字样式：样式 1　文字高度：2.5000　注释性：否　对正：左
指定文字的起点或[对正（J）/样式（S）]:
指定高度 <2.5000>:
指定文字的旋转角度 <0>:
```

由命令行可知，单行文字的设置由"对正"和"样式"组成，下面具体介绍各选项的含义：

1. 对正

"对正"选项主要是对文本的排列方式和排列方向进行设置。根据提示输入j命令后，命令行的提示如下：

```
输入选项 [左（L）/居中（C）/右（R）/对齐（A）/中间（M）/布满（F）/左上（TL）/中上（TC）/右上（TR）/左中
（ML）/正中（MC）/右中（MR）/左下（BL）/中下（BC）/右下（BR）]:
```

● 居中：确定标注文本基线的中点，选择该选项后，输入后的文本均匀地分布在该中点的两侧。

● 对齐：指定基线的第一个端点和第二个端点，通过指定的距离，输入的文字只保留在该区域。输入文字的数量取决文字的大小。

● 中间：文字在基线的水平点和指定高度的垂直中点上对齐，中间对齐的文字不保持在基线上。"中间"选项和"正中"选项不同，"中间"选项使用的中点是所有文字包括下行文字在内的中点，而"正中"选项使用大写字母高度的中点。

● 布满：指定文字按照由两点定义的方向和一个高度值布满整个区域，输入的文字越多，文字之间的距离就越小。

2. 样式

在创建单行文字时，用户也可以选择需要使用的文字样式。执行"绘图>文字>单行文字"命令，根据提示输入s命令并按回车键，再输入设置好的样式名称，即可显示当前样式的信息，这时单行文字的样式将会改变。

命令行的提示如下：

```
命令：_TEXT
当前文字样式：Standard　文字高度：100.0000　注释性：否　对正：布满
指定文字基线的第一个端点或[对正（J）/样式（S）]：s
输入样式名或 [?] <Standard>：文字注释
当前文字样式：Standard　文字高度：180.0000　注释性：否　对正：布满
```

动手练 **创建倾斜30°的单行文字**

下面介绍单行文字的创建方法，操作步骤介绍如下：

Step 01 执行"绘图>文字>单行文字"命令，根据提示在绘图区中指定文字起点，如图11-11所示。

扫码观看视频

Step 02 单击鼠标确定起点后，再根据提示输入文字高度50，如图11-12所示。

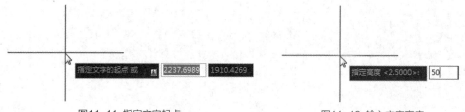

图11-11 指定文字起点　　　　　　　　图11-12 输入文字高度

Step 03 按回车键确认，再指定文字的旋转角度30°，如图11-13所示。

Step 04 再按回车键确认，即可打开输入框，如图11-14所示。

图11-13 输入旋转角度　　　　　　　　图11-14 文字输入框

Step 05 输入文字内容，如图11-15所示。

Step 06 在空白处单击鼠标，再按Esc键即可完成单行文字的创建，如图11-16所示。

　　　　　　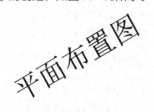

图11-15 输入文字内容　　　　　　　　图11-16 完成操作

11.2.2　编辑单行文字

对于单行文本内容，用户也可以随时进行修改编辑。用户可以通过以下方式编辑单行文字：

（1）从菜单栏执行"修改>对象>文字>编辑"命令。

（2）在命令行中输入TEXTEDIT命令，然后按回车键。

（3）双击单行文字。

执行以上任意一种操作，即可进入文字编辑状态，用户可以对文字内容进行修改。

知识点拨

除了上述操作方法外，用户也可以通过"特性"选项板来编辑文字。选择需要修改的单行文本，执行"修改>特性"命令，打开"特性"选项板，从中可以对文本进行编辑，如图11-17所示。

选项板中各选项的含义介绍如下：

- 常规：设置文本的颜色和图层。
- 三维效果：设置三维材质。
- 文字：设置文字的内容、样式、注释性、对正、高度、旋转、宽度因子和倾斜角度等。
- 几何图形：修改文本的位置。
- 其他：修改文本的显示效果。

图11-17　"特性"选项板

11.3　多行文字

多行文字又称段落文本，是一种方便管理的文本对象，它可以由两行以上的文本组成，而且各行文字都作为一个整体来处理。输入多行文字时，可以根据输入框的大小和文字数量自动换行，并且输入一段文字后按回车键可以切换到下一段。无论输入几行或几段文字，系统都将它们作为一个整体进行处理。

11.3.1　创建多行文字

用户可以通过以下方式调用"多行文字"命令：

（1）从菜单栏执行"绘图>文字>多行文字"命令。

（2）在"默认"选项卡的"文字注释"面板中单击"多行文字"按钮A。

（3）在"注释"选项卡的"文字"面板中单击"下拉菜单"按钮，在弹出的列表中单击"多行文字"按钮A。

（4）在命令行中输入MTEXT命令，然后按回车键。

命令行的提示如下：

命令：_MTEXT
当前文字样式：文字注释　文字高度：180　注释性：否
指定第一角点：
指定对角点或[高度（H）/对正（J）/行距（L）/旋转（R）/样式（S）/宽度（W）/栏（C）]：

命令行中各选项的含义介绍如下：

● **对角点**：单击定点设备以指定对角点时，将显示一个矩形，用以显示多行文字对象的位置和尺寸。矩形中的箭头指示段落文字的走向。

● **高度**：用于指定多行文字字符的文字高度。

● **对正**：根据文字边界，确定新文字或选定文字的文字对齐和文字走向。

● **行距**：指定多行文字对象的行距，是指一行文字的底部与下一行文字底部之间的垂直距离。

● **旋转**：指定文字边界的旋转角度。

● **样式**：指定用于多行文字的文字样式。

● **宽度**：指定文字边界的宽度。

● **栏**：指定多行文字对象的列选项。

动手练 **创建多行文字**

下面介绍多行文字的创建方法，操作步骤介绍如下：

Step 01 执行"绘图>文字>多行文字"命令，在绘图区中指定第一点并拖动鼠标指定对角点，如图11-18所示。

扫码观看视频

Step 02 单击鼠标左键确定第二点，进入输入状态，如图11-19所示。

图11-18 指定对角点　　　　　　　　　　　　图11-19 输入状态

Step 03 在文本输入框内输入CAD画图的步骤，如图11-20所示。

Step 04 输入完成后单击功能区右侧的"关闭文字编辑器"按钮，即可完成创建多行文字的操作，如图11-21所示。

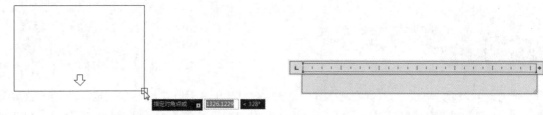

建筑施工图设计说明
本工程必须按国家施工及验收规范和有关操作规程施工，设计各工种图纸中或本工种各图纸中如有矛盾请及时与设计单位联系，图纸中图示及比例均以文字说明及所注尺寸为准，图示及比例为辅，图中所注标高以米为单位，所注尺寸以毫米为单位。

图11-20 输入段落文字　　　　　　　　　　图11-21 完成多行文字

11.3.2　编辑多行文字

编辑多行文本和单行文本的方法基本一致，用户可以执行TEXTEDIT命令进行编辑多行文本内容，还可以通过"特性"选项板修改对正方式和缩放比例等。

在编辑多行文本的"特性"面板的"文字"展卷栏内增加"行距比例""行间距""行距样式"和"背景遮罩"等选项，但缺少了"倾斜"和"宽度"选项，相应的"其他"选项组也消失了，如图11-22所示。

除了上述方法，用户还可以通过文字编辑器编辑文字，双击文字，即可打开文字编辑器，如图11-23所示，从中可以对文本进行编辑。

选项板中各选项的含义介绍如下：

● **粗体**：设置文本粗体格式。该选项仅适用于使用TrueType字体的字符。

● **斜体**：设置文本斜体格式。该选项仅适用于使用TrueType字体的字符。

● **下划线**：为文本添加下划线。

● **上划线**：为文本添加上划线。

● **字体**：设置文字的字体，如黑体、楷体、隶书等。

● **颜色**：设置文字的颜色。

● **倾斜角度**：设置文字的倾斜度。

● **追踪**：增大或减小选定字符之间的空间。默认间距为1.0，设置为大于1.0可以增大间距，设置为小于1.0可以减小间距。

● **宽度因子**：扩展或收缩选定字符。

● **大写**：将当前英文字体设置为大写，该选项适用于英文字体。

● **小写**：将当前英文字体设置为小写，该选项适用于英文字体。

● **背景遮罩**：添加多行文本的不透明背景。

图11-22　多行文字"特性"面板

图11-23　文字编辑器

知识点拨

双击多行文字，会直接进入编辑模式，用户可以对文字的内容及各种特性进行编辑；直接双击单行文字，则仅可对文字内容进行编辑。

动手练 美化段落文字

下面对已创建好的段落文字进行美化编辑，操作步骤介绍如下：

Step 01 打开素材文件，可以看到一段创建好的文字，如图11-24所示。

扫码观看视频

Step 02 双击段落文字进入编辑状态，选择主标题内容，如图11-25所示。

建筑施工图设计说明
本工程必须按国家施工及验收规范和有关操作
规程施工，设计各工种图纸中或本工种各图纸
中如有矛盾请及时与设计单位联系，图纸中图
示及比例均以文字说明及所注尺寸为准，图示
及比例为辅，图中所注标高以米为单位，所注
尺寸以毫米为单位。

图11-24　素材文件

图11-25　选择标题

Step 03 在"文字编辑器"选项卡的"段落"面板中单击"居中"按钮，使其居中显示，如图11-26所示。

Step 04 在"格式"面板中单击"粗体"按钮，使文字字体加粗显示，如图11-27所示。

图11-26　居中显示

图11-27　加粗显示

Step 05 选择正文文字，如图11-28所示。

Step 06 在"段落"面板中单击快捷按钮，打开"段落"对话框，在"左缩进"选项组中设置第一行缩进值7.5，如图11-29所示。

图11-28　选择正文

图11-29　设置缩进值

Step 07 单击"确定"按钮关闭对话框，即可看到段落的调整效果，如图11-30所示。

Step 08 保证正文的选中状态，在"段落"面板中单击"对正"按钮，调整文本两端对齐效果，完成操作，如图11-31所示。

建筑施工图设计说明
本工程必须按国家施工及验收规范和有关操作规程施工，设计各工种图纸中或本工种各图纸中如有矛盾请及时与设计单位联系，图纸中图示及比例均以文字说明及所注尺寸为准，图示及比例为辅，图中所注标高以米为单位，所注尺寸以毫米为单位。

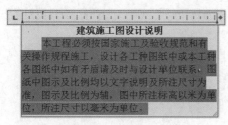

图11-30 首行缩进

建筑施工图设计说明
本工程必须按国家施工及验收规范和有关操作规程施工，设计各工种图纸中或本工种各图纸中如有矛盾请及时与设计单位联系，图纸中图示及比例均以文字说明及所注尺寸为准，图示及比例为辅，图中所注标高以米为单位，所注尺寸以毫米为单位。

图11-31 两端对齐效果

11.3.3 查找与替换文本

如果想对文字较多、内容较为复杂的文本进行编辑操作时，可以使用“查找与替换文本”功能，这样可以有效地提高作图效率。

用户可以将编辑的文本选中，在“文字编辑器”选项卡的“工具”面板中单击“查找和替换”按钮，打开“查找和替换”对话框，如图11-32所示。用户可以根据需要在“查找”文本输入框中输入要查找的文字，其后在“替换为”文本输入框中输入要替换的文字，单击“全部替换”按钮即可。

查找和替换
查找(N):
替换为(P):
下一个(F)
替换(R)
全部替换(A)
关闭
区分大小写(M)
全字匹配(O)
使用通配符(U)
区分变音符号(C)
区分半/全角（东亚语言）(S)

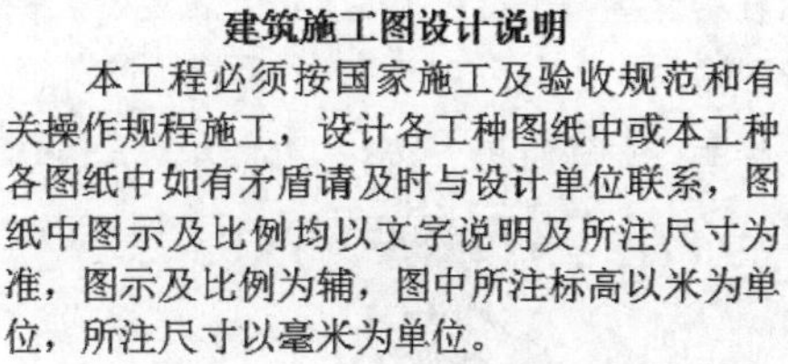

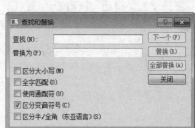

图11-32 “查找和替换”对话框

“查找和替换”对话框中主要选项说明如下：

- **查找：** 该输入框用于确定要查找的内容，在此可以输入要查找的字符，也可以直接选择已存的字符。
- **替换为：** 该输入框用于确定要替换的新字符。
- **“查找”按钮：** 用于在设置的查找范围内查找下一个匹配的字符。
- **“替换”按钮：** 用于将当前查找的字符替换为指定的字符。

知识点拨

在调用外部文件时，其调用文本的格式是有限制的。只限于格式为*.text和*.rtf的文本文件。

动手练 替换段落文字中的内容

下面介绍文字查找与替换功能的应用，操作步骤介绍如下：

Step 01 打开素材文件，如图11-33所示。

Step 02 双击段落文字进入编辑状态，如图11-34所示。

扫码观看视频

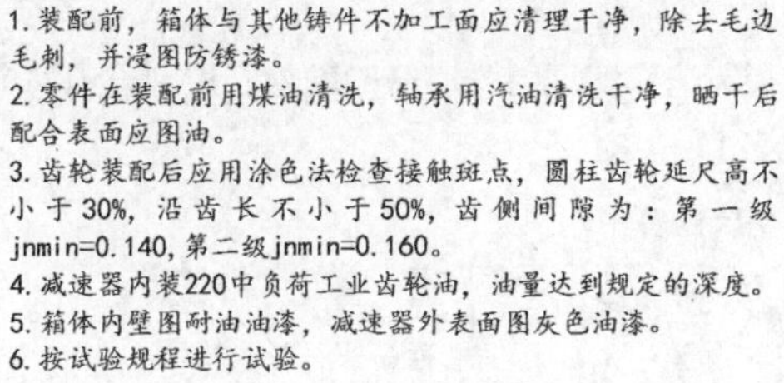

1.装配前，箱体与其他铸件不加工面应清理干净，除去毛边毛刺，并浸图防锈漆。
2.零件在装配前用煤油清洗，轴承用汽油清洗干净，晒干后配合表面应图油。
3.齿轮装配后应用涂色法检查接触斑点，圆柱齿轮延尺高不小于30%，沿齿长不小于50%，齿侧间隙为：第一级jnmin=0.140，第二级jnmin=0.160。
4.减速器内装220中负荷工业齿轮油，油量达到规定的深度。
5.箱体内壁图耐油油漆，减速器外表面图灰色油漆。
6.按试验规程进行试验。

图11-33 素材文件

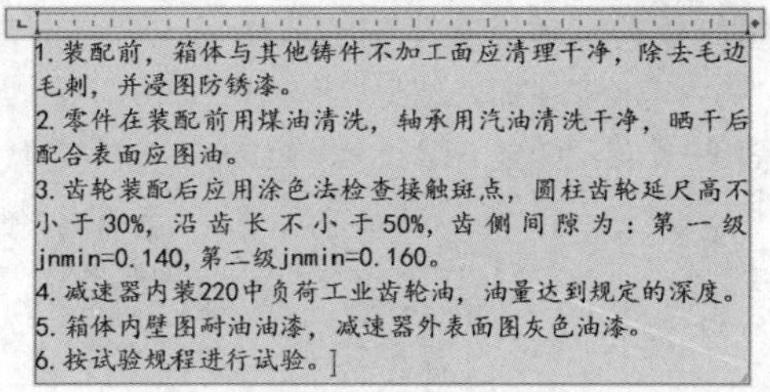

1.装配前，箱体与其他铸件不加工面应清理干净，除去毛边毛刺，并浸图防锈漆。
2.零件在装配前用煤油清洗，轴承用汽油清洗干净，晒干后配合表面应图油。
3.齿轮装配后应用涂色法检查接触斑点，圆柱齿轮延尺高不小于30%，沿齿长不小于50%，齿侧间隙为：第一级jnmin=0.140，第二级jnmin=0.160。
4.减速器内装220中负荷工业齿轮油，油量达到规定的深度。
5.箱体内壁图耐油油漆，减速器外表面图灰色油漆。
6.按试验规程进行试验。

图11-34 文字编辑状态

Step 03 在"文字编辑器"选项卡的"工具"面板中单击"查找和替换"按钮,打开"查找和替换"对话框,分别输入要查找的文字内容和要替换的内容,如图11-35所示。

Step 04 单击"全部替换"按钮,此时系统会弹出已替换的提示,如图11-36所示。

图11-35 "查找和替换"对话框

图11-36 已替换的提示

Step 05 单击"确定"按钮关闭提示框,再关闭"查找和替换"对话框,完成替换操作,在绘图区的空白处单击,退出编辑状态,如图11-37所示。

> 1.装配前,箱体与其他铸件不加工面应清理干净,除去毛边毛刺,并浸涂防锈漆。
> 2.零件在装配前用煤油清洗,轴承用汽油清洗干净,晒干后配合表面应涂油。
> 3.齿轮装配后应用涂色法检查接触斑点,圆柱齿轮延尺高不小于30%,沿齿长不小于50%,齿侧间隙为:第一级jnmin=0.140,第二级jnmin=0.160。
> 4.减速器内装220中负荷工业齿轮油,油量达到规定的深度。
> 5.箱体内壁涂耐油油漆,减速器外表面涂灰色油漆。
> 6.按试验规程进行试验。

图11-37 完成操作

11.4 特殊字符

在市政设计绘图中,常需要标注一些特殊字符,如度数符号°、公差符号±、直径符号φ、上划线、下划线和钢筋符号A、B、C和D等。下面分别介绍这些特殊字符的输入方法。

1.特殊字符在单行文本中的应用

输入单行文字时,用户可以通过AutoCAD提供的控制码来实现特殊字符的输入。控制码由两个百分号和一个字母(或一组数字)组成。常见字符代码见表11-1。

表11-1 常见字符代码表

代　码	功　能	代　码	功　能
%%O	打开或关闭文字的上划线	%%%	百分号(%)符号
%%U	打开或关闭文字的下划线	\U+2220	角度∠

（续表）

代　码	功　能	代　码	功　能
%%D	标注度（°）符号	\U+2260	不相等≠
%%P	标注正负公差（±）符号	\U+2248	几乎等于≈
%%C	直径（φ）符号	\U+0394	差值△

知识点拨

　　"txt"之类字体指"txt""txt1""txt2"和"txt……"等字体，"tssdeng"之类字体指"tssdeng""tssdeng1""tssdeng2"和"tssdeng……"等字体。

　　"txt"字体为系统自带，其余上述字体需要用户自行搜集并扩充加载。

2. 特殊字符在多行文本中的应用

　　输入多行文字时，可以通过单击"插入字符"按钮，并在弹出的"符号"菜单中选择相应的特殊字符即可。如果需要为文字添加上、下划线，可以选择该文字，再单击"上划线"按钮和"下划线"按钮。用户也可以通过控制码的方式输入表11-1中相应的字符代码。

3. 利用中文输入法输入特殊字符

　　利用中文输入法自带的软键盘，可以方便地输入希腊字母、标点符号、数序符号和特殊符号等。例如，度数符号"°"在"C. 特殊符号"中，公差符号"±"在"0. 数学符号"中，直径符号"φ"在"2. 希腊字母"中，大小罗马序号在"9. 数学序号"中。当然，以该方法输入的特殊字符，在显示效果上与前述控制码或按钮输入的可能会有所不同。

　　右击软键盘符号，在弹出的菜单中选择相应类别，即可进入该类别的软键盘界面，如图11-38所示。单击所需字符，即可将其输入到单行或多行文本中。

1	PC 键盘	asdfghjkl;
2	希腊字母	αβγδε
3	俄文字母	абвгд
4	注音符号	ㄆㄊㄍㄐㄞ
5	拼音字母	āáěèó
6	日文平假名	あいうえお
7	日文片假名	アイウヴェ
8	标点符号	『‖々·』
9	数字序号	ⅠⅡⅢ㈠①
0	数学符号	±×÷∑√
A	制表符	┐┼┝┰
B	中文数字	壹贰千万兆
C	特殊符号	▲☆◆□→

关闭软键盘 (L)

图11-38 输入法软键盘

动手练 为文字添加特殊字符

　　下面为创建的文字添加特殊字符，操作步骤介绍如下：

Step 01 执行"绘图>文字>多行文字"命令，在绘图区中指定对角点，如图11-39所示。

Step 02 创建文本输入框，如图11-40所示。

扫码观看视频

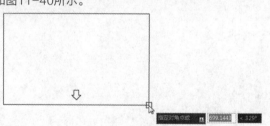

图11-39 指定对角点

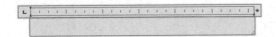

图11-40　文本输入框

Step 03 在"文字编辑器"选项卡中设置文字的高度、字体及对齐方式等，如图11-41所示。

图11-41　设置文字参数

Step 04 设置完毕后，在文本输入框中输入文字内容，如图11-42所示。

Step 05 在"文字编辑器"选项卡的"插入"面板中单击"符号"下拉按钮，在展开的列表中选择"正/负"选项，如图11-43所示。

Step 06 此时，文本输入框中会自动输入一个±符号，如图11-44所示。

Step 07 继续输入其他文字内容，输入完毕后在绘图区的空白处单击鼠标，即可完成本次操作，如图11-45所示。

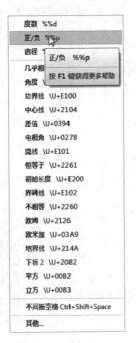

图11-43　"正/负"选项

1.轴端各件装好后先检查端面间隙,应控制在1

图11-42　输入文字内容

1.轴端各件装好后先检查端面间隙,应控制在1±

图11-44　添加±符号

1.轴端各件装好后先检查端面间隙,应控制在1±0.5。
2.开式齿轮安装时用钙基润滑油或齿轮油润滑,齿轮传动侧隙0.6mm,接触斑点按高度不小于30%，按长度不小于40%。

图11-45　完成操作

11.5　字段的使用

　　字段也是文字，等价于可以自动更新的"智能文字"，就是可能会在图形生命周期中修改的数据的更新文字，设计人员在工程图中如果需要引用这些文字或数据，可以采用字段的方式引用，这样当字段所代表的文字或数据发生变化时，字段会自动更新，就不需要手动修改。

11.5.1　插入字段

　　字段可以插入到任意种类的文字（公差除外）中，其中包括表单元、属性和属性定义中的文字。

　　用户可以通过以下方法插入字段：

　　（1）从菜单栏执行"插入>字段"命令。

　　（2）在文字输入框中右击，在弹出的快捷菜单中单击"插入字段"命令，即可打开"字段"对话框，如图11-46和图11-47所示。

　　（3）在"文字编辑器"选项卡的"插入"面板中单击"字段"命令。

图11-46　右键菜单

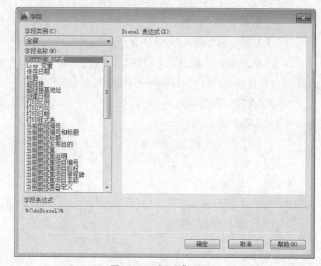

图11-47　"字段"对话框

　　用户可以单击"字段类别"下拉按钮，在打开的列表中选择字段的类别，其中包括打印、对象、其他、全部、日期和时间、图纸集、文档和已链接这8个类别选项，选择其中任意选项，则会打开与之相应的样例列表，并对其进行设置，如图11-48和图11-49所示。

　　字段文字所使用的文字样式与其插入到的文字对象所使用的样式相同。默认情况下，在AutoCAD中的字段将使用浅灰色进行显示。

图11-48 字段类别

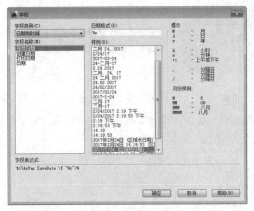

图11-49 样例列表

11.5.2　更新字段

更新字段时，将显示最新的值。在此可以单独更新字段，也可以在一个或多个选定文字对象中更新所有字段。

用户可以通过以下方式进行更新字段的操作：

（1）选择文本，右击，在快捷菜单中选择"更新字段"命令。

（2）在命令行中输入UPD命令，然后按回车键。

（3）在命令行中输入FIELDEVAL命令，然后按回车键，根据命令行的提示输入合适的位码即可。该位码是常用标注控制符中任意值的和。如果仅在打开、保存文件时更新字段，可以输入数值3。

常用标注控制符说明如下：

- 0值：不更新。
- 1值：打开时更新。
- 2值：保存时更新。
- 4值：打印时更新。
- 8值：使用ETRANSMIT命令时更新。
- 16值：重生成时更新。

知识点拨

当字段插入完成后，如果想对其进行编辑，可以选中该字段后右击，选择"编辑字段"选项，即可在"字段"对话框中进行设置。如果想将字段转换成文字，就需要右击所需字段，在弹出的快捷菜单中选择"将字段转换为文字"选项即可。

11.6 表格的设置与应用

表格是在行和列中包含数据的对象，在工程图中会大量使用到表格，如标题栏和明细表都属于表格的应用。通过对表格样式进行新建或修改等，可以对表格的方向、常规特性、表格内使用的文字样式及表格的边框类型等一系列内容进行设置，从而建立符合用户自己需求的表格。

11.6.1 表格样式

在创建表格前要设置表格样式，方便之后调用。在"表格样式"对话框中可以选择设置表格样式的方式，用户可以通过以下方式打开"表格样式"对话框：

（1）从菜单栏执行"格式>表格样式"命令。

（2）在"注释"选项卡中单击"表格"面板右下角的箭头。

（3）在命令行中输入TABLESTYLE命令，然后按回车键。

打开"表格样式"对话框后单击"新建"按钮，如图11-50所示，输入表格名称，单击"继续"按钮，即可打开"新建表格样式"对话框，如图11-51所示。

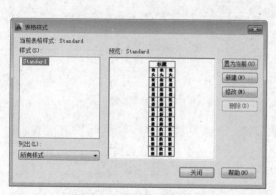

图11-50 "表格样式"对话框

图11-51 "新建表格样式"对话框

下面将具体介绍"表格样式"对话框中各选项的含义：

● 样式：显示已有的表格样式。单击"所有样式"列表框右侧的三角符号，在弹出的下拉列表中可以设置"样式"列表框是显示所有表格样式还是显示正在使用的表格样式。

● 预览：预览当前的表格样式。

● 置为当前：将选中的表格样式置为当前。

● 新建：单击"新建"按钮，即可新建表格样式。

● 修改：修改已经创建好的表格样式。

● 删除：删除选中的表格样式。

在"新建表格样式"对话框中，在"单元样式"选项组的"标题"下拉列表框包含"数据""标题"和"表头"三个选项，在"常规""文字"和"边框"三个选项卡中，可以分别设置"数据""标题"和"表头"的相应样式。

1. 常规

在"常规"选项卡中可以设置表格的颜色、对齐方式、格式、类型和页边距等特性。下面具体介绍该选项卡中各选项的含义：

● 填充颜色：设置表格的背景填充颜色。

● 对齐：设置表格文字的对齐方式。

● 格式：设置表格中的数据格式，单击右侧的 ▢ 按钮，即可打开"表格单元格式"对话框，在对话框中可以设置表格的数据格式，如图11-52所示。

● 类型：设置是数据类型还是标签类型。

● 页边距："水平"和"垂直"分别设置表格内容距边线的水平和垂直距离，如图11-53所示。

图11-52　"表格单元格式"对话框

图11-53　设置页边距效果

2. 文字

打开"文字"选项卡，在该选项卡中主要设置文字的样式、高度、颜色、角度等，如图11-54所示。

3. 边框

打开"边框"选项卡，在该选项卡中可以设置表格边框的线宽、线型、颜色等选项，此外，还可以设置有无边框或是否是双线，如图11-55所示。

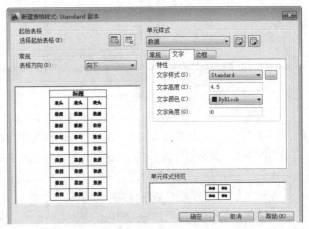

图11-54　"文字"选项卡

图11-55 "边框"选项卡

动手练 新建表格样式

扫码观看视频

下面介绍表格样式的创建方法，操作步骤介绍如下：

Step 01 执行"格式>表格样式"命令，打开"表格样式"对话框，如图11-56所示。

Step 02 单击"新建"按钮，打开"创建新的表格样式"对话框，输入新样式名，如图11-57所示。

Step 03 单击"继续"按钮，打开"新建表格样式"对话框，用户可以在该对话框中设置表格单元样式，如图11-58所示。

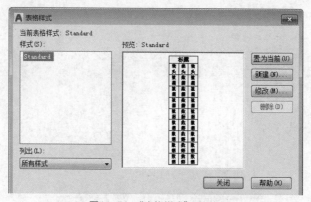

图11-56 "表格样式"对话框

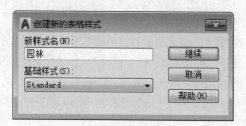

图11-57 创建新的表格样式

图11-58 "新建表格样式"对话框

11.6.2　创建表格

用户可以直接创建表格对象，而不需要单独用直线绘制表格，创建表格后可以进行编辑操作。

用户可以通过以下方式调用"创建表格"命令：

（1）从菜单栏执行"绘图>表格"命令。

（2）在"注释"选项卡的"表格"面板中单击"表格"按钮▦。

（3）在命令行中输入TABLE命令，然后按回车键。

执行"绘图>表格"命令，打开"插入表格"对话框，如图11-59所示。从中设置列和行的相应参数，单击"确定"按钮，然后在绘图区中指定插入点即可创建表格。

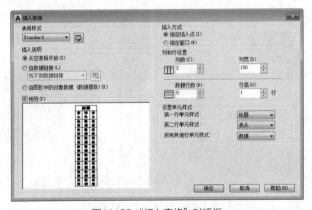

图11-59 "插入表格"对话框

"插入表格"对话框中的各选项说明如下：

● 表格样式：该选项可以在要从中创建表格的当前图形中选择表格样式。单击下拉按钮右侧的"表格样式"对话框启动器按钮，创建新的表格样式。

● 从空表格开始：用于创建可以手动填充数据的空表格。

● 自数据链接：用于使用外部电子表格中的数据创建表格。单击右侧的按钮，可以在"选择数据链接"对话框中设置数据链接。

- 自图形中的对象数据：用于启动"数据提取"向导。
- 预览：用于显示当前的表格样式。
- 指定插入点：用于指定表格左上角的位置。可以使用定点设置，也可以在命令行中输入坐标值。如果表格样式将表格的方向设为由下而上读取，则插入点则位于表格的左下角。
- 指定窗口：用于指定表格的大小和位置。该选项同样可以使用定点设置，也可以在命令行中输入坐标值，选定此项时，行数、列数、列宽和行高取决于窗口的大小及列和行的设置。
- 列数：用于指定表格的列数。
- 列宽：用于指定表格的列宽值。
- 数据行数：用于指定表格的行数。
- 行高：用于指定表格的行高值。
- 第一行单元样式：用于指定表格中第一行的单元样式。系统默认为标题单元样式。
- 第二行单元样式：用于指定表格中第二行的单元样式。系统默认为表头单元样式。
- 所有其他行单元样式：用于指定表格中所有其他行的单元样式。系统默认为数据单元样式。

11.6.3　编辑表格

当创建表格后，如果对创建的表格不满意，可以编辑表格，在AutoCAD中可以使用夹点、选项板进行编辑操作。

1. 夹点

大多情况下，创建的表格都需要进行编辑才可以符合表格定义的标准。在AutoCAD中，不仅可以对整体的表格进行编辑，还可以对单独的单元格进行编辑，用户可以单击并拖动夹点调整宽度，或者在快捷菜单中进行相应的设置。

单击表格，表格上将出现编辑的夹点，如图11-60所示。

2. 选项卡

在"特性"选项板中也可以编辑表格，在"表格"卷展栏中可以设置表格样式、方向、表格宽度和表格高度。双击需要编辑的表格，就会弹出"特性"选项板，如图11-61所示。

图11-60　选中表格时的夹点　　　　图11-61　"特性"选项板

3. 表格单元

选中表格后，在"表格单元"功能面板中，用户可以根据需要对表格进行编辑，如合并、拆分表格；插入行、列；表格对齐设置；单元格设置及插入公式等功能，如图11-62所示。

图11-62　"表格单元"功能面板

"表格单元"功能面板中各选项组说明如下：

● **行：** 在该选项组中，用户可以对单元格的行进行相应的操作，如插入行、删除行。

● **列：** 在该选项组中，用户可以对选定的单元列进行操作，如插入列、删除列。

● **合并：** 在该选项组中，用户可以将多个单元格合并成一个单元格，也可以将已合并的单元格进行"取消合并单元"操作。

● **单元样式：** 在该选项组中，用户可以设置表格文字的对齐方式、单元格的颜色及表格的边框样式等。

● **单元格式：** 在该选项组中，用户可以确定是否将选择的单元格进行锁定操作，也可以设置单元格的数据类型。

● **插入：** 在该选项组中，用户可以插入图块、字段和公式等特殊符号。

● **数据：** 在该选项组中，用户可以设置表格数据，如将Excel电子表格中的数据与当前表格中的数据进行链接操作。

11.6.4　调用外部表格

在工作中有时需要在AutoCAD中制作表格，如大型装配图的标题栏、装修配料表等。AutoCAD的图形功能很强，但表格功能较差，一般情况下都是用直线绘制表格，再用文字填充，这种方法效率很低。如果在其他软件中创建好表格，再将其调用到AutoCAD中，可以大大增加绘图效率。

用户可以通过以下方式来调用外部表格：

（1）从Word或Excel中选择并复制表格，粘贴到AutoCAD中。

（2）从菜单栏执行"绘图>表格"命令，打开"插入表格"对话框，插入本地硬盘上的Excel表格文件即可。

> **知识点拨**
>
> 直线绘制的表格，费时较长，而且表格中的边框和文字都是独立的图元。而直接复制粘贴到AutoCAD中的表格则会成为一个整体，在AutoCAD中无法对其修改。用户若想编辑表格，可以在AutoCAD中双击表格的外边框，系统会启动Excel应用程序并创建一个新的文件打开该表格，用户即可在Excel中编辑该表格。而从外部导入到AutoCAD中的表格，用户可以直接在AutoCAD中进行编辑。

调用外部表格文件

下面介绍将Excel中的表格插入到AutoCAD的方法，直接从外部导入表格对象，节省了重新创建表格的时间，提高了工作效率。具体的操作步骤如下：

扫码观看视频

Step 01 执行"绘图>表格"命令，打开"插入表格"对话框，如图11-63所示。

Step 02 在"插入选项"选项组中单击"自数据链接"单选按钮，然后再单击右侧的启动按钮，如图11-64所示。

图11-63　"插入表格"对话框

图11-64　单击"自数据链接"单选按钮

Step 03 打开"选择数据链接"对话框，从中选择"创建新的Excel数据链接"选项，打开"输入数据链接名称"提示框，输入链接名，如图11-65所示。

Step 04 打开"新建Excel数据链接"对话框，如图11-66所示。

图11-65　输入链接名

图11-66　"新建Excel数据链接"对话框

Step 05 单击"浏览文件"按钮，打开"另存为"对话框，在该对话框中选择Excel表格文件，并单击"打开"按钮，如图11-67所示。

Step 06 返回"新建Excel数据链接"对话框，在预览区可以预览表格效果，如图11-68所示。

图11-67　打开Excel文件

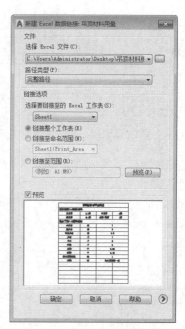

图11-68　预览表格效果

Step 07 依次单击"确定"按钮关闭"选择数据链接"对话框和"插入表格"对话框，返回绘图区，指定表格的插入点，即可插入表格，如图11-69所示。

Step 08 单击即可插入表格，如图11-70所示。

图11-69　指定插入点

吊顶材料每平方用量			
适合家装1:4配比材料			
主龙骨	1.1米	中龙骨	4米
边龙骨	0.1米	丝杆/吊筋	1米
石膏板	**1.1**平方	自攻螺丝	35枚
主接	0.5个	副接	1个
大吊	1个	中吊	4个
中挂	2个	对撬	1个
V8组合	1套		
适合工装1:3配比材料			
主龙骨	米	1	
副龙骨	米	3	
边角龙骨	米	0.6	
大吊	个	1	
中吊	个	2	
中挂	个	3	
主接	个	0.25	
副接	个	0.45	
组合膨胀螺丝	套	1	
对撬	套	与大吊数量一致	

图11-70　插入表格

Step 09 选择表格内部，将鼠标放置到表格上，会出现信息提示，可以看到该表格内容已被锁定，如图11-71所示。

Step 10 在"表格单元"选项卡的"单元格式"面板中单击"解锁"命令即可解锁表格，如图11-72所示。

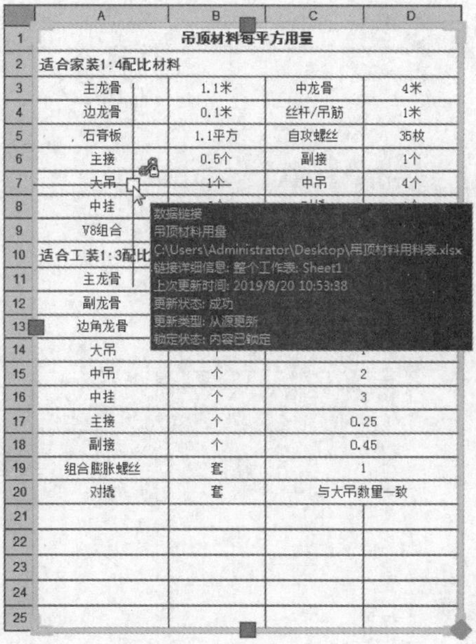

图11-71 锁定提示 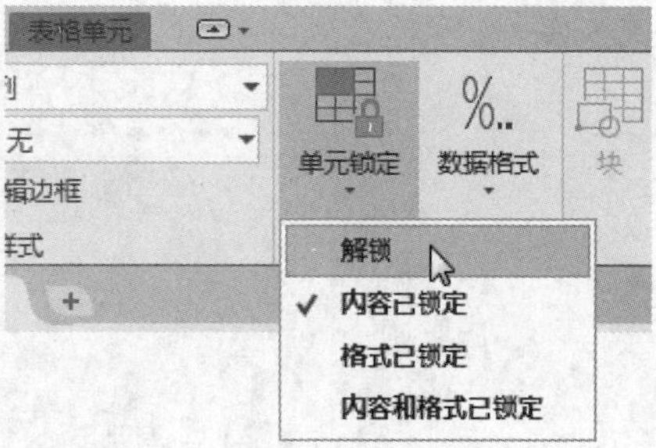　　　　图11-72 解锁

Step 11 解锁后再选择表格，将鼠标放置到表格上，可以看到表格已解锁，如图11-73所示。

图11-73 解锁后的表格

为了让读者更好地掌握本章所学的知识，在这里提供了两个关于本章知识的课后作业，以供读者练手。

1. 为平面图添加文字说明

利用"单行文字"命令为平面布置图添加文字说明，如图11-74所示。

操作提示：

执行"绘图>文字>单行文字"命令，创建单行文字，复制并修改文字内容。

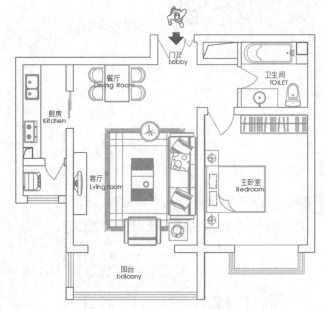

图11-74 平面图说明文字

2. 绘制设备材料表

设置文字样式和表格样式，创建设备材料表，如图11-75所示。

操作提示：

Step 01 设置文字样式，再创建表格样式，并置为当前。

Step 02 创建表格，输入相应的单元格内容。

设备材料表				
编号	名称	型号规格及材质	单位	数量
1	潜水排水泵	JYWQ、FLygt系列	台	1
2	不锈钢链接卡链	DN3	个	2
3	织物增强橡胶软管	胶管内径2A PAO.6MPa	根	1
4	盘插异径管	DN1×DN2	个	1
5	球形污水止回阀	HQ41X-1.0 DN1	个	1
6	法兰	DN1 PN1.0MPa,材质同排出管管材	个	1
7	排出管	DN1管材由设计定	m	设计定
8	液位自动控制装置	与潜水排污泵配套供给	套	1

图11-75 设备材料表

Chapter 12

尺寸标注的应用

本章概述

　　尺寸标注是绘图设计工作中的一个重要内容，在绘制图形时，图形中各对象的真实大小和相互位置只有经过尺寸标注后才能确定。这样一来，大大提高了绘图的准确性，在AutoCAD中标注尺寸前，一般都要创建尺寸样式，因此AutoCAD为用户提供了多种标注样式和设置标注的方法。

　　通过本章的学习，读者可以掌握创建和设置尺寸标注样式、标注基本尺寸标注类型、标注其他尺寸标注类型、编辑和更新标注的方法与操作技巧。

学习目标

- 了解尺寸标注的组成及规则
- 熟悉标注样式的创建与设置
- 掌握各类标注类型的应用
- 掌握尺寸标注的编辑

12.1 尺寸标注的要素

尺寸标注是一项细致而繁重的任务，AutoCAD为用户提供了完整的尺寸标注命令和实用程序，并提供了多种设置标注格式的方法，可以对各个方向上的对象创建标注。

12.1.1 尺寸标注的组成

在AutoCAD中，一个完整的尺寸标注应由尺寸界线、尺寸线、箭头和标注文字四个部分组成，如图12-1所示。

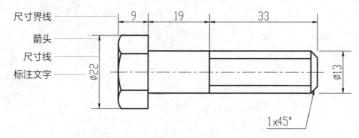

图12-1 尺寸标注的组成

下面具体介绍尺寸标注中基本要素的作用与含义：

● 箭头：用于显示标注的起点和终点，箭头的表现方法有很多种，可以是斜线、块和其他用户自定义符号。

● 尺寸线：显示标注的范围，一般情况下与图形平行。在标注圆弧和角度时是圆弧线。

● 标注文字：显示标注所属的数值。用于反映图形的尺寸，数值前会有相应的标注符号。

● 尺寸界线：也称为投影线，一般情况下与尺寸线垂直，特殊情况下可将其倾斜。

12.1.2 尺寸标注的规则

下面通过基本规则、尺寸线、尺寸界线、标注尺寸的符号、尺寸数字五个方面介绍尺寸标注的规则。

1. 基本规则

在进行尺寸标注时，应遵循以下四个规则：

（1）图纸中的每个尺寸一般只标注一次，并标注在最容易查看物体相应结构特征的图形上。

（2）在进行尺寸标注时，若使用的单位是mm，则不需要计算单位和名称；若使用其他单位，则需要注明相应计量的代号或名称。

（3）尺寸的配置要合理，功能尺寸应该直接标注，尽量避免在不可见的轮廓线上标注尺寸，数字之间不允许有任何图线穿过，必要时可以将图线断开。

（4）图形上所标注的尺寸数值应是工程图完工的实际尺寸，否则需要另外说明。

2. 尺寸线

（1）尺寸线的终端可以使用箭头和实线这两种，可以设置它的大小，箭头适用于机械制图，斜线则适用于建筑制图。

（2）当尺寸线与尺寸界线处于垂直状态时，可以采用一种尺寸线终端的方式，采用箭头时，如果空间地位不足，可以使用圆点和斜线代替箭头。

（3）在标注角度时，尺寸线会更改为圆弧，而圆心是该角的顶点。

3. 尺寸界线

（1）尺寸界线用细线绘制，与标注图形的距离相等。

（2）标注角度的尺寸界线从两条线段的边缘处引出一条弧线，标注弧线的尺寸界线是平行于该弦的垂直平分线。

（3）通常情况下，尺寸界线应与尺寸线垂直。标注尺寸时，拖动鼠标将轮廓线延长，从它们的交点处引出尺寸界线。

4. 标注尺寸的符号

（1）标注角度的符号为°，标注半径的符号为R，标注直径的符号为φ，标注圆弧的符号为⌒。标注尺寸的符号受文字样式的影响。

（2）当需要指明半径尺寸是由其他尺寸所确定时，应用尺寸线和符号R标出，但不要注写尺寸数。

5. 尺寸数字

（1）通常情况下，尺寸数字在尺寸线的上方或尺寸线内，若将标注文字的对齐方式更改为水平时，尺寸数字则显示在尺寸线中央。

（2）在线性标注中，如果尺寸线与X轴平行，则尺寸数字在尺寸线的上方；如果尺寸线与Y轴平行，尺寸数字则在尺寸线的左侧。

（3）尺寸数字不可以被任何图线所经过，否则必须将该图线断开。

> **知识点拨**
>
> 绘图时除了画出物体及其各部分的形状外，还必须准确地、详尽地、清晰地标注尺寸，以确定其大小，作为施工时的依据。

12.2　标注样式

尺寸标注样式决定了尺寸标注的外观，通过使用创建和设置过的标注样式，使标注更加整齐。用户可以在"标注样式管理器"对话框中创建或管理标注样式，如图12-2所示。

用户可以通过以下方式打开"标注样式管理器"对话框：

（1）从菜单栏执行"格式>标注样式"命令。

（2）在"默认"选项卡的"注释"面板中单击"注释"按钮 。

（3）在"注释"选项卡的"标注"面板中单击右下角的箭头 。

（4）在命令行中输入DIMSTYLE命令，然后按回车键。

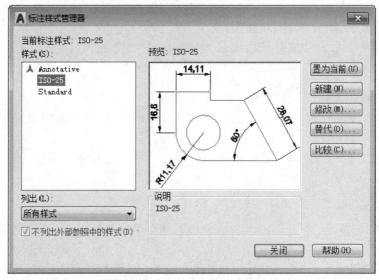

图12-2 "标注样式管理器"对话框

该对话框中各选项的含义介绍如下：

● 样式：显示文件中所有的标注样式。亮显当前的样式。

● 列出：设置是显示所有的样式还是显示正在使用的样式。

● 置为当前：单击该按钮，被选择的标注样式则会置为当前。

● 新建：新建标注样式。单击该按钮，设置文件名后单击"继续"按钮，则可进行编辑标注操作。

● 修改：修改已经存在的标注样式。单击该按钮，打开"修改标注样式"对话框，在该对话框中可对标注进行更改。

● 替代：单击该按钮，会打开"替代当前样式"对话框，在该对话框中可以设定标注样式的临时替代值，替代将作为未保存的更改结果显示在"样式"列表中的标注样式下。

● 比较：单击该按钮，将打开"比较标注样式"对话框，从中可以比较两个标注样式或列出一个标注样式的所有特性。

12.2.1 创建标注样式

在标注尺寸之前，用户需要先创建并设置尺寸样式，否则，AutoCAD将使用缺省样式生成尺寸标注。AutoCAD可以定义多种不同的标注样式并为之命名，标注时，用户只需指定某个样式为当前样式，就可以创建相应的标注形式。

AutoCAD系统默认尺寸样式为STANDARD，若对该样式不满意，用户可以通过"标注样式管理器"对话框进行新尺寸样式的创建。执行"注释>标注"命令，可以打开"标注样式管理器"对话框，如图12-3所示。

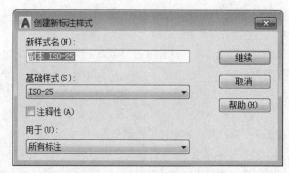

图12-3 "创建新标注样式"对话框

其中，常用选项的含义介绍如下：

- 新样式名：设置新建标注样式的名称。
- 基础样式：设置新建标注的挤出样式。对于新建样式，只更改那些与基础特性不同的特性。
- 注释性：设置标注样式是否为注释性。
- 用于：设置一种特定标注类型的标注样式。

12.2.2 设置标注样式

在"新建标注样式"对话框中可以对相应的选项卡进行编辑，该对话框由线、符号和箭头、文字、调整、主单位、换算单位、公差7个选项卡组成。

1. "线"选项卡

在"新建标注样式"对话框的"线"选项卡中，可以设置尺寸线、尺寸界线的格式和位置，如图12-4所示。该选项卡中各选项的含义介绍如下：

（1）"尺寸线"选项组。

- 颜色：用于设置尺寸线的颜色。

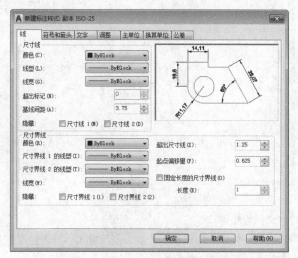

图12-4 "线"选项卡

- 线型：用于设置尺寸线的线型。
- 线宽：用于设置尺寸线的宽度。
- 超出标记：当尺寸线的箭头采用倾斜、建筑标记、小点、积分或无标记等样式时，使用该文本框可以设置尺寸线超出尺寸界线的长度。
- 基线间距：设置基线标注的尺寸线之间的距离，即平行排列的尺寸线间距。国际标准规定此值应取7~10mm。
- 隐藏：用于控制尺寸线两个组成部分的可见性。通过选中"尺寸线1"或"尺寸线2"复选框，可以隐藏第1段或第2段尺寸线及其相应的箭头。

（2）"尺寸界线"选项组。
- 颜色：用于设置尺寸界线的颜色。
- 尺寸界线1的线型或尺寸界线2的线型：用于分别控制延伸线的线型。
- 线宽：用于设置尺寸界线的宽度。
- 隐藏：用于控制尺寸界线的隐藏和显示。
- 超出尺寸线：用于设置尺寸界线超出尺寸线的距离，通常规定尺寸界线的超出尺寸为2~3mm。使用1:1的比例绘制图形时，设置此选项为2或3。
- 起点偏移量：用于设置图形中定义标注的点到尺寸界线的偏移距离，通常规定此值不小于2mm。
- 固定长度的尺寸界线：控制尺寸界线的固定长度。

2. "符号和箭头"选项卡

在"新建标注样式"对话框的"符号和箭头"选项卡中，用户可以设置箭头、圆心标记、弧长符号和半径标注折弯的格式与位置，如图12-5所示。

图12-5 "符号和箭头"选项卡

该选项卡中各选项的含义介绍如下：
- 箭头：该选项组用于控制尺寸线和引线箭头的类型及尺寸大小等。当改变第一个箭头的类型时，第二个箭头将自动改变为与第一个箭在弦上相匹配。

● 圆心标记：该选项组用于控制直径标注和半径的圆心及中心线的外观。用户可以通过选中或取消选中"无""标记"和"直线"单选按钮，设置圆或圆弧和圆心标记类型，在"大小"数值框中设置圆心标记的大小。

● 弧长符号：该选项组用于控制弧长标注中圆弧符号的显示。

● 折断标注：该选项组用于控制折断标注的大小。

● 半径折弯标注：该选项组用于控制折弯（Z字形）半径标注的显示。

● 线性折弯标注：在选项组的"折弯高度因子"数值框中可以设置折弯文字的高度大小。

3. "文字"选项卡

在"新建标注样式"对话框的"文字"选项卡中，可以设置标注文字的外观、位置和对齐方式，如图12-6所示。

该选项卡中各选项的含义介绍如下：

（1）"文字外观"选项组。

● 文字样式：用于选择标注的文字样式。

● 文字颜色：用于设置标注文字的颜色。

● 填充颜色：用于设置标注文字背景的颜色。

● 文字高度：用于设置标注文字的高度。

● 分数高度比例：用于设置标注文字中的分数相对于其他标注文字的比例。AutoCAD将该比例值与标注文字高度的乘积作为分数的高度，只有在"主单位"选项卡中选择"分数"作为"单位格式"时，此选项才可用。

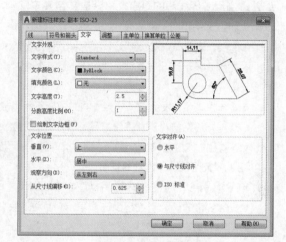

图12-6 "文字"选项卡

● 绘制文字边框：用于设置是否给标注文字加边框。

（2）"文字位置"选项组。

● 垂直：该选项包含"居中""上""外部""JIS"和"下"五个选项，主要用于控制标注文字相对尺寸线的垂直位置。选择其中某选项时，在"文字"选项卡的预览框中可以观察到尺寸文本的变化。

● 水平：该选项包含"居中""第一尺寸界线""第二尺寸界线""第一尺寸界线上方""第二尺寸界线上方"五个选项，用于设置标注文字相对于尺寸线和尺寸界线在水平方向的位置。

● 观察方向：该选项包含"从左到右"和"从右到左"两个选项，用于设置标注文字显示方向。

● 从尺寸线偏移：设置当前文字间距，即当尺寸线断开以容纳标注文字时标注文字周围的距离。

（3）"文字对齐"选项组。

● 水平：设置标注文字水平放置。

● 与尺寸线对齐：设置标注文字方向与尺寸线方向一致。

● ISO标准：设置标注文字按ISO标准放置。当标注文字在尺寸线界线内时，它的方向与尺寸线方向一致，当在尺寸线界线外时将水平放置。

4. "调整"选项卡

在"新建标注样式"对话框中使用"调整"选项卡，可以设置标注文字、尺寸线、尺寸箭头的位置，如图12-7所示。

该选项卡中各选项的含义介绍如下：

（1）"调整选项"选项组。

● 文字或箭头（最佳效果）：表示系统将按最佳布局将文字或箭头移动到尺寸界线外部。当尺寸界线间的距离足够放置文字和箭头时，文字和箭头都放在尺寸界线内，否则将按照最佳效果移动文字或箭头；当尺寸界线间的距离仅能够容纳文字时，将文字放在尺寸界线内，而箭头放在尺寸界线外；当尺寸界线间的距离仅能够容纳箭头时，将箭头放在尺寸界线内，而文字放在尺寸界线外；当尺寸界线间的距离既不够放文字又不够放箭头时，文字和箭头都放在尺寸界线外。

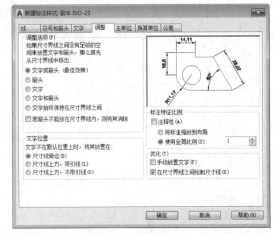

图12-7 "调整"选项卡

● 箭头：表示AutoCAD尽量将箭头放在尺寸界线内，否则会将文字和箭头都放在尺寸界线外。

● 文字：表示当尺寸界线间的距离仅能容纳文字时，系统会将文字放在尺寸界线内，箭头放在尺寸界线外。

● 文字和箭头：表示当尺寸界线间的距离不足以放下文字和箭头时，文字和箭头都放在尺寸界线外。

● 文字始终保持在尺寸界线之间：表示系统会始终将文字放在尺寸界线之间。

● 若箭头不能放在尺寸界线内，则将其消除：表示当尺寸界线内没有足够的空间时，系统则隐藏箭头。

（2）"文字位置"选项组。

● 尺寸线旁边：该选项表示将标注文字放在尺寸线旁边。

● 尺寸线上方，带引线：该选项表示将标注文字放在尺寸线的上方，并加上引线。

● 尺寸线上方，不带引线：该选项表示将标注文字放在尺寸线的上方，但不加引线。

（3）"标注特征比例"选项组。

● 将标注缩放到布局：该选项可以根据当前模型空间视口与图纸空间之间的缩放关系设置比例。

● 使用全局比例：该选项可以为所有标注样式设置一个比例，指定大小、距离或间距，此外还包括文字和箭头大小，但并不改变标注的测量值。

（4）"优化"选项组。

● 手动放置文字：该选项忽略标注文字的水平设置，在标注时可以将标注文字放置在用户指定的位置。

● 在尺寸界线之间绘制尺寸线：该选项表示始终在测量点之间绘制尺寸线，同时，AutoCAD将箭头放在测量点处。

5. "主单位"选项卡

在"新建标注样式"对话框中使用"主单位"选项卡，可以设置主单位的格式与精度等属性，如图12-8所示。

该选项卡中各选项的含义介绍如下：

（1）"线性标注"选项组。

● 单位格式：用于设置除角度标注之外的各标注类型的尺寸单位，包括"科学""小数""工程""建筑""分数"和"Windows桌面"等选项。

- **精度：** 用于设置标注文字中的小数位数。

- **分数格式：** 用于设置分数的格式，包括"水平""对角"和"非堆叠"三种方式。在"单位格式"下拉列表框中选择"小数"时，此选项不可用。

- **小数分隔符：** 用于设置小数的分隔符，包括"逗点""句点"和"空格"三种方式。

- **舍入：** 用于设置除角度标注以外的尺寸测量值的舍入值，类似于数学中的四舍五入。

- **前缀、后缀：** 用于设置标注文字的前缀和后缀。用户在相应的文本框中输入文本符即可。

- **比例因子：** 用于设置测量尺寸的缩放比例。AutoCAD的实际标注值为测量值与该比例的积。若"仅应用到布局标注"复选框，可以设置该比例关系是否仅适应于布局。

图12-8 "主单位"选项卡

- **"消零"选项组：** 用于设置是否显示尺寸标注中的前导零和后续零。

（2）"角度标注"选项组。

- **单位格式：** 用于设置标注角度的单位。

- **精度：** 用于设置标注角度的尺寸精度。

- **"消零"选项组：** 用于设置是否消除角度尺寸的前导零和后续零。

6. "换算单位"选项卡

在"新建标注样式"对话框中使用"换算单位"选项卡，可以设置换算单位的格式，勾选"显示换算单位"复选框后将激活"换算单位"选项组，如图12-9所示。

该选项卡中各选项的说明如下：

- **显示换算单位：** 勾选该选项时，其他选项才可用。在"换算单位"选项组中设置各选项的方法与设置主单位的方法相同。

- **"位置"选项组：** 用于设置换算单位的位置，其中包括"主值后"和"主值下"两种方式。

7. "公差"选项卡

在"新建标注样式"对话框的"公差"选项卡中，用户可以设置是否标注公差、公差格式及输入上偏差值和下偏差值，如图12-10所示。

该选项卡中各选项的说明如下：

- **方式：** 用于确定以何种方式标注公差。

- **精度：** 用于设置小数位数。

- **上偏差、下偏差：** 用于设置尺寸的上偏差和下偏差。

- **高度比例：** 用于确定公差文字的高度比例因子。

- **垂直位置：** 用于控制公差文字相对于尺寸文字的位置，包括"上""中"和"下"三种方式。

- **"消零"选项组：** 用于控制前导零或后续零是否输出。

- **"换算单位公差"选项组：** 当标注换算单位时，可以设置换算单位的精度和是否消零。

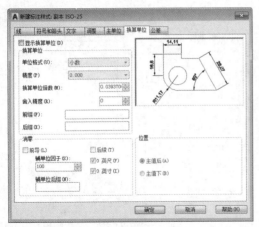

图12-9 "换算单位"选项卡

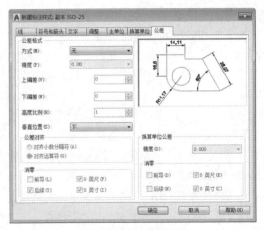

图12-10 "公差"选项卡

　　在"标注样式管理器"对话框中，除了可以对标注样式进行编辑修改外，也可以进行重命名、删除和置为当前等管理操作。用户只需右击选中需要管理的标注样式，在快捷列表中选择相应的选项即可。

12.2.3　删除标注样式

　　当不需要某个标注样式后，可以将其删除。用户可以通过以下方式删除标注样式：

　　（1）在"标注样式管理器"对话框的样式列表中选择标注样式，在对话框的右侧单击"删除"按钮。

　　（2）在"标注样式管理器"对话框的样式列表中右击标注样式，在弹出的快捷菜单中选择"删除"选项，如图12-11所示。

　　需要注意的是，当前和当前图形中正在使用的标注样式不可删除，而且系统会弹出"无法删除"的提示，如图12-12所示。

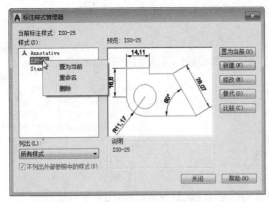

图12-11 右键的快捷菜单

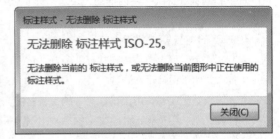

图12-12 "无法删除"的提示

动手练 **新建"立面"标注样式**

下面介绍标注样式的创建与参数设置，操作步骤介绍如下：

Step 01 执行"格式>标注样式"命令，打开"标注样式管理器"对话框，如图12-13所示。

Step 02 单击"新建"按钮，打开"创建新标注样式"对话框，从中输入新的样式名"立面"，如图12-14所示。

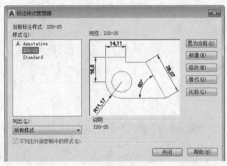

图12-13 "标注样式管理器"对话框

图12-14 输入新样式名

Step 03 单击"继续"按钮，打开"新建标注样式"对话框，在"主单位"选项卡的"线性标注"选项组中设置精度为0，如图12-15所示。

Step 04 在"调整"选项卡中选择"文字始终保持在尺寸界线之间"选项，如图12-16所示。

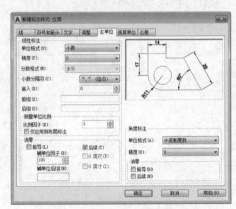

图12-15 设置精度

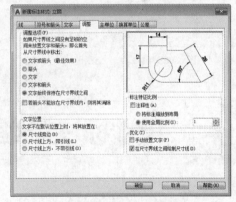

图12-16 "调整"选项卡

Step 05 在"文字"选项卡中设置文字高度为40，文字位置从尺寸线偏移5，如图12-17所示。

Step 06 在"符号和箭头"选项卡中设置箭头类型为"建筑标记"，设置引线箭头类型为"实心方框"，箭头大小为20，如图12-18所示。

Step 07 在"线"选项卡的"尺寸界线"选项组中设置超出尺寸线20、起点偏移量20，勾选"固定长度的尺寸界线"复选框，设置长度为80，如图12-19所示。

Step 08 设置完毕后，单击"确定"按钮返回"标注样式管理器"对话框，再依次单击"置为当前"和"关闭"按钮，完成本次操作，如图12-20所示。

图12-17 设置文字

图12-18 设置符号和箭头

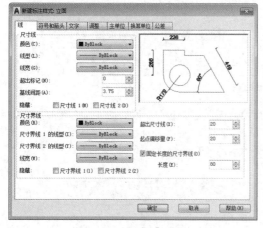

图12-19 设置"线"选项卡

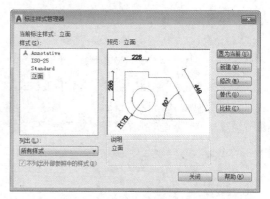

图12-20 置为当前

12.3 尺寸标注类型

在AutoCAD中，系统共提供了多种尺寸标注类型，它们可以在图形中标注任意两点间的距离、圆或圆弧的半径和直径、圆心位置、圆弧或相交直线的角度等。用户在了解了尺寸标注的组成与规则、标注样式的创建和方法后，接下来就可以使用标注工具标注图形了。

12.3.1 快速标注

快速标注是通过选择图形对象本身来执行一系列的尺寸标注，当标注多个圆、圆弧的半径或直径时，系统将自动查找所选对象的端点或圆心，根据端点或圆心的位置快速地标注其尺寸。

用户可以通过以下方式调用"快速标注"命令：

（1）从菜单栏执行"标注>快速标注"命令。

（2）在"注释"选项卡的"标注"面板中单击"快速标注"按钮🖾。

（3）在命令行中输入QDIM命令，然后按回车键。

命令行的提示如下：

```
命令：_QDIM
关联标注优先级 = 端点
选择要标注的几何图形：
指定对角点：找到 4 个，总计 7 个
选择要标注的几何图形：
指定尺寸线的位置或 [连续（C）/并列（S）/基线（B）/坐标（O）/半径（R）/直径（D）/基准点（P）/编辑（E）/设置（T）] <连续>：
```

命令行中各选项的含义介绍如下：

- **连续**：创建一系列连续标注，其中，线性标注线端对端地沿同一条直线排列。
- **并列**：创建一系列并列标注，其中，线性尺寸线以恒定的增量相互偏移。
- **基线**：创建一系列基线标注，其中，线性标注共享一条公用尺寸界线。
- **半径**：创建一系列半径标注，其中，将显示选定圆弧和圆的半径值。
- **直径**：创建一系列直径标注，其中，将显示选定圆弧和圆的直径值。
- **基准点**：为基线和坐标标注设置新的基准点。
- **编辑**：在生成标注之前，删除出于各种考虑而选定的点的位置。

12.3.2 线性标注

线性标注用于标注水平或垂直方向上的尺寸。在进行标注操作时，用户可以通过指定两点来确定尺寸界线，也可以直接选择需要标注的对象，一旦确定所选对象，系统会自动进行标注操作。

用户可以通过以下方式调用"线性标注"命令：

（1）从菜单栏执行"标注>线性"命令。

（2）在"默认"选项卡的"注释"面板中单击"线性"按钮🖾。

（3）在"注释"选项卡的"标注"面板中单击"线性"按钮🖾。

（4）在命令行中输入DIMLINEAR命令，然后按回车键。

命令行的提示如下：

```
命令：_DIMLINEAR
指定第一个尺寸界线原点或 <选择对象>：
指定第二个尺寸界线原点：
指定尺寸线的位置或[多行文字（M）/文字（T）/角度（A）/水平（H）/垂直（V）/旋转（R）]：
标注文字 = 380
```

命令行中各选项的含义如下：

- **多行文字**：可以通过使用"多行文字"命令来编辑标注的文字内容。
- **文字**：可以以单行文字的形式输入标注文字。
- **角度**：用于设置标注文字方向与标注端点连线之间的夹角，默认为0。
- **水平、垂直**：用于标注水平尺寸和垂直尺寸。选择这两个选项时，用户可以直接确定尺寸线的位置，也可以选择其他选项来指定标注的标注文字内容或标注文字的旋转角度。

● 旋转：用于放置旋转标注对象的尺寸线。

知识点拨

　　在进行线性标注时，特别是对于精确度比较高的情况，在选择标注对象的点时，可以在"草图设置"对话框中选择一种精确的约束方式来约束点，然后在绘图窗口中选择点来限制对象的选择。用户也可以滚动鼠标中键来调整图形的大小，以便于选择对象的捕捉点。

动手练 **为图形创建线性标注**

扫码观看视频

　　下面介绍线性标注的应用，操作步骤介绍如下：

Step 01 打开素材图形，如图12-21所示。

Step 02 执行"标注>线性"命令，根据提示指定第一条尺寸界线的原点，如图12-22所示。

Step 03 单击后移动光标，再指定第二条尺寸界线的原点，如图12-23所示。

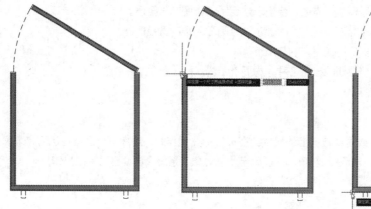
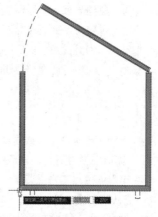

图12-21 素材图形　　　　图12-22 指定第一条尺寸界线的原点　　图12-23 指定第二条尺寸界线的原点

Step 04 确定尺寸界线位置后，移动光标，根据提示指定尺寸线位置，如图12-24所示。

Step 05 单击鼠标即可完成线性标注的创建，如图12-25所示。

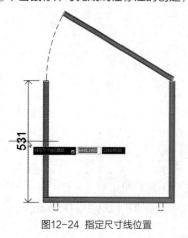
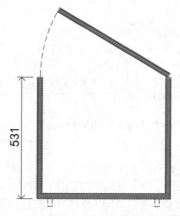

图12-24 指定尺寸线位置　　　　　　　　　图12-25 完成线性标注的创建

12.3.3　对齐标注

对齐标注又称为平行标注，是指尺寸线始终与标注对象保持平行，若是圆弧，则平行尺寸标注的尺寸线与圆弧两个端点对应的弦保持平行。对齐标注可以创建与标注的对象平行的尺寸，也可以创建与指定位置平行的尺寸。

用户可以通过以下方法调用"对齐标注"命令：

（1）从菜单栏执行"标注>对齐"命令。

（2）在"默认"选项卡的"注释"面板中单击"对齐"按钮╲。

（3）在"注释"选项卡的"标注"面板中单击"对齐"按钮╲。

（4）在命令行中输入DIMALIGNED命令，并按回车键。

命令行的提示如下：

```
命令：_DIMALIGNED
指定第一个尺寸界线原点或 <选择对象>：
指定第二个尺寸界线原点：
指定尺寸线的位置或
[多行文字（M）/文字（T）/角度（A）]：
标注文字 = 35
```

知识点拨

线性标注和对齐标注都可以用于标注图形的长度，其标注方式也类似。前者主要用于标注水平和垂直方向的直线长度；而后者主要用于标注倾斜方向上的直线的长度，如图12-26所示。

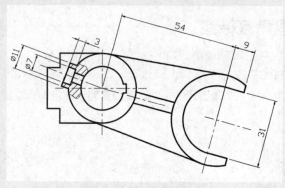

图12-26　对齐标注

12.3.4　角度标注

角度标注有四种对象可以选择：圆弧、圆、直线和点。

用户可以通过以下方式调用"角度标注"命令：

（1）从菜单栏执行"标注>角度"命令。

（2）在"默认"选项卡的"注释"面板中单击"角度"按钮△。

（3）在"注释"选项卡的"标注"面板中单击"角度"按钮△。

（4）在命令行中输入DIMANGULAR命令，然后按回车键。

命令行的提示如下：

```
命令：_DIMANGULAR
选择圆弧、圆、直线或 <指定顶点>：
选择第二条直线：
指定标注弧线位置或 [多行文字（M）/文字（T）/角度（A）/象限点（Q）]：
标注文字 = 142
```

命令行中各选项的含义介绍如下：

● **选择圆弧**：使用选定圆弧上的点作为三点角度标注的定义点。圆弧的圆心是角度的顶点。圆弧端点成为尺寸界线的原点。

● **选择圆**：系统自动把该拾取点作为角度标注的第二条尺寸界线的起始点。

● **选择直线**：使用两条直线定义角度。程序通过将每条直线作为角度的矢量，将直线的交点作为角度顶点来确定角度。尺寸线跨越这两条直线之间的角度。如果尺寸线与被标注的直线不相交，将根据需要添加尺寸界线，以延长一条或两条直线。圆弧总是小于180°。

● **指定三点**：创建基于指定三点的标注。角度顶点可以同时为一个角度端点。如果需要尺寸界线，那么角度端点可用作尺寸界线的原点。

知识点拨

　　在进行角度标注时，选择尺寸标注的位置很关键，当尺寸标注放置在当前测量角度之外，此时所测量的角度则是当前角度的补角。

动手练 为图形创建角度标注

扫码观看视频

下面为图形创建角度标注，操作步骤介绍如下：

Step 01 打开素材图形，如图12-27所示。

Step 02 执行"标注>角度"命令，根据提示选择要测量角度的一条边线，如图12-28所示。

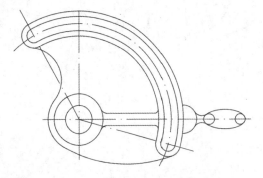

图12-27 素材图形

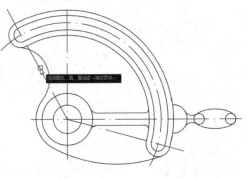

图12-28 选择要测量角度的边

Step 03 移动光标，选择第二条边线，如图12-29所示。

Step 04 移动光标，根据提示指定标注弧线的位置，如图12-30所示。

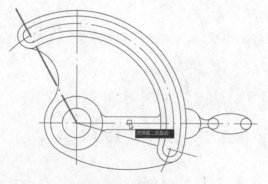

图12-29　选择第二条边

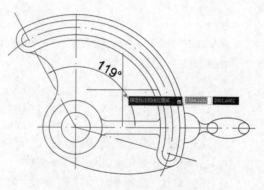

图12-30　指定标注弧线的位置

Step 05 单击确定标注位置，如图12-31所示。

Step 06 照此方式标注另一处角度，如图12-32所示。

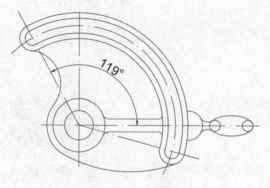

图12-31　角度标注

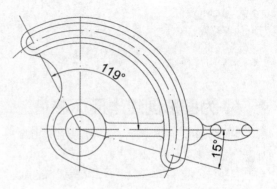

图12-32　另一个角度标注

12.3.5　弧长标注

弧长标注是标注指定圆弧或多段线的距离，它可以标注圆弧和半圆的尺寸。

用户可以通过以下方式调用"弧长标注"命令：

（1）从菜单栏执行"标注>弧长"命令。

（2）在"默认"选项卡的"注释"面板中单击"弧长"按钮。

（3）在"注释"选项卡的"标注"面板中单击"弧长"按钮。

（4）在命令行中输入DIMARC命令，然后按回车键。

命令行的提示如下：

```
命令：_DIMARC
选择弧线段或多段线圆弧段：
指定弧长标注位置或 [多行文字（M）/文字（T）/角度（A）/部分（P）/引线（L）]：
标注文字 = 732
```

知识点拨

　　对圆弧进行标注时，半径或直径标注不需要直接沿圆弧进行设置。如果标注位于圆弧末尾之后，则将沿进行标注的圆弧的路径绘制延伸线。

12.3.6　半径标注

　　半径标注主要是标注圆或圆弧的半径尺寸。用户可以通过以下方式调用"半径标注"命令：

　　（1）从菜单栏执行"标注>半径"命令。

　　（2）在"默认"选项卡的"注释"面板中单击"半径"按钮⌒。

　　（3）在"注释"选项卡的"标注"面板中单击"半径"按钮⌒。

　　（4）在命令行中输入DIMRADIUS命令，然后按回车键。

　　命令行的提示如下：

命令：_DIMRADIUS
选择圆弧或圆：
标注文字 = 15
指定尺寸线位置或 [多行文字（M）/文字（T）/角度（A）]：

动手练　**为图形创建半径标注**

扫码观看视频

　　下面为图形创建半径标注，操作步骤介绍如下：

Step 01　打开素材图形，如图12-33所示。

Step 02　执行"标注>半径"命令，根据提示选择圆弧，如图12-34所示。

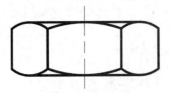
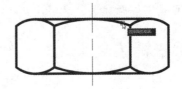

图12-33　素材图形　　　　　　　　　　　　图12-34　选择圆弧

Step 03　移动光标，根据提示指定尺寸线的位置，如图12-35所示。

Step 04　单击鼠标即可完成半径标注的创建，如图12-36所示。

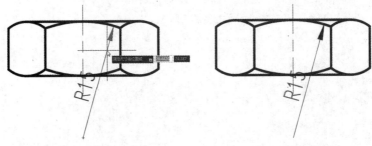

图12-35　指定尺寸线位置　　　　　　　　　图12-36　半径标注

Step 05 选择半径标注，将鼠标移动到标注文字上的夹点，单击并移动鼠标调整文字和尺寸线的位置，如图12-37所示。

Step 06 单击并按Esc键完成操作，如图12-38所示。

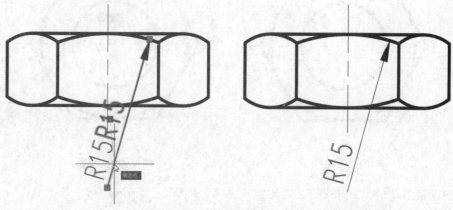

图12-37 选择夹点并移动   图12-38 调整标注文字

12.3.7 直径标注

直径标注主要用于标注圆或圆弧的直径尺寸。用户可以通过以下方式调用"直径标注"命令：

（1）从菜单栏执行"标注>直径"命令。

（2）在"默认"选项卡的"注释"面板中单击"直径"按钮◎。

（3）在"注释"选项卡的"标注"面板中单击"直径"按钮◎。

（4）在命令行中输入DIMDIAMETER命令，然后按回车键。

知识点拨

　　当在AutoCAD中标注圆或圆弧的半径或直径时，系统将自动在测量值前面添加R或φ符号来表示半径和直径。但通常中文实体不支持φ符号，所以在标注直径尺寸时，最好选用一种英文字体的文字样式，以便使直径符号得以正确显示。

命令行的提示如下：

```
命令：_DIMDIAMETER
选择圆弧或圆：
标注文字 = 8
指定尺寸线位置或 [多行文字（M）/文字（T）/角度（A）]：
```

动手练 为图形创建直径标注

下面为图形创建直径标注，操作步骤介绍如下：

Step 01 打开素材图形，如图12-39所示。

Step 02 执行"标注>直径"命令，根据提示选择要标注的圆，如图12-40所示。

扫码观看视频

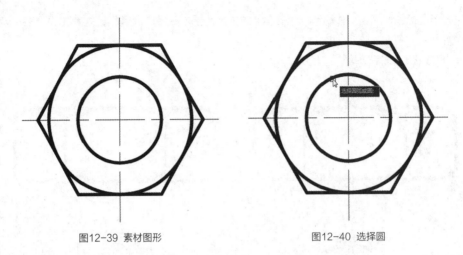

图12-39 素材图形 　　　　　　　　　　　图12-40 选择圆

Step 03 选择圆后移动光标，根据提示指定尺寸线的位置，如图12-41所示。

Step 04 单击鼠标即可完成直径标注的创建，如图12-42所示。

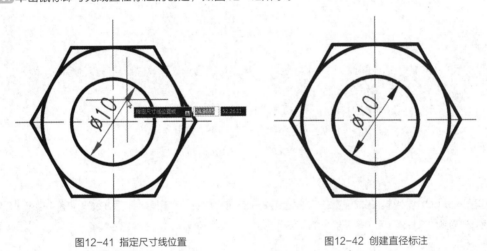

图12-41 指定尺寸线位置 　　　　　　　　图12-42 创建直径标注

12.3.8　圆心标记

圆心标记主要是用于标注圆弧或圆的圆心，该命令使用户能够把十字标志放置在圆弧或圆的圆心位置。

用户可以通过以下方式调用"圆心标记"命令：

（1）从菜单栏执行"标注>圆心标记"命令。

（2）在"注释"选项卡的"中心线"面板中单击"圆心标记"按钮⊕。

（3）在"标注"工具栏中单击"圆心标记"按钮⊙。

（4）在命令行中输入DIMCENTER命令，然后按回车键。

AutoCAD 2020中的圆心标记分为两种，一种是老版本的圆心标记，另一种则是新增加的智能圆心标记。执行"标注>圆心标记"命令，根据提示选择圆或圆弧即可，如图12-43所示为老版本中添加的圆心标记效果。图12-44为利用"中心线"面板中的"圆心标记"按钮创建出的智能圆心标记效果。

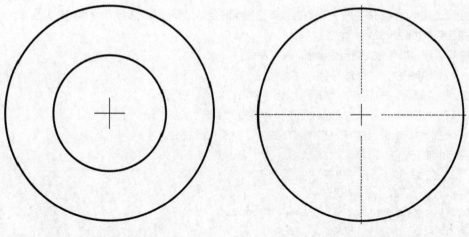

图12-43 老版本的圆心标记　　　　　　　　　　图12-44 智能圆心标记

知识点拨

　　在使用老版本的"圆心标记"命令时，十字标记的尺寸可以在"修改标注样式"对话框中进行更改，用户可以设置圆心标记为"无""标记"或"直线"，还可以设置圆心标记的线段长度和直线长度。

12.3.9　中心线

　　智能"中心线"命令主要用于创建与选定直线和多段线关联的指定线型的中心线几何图形。使用该命令可以快速创建平行线的中心线或相交直线的角平分线，如图12-45和图12-46所示。

　　用户可以通过以下方法执行"中心线"命令：

　　（1）在"注释"选项卡的"中心线"面板中单击"中心线"按钮。

　　（2）在命令行中输入CENTERLINE命令，然后按回车键。

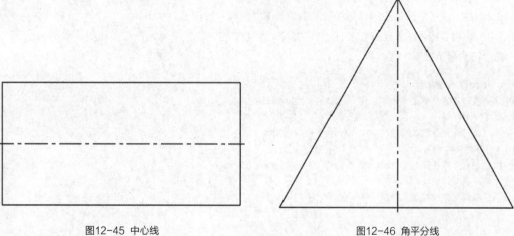

图12-45 中心线　　　　　　　　　　图12-46 角平分线

12.3.10　坐标标注

在绘图过程中，绘制的图形并不能直接观察出点的坐标，那么就需要使用坐标标注，坐标标注主要是标注指定点的X坐标或Y坐标。

用户可以通过以下方式调用"坐标标注"命令：

（1）从菜单栏执行"格式>坐标"命令。

（2）在"默认"选项卡的"注释"面板中单击"坐标"按钮 。

（3）在"注释"选项卡的"标注"面板中单击"坐标"按钮 。

（4）在命令行中输入DIMORDINATE命令，然后按回车键。

命令行的提示如下：

```
命令：_DIMORDINATE
指定点坐标：
指定引线端点或 [X基准（X）/Y基准（Y）/多行文字（M）/文字（T）/角度（A）]：
标注文字 = 2123
```

命令行中主要选项的含义介绍如下：

● 指定引线端点：使用点坐标和引线端点的坐标差可以确定其是X坐标标注还是Y坐标标注。如果Y坐标的坐标差较大，标注就测量X坐标；否则就测量Y坐标。

● X 基准：测量X坐标并确定引线和标注文字的方向。

● Y 基准：测量Y坐标并确定引线和标注文字的方向。

12.3.11　连续标注

连续标注是指连续进行线性标注、角度标注和坐标标注。在使用连续标记之前，首先要进行线性标注、角度标注或坐标标注，创建其中一种标注之后再进行连续标注，它会根据之前创建的标注的尺寸界线作为下一个标注的原点进行连续标记。

用户可以通过以下方式调用"连续标注"命令：

（1）从菜单栏执行"标注>连续"命令。

（2）在"注释"选项卡的"标注"面板中单击"连续"按钮 。

（3）在命令行中输入DIMCONTINUE命令，然后按回车键。

命令行的提示如下：

```
命令：_DIMCONTINUE
指定第二条尺寸界线原点或 [放弃（U）/选择（S）] <选择>：
标注文字 = 100
指定第二条尺寸界线原点或 [放弃（U）/选择（S）] <选择>：
标注文字 = 150
指定第二条尺寸界线原点或 [放弃（U）/选择（S）] <选择>：
标注文字 = 60
指定第二条尺寸界线原点或 [放弃（U）/选择（S）] <选择>：
```

动手练 为图形创建连续标注

下面为图形创建连续标注，操作步骤介绍如下：

Step 01 打开素材图形，如图12-47所示。

Step 02 执行"标注>线性"命令，捕捉底部端点创建第一个线性标注，如图12-48所示。

扫码观看视频

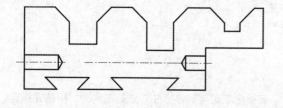

图12-47 素材图形

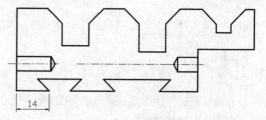

图12-48 创建线性标注

Step 03 执行"标注>连续"命令，根据提示捕捉下一个尺寸界线原点，如图12-49所示。

Step 04 继续捕捉其他尺寸界线的原点，按两次回车键，即可完成连续标注，如图12-50所示。

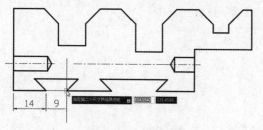

图12-49 指定下一个尺寸界线原点

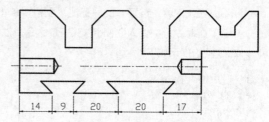

图12-50 完成连续标注

12.3.12　基线标注

基线标注又称为平行尺寸标注，用于多个尺寸标注使用同一条尺寸线作为尺寸界线的情况。基线标注创建一系列由相同标注原点测量出来的标注，在标注时，AutoCAD将自动在最初的尺寸线或圆弧尺寸线的上方绘制尺寸线或圆弧尺寸线。

用户可以通过以下方式调用"基线标注"命令：

（1）从菜单栏执行"标注>基线"命令。

（2）在"注释"选项卡的"标注"面板中单击"基线标注"按钮。

（3）在命令行中输入DIMBASELINE命令，然后按回车键。

执行以上任意操作，即可在最初的线性标注或圆弧标注的外侧继续创建尺寸线或圆弧尺寸线，如图12-51所示。

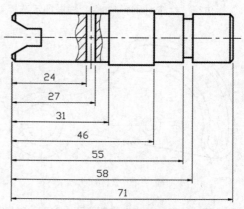

图12-51 基线标注

命令行的提示如下：

```
命令：_DIMBASELINE
指定第二条尺寸界线原点或 [放弃（U）/选择（S）]＜选择＞：
标注文字 = 300
指定第二条尺寸界线原点或 [放弃（U）/选择（S）]＜选择＞：
标注文字 = 350
指定第二条尺寸界线原点或 [放弃（U）/选择（S）]＜选择＞：
```

12.3.13 折弯标注

折弯标注主要用于测量圆形或圆弧的半径尺寸，该标注方式与半径标注方法基本相同，但需要指定一个位置代替圆或圆弧的圆心。

用户可以通过以下方式调用"折弯标注"命令：

（1）从菜单栏执行"标注>折弯"命令。

（2）在"默认"选项卡的"注释"面板中单击"折弯"按钮。

（3）在"注释"选项卡的"标注"面板中单击"折弯"按钮。

（4）在命令行中输入DIMJOGGED命令，然后按回车键。

命令行的提示如下：

```
命令：_DIMJOGGED
选择圆弧或圆：
指定图示中心位置：
标注文字 = 6338
指定尺寸线位置或 [多行文字（M）/文字（T）/角度（A）]：
指定折弯位置：
```

动手练 为图形创建折弯标注

下面为图形创建折弯标注，操作步骤介绍如下：

Step 01 打开素材图形，如图12-52所示。

Step 02 执行"标注>折弯"命令，根据提示选择要标注的圆弧，如图12-53所示。

扫码观看视频

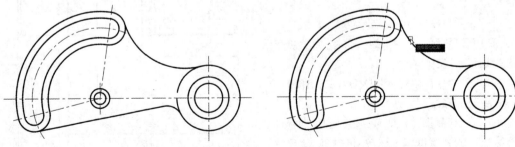

图12-52 素材图形　　　　　　　　　　图12-53 选择圆弧

Step 03 移动光标，单击指定新的圆心位置，如图12-54所示。

Step 04 再移动光标，指定尺寸线和标注文字的位置，如图12-55所示。

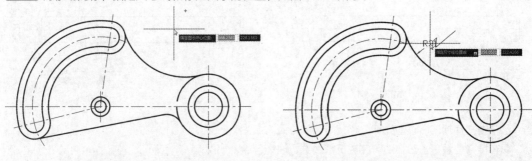

图12-54 指定新的圆心   图12-55 指定尺寸线和文字位置

Step 05 继续移动光标，指定折弯位置，如图12-56所示。

Step 06 在折弯位置单击鼠标即可完成折弯标注的创建，如图12-57所示。

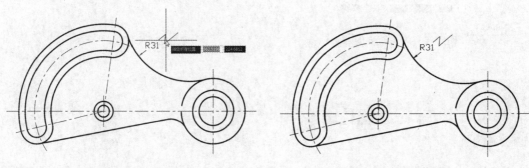

图12-56 指定折弯位置   图12-57 完成折弯标注

12.3.14 折弯线性标注

折弯线性标注由一对平行线及一根与平行线呈40°的直线构成，可以为线性标注添加或删除折弯线，用于表示不显示实际测量值的标注值。一般情况下，折弯线性标注显示的值大于标注的实际测量值。

用户可以通过以下方式调用"折弯线性"标注命令：

（1）从菜单栏执行"标注>折弯线性"命令。

（2）在"注释"选项卡的"标注"面板中单击"折弯线性"按钮 ⁀⋁。

（3）在命令行中输入DIMJOGLINE命令，然后按回车键。

命令行的提示如下：

```
命令：_DIMJOGLINE
选择要添加折弯的标注或 [删除（R）]：
指定折弯位置（或按Enter键）：
```

动手练 **为图形创建折弯线性标注**

下面为图形创建折弯线性标注，操作步骤介绍如下：

Step 01 打开素材图形，如图12-58所示。

扫码观看视频

Step 02 执行"标注>折弯线性"命令，根据提示选择要添加折弯的标注，如图12-59所示。

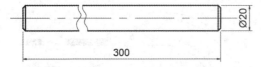

图12-58 素材图形

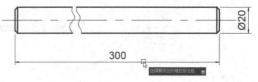

图12-59 选择要添加折弯的标注

Step 03 单击选择标注后移动光标，指定折弯的位置，如图12-60所示。

Step 04 在折弯位置单击鼠标即可完成折弯线性标注的创建，如图12-61所示。

图12-60 指定折弯位置

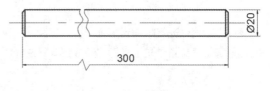

图12-61 折弯线性标注

12.4　引线标注

在使用AutoCAD制图时，引线标注用于注释对象信息。它是从指定的位置绘制出一条引线来对图形进行标注，常用于对图形中某些特定的对象进行注释说明。在创建引线标注的过程中，可以控制引线的形式、箭头的外观形式、尺寸文字的对齐方式。

12.4.1　多重引线样式

在绘图过程中，只有数值标注是仅仅不够的，在进行立面绘制时，为了清晰地标注出图形的材料和尺寸，用户可以利用引线标注进行实现。

在创建引线前需要设置引线的形式、箭头的外观显示和尺寸文字的对齐方式等。在"多重引线样式管理器"对话框中可以设置引线样式，如图12-62所示。

用户可以通过以下方式打开"多重引线样式管理器"对话框：

（1）从菜单栏执行"格式>多重引线样式"命令。

（2）在"注释"选项卡的"引线"面板中单击右下角的箭头 ⧄。

（3）在命令行中输入MLEADERSTYLE命令，然后按回车键。

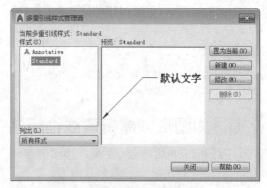

图12-62 "多重引线样式管理器"对话框

"多重引线样式管理器"对话框中各选项的具体含义介绍如下：

- 样式：显示已有的引线样式。
- 列出：设置样式列表框内显示所有引线样式还是正在使用的引线样式。
- 置为当前：选择样式名，单击"置为当前"按钮，即可将引线样式置为当前。
- 新建：新建引线样式。单击该按钮，即可弹出"创建新多重引线"对话框，输入样式名，单击"继续"按钮，即可设置多重引线样式。
- 删除：选择样式名，单击"删除"按钮，即可删除该引线样式。
- 关闭：单击该按钮，即可关闭"多重引线样式管理器"对话框。

12.4.2　创建多重引线

在绘图过程中，想要同时引出几个相同部分的引线时，可以采用多重引线进行标注。设置好多重引线样式后就可以创建引线标注了，用户可以通过以下方式调用"多重引线"命令：

（1）从菜单栏执行"标注>多重引线"命令。
（2）在"注释"选项卡的"引线"面板中单击"多重引线"按钮 。
（3）在命令行中输入MLEADER命令，并按回车键。

12.4.3　添加或删除多重引线

如果创建的引线还未达到要求，用户需要进行编辑操作，用户可以在"多重引线"选项板中编辑多重引线，还可以利用菜单命令或"注释"选项卡的"引线"面板中的按钮进行编辑操作。

用户可以通过以下方式调用编辑多重引线的命令：

（1）执行"修改>对象>多重引线"命令的子菜单命令。
（2）在"注释"选项卡的"引线"面板中单击相应的按钮。

编辑多重引线的命令包括添加引线、删除引线、对齐和合并四个选项，下面具体介绍各选项的含义：

- 添加引线：在一条引线的基础上添加另一条引线，而且标注是同一个。
- 删除引线：将选定的引线删除。
- 对齐：将选定的引线对象对齐并按一定的间距排列。
- 合并：将包含块的选定多重引线组织到行或列中，并使用单引线显示结果。

命令行的提示如下：

```
命令：
选择多重引线：
找到 1 个
指定引线箭头位置或 [删除引线（R）]：
```

若想删除多余的引线标注，用户可以在"注释"选项卡的"引线"面板中单击"删除引线"按钮，根据命令行提示选择需要删除的引线，按回车键即可。

命令行的提示如下：

命令：

选择多重引线：

找到 1 个

指定要删除的引线或 [添加引线（A）]：

动手练 创建多重引线

扫码观看视频

下面为机械图形创建多重引线标注，操作步骤介绍如下：

Step 01 打开素材图形，如图12-63所示。

Step 02 执行"格式>多重引线样式"命令，打开"多重引线样式管理器"对话框，如图12-64所示。

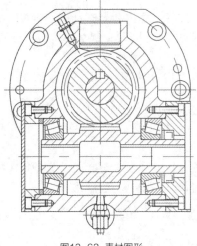

图12-63 素材图形

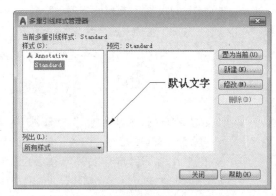

图12-64 "多重引线样式管理器"对话框

Step 03 单击"修改"按钮，打开"修改多重引线样式"对话框，在"引线格式"选项卡中设置引线箭头类型为"无"，如图12-65所示。

Step 04 在"引线结构"选项卡中设置基线距离为12，如图12-66所示。

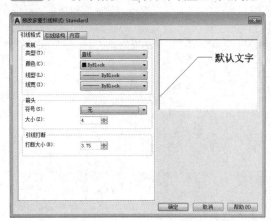

图12-65 设置引线格式

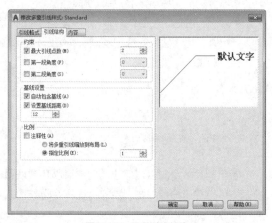

图12-66 设置引线结构

Step 05 在"内容"选项卡中设置文字高度为12，如图12-67所示。

Step 06 设置完毕后，依次单击"确定"和"关闭"按钮关闭对话框，执行"标注>多重引线"命令，根据提示指定多重引线箭头的位置，如图12-68所示。

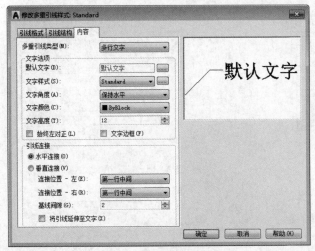

图12-67 设置文字高度

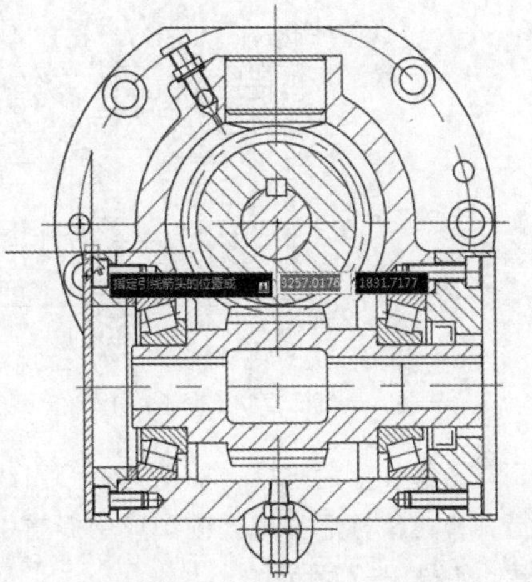

图12-68 指定引线箭头的位置

Step 07 再移动光标，指定引线基线的位置，如图12-69所示。

Step 08 单击鼠标后会出现文本输入框，输入文字内容，然后在绘图区的空白处单击即可完成创建，如图12-70所示。

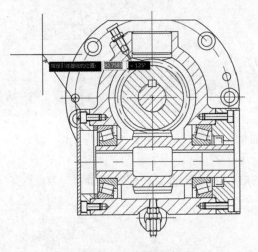

图12-69 指定引线基线的位置

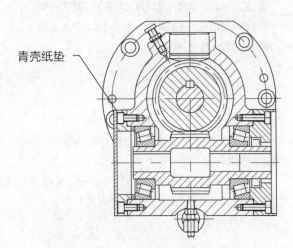

青壳纸垫

图12-70 创建多重引线

Step 09 执行"修改>对象>多重引线>添加引线"命令，根据提示选择多重引线，如图12-71所示。

Step 10 移动光标，指定第二个引线箭头的位置，如图12-72所示。

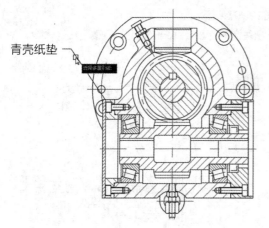

青壳纸垫

图12-71 选择多重引线

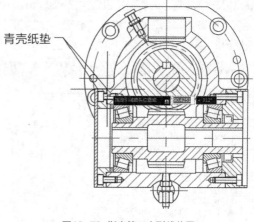

青壳纸垫

图12-72 指定第二个引线位置

Step 11 继续移动光标，指定第三个引线箭头位置，单击鼠标后完成当前图形中多重引线的创建，如图12-73所示。

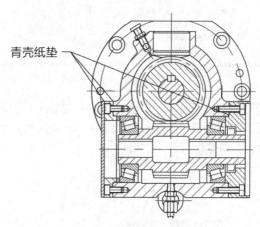

青壳纸垫

图12-73 完成操作

知识点拨

如果将多重引线样式设置为注释性，则无论文字样式或其他标注样式是否设为注释性，其关联的文字或其他注释都将为注释性。

12.4.4 对齐引线

有时创建好的引线长短不一，使得画面不太美观。此时，用户可以使用"对齐引线"功能，将这些引线注释进行对齐操作。

执行"注释>引线>对齐引线"命令，根据命令行的提示选中所有需要对齐的引线标注，其后选择需要对齐到的引线标注，并指定好对齐方向。

命令行的提示如下：

```
命令：_MLEADERALIGN
选择多重引线：
指定对角点：找到 5 个
选择多重引线：
当前模式：使用当前间距
选择要对齐到的多重引线或 [选项（O）]：
指定方向：
```

12.4.5 快速引线

AutoCAD的快速引线主要用于创建一端带有箭头、一端带有文字注释的引线尺寸，其中，引线可以是直线段，也可以是平滑的样条曲线。用户可以在命令行中输入QLEADER命令，然后按回车键，即可激活"快速引线"命令。

命令行的提示如下：

```
命令：_QLEADER
指定第一个引线点或 [设置（S）] <设置>：
指定下一点：
指定下一点：
指定文字宽度 <0>：
输入注释文字的第一行 <多行文字（M）>：
```

选择命令行中的"设置"选项后，可以打开"引线设置"对话框，在该对话框中可以修改和设置引线点数、注释类型及注释文字的附着位置等。各选项卡的说明介绍如下：

● "注释"选项卡：主要用于设置引线文字的注释类型及其相关的一些选项功能，如图12-74所示。

● "引线和箭头"选项卡：主要用于设置引线的类型、点数、箭头及引线段的角度约束等参数，如图12-75所示。

图12-74 "注释"选项卡

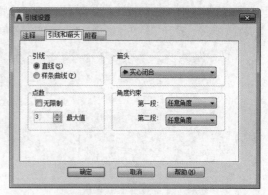

图12-75 "引线和箭头"选项卡

● "附着"选项卡：主要用于设置引线和多行文字之间的附着位置，只有在"注释"选项卡中选中"多行文字"单选按钮时，该选项卡才可以使用，如图12-76所示。

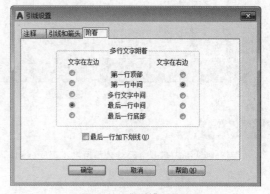

图12-76 "附着"选项卡

12.5　公差标注

AutoCAD是工程界广泛使用的绘图工具，绘制机械图样时，不可避免要标注尺寸公差，掌握在满足国标要求下快速而准确地标注公差的方法，可以大大地提高绘图效率。

12.5.1　尺寸公差

尺寸公差标注是采用"标注替代"的方法，在"标注样式管理器"对话框中单击"替代"按钮，在打开的"替代当前样式"对话框的"公差"选项卡中设置尺寸公差，即可为图形进行尺寸公差标注。由于替代样式只能使用一次，因此不会影响其他的尺寸标注。

1. 利用替代样式

在"替代当前样式"对话框的"公差"选项卡中设置公差方式为"极限偏差"，再设置相关参数，如图12-77所示。

2. 使用"特性"选项板

通过编辑尺寸标注的特性，也可以修改尺寸公差。选择尺寸标注，右击，在弹出的快捷菜单中单击"特性"命令，打开"特性"面板，在"公差"卷展栏中即可设置公差相关参数，如图12-78所示。

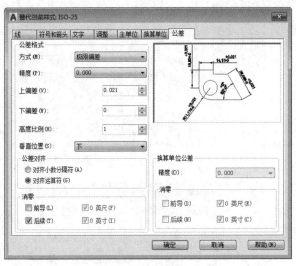

图12-77 设置公差　　　　　　　　图12-78 "特性"选项板

> **知识点拨**
>
> 若一幅图纸内有多个尺寸公差且各不相同，则需要创建多个尺寸标注样式，每个样式设置不同的尺寸公差。

12.5.2　形位公差

形位公差用于控制机械零件的实际尺寸（如位置、形状、方向和定位尺寸等）与零件理想尺寸之间的允许差值。形位公差的大小直接关系零件的使用性能，在机械图形中有非常重要的作用。

在"形位公差"对话框中，用户可以设置公差的符号和数值，如图12-79所示。

用户可以通过以下方式打开"形位公差"对话框：

（1）从菜单栏执行"标注>公差"命令。

（2）在"注释"选项卡的"标注"面板中单击"公差"按钮▦。

（3）在命令行中输入TOLERANCE命令，然后按回车键。

"形位公差"对话框中各选项的含义介绍如下：

● **符号：**单击"符号"下方的■符号，会弹出"特征符号"对话框，在其中可以设置特征符号，如图12-80所示。

● **公差1和公差2：**单击该列表框下方的■符号，将插入一个直径符号，单击后面的■符号，会弹出"附加符号"对话框，在其中可以设置附加符号，如图12-81所示。

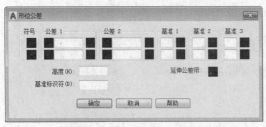

图12-79　"形位公差"对话框　　　　　图12-80　"特征符号"对话框　图12-81　"附加符号"对话框

● **基准1、基准2、基准3：**在该列表框中可以设置基准参照值。

● **高度：**设置投影特征控制框中的投影公差零值。投影公差带控制固定垂直部分延伸区的高度变化，并以位置公差控制公差精度。

● **基准标识符：**设置由参照字母组成的基准标识符。

● **延伸公差带：**单击该选项后的■符号，将插入延伸公差带符号。

下面介绍各种公差符号的含义，见表12-1。

表12-1　公差符号及其含义

符　号	含　义	符　号	含　义
⊕	定位	⟋⟍	平坦度
◎	同心或同轴	○	圆或圆度
≑	对称	——	直线度
//	平行	⌒	平面轮廓
⊥	垂直	⌒	直线轮廓
∠	角	⟋	圆跳动
⋈	柱面性	⤸	全跳动
⌀	直径	Ⓛ	最小包容条件（LMC）
Ⓜ	最大包容条件（MMC）	Ⓢ	不考虑特征尺寸（RFS）

动手练 为图形添加形位公差标注

下面为标注好的零件图添加形位公差标注，操作步骤介绍如下：

Step 01 打开素材图形，如图12-82所示。

Step 02 执行"标注>公差"命令，打开"形位公差"对话框，单击"符号"下方的图标框，如图12-83所示。

扫码观看视频

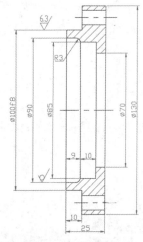

图12-82 素材图形

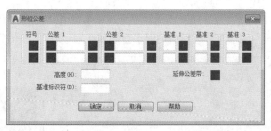

图12-83 "形位公差"对话框

Step 03 单击"符号"选项组的第一个图标框，打开"特征符号"对话框，从中选择"同心或同轴"符号，如图12-84所示。

Step 04 选择完成后，被选中的特征符号将显示在"符号"下方的图框中，如图12-85所示。

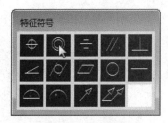

图12-84 选择符号

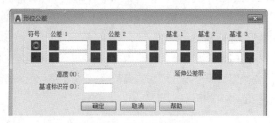

图12-85 显示符号

Step 05 单击"公差1"选项组下方的图标框，可以自动显示直径符号，如图12-86所示。

Step 06 在后方的文本框中输入公差值0.015，如图12-87所示。

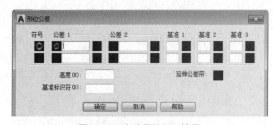

图12-86 自动显示下一符号

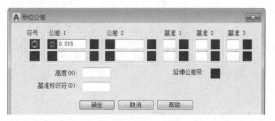

图12-87 输入公差值

Step 07 单击"确定"按钮，在绘图区中指定公差标注位置，完成本次操作，如图12-88和图12-89所示。

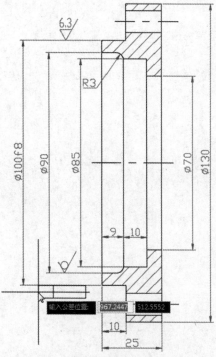

图12-88　指定公差插入点

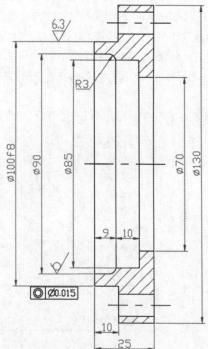

图12-89　完成公差标注

12.6　编辑尺寸标注

在AutoCAD中，如果创建的标注文本内容或位置没有达到要求，用户可以编辑标注文本的位置，还可以使用夹点编辑尺寸标注、使用"特性"面板编辑尺寸标注，并且可以更新尺寸标注等。

1. 编辑标注文本的内容

在标注图形时，如果标注的端点不处于平行状态，那么测量的距离会出现不准确的情况。

用户可以通过以下方式编辑标注文本内容：

（1）从菜单栏执行"修改>对象>文字>编辑"命令。

（2）在命令行中输入TEXTEDIT命令，然后按回车键。

（3）双击需要编辑的标注文字。

2. 调整标注角度

执行"标注>对齐文字>角度"命令，根据命令行的提示选中需要修改的标注文本，并输入文字角度即可。

3. 调整标注文本位置

除了可以编辑文本内容之外，还可以调整标注文本的位置。

用户可以通过以下方式调整标注文本的位置：

（1）从菜单栏执行"标注>对齐文字"命令的子菜单命令，其中包括"默认""角度""左""居中""右"五个选项，如图12-90所示。

（2）选择标注，将鼠标移动到文本位置的夹点上，在弹出的快捷菜单中可以进行相关操作，如图12-91所示。

（3）在命令行中输入DIMTEDIT命令，然后按回车键。

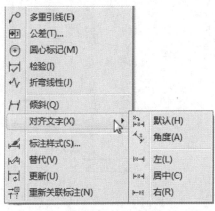

图12-90　子菜单命令

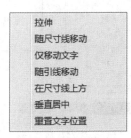

图12-91　快捷菜单命令

4. 更新尺寸标注

更新尺寸标注是指使用选定的标注样式更新标注对象。

用户可以通过以下方式调用"更新尺寸标注"命令：

（1）从菜单栏执行"标注>更新"命令。

（2）在"注释"选项卡的"标注"面板中单击"更新"按钮🖪。

（3）在命令行中输入DIMSTYLE命令，然后按回车键。

命令行的提示如下：

```
命令：_DIMSTYLE
当前标注样式：ISO-25　注释性：否
输入标注样式选项 [注释性（AN）/保存（S）/恢复（R）/状态（ST）/变量（V）/应用（A）/?] <恢复>：_apply
选择对象：找到 1 个
选择对象：找到 1 个，总计 2 个
选择对象：找到 1 个，总计 3 个
选择对象：找到 1 个，总计 4 个
选择对象：找到 1 个，总计 5 个
选择对象：
```

标注酒柜立面图

综合实例

Example

在学习了本章知识内容后，接下来通过具体案例练习来巩固所学的知识，以做到学以致用，为立面图添加尺寸标注及引线标注。下面具体介绍绘制方法：

扫码观看视频

Step 01 打开绘制好的素材图形，如图12-92所示。

Step 02 执行"格式>标注样式"命令，打开"标注样式管理器"对话框，如图12-93所示。

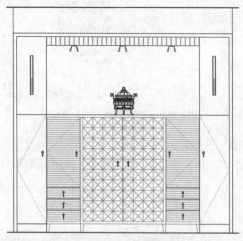

图12-92 素材图形

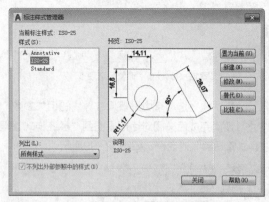

图12-93 "标注样式管理器"对话框

Step 03 单击"新建"按钮，在打开的"创建新标注样式"对话框中输入新样式名，如图12-94所示。

Step 04 单击"继续"按钮，打开"新建标注样式"对话框，在"主单位"选项卡中设置单位精度为0，如图12-95所示。

图12-94 新建标注样式

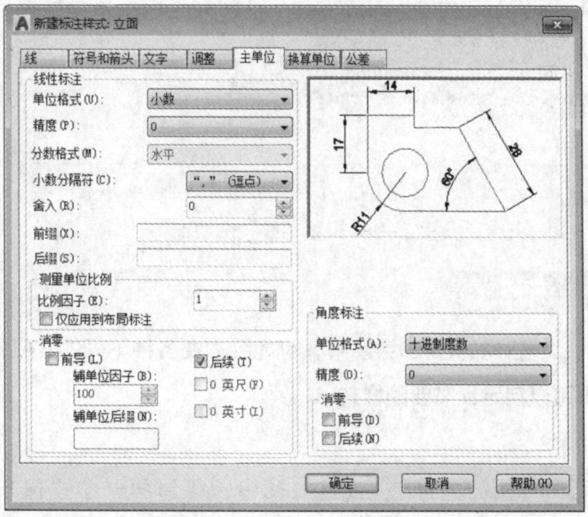

图12-95 "主单位"选项卡

Step 05 在"调整"选项卡中选择"文字始终保持在尺寸界线之间"选项，再设置全局比例为25，如图 12-96所示。

Step 06 在"符号和箭头"选项卡中设置箭头类型为"建筑标记"，箭头大小为2，如图12-97所示。

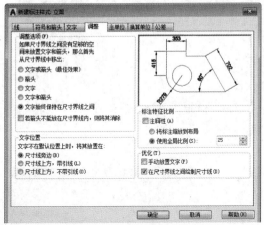

图12-96 设置"调整"选项卡

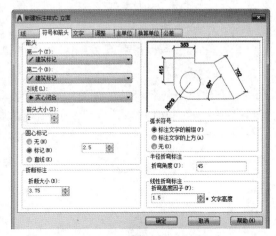

图12-97 设置"符号和箭头"选项卡

Step 07 在"线"选项卡中设置尺寸界线的相关参数，如图12-98所示。

Step 08 设置完成后关闭对话框返回到"标注样式管理器"对话框，再单击"置为当前"按钮，关闭"标注样式管理器"对话框，如图12-99所示。

图12-98 设置"线"选项卡

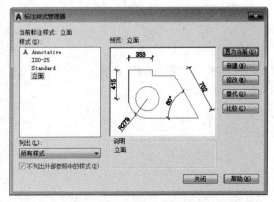

图12-99 置为当前

知识点拨

　　日常的CAD绘图中，可能会需要各种不同的CAD标注样式，除了AutoCAD自带的标注样式外，用户也可以自定义需要的样式。

Step 09 执行"标注>线性"命令，创建第一个垂直方向上的尺寸标注，如图12-100所示。

Step 10 执行"标注>连续"命令，向下依次捕捉尺寸界线的原点创建尺寸标注，如图12-101所示。

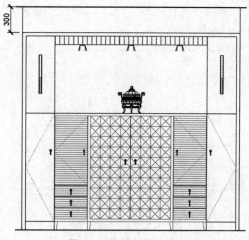

图12-100 创建线性标注

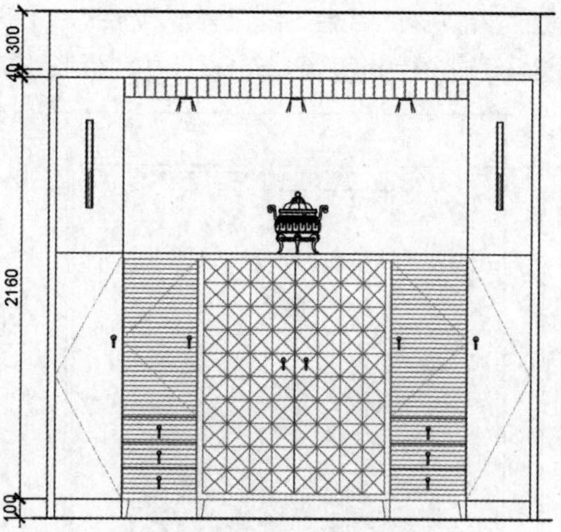

图12-101 创建连续标注

Step 11 调整标注的尺寸界线和标注位置，如图12-102所示。

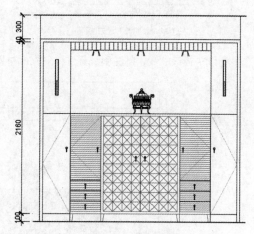

图12-102 调整标注

Step 12 再执行"标注>线性"命令，标注总体高度，如图12-103所示。

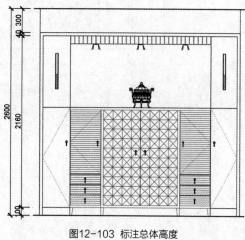

图12-103 标注总体高度

Step 13 继续执行"线性"和"连续"标注命令,再标注立面图水平方向上的尺寸,如图12-104所示。

Step 14 在命令行中输入QLEADER命令,创建快速引线,如图12-105所示。

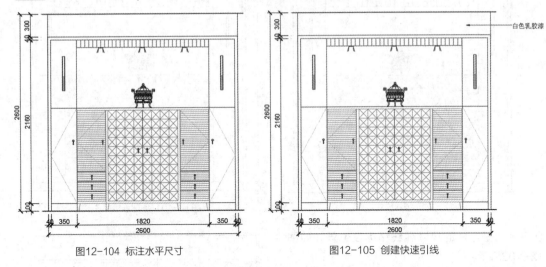

图12-104 标注水平尺寸　　　　　　　图12-105 创建快速引线

Step 15 继续执行该命令,创建引线标注,对立面材质进行标注,完成本次操作,如图12-106所示。

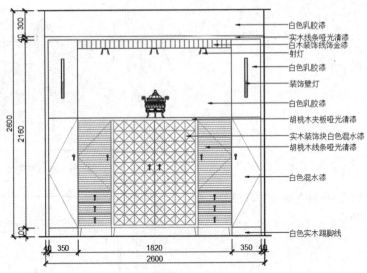

图12-106 完成操作

为了让读者更好地掌握本章所学的知识，在这里提供了两个关于本章知识的课后作业，以供读者练手。

1. 标注零件图

利用本章所学的尺寸标注知识，为零件图添加标注，如图12-107所示。

操作提示：

利用"线性""对齐""半径""角度"标注命令为图形添加标注。

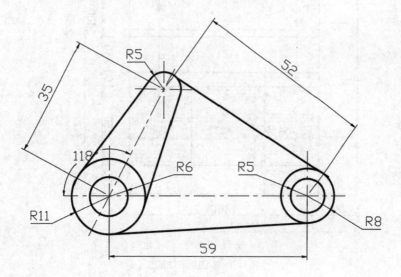

图12-107　标注零件图

2. 标注卫生间立面图

为绘制好的卫生间立面图创建尺寸标注及引线标注，如图12-108所示。

操作提示：

Step 01 执行"线性"和"连续"标注命令，标注立面尺寸。

Step 02 输入快捷键QL，创建引线注释。

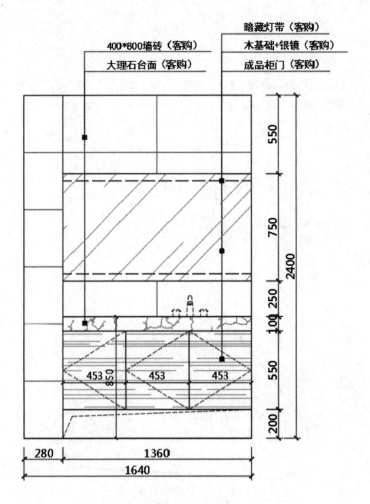

图12-108 卫生间立面图

Part 03

三维
模型篇

Chapter 13

三维绘图环境

本章概述

　　利用AutoCAD不仅能够绘制二维图形，还可以绘制三维图形，而在AutoCAD中，三维图形的绘制技术已经非常成熟。想要掌握三维图形的操作，则需要熟悉三维空间的环境设置。通过本章的学习，读者可以了解三维坐标系的相关知识，掌握设置和使用视口，掌握三维系统变量的设置及三维动态设置等方法与操作技巧。

学习目标

- 了解三维动态显示的操作
- 熟悉三维坐标
- 掌握三维视图和三维视觉样式
- 掌握三维模型系统变量的应用

13.1 三维建模要素

绘制三维图形最基本的要素是三维坐标和三维视图。通常在创建实体模型时，需要用到三维坐标设置功能。而在查看模型各角度造型是否完善时，则需要使用到三维视图功能。总之，这两个基本要素缺一不可。

13.1.1 "三维建模"工作空间

如果需要创建三维模型或使用三维坐标系，首先要将工作空间设置为三维建模空间。

用户可以通过以下方式设置三维建模空间：

（1）从菜单栏执行"工具>工作空间>三维建模"命令，如图13-1所示。

（2）在快速启动工具栏的右侧单击"工作空间"下拉按钮，在弹出的列表中可以选择"三维建模"选项，如图13-2所示。

（3）在命令行中输入WSCURRENT命令，然后按回车键。

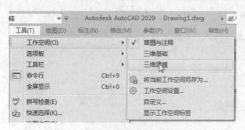

图13-1 菜单栏命令

图13-2 切换工作空间

13.1.2 三维坐标

在绘制三维模型之前，需要调整好当前的绘图坐标。三维坐标可以分为两种：世界坐标系和用户坐标系。其中，世界坐标系为系统默认的坐标系。它的坐标原点和方向是固定不变的。用户坐标可以根据绘图需求来改变坐标原点和方向，其使用起来较为灵活。

1. 世界坐标系

世界坐标系又称为绝对坐标系，是AutoCAD的默认坐标。在二维空间中，世界坐标的X轴为正右方，Y轴为正上方，而Z轴的正方向则由屏幕指向操作者，如图13-3所示。当进入三维空间来观察世界坐标系时，其坐标如图13-4所示。

图13-3 二维空间坐标系　　图13-4 三维空间坐标系

在三维的世界坐标系中，其表示方法包括直角坐标、圆柱坐标和球坐标三种形式。

（1）直角坐标。直角坐标又称为笛卡尔坐标，用X、Y、Z三个正交方向的坐标值来确定精确位置。而直角坐标可以分为两种输入方法：绝对坐标值和相对坐标值。

绝对坐标值的输入形式是：X，Y，Z。用户可以直接输入X、Y、Z三个坐标值，并用逗号将其隔开。例如，"30，60，50"对应的坐标值为"X为30，Y为60，Z为50"。

相对坐标值的输入形式是：@X，Y，Z。其中，输入的点的坐标表示该点与上一点之间的距离，在输入点坐标前需要添加相对符号"@"，如"@30，60，50"。

（2）圆柱坐标。用圆柱坐标确定空间一点的位置时，需要指定该点在XY平面内的投影点与坐标系原点的距离、投影点与X轴的夹角及该点的Z坐标值。

绝对坐标值的输入形式是：XY平面距离<XY平面角度，Z坐标。

相对坐标值的输入形式是：@XY平面距离<XY平面角度，Z坐标，例如，"800<30，200"表示输入点在XY平面内的投影点到坐标系的原点有800个单位，该投影点和原点的连线与X轴的夹角为30°，并且沿Z轴方向有200个单位。

（3）球坐标。用球坐标确定空间一点的位置时，需要指定该点与坐标原点的距离，该点和坐标系原点的连线在XY平面上的投影与X轴的夹角，该点和坐标系原点的连线与XY平面形成的夹角。

绝对坐标值的输入形式是：XYZ距离<平面角度<与XY平面的夹角。

相对坐标值的输入形式是：@XYZ距离<与XY平面的夹角，例如，"800<30<80"表示输入点与坐标系原点的距离为800个单位，输入点和坐标系原点的连线在XY平面上的投影与X轴的夹角为30°，该连线与XY平面的夹角为80°。

2. 用户坐标系

用户坐标系是用户自定义的坐标系，其原点可以指定空间任意一点，同时可以采用任意方式旋转或倾斜其坐标轴。在命令行中输入UCS命令后按回车键，根据命令行的提示指定UCS的原点，如图13-5所示；单击确定后再指定X轴上的点，如图13-6所示；单击后再根据提示指定XY平面上的点，如图13-7所示，单击鼠标即可完成设置，如图13-8所示。

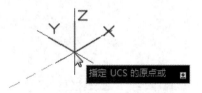

图13-5 指定UCS的原点

图13-6 指定X轴上的点

图13-7 指定XY平面上的点

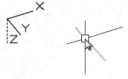

图13-8 完成操作

命令行的提示如下：

```
命令：_UCS
当前UCS名称：*世界*
指定UCS的原点或 [面（F）/命名（NA）/对象（OB）/上一个（P）/视图（V）/世界（W）/X/Y/Z/Z轴（ZA）] <世界>：
指定X轴上的点或 <接受>：<正交 开> <正交 关>
指定XY平面上的点或 <接受>：
```

命令行中各选项的说明如下：

● **指定UCS的原点：** 使用一点、两点或三点定义一个新的UCS。

● **面：** 用于将UCS与三维对象的选定面对齐，UCS的X轴将与找到的第一个面上的最近边对齐。

● **命名：** 按名称保存并恢复通常使用的UCS坐标系。

● **对象：** 根据选定的三维对象定义新的坐标系。

● **视图：** 以平行于屏幕的平面为XY平面建立新的坐标系，UCS原点保持不变。

● **世界：** 将当前用户坐标系设置为世界坐标系。

● **X、Y、Z：** 绕指定的轴旋转当前的UCS坐标系。

● **Z轴：** 用指定的Z轴正半轴定义新的坐标系。

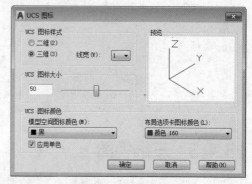

在AutoCAD中，用户可以根据需要对用户坐标系的特性进行设置。在菜单栏中执行"视图>显示>UCS图标>特性"命令，打开"UCS图标"对话框，从中可以对坐标系的图标样式、颜色、大小、线宽等进行设置，可以在预览区观察设置后的效果，如图13-9所示。

图13-9　设置坐标系效果

如果想要对用户坐标系进行管理设置，在"常用"选项卡的"坐标"面板中单击"UCS设置"按钮 ↘，打开"UCS"对话框。用户可以根据需要对当前的UCS进行命名、保存、重命名和UCS其他设置操作。其中，"命名UCS"选项卡、"正交UCS"选项卡和"设置"选项卡的介绍如下。

（1）"命名UCS"选项卡。该选项卡主要用于显示已定义的用户坐标系的列表并设置当前的UCS，如图13-10所示。单击"置为当前"按钮，可以将被选UCS设置为当前使用；单击"详细信息"按钮，可以打开"UCS详细信息"对话框，该对话框显示UCS的详细信息，如图13-11所示。

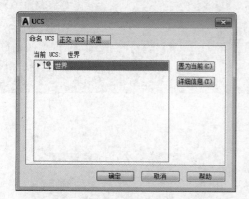

图13-10　"命令UCS"选项卡

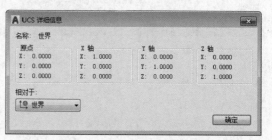

图13-11　"UCS详细信息"对话框

（2）"正交UCS"选项卡。该选项卡可以用于将当前UCS改变为6个正交UCS中的一个，如图13-12所示。其中，"当前UCS"列表框中显示了当前图形中的6个正交坐标系；"相对于"列表用来指定所选正交坐标系相对于基础坐标系的方位。

（3）"设置"选项卡。该选项卡用于显示和修改UCS图标设置及保存到当前视口中。其中，"UCS图标设置"选项组可以指定当前UCS图标的设置；"UCS设置"选项组可以指定当前UCS的

设置，如图13-13所示。

图13-12 "正交UCS"选项卡

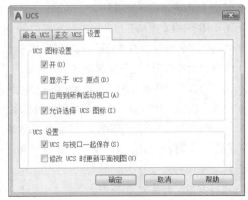

图13-13 "设置"选项卡

13.1.3　三维视图

　　AutoCAD提供了10种视图类型，包括俯视、仰视、前视、后视、左视、右视6个正交视图和西南、西北、东南、东北4个等轴测视图。

- **俯视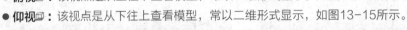**：该视点是从上往下查看模型，常以二维形式显示，如图13-14所示。
- **仰视**：该视点是从下往上查看模型，常以二维形式显示，如图13-15所示。

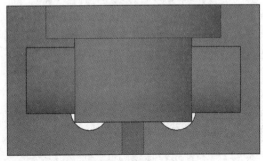

图13-14 俯视图

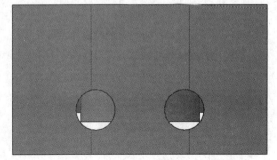

图13-15 仰视图

- **左视**：该视点是从左往右查看模型，常以二维形式显示，如图13-16所示。
- **右视**：该视点是从右往左查看模型，常以二维形式显示，如图13-17所示。
- **前视**：该视点是从前往后查看模型，常以二维形式显示，如图13-18所示。
- **后视**：该视点是从后往前查看模型，常以二维形式显示，如图13-19所示。

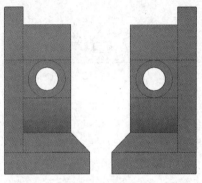

图13-16 左视图　　　图13-17 右视图

图13-18 前视图

图13-19 后视图

● **西南等轴测**：该视点是从西南方向以等轴测方式查看模型，如图13-20所示。

● **东南等轴测**：该视点是从东南方向以等轴测方式查看模型，如图13-21所示。

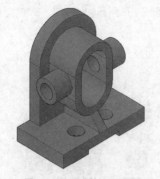

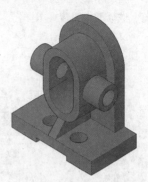

图13-20 西南等轴测视图   图13-21 东南等轴测视图

● **东北等轴测**：该视点是从东北方向以等轴测方式查看模型，如图13-22所示。

● **西北等轴测**：该视点是从西北方向以等轴测方式查看模型，如图13-23所示。

图13-22 东北等轴测视图   图13-23 西北等轴测视图

用户可以通过以下方式切换视图：

（1）从菜单栏执行"视图>三维视图"命令，在展开的子菜单中选择需要的视图类型。

（2）在"常用"选项卡的"视图"面板中单击"三维导航"按钮，在展开的列表中选择需要的视图类型。

（3）在"可视化"选项卡的"视图"面板中单击"三维导航"按钮，在展开的列表中选择需要的视图类型。

（4）在绘图区的左上角单击"视图控件"按钮，在打开的列表中选择需要的视图类型。

13.2　三维视觉样式

在三维建模工作空间中，用户可以使用不同的视觉样式观察三维模型。不同的视觉具有不同的效果，如果需要观察不同的视图样式，首先要设置视图样式。

用户可以通过以下方式设置视图样式：

（1）执行"视图>视觉样式"命令，如图13-24所示。

（2）在"常用"选项卡的"视图"面板中单击"视觉样式"列表框，如图13-25所示。

（3）在"视图"选项卡的"选项板"面板中单击"视觉样式"按钮，在弹出的"视觉样式管理器"选项板中设置视觉样式，如图13-26所示。

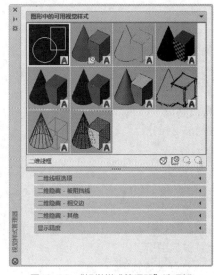

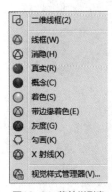

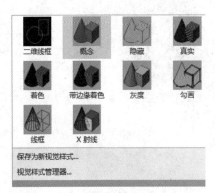

图13-24 菜单栏列表　　　　　　　图13-25 功能区列表　　　　　　图13-26 "视觉样式管理器"选项板

13.2.1　视觉样式种类

AutoCAD提供了二维线框、概念、隐藏、真实、着色、带边框着色、灰度、勾画、线框和X射线共10种视觉样式。

1. 二维线框

二维线框是默认的视觉样式，通过使用直线和曲线表示边界的方式显示对象。在该模式中，光栅和OLE对象、线型及线宽均为可见，如图13-27所示。

2. 线框

线框也叫三维线框，通过使用直线和曲线表示边界的方式显示对象。在该模式中，光栅和OLE对象、线型及线宽均不可见，如图13-28所示。

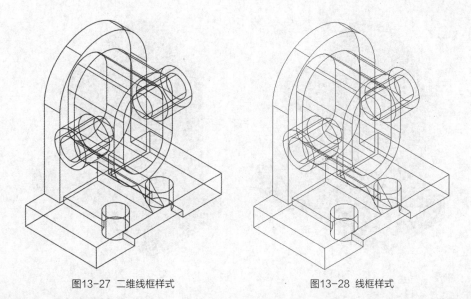

图13-27 二维线框样式   图13-28 线框样式

3. 隐藏

隐藏样式使用线框表示法显示对象，而隐藏表示背面的线，方便绘制和修改图形，如图13-29所示。

4. 真实

真实样式显示三维模型的着色和材质效果，并添加平滑的颜色过渡效果，如图13-30所示。

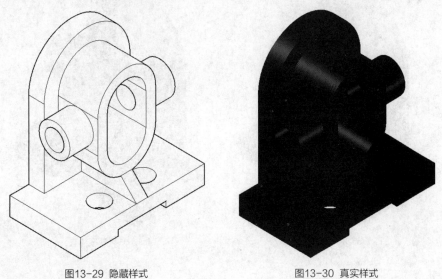

图13-29 隐藏样式   图13-30 真实样式

5. 概念

概念样式是显示三维模型着色后的效果，该模式使模型的边进行平滑处理，如图13-31所示。

6. 着色

着色样式是模型进行平滑着色的效果，如图13-32所示。

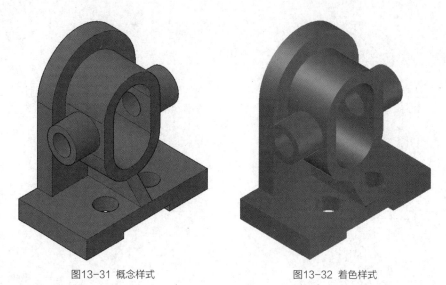

图13-31 概念样式   图13-32 着色样式

7. 带边缘着色

带边缘着色样式是在对图形进行平滑着色的基础上显示边的效果，如图13-33所示。

8. 灰度

灰度样式是将图形更改为灰度显示模型，更改完成的图形将显示为灰色，如图13-34所示。

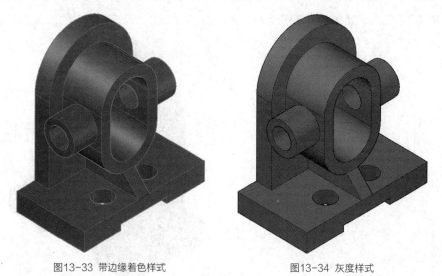

图13-33 带边缘着色样式   图13-34 灰度样式

9. 勾画

勾画样式通过使用直线和曲线表示边界的方式显示对象，看上去像是勾画出的效果，如图13-35所示。

10. X射线

X射线样式可以将面更改为部分透明效果，如图13-36所示。

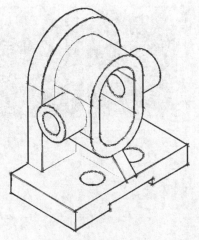

图13-35　勾画样式　　　　　　　　　　　图13-36　X射线样式

13.2.2　视觉样式管理器

除了使用系统提供的10种视觉样式外，用户还可以通过更改"面设置"和"边设置"并使用阴影和背景来创建自己的视觉样式，这些都可以在"视觉样式管理器"中进行设置。打开"视觉样式管理器"选项板的方法如下：

（1）从菜单栏执行"视图>视图样式>视图样式管理器"命令。

（2）在"视图"选项卡中单击"视图"按钮。

（3）在"视图"选项卡的"选项板"面板中单击"视觉样式"按钮。

（4）在命令行中输入VISUALSTYLES命令，然后按回车键。

注意事项

在着色视觉样式中来回移动模型时，跟随视点的两个平行光源将会照亮面。该默认光源被设计为照亮模型中的所有面，以便从视觉上可以辨别这些面。

"视觉样式管理器"将显示图形中可用的视觉样式的样例图像，选定的视觉样式用黄色边框表示，其设置显示在样例图像下面的面板中。图13-37和图13-38分别为二维线框视觉样式和概念视觉样式的设置面板。

"二维线框视觉样式"选项卡由"图形中的可用视觉样式""二维线框选项""二维隐藏-被阻挡线""二维隐藏-相交边""二维隐藏-其他""显示精度"等卷轴栏组成，其中，"图形中的可用视觉样式"用于设置三维建模工作空间中模型的显示视图样式。

- **二维线框选项：**用于控制三维元素在二维图形中的显示。
- **二维隐藏-被阻挡线：**用于控制在二维线框中使用HIDE命令时被阻挡线的显示。
- **二维隐藏-相交边：**用于控制在二维线框中使用HIDE命令时相交边的显示。
- **二维隐藏-其他：**用于设置光晕间隔百分比。
- **显示精度：**用于设置二维和三维中圆弧的平滑化和实体平滑度。

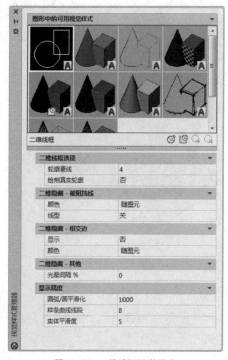

图13-37　二维线框视觉样式

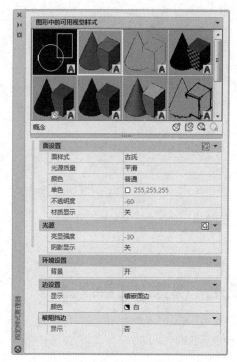

图13-38　概念视觉样式

13.3　控制三维模型系统变量

　　三维模型显示的系统变量有ISOLINES、DISPSILH和FACETRES等。这三种系统变量可以影响三维建模的显示效果，在创建模型之前就需要设置好相应的系统变量。

13.3.1　ISOLINES

　　ISOLINES系统变量通过控制三维模型中每个曲面的轮廓线，以改变模型的精度。数值越高，显示精度越高，渲染的速度也会变慢。在AutoCAD中，ISOLINES的有效值为0~2047，默认值为4。

　　在命令行中输入ISOLINES命令，然后按回车键，根据提示设置ISOLINES变量，设置完成后命令行的提示如下：

```
命令：_ISOLINES
输入ISOLINES的新值<4>：
```

　　图13-39为ISOLINES的系统变量为4，图13-40为ISOLINES的系统变量为50。

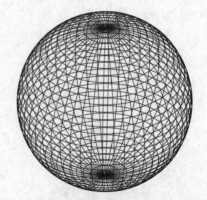

图13-39 系统变量为4   图13-40 系统变量为50

13.3.2 DISPSILH

DISPSILH变量是控制是否将三维实体对象的轮廓曲线显示为线框，该系统变量还控制当三维实体对象被隐藏时是否绘制网格，在AutoCAD中，DISPSILH的有效值为0或1，默认值为0。该设置保存在图形中，清除此选项可以优化性能。

在命令行中输入DISPSILH命令，然后按回车键，根据提示设置DISPSILH系统变量，设置完成后命令行的提示如下：

命令：_DISPSILH
输入DISPSILH的新值<0>：

其中，图13-41所示的DISPSILH系统变量为0，图13-42所示的DISPSILH系统变量为1。

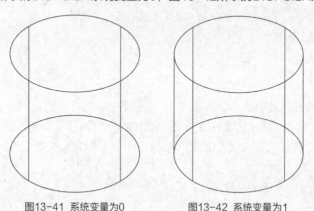

图13-41 系统变量为0   图13-42 系统变量为1

13.3.3 FACETRES

FACETRES系统变量的更改可以控制着色和渲染曲面实体的平滑度，设置的数值越高，平滑度越高，渲染的时间也就越长，其有效的取值范围为0.01～10，默认值为0.5。

在命令行中输入FACETRES命令，然后按回车键，根据提示设置FACETRES系统变量，设置完

成后命令行的提示如下：

> 命令：_FACETRES
> 输入FACETRES的新值<0.5000>：

　　其中，图13-43所示的FACETRES系统变量为0.05，图13-44所示的FACETRES系统变量为5。

图13-43　系统变量为0.05　　　　　　　　　图13-44　系统变量为5

13.4　三维动态显示

　　在三维建模空间中，由于模型有很多面，需要创建相机和动态显示三维模型。动态显示可以观察图形的每个角度，方便设计和修改。

13.4.1　相机

　　若用户需要在某个角度观察图形，则可以在该点创建一架相机，创建完成后，可以在图形中打开或关闭相机，并使用夹点来编辑相机的位置、目标或焦距。通过位置X、Y、Z坐标，目标X、Y、Z坐标和视野或焦距（用于确定倍率或缩放比例）定义相机，还可以定义剪裁平面，以建立关联视图的前后边界。

　　创建完成之后可以通过相机观察模型，并进行编辑相机操作。

　　用户可以通过以下方式调用创建相机命令：

　　（1）从菜单栏执行"视图>创建相机"命令。

　　（2）在命令行中输入CAMERA命令，然后按回车键。

13.4.2　动态观察器

　　在AutoCAD中还可以使用动态观察器观察模型，用户可以使用鼠标实时地控制和改变这个视图，以得到不同的观察效果。使用三维动态观察器，既可以查看整个图形，也可以查看模型的任意对象。

用户可以通过以下方式调用动态观察器：

（1）从菜单栏执行"视图>动态观察"命令，从级联菜单中可以选择合适的观察方式，如图13-45所示。

（2）在命令行中输入3DORBIT命令，然后按回车键。

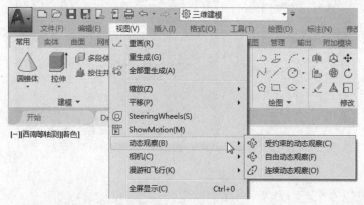

图13-45 选择"动态观察"选项

由图13-45可知，动态观察分为受约束的动态观察、自由动态观察和连续动态观察三种模式。下面具体介绍各模式的含义：

● **受约束的动态观察：**当选择该模式时，在绘图区单击并拖动鼠标，模型会根据鼠标的方向旋转。

● **自由动态观察：**当选择该模式时，模型外会显示一个旋转的圆形标志。用户可以在图形中单击并拖动鼠标查看模型角度，也可以单击旋转标志上的小圆形图标。

● **连续动态观察：**当选择该模式时，在绘图区单击鼠标左键，释放鼠标左键再移动旋转标志，模型就会进行自动旋转，光标移动的速度越快，其旋转速度就会越快。旋转完成后，在任意位置单击鼠标左键就会暂停旋转。

13.4.3 漫游与飞行

在AutoCAD软件中，用户可以在漫游或飞行模式下通过键盘和鼠标来控制视图显示。使用"漫游"功能查看模型时，其视平面将沿着XY平面移动；而使用"飞行"功能时，其视平面将不受XY平面约束。

在菜单栏中执行"视图>漫游和飞行"命令，在级联菜单中选择"漫游"选项，在打开的提示框中单击"修改"按钮，打开"定位器"面板，将光标移至缩略视图中后，光标已变换成手型，此刻用户可以对视点位置及目标视点位置进行调整，如图13-46所示。调整完成后，利用鼠标滚轮上下滚动，或者使用键盘中的方向键，即可对当前模型进行漫游操作。

"飞行"功能的操作与"漫游"功能相同，其区别就在于查看模型的角度不一样而已。在菜单栏中执行"视图>漫游和飞行>漫游和飞行设置"命令，在打开的"漫游和飞行设置"对话框中，用户可以对定位器、漫游或飞行步长及每秒步数进行设置，如图13-47所示。其中，"漫游/飞行步长"和"每秒步数"的数值越大，视觉滑行的速度越快。

图13-46 设置定位器　　　　　　　图13-47 设置漫游和飞行参数

Example

创建相机并观察模型

　　下面以使用相机视图观察三维模型为例，介绍创建相机的方法，操作步骤介绍如下：

扫码观看视频

Step 01 打开素材模型文件，如图13-48所示。

Step 02 执行"视图>创建相机"命令，根据提示指定相机的位置，再指定相机的目标位置，如图13-49所示。

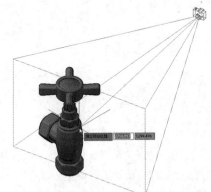

图13-48 打开素材模型　　　　　　图13-49 创建相机

Step 03 选择相机，切换视图并调整摄像头的位置及角度，如图13-50所示。

Step 04 设置完成后，单击相机图形符号，在弹出的"相机预览"对话框中可以预览模型在相机视口中的显示情况，如图13-51所示。

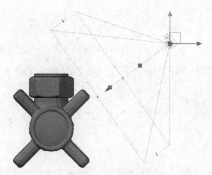

图13-50 调整相机   图13-51 相机预览

Step 05 单击其显示的夹点并拖动鼠标可以调整相机的焦距，如图13-52所示。

Step 06 调整完毕后可以在相机预览中看到调整焦距后的效果，并且在该对话框中可以设置图形的视觉样式，这里设置视觉样式为"真实"，如图13-53所示。

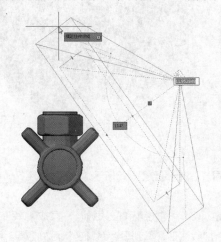

图13-52 调整夹点   图13-53 设置视觉样式

Step 07 在"常用"选项卡的"视图"面板中单击三维导航列表，从中选择相机1，如图13-54所示。

Step 08 在绘图区中会切换到相机视图效果，如图13-55所示。

图13-54 三维导航列表   图13-55 相机视图效果

为了让读者更好地掌握本章所学的知识，在这里提供了两个关于本章知识的课后作业，以供读者练手。

1. 观察模型效果

打开模型后，分别切换到"概念"和"带边缘着色"视觉样式来观察模型效果，如图13-56和图13-57所示。

图13-56 "概念"视觉样式

图13-57 "带边缘着色"视觉样式

2. 设置DISPSILH系统变量

为模型设置DISPSILH系统变量值，效果如图13-58和图13-59所示。

操作提示：

Step 01 在命令行中输入DISPSILH命令，按回车键确认，根据提示输入数值1，再按回车键完成操作。

Step 02 执行"视图>全部重生成"命令，即可重新加载图形，看到设置系统变量后的效果。

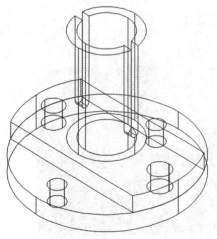

图13-58 设置DISPSILH变量

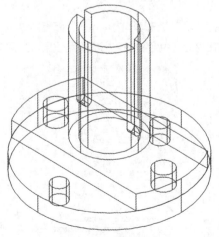

图13-59 最终效果

Chapter 14

三维模型的创建

本章概述

　　在AutoCAD中，用户不仅可以创建基本的三维模型，还可以将二维图形生成三维模型。本章将对三维绘图基础、三维曲线的应用，以及创建三维实体模型等知识进行介绍。通过对本章内容的学习，读者可以了解三维绘图基础，熟悉三维曲线的应用，掌握三维实体模型的创建等知识。

学习目标

- 了解三维曲面的创建
- 掌握三维基本实体的创建
- 掌握二维图形生成三维实体的操作

14.1　三维基本实体

在AutoCAD中，基本的三维实体主要包括长方体、球体、圆柱体、圆锥体和圆环体等。本节主要介绍长方体、楔体、球体、圆锥体和圆柱体的绘制。如果没有特殊说明，本章所有三维图形的观察方向都是西南方向，即西南等轴测视图。

14.1.1　长方体

使用"长方体"命令可以创建实心长方体或实心立方体。在系统默认设置下，长方体的底面总是与当前坐标系的XY面平行。

用户可以通过以下方式调用"长方体"命令：

（1）从菜单栏执行"绘图>建模>长方体"命令。

（2）在"常用"选项卡的"建模"面板中单击"长方体"按钮🔲。

（3）在"实体"选项卡的"图元"面板中单击"长方体"按钮🔲。

（4）在命令行中输入BOX命令并按回车键。

命令行的提示如下：

```
命令：_BOX
指定第一个角点或 [中心（C）]：
指定其他角点或 [立方体（C）/长度（L）]：
指定高度或 [两点（2P）] <400.0000>：
```

命令行中各选项的说明如下：

● **角点：** 指定长方体的角点位置。输入另一个角点的数值，可以确定长方体。

● **立方体：** 创建一个长、宽、高相等的长方体。通常在指定底面长方体的起点后，输入C即可启动"立方体"命令。

● **长度：** 输入长方体的长、宽、高的数值。

● **中心点：** 使用"中心点"功能创建长方体或立方体。

知识点拨

在创建长方体时也可以直接将视图更改为西南等轴测、东南等轴测、东北等轴测、西北等轴测等视图，然后任意指定点和高度，这样方便观察效果。

动手练 绘制长方体

下面创建一个指定尺寸的长方体，操作步骤介绍如下：

Step 01 切换到西南等轴测视图和"概念"视觉样式，执行"绘图>建模>长方体"命令，根据提示指定长方体底面的第一个角点，如图14-1所示。

Step 02 单击后输入l命令，如图14-2所示。

扫码观看视频

图14-1　指定第一个角点　　　　　　　　　　图14-2　输入I命令

Step 03 按回车键确认，再按F8键开启正交模式，沿Y轴移动光标，然后输入底面边长150，如图14-3所示。

Step 04 按回车键确认，绘制出长方体底面的一条边，再沿X轴移动光标，输入底面另一条边长100，如图14-4所示。

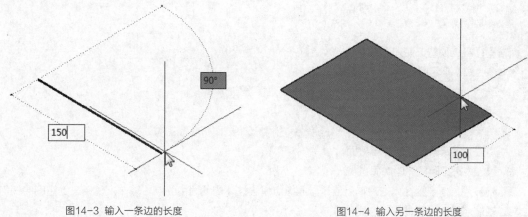

图14-3　输入一条边的长度　　　　　　　　　　图14-4　输入另一条边的长度

Step 05 按回车键确认，再沿Z轴移动光标，输入长方体高度120，如图14-5所示。

Step 06 再按回车键确认，即可完成长方体的绘制，如图14-6所示。

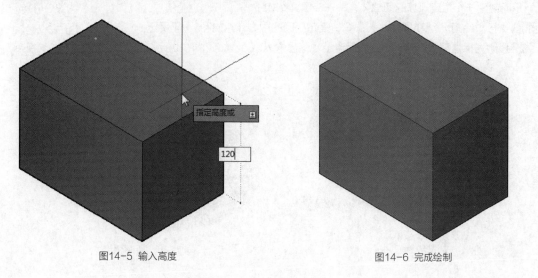

图14-5　输入高度　　　　　　　　　　图14-6　完成绘制

14.1.2　圆柱体

使用"圆柱体"命令可以创建出以圆或椭圆为底面的圆柱体。默认情况下，圆柱体的底面位于当前用户坐标系的XY平面上，圆柱体的高度与Z轴平行。

用户可以通过以下方式调用"圆柱体"命令：

（1）从菜单栏执行"绘图>建模>圆柱体"命令。

（2）在"常用"选项卡的"建模"面板中单击"圆柱体"按钮■。

（3）在"实体"选项卡的"图元"面板中单击"圆柱体"按钮■。

（4）在命令行中输入CYLINDER命令并按回车键。

命令行的提示如下：

命令：_CYLINDER
指定底面的中心点或 [三点（3P）/两点（2P）/切点、切点、半径（T）/椭圆（E）]：
指定底面半径或 [直径（D）] <147.0950>：
指定高度或 [两点（2P）/轴端点（A）] <261.9210>：

命令行各选项的说明如下：

● 中心点：指定圆柱体底面的圆心点。

● 三点：通过两点指定圆柱底面的圆，第三点指定圆柱体高度。

● 两点：通过两点指定圆柱底面直径。

● 切点、切点、半径：定义具有指定半径且与两个对象相切的圆柱体底面。

● 椭圆：指定圆柱体的椭圆底面。

● 直径：指定圆柱体的底面直径。

● 轴端点：指定圆柱体轴的端点位置。此端点是圆柱体的顶面中心点，轴端点位于三维空间的任何位置，轴端点定义了圆柱体的长度和方向。

动手练 **绘制圆柱体**

下面创建一个指定尺寸的圆柱体，操作步骤介绍如下：

Step 01 执行"绘图>建模>圆柱体"命令，指定底圆的中心点，如图14-7所示。

Step 02 移动光标，再根据提示指定底面半径，这里输入100，如图14-8所示。

扫码观看视频

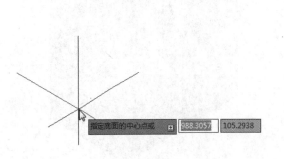

图14-7 指定底面的中心点

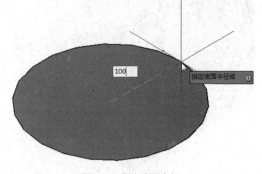

图14-8 指定底面半径

Step 03 按回车键确认后，沿Z轴移动光标，指定圆柱体高度，这里输入200，如图14-9所示。

Step 04 按回车键确认，完成圆柱体的绘制，如图14-10所示。

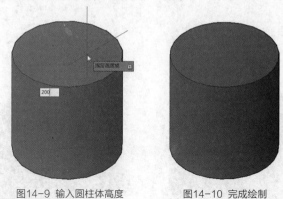

图14-9 输入圆柱体高度   图14-10 完成绘制

14.1.3 圆锥体

圆锥体是以圆或椭圆为底，垂直向上对称地变细直至一点。利用"圆锥体"命令，可以创建出实心圆锥体或圆台体的三维模型。

用户可以通过以下方式调用"圆锥体"命令：

（1）从菜单栏执行"绘图>建模>圆锥体"命令。

（2）在"常用"选项卡的"建模"面板中单击"圆锥体"按钮△。

（3）在"实体"选项卡的"图元"面板中单击"圆锥体"按钮△。

（4）在命令行中输入CONE命令，然后按回车键。

命令行的提示如下：

```
命令：_CONE
指定底面的中心点或 [三点（3P）/两点（2P）/切点、切点、半径（T）/椭圆（E）]：
指定底面半径或 [直径（D）]：
指定高度或 [两点（2P）/轴端点（A）/顶面半径（T）]：
```

动手练 绘制圆锥体

扫码观看视频

下面创建一个指定尺寸的圆锥体，操作步骤介绍如下：

Step 01 执行"绘图>建模>圆锥体"命令，根据提示指定底面的中心点，如图14-11所示。

Step 02 移动光标，指定圆锥体的底面半径，这里输入150，如图14-12所示。

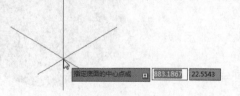

图14-11 指定底面的中心点

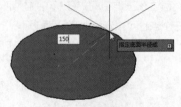

图14-12 指定底面半径

Step 03 按回车键确认后，沿Z轴移动光标，指定圆锥体的高度，这里输入250，如图14-13所示。

Step 04 按回车键确认，完成圆锥体的绘制，如图14-14所示。

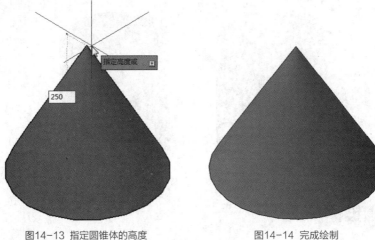

图14-13 指定圆锥体的高度　　　　　　　　图14-14 完成绘制

14.1.4 球体

绘制球体需要直接或间接地定义球体的球心位置和球体的半径或直径。

用户可以通过以下方式调用"球体"命令：

（1）从菜单栏执行"绘图>建模>球体"命令。

（2）在"常用"选项卡的"建模"面板中单击"球体"按钮◯。

（3）在"实体"选项卡的"图元"面板中单击"球体"按钮◯。

（4）在命令行中输入SPHERE命令并按回车键。

命令行的提示如下：

命令：_SPHERE

指定中心点或 [三点（3P）/两点（2P）/切点、切点、半径（T）]：

指定半径或 [直径（D）] <200.0000>：

执行"绘图>建模>球体"命令，在绘图区中指定球体的中心点，并指定半径即可完成球体的绘制，如图14-15所示。

命令行各选项的说明如下：

● **中心点：** 指定球体的中心点。

● **三点：** 通过在三维空间的任意位置指定三个点来定义球体的圆周。三个点也可以定义圆周平面。

● **两点：** 通过在三维空间的任意位置指定两个点来定义球体的圆周。

● **切点、切点、半径：** 通过指定半径定义可与两个对象相切的球体。

图14-15 绘制球体

14.1.5 棱锥体

棱锥体是由多个倾斜至一点的面组成，可以由3～32个侧面组成。其底面为多边形，由底面多边形拉伸出的图形为三角形，它们的顶点为共同点。

用户可以通过以下方式调用"棱锥体"命令：

（1）从菜单栏执行"绘图>建模>棱锥体"命令。

（2）在"常用"选项卡的"建模"面板中单击"棱锥体"按钮◭。

（3）在"实体"选项卡的"图元"面板中单击"棱锥体"按钮◭。

（4）在命令行中输入PYRAMID或PYR命令并按回车键。

命令行的提示如下：

```
命令：_PYRAMID
 4 个侧面 外切
指定底面的中心点或 [边（E）/侧面（S）]：
指定底面半径或 [内接（I）] <113.1371>：100
指定高度或 [两点（2P）/轴端点（A）/顶面半径（T）] <100.0000>：
```

命令行各选项的说明如下：

● 边：通过拾取两点，指定棱锥面底面一条边的长度。

● 侧面：指定棱锥面的侧面数。默认为4，取值范围为3～32。

● 内接：指定棱锥体底面内接于棱锥体的底面半径。

● 两点：将棱锥体的高度指定为两个指定点之间的距离。

● 轴端点：指定棱锥体轴的端点位置，该端点是棱锥体的顶点。轴端点可以位于三维空间的任意位置，轴端点定义了棱锥体的长度和方向。

● 顶面半径：指定棱锥体的顶面半径，并创建棱锥体平截面。

【动手练】绘制棱锥体 ─────────────

下面创建一个指定尺寸的棱锥体，操作步骤介绍如下：

Step 01 执行"绘图>建模>棱锥体"命令，根据提示指定底面的中心点，如图14-16所示。

扫码观看视频

Step 02 移动光标，再根据提示指定底面半径为400，如图14-17所示。

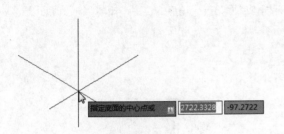

图14-16 指定底面的中心点

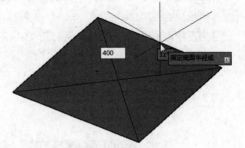

图14-17 指定底面半径

Step 03 按回车键确认，再沿Z轴移动光标，指定棱锥体的高度为800，如图14-18所示。

Step 04 再按回车键确认，即可完成棱锥体的绘制，如图14-19所示。

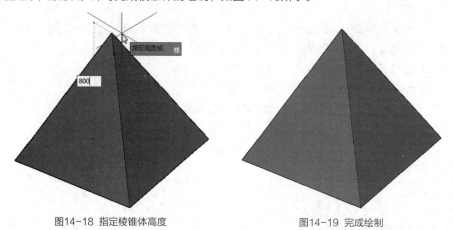

图14-18 指定棱锥体高度   图14-19 完成绘制

14.1.6 楔体

楔体是一个三角形的实体模型，其绘制方法与长方形相似。

用户可以通过以下方式调用"楔体"命令：

（1）从菜单栏执行"绘图>建模>楔体"命令。

（2）在"常用"选项卡的"建模"面板中单击"楔体"按钮 。

（3）在"实体"选项卡的"图元"面板中单击"楔体"按钮 。

（4）在命令行中输入WEDGE命令并按回车键。

命令行的提示如下：

```
命令：_WEDGE
指定第一个角点或 [中心（C）]：
指定其他角点或 [立方体（C）/长度（L）]：@400,700
指定高度或 [两点（2P）] <216.7622>：200
```

动手练 绘制楔体

下面创建一个指定尺寸的楔体，操作步骤介绍如下：

Step 01 执行"绘图>建模>楔体"命令，根据提示指定楔体底面第一个角点的位置，如图14-20所示。

Step 02 指定角点位置后，输入l命令，如图14-21所示。

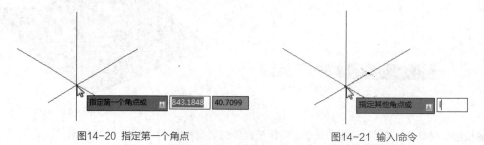

图14-20 指定第一个角点   图14-21 输入l命令

Step 03 按回车键确认，再按F8键开启正交模式，移动光标并输入底面长度300，如图14-22所示。

Step 04 按回车键确认后，再移动光标指定底面宽度200，如图14-23所示。

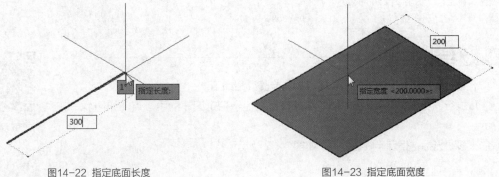

图14-22 指定底面长度　　　　　　　　　　图14-23 指定底面宽度

Step 05 按回车键确认，沿Z轴移动光标，指定楔体高度160，如图14-24所示。

Step 06 再按回车键确认即可完成楔体的绘制，如图14-25所示。

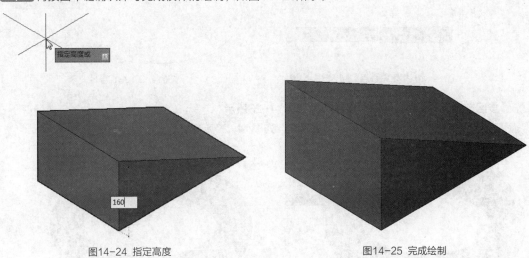

图14-24 指定高度　　　　　　　　　　图14-25 完成绘制

14.1.7　圆环体

圆环体由两个半径值定义，一是圆环的半径，二是从圆环体中心到圆管中心的距离。大多数情况下，圆环体可以作为三维模型中的装饰材料，应用非常广泛。

用户可以通过以下方式调用"圆环体"命令：

（1）从菜单栏执行"绘图>建模>圆环体"命令。

（2）在"常用"选项卡的"建模"面板中单击"圆环体"按钮◎。

（3）在"实体"选项卡的"图元"面板中单击"圆环体"按钮◎。

（4）在"建模"工具栏中单击"圆环体"按钮。

（5）在命令行中输入TORUS命令，然后按回车键。

命令行的提示如下：

命令：_TORUS
指定中心点或 [三点（3P）/两点（2P）/切点、切点、半径（T）]:
指定半径或 [直径（D）] <200.0000>:
指定圆管半径或 [两点（2P）/直径（D）] <100.0000>: 50

动手练 绘制圆环体

扫码观看视频

下面创建一个指定尺寸的圆环体，操作步骤介绍如下：

Step 01 执行"绘图>建模>圆环体"命令，根据提示指定圆环的中心点，如图14-26所示。

Step 02 移动光标，指定半径值120，如图14-27所示。

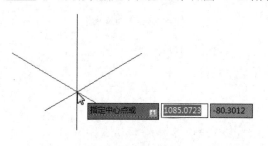

图14-26 指定中心点

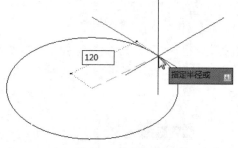

图14-27 指定半径

Step 03 按回车键确认，再指定圆管半径25，如图14-28所示。

Step 04 再按回车键确认，即可完成圆环体的绘制，如图14-29所示。

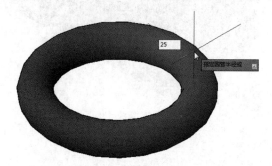

图14-28 指定圆管半径

图14-29 完成绘制

14.1.8 多段体

绘制多段体与绘制多段线的方法相同。默认情况下，多段体始终带有一个矩形轮廓，可以指定轮廓的高度和宽度。如果绘制三维墙体，就需要使用该命令。

用户通过以下方式可以调用"多段体"命令：

（1）从菜单栏执行"绘图>建模>多段体"命令。

（2）在"常用"选项卡的"建模"面板中单击"多段体"按钮 。

（3）在"实体"选项卡的"图元"面板中单击"多段体"按钮 。

（4）在命令行中输入POLYSOLID命令并按回车键。

命令行的提示如下：

```
命令：_POLYSOLID
高度 = 80.0000，宽度 = 5.0000，对正 = 居中
指定起点或 [对象（O）/高度（H）/宽度（W）/对正（J）] <对象>：
指定下一个点或 [圆弧（A）/放弃（U）]：
指定下一个点或 [圆弧（A）/放弃（U）]：
```

命令行中各选项的说明如下：

- **对象：** 指定要转换为实体的对象。该对象可以是直线、圆弧、二维多段线和圆等对象。
- **高度：** 指定多段体的高度。
- **宽度：** 指定多段体的宽度。
- **对正：** 使用命令定义轮廓时，可以将多段体的宽度和高度设置为左对正、右对正或居中。对正方式由轮廓的第一条线段的起始方向决定。
- **圆弧：** 将弧线添加到实体中。圆弧的默认起始方向与上次绘制的线段相切。

14.2 二维图形生成三维实体

在AutoCAD中，用户不仅可以直接创建基本实体，还可以通过对二维图形进行拉伸、放样、旋转、扫掠等操作命令创建三维实体。

14.2.1 拉伸实体

"拉伸"命令可以将绘制的二维图形沿着指定的高度或路径进行拉伸，从而将其转换成三维实体模型。拉伸的对象可以是封闭的多段线、矩形、多边形、圆、椭圆和封闭样条曲线等。

用户可以通过以下方式调用"拉伸"命令：

（1）从菜单栏执行"绘图>建模>拉伸"命令。

（2）在"常用"选项卡的"建模"面板中单击"拉伸"按钮 。

（3）在"实体"选项卡的"实体"面板中单击"拉伸"按钮 。

（4）在命令行中输入EXTRUDE命令并按回车键。

命令行的提示如下：

```
命令：_EXTRUDE
当前线框密度：ISOLINES = 4，闭合轮廓创建模式 = 实体
选择要拉伸的对象或 [模式（MO）]：_MO
闭合轮廓创建模式 [实体（SO）/曲面（SU）] <实体>：_SO
选择要拉伸的对象或 [模式（MO）]：找到 1 个
选择要拉伸的对象或 [模式（MO）]：
指定拉伸的高度或 [方向（D）/路径（P）/倾斜角（T）/表达式（E）] <100.0000>：300
```

Part 03　三维模型篇

知识点拨

　　若在拉伸时倾斜角或拉伸高度较大，将导致拉伸对象或拉伸对象的一部分在到达拉伸高度之前就已经聚集到一点，此时则无法拉伸对象。

命令行中各选项的说明如下：

● **拉伸高度：** 输入拉伸高度值。如果输入负数值，其拉伸对象将沿着Z轴负方向拉伸；如果输入正数值，其拉伸对象将沿着Z轴正方向拉伸。如果所有对象处于同一平面上，则将沿该平面的法线方向拉伸。

● **方向：** 通过指定的两点指定拉伸的长度和方向。

● **路径：** 选择基于指定曲线对象的拉伸路径。拉伸的路径可以是开放的，也可以是封闭的。

● **倾斜角：** 如果为倾斜角指定一个点而不是输入值，则必须拾取第二个点。用于拉伸的倾斜角是两个指定点间的距离。

动手练 按路径拉伸实体

下面通过路径将二维图形拉伸成实体，操作步骤介绍如下：

Step 01 打开素材图形，可以看到已绘制好的二维图形，如图14-30所示。

Step 02 执行"绘图>建模>拉伸"命令，根据提示选择要拉伸的对象，如图14-31所示。

Step 03 按回车键确认，根据命令行的提示输入p命令，如图14-32所示。

扫码观看视频

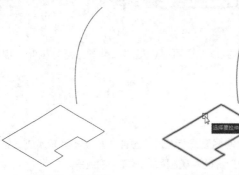

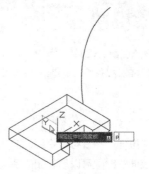

图14-30 素材图形　　　　　图14-31 选择拉伸对象　　　　图14-32 输入p命令

Step 04 按回车键确认，再根据提示选择拉伸路径，如图14-33所示。

Step 05 单击选择路径，即可完成拉伸实体的创建，如图14-34所示。

Step 06 切换到"概念"视觉样式，观察实体效果，如图14-35所示。

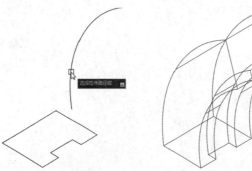

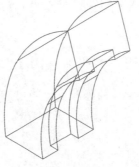

图14-33 选择拉伸路径　　　　图14-34 完成操作　　　　图14-35 "概念"视觉效果

14.2.2　旋转实体

旋转实体是用于将闭合曲线绕一条旋转轴旋转生成回转三维实体，该命令可以旋转闭合多段线、多边形、圆、椭圆、闭合样条曲线和面域，不可以旋转包含在块中的对象，不能旋转具有相交或自交线段，而且该命令一次只能旋转一个对象。

用户可以通过以下方式调用"旋转"命令：

（1）从菜单栏执行"绘图>建模>旋转"命令。

（2）在"常用"选项卡的"建模"面板中单击"旋转"按钮🔳。

（3）在"实体"选项卡的"实体"面板中单击"旋转"按钮🔳。

（4）在命令行中输入REVOLVE命令并按回车键。

命令行的提示如下：

```
命令：_REVOLVE
当前线框密度：ISOLINES = 4，闭合轮廓创建模式 = 实体
选择要旋转的对象或 [模式（MO）]：_MO
闭合轮廓创建模式 [实体（SO）/曲面（SU）] <实体>：_SO
选择要旋转的对象或 [模式（MO）]：找到 1 个
选择要旋转的对象或 [模式（MO）]：
指定轴起点或根据以下选项之一定义轴 [对象（O）/X/Y/Z] <对象>：
指定轴端点：
指定旋转角度或 [起点角度（ST）/反转（R）/表达式（EX）] <360>：270
```

命令行中各选项的说明如下：

● **轴起点：** 指定旋转轴的两个端点。其旋转角度为正值时，将按逆时针方向旋转对象；其旋转角度为负值时，将按顺时针方向旋转对象。

● **对象：** 选择现有对象，此对象定义了旋转选定对象时所绕的轴。轴的正方向从该对象的最近端点指向最远端点。

● **X轴：** 使用当前UCS的正向X轴作为正方向。

● **Y轴：** 使用当前UCS的正向Y轴作为正方向。

● **Z轴：** 使用当前UCS的正向Z轴作为正方向。

知识点拨

用于旋转的二维图形可以是多边形、圆、椭圆、封闭多段线、封闭样条曲线、圆环及封闭区域，并且每次只能旋转一个对象。但三维图形、包含在块中的对象、有交叉或自干涉的多段线不能被旋转。

动手练　创建旋转实体

下面通过路径用二维图形创建旋转实体，操作步骤介绍如下：

Step 01 打开素材图形，可以看到已绘制好的二维图形，如图14-36所示。

Step 02 执行"绘图>建模>旋转"命令，根据提示选择旋转对象，如图14-37所示。

Step 03 按回车键确认后，根据提示指定直线的两端作为旋转轴的起点和端点，如图14-38所示。

Step 04 单击鼠标后再根据提示输入旋转角度360°，如图14-39所示。

扫码观看视频

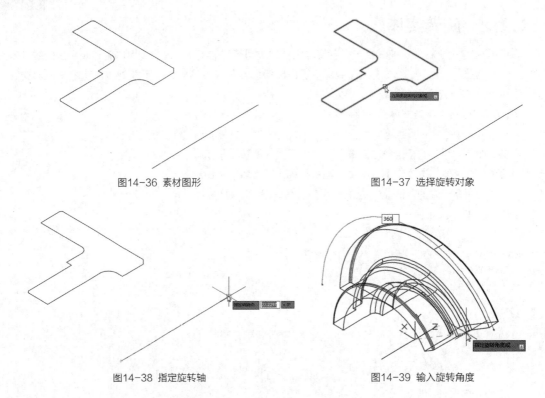

图14-36 素材图形 　　　　　　　　　　　　　　图14-37 选择旋转对象

图14-38 指定旋转轴 　　　　　　　　　　　　　　图14-39 输入旋转角度

Step 05 按回车键确认，即可完成旋转实体的创建，如图14-40所示。

Step 06 切换到"概念"视觉样式，效果如图14-41所示。

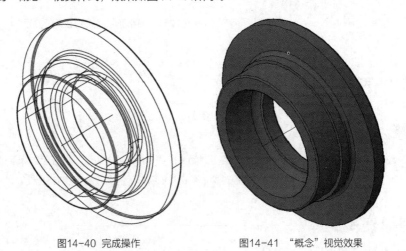

图14-40 完成操作 　　　　　　　　　　　　　　图14-41 "概念"视觉效果

14.2.3 放样实体

　　使用"放样"命令，可以通过对包含两条或两条以上横截面曲线的一组曲线进行放样（绘制实体或曲面）来绘制三维实体或曲面。"放样"命令用于在横截面之间的空间内绘制实体或曲面。使用"放样"命令时，必须至少指定两个横截面。

用户可以通过以下方式调用"放样"命令：

（1）从菜单栏执行"绘图>建模>放样"命令。

（2）在"常用"选项卡的"建模"面板中单击"放样"按钮🛡。

（3）在"实体"选项卡的"实体"面板中单击"放样"按钮🛡。

（4）在命令行中输入LOFT命令并按回车键。

命令行的提示如下：

```
命令：_LOFT
当前线框密度：ISOLINES = 4，闭合轮廓创建模式 = 实体
按放样次序选择横截面或 [点（PO）/合并多条边（J）/模式（MO）]：_MO
闭合轮廓创建模式 [实体（SO）/曲面（SU）] <实体>：_SO
按放样次序选择横截面或 [点（PO）/合并多条边（J）/模式（MO）]：找到 1 个
按放样次序选择横截面或 [点（PO）/合并多条边（J）/模式（MO）]：找到 1 个，总计 2 个
按放样次序选择横截面或 [点（PO）/合并多条边（J）/模式（MO）]：选中了 2 个横截面
输入选项 [导向（G）/路径（P）/仅横截面（C）/设置（S）] <仅横截面>：
```

命令行中各选项的说明如下：

● 导向：指定控制放样实体或曲面形状的导向曲线。导向曲线可以是直线或曲线，可以通过将其他线框信息添加至对象来进一步定义实体或曲面的形状。在与每个横截面相交，并始于第一个横截面，止于最后一个横截面的情况下，导向线才能正常工作。

● 路径：指定放样实体或曲面的单一路径，路径曲线必须与横截面的所有平面相交。

● 仅横截面：选择该选项，则可以在"放样设置"对话框中控制放样曲线在其横截面处的轮廓。

动手练 创建放样实体

下面将一组曲线进行放样操作，创建出实体，操作步骤介绍如下：

Step 01 打开素材图形，如图14-42所示。

Step 02 执行"绘图>建模>放样"命令，根据提示选择第一个横截面，如图14-43所示。

扫码观看视频

Step 03 按照顺序依次选择其他的横截面，如图14-44所示。

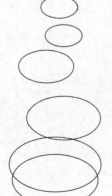
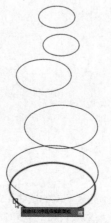
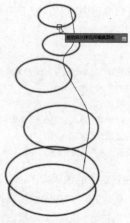

图14-42　素材图形　　　图14-43　选择第一个横截面　　　图14-44　选择其他的横截面

Step 04 按回车键确认，会弹出输入选项列表，这里保持默认的"仅横截面"选项，如图14-45所示。

Step 05 再按回车键即可完成放样实体的创建，如图14-46所示。

Step 06 切换到"概念"视觉样式，效果如图14-47所示。

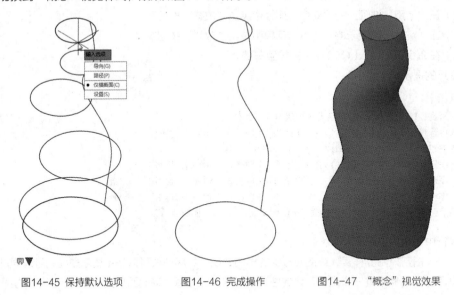

图14-45 保持默认选项　　　　图14-46 完成操作　　　　图14-47 "概念"视觉效果

14.2.4　扫掠实体

扫掠实体是指将需要扫掠的轮廓按指定路径创建实体或曲面。若想扫掠多个对象，则这些对象必须处于同一平面上。扫掠图形的性质取决于路径是封闭的还是开放的，若路径处于开放的，则扫掠的图形是曲线；若是封闭的，则扫掠的图形则为实体。

用户可以通过以下方式调用"扫掠"命令：

（1）从菜单栏执行"绘图>建模>扫掠"命令。

（2）在"常用"选项卡的"建模"面板中单击"扫掠"按钮 。

（3）在"实体"选项卡的"实体"面板中单击"扫掠"按钮 。

（4）在命令行中输入SWEEP命令并按回车键。

命令行的提示如下：

```
命令：_SWEEP
当前线框密度：ISOLINES = 4，闭合轮廓创建模式 = 实体
选择要扫掠的对象或 [模式（MO）]：_MO
闭合轮廓创建模式 [实体（SO）/曲面（SU）] <实体>：_SO
选择要扫掠的对象或 [模式（MO）]：找到 1 个
选择要扫掠的对象或 [模式（MO）]：
选择扫掠路径或 [对齐（A）/基点（B）/比例（S）/扭曲（T）]：
```

命令行中各选项的说明如下：

● **对齐：** 指定是否对齐轮廓使其作为扫掠路径切向的法线。

● **基点：** 指定要扫掠对象的基点，如果该点不在选定对象所在的平面上，则该点将被投影到该平面上。

● **比例**：指定比例因子以进行扫掠操作，从扫掠路径开始到结束，比例因子将统一应用到扫掠的对象上。

● **扭曲**：设置正被扫掠的对象的扭曲角度。扭曲角度是指定沿扫掠路径全部长度的旋转量。

知识点拨

在进行扫掠操作时，可以扫掠多个对象，但这些对象都必须位于同一个平面中。如果沿一条路径扫掠闭合的曲线，则生成实体；如果沿一条路径扫掠开放的曲线，则生成曲面。

动手练 创建扫掠实体

扫码观看视频

下面将二维图形创建成扫掠实体，操作步骤介绍如下：

Step 01 打开素材图形，如图14-48所示。

Step 02 执行"绘图>建模>扫掠"命令，根据提示选择要扫掠的对象，如图14-49所示。

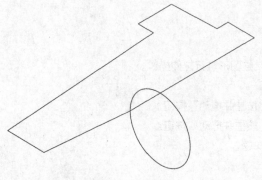

图14-48 素材图形

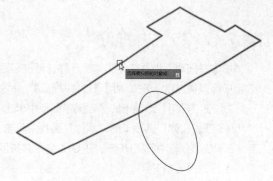

图14-49 选择扫掠对象

Step 03 按回车键确认后，再根据提示选择扫掠路径，如图14-50所示。

Step 04 单击扫掠路径后即可创建实体，如图14-51所示。

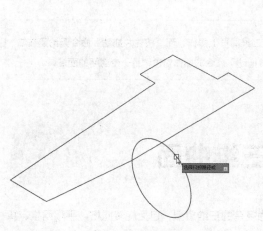

图14-50 选择扫掠路径

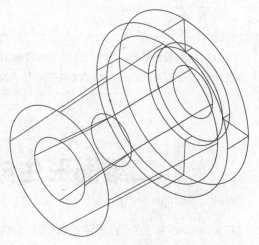

图14-51 完成操作

Step 05 切换到"概念"视觉样式，效果如图14-52所示。

图14-52　"概念"视觉效果

14.2.5　按住并拖动

"按住并拖动"也是拉伸实体的一种，通过指定二维图形进行拉伸操作。

用户可以通过以下方式调用"按住并拖动"命令：

（1）在"常用"选项卡的"建模"面板中单击"按住并拖动"按钮🔘。

（2）在"实体"选项卡的"实体"面板中单击"按住并拖动"按钮🔘。

（3）在命令行中输入PRESSPULL命令并按回车键。

命令行的提示如下：

```
命令：_PRESSPULL
选择对象或边界区域：
指定拉伸高度或 [多个（M）]：
已创建 1 个拉伸
```

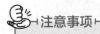 注意事项

　　该命令与拉伸操作相似。但"拉伸"命令只能限制在二维图形上操作，而"按住并拖动"命令无论是在二维或三维图形上都可以进行拉伸。需要注意的是，"按住并拖动"命令的操作对象则是一个封闭的面域。

14.3　二维图形生成三维曲面

在AutoCAD中，通过创建网格对象可以绘制更为复杂的三维模型，包括旋转网格、平移网格、直纹网格和边界网格对象。

14.3.1 旋转曲面

旋转曲面是指将曲线绕旋转轴旋转一定角度而形成的曲面。在使用"旋转曲面"命令之前，必须准备一个旋转曲面的轴和绘制旋转曲面的轮廓线。轮廓线可以闭合，也可以不闭合。旋转曲面可以用形体截面的外轮廓线围绕某一指定的轴旋转一定角度，从而生成网格曲面。

用户可以通过以下方式调用"旋转曲面"命令：

（1）从菜单栏执行"绘图>建模>网格>旋转网格"命令。

（2）在"网格"选项卡的"图元"面板中单击"旋转曲面"按钮⊛。

（3）在"曲面创建"工具栏中单击"旋转网格"按钮。

（4）在命令行中输入REVSURF命令，然后按回车键。

命令行的提示如下：

```
命令：_REVSURF
当前线框密度：SURFTAB1 = 6   SURFTAB2 = 6
选择要旋转的对象：
选择定义旋转轴的对象：
指定起点角度<0>：
指定夹角（+ = 逆时针，- = 顺时针）<360>：
```

通过"旋转曲面"命令创建曲面时，选择的旋转轴线与要旋转的对象必须在同一平面上，否则该命令无法执行。例如，使用"旋转曲面"功能将如图14-53所示的右侧多段线图形绕左侧直线进行旋转，即可创建出如图14-54所示的空心轴。

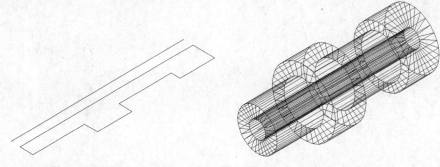

图14-53 旋转对象与旋转轴   图14-54 旋转曲面

知识点拨

在选择旋转对象时，一次只能选择一个对象，不能多个拾取，如果旋转迹线是由多条曲线连接而成，那么必须先将其转换为一条多段线。旋转方向的分段数由系统变量SURFTAB1确定，旋转轴方向的分段数由系统变量SURFTAB2确定。

14.3.2 平移曲面

"平移曲面"是指将轮廓曲线沿方向适量平移后构成的曲面。在使用"平移曲面"命令之前，必须准备一条平移曲面的平移方向线和一条绘制平移曲面的轮廓线。平移曲面可以将一个对象沿指定的矢量方向进行拉伸，从而得到三维表面模型。

用户可以通过以下方式调用"平移曲面"命令：

（1）从菜单栏执行"绘图>建模>网格>平移网格"命令。

（2）在"网格"选项卡的"图元"面板中单击"平移曲面"按钮。

（3）在"曲面创建"工具栏中单击"旋转网格"按钮。

（4）在命令行中输入TABSURF命令，然后按回车键。

命令行的提示如下：

```
命令：_TABSURF
当前线框密度：SURFTAB1 = 6
选择用作轮廓曲线的对象：
选择用作方向矢量的对象：
```

知识点拨

平移曲面时，被拉伸的轮廓曲线可以是直线、圆弧、圆和多段线，但指定拉伸方向的线型必须是直线和未闭合的多段线。若拉伸向量线选取的是多段线，则拉伸方向为两个端点间的连线，拉伸的长度是所选直线或多段线两个端点之间的长度。需要注意的是，拉伸向量线与被拉伸的对象不能位于同一平面上，否则无法进行拉伸。

如果使用"平移曲面"命令将如图14-55所示的多段线沿直线作为拉伸路径进行平移操作，将得到如图14-56所示的三维模型。

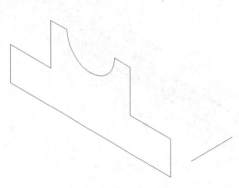

图14-55 多段线和直线

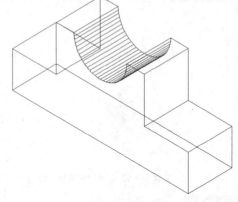

图14-56 平移曲面

14.3.3 直纹曲面

直纹曲面是由两条边构成的，因此在使用"直纹曲面"命令之前，必须准备两条边，这两条边可以是闭合的，也可以是不闭合的；可以在一个平面内，也可以不在一个平面内。选取两条边的端点不同，得到的直纹曲面也不同。

用户可以通过以下方式调用"直纹曲面"命令：

（1）从菜单栏执行"绘图>建模>网格>直纹网格"命令。

（2）在"网格"选项卡的"图元"面板中单击"直纹曲面"按钮。

（3）在"曲面创建"工具栏中单击"旋转网格"按钮。

（4）在命令行中输入RULESURF命令，然后按回车键。

命令行的提示如下：

```
命令：_RULESURF
当前线框密度：SURFTAB1 = 6
选择第一条定义曲线：
选择第二条定义曲线：
```

知识点拨

执行"直纹曲面"命令时要求选择两条曲线或直线，如果选择的第一个对象是闭合的，则另一个对象也必须是闭合的；如果选择的第一个对象是非封闭对象，则选择的另一个对象也不能是封闭对象。

直纹曲面可以在指定的两条曲线和曲线、曲线和直线、直线和直线之间生成一个网格空间曲面。例如，使用"直纹曲面"命令对如图14-57所示的直线与圆弧进行直纹曲面操作，将会得到如图14-58所示的三维曲面。

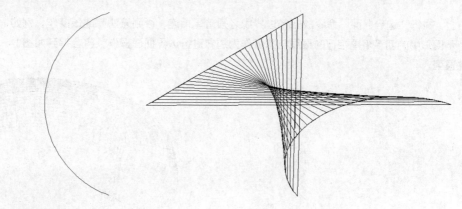

图14-57 直线和圆弧　　　　　　　　　　　　　图14-58 直纹曲面

直纹曲面用于限定曲面边界的线形可以是点、直线、光滑曲线、圆、弧线、多段线等，如果边界为圆，规则曲面将从圆的起点开始创建曲面。例如，选择圆与正六边形进行直纹曲面操作，其效果如图14-59所示。

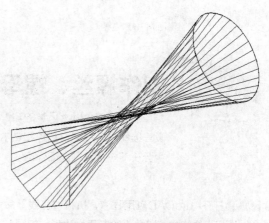

图14-59 圆与正六边形的直纹曲面

14.3.4 边界曲面

边界曲面可以在三维空间以四条直线、圆弧或多段线形成的闭合回路为边界，生成一个复杂的三维网格曲面。

用户可以通过以下方式调用"边界曲面"命令：

（1）从菜单栏执行"绘图>建模>网格>边界网格"命令。

（2）在"网格"选项卡的"图元"面板中单击"边界曲面"按钮 ⚒。

（3）在"曲面创建"工具栏中单击"旋转网格"按钮。

（4）在命令行中输入EDGESURF命令，然后按回车键。

命令行的提示如下：

```
命令：_EDGESURF3当前线框密度：SURFTAB1 = 30  SURFTAB2 = 30
选择用作曲面边界的对象1：
选择用作曲面边界的对象2：
选择用作曲面边界的对象3：
选择用作曲面边界的对象4：
```

执行"边界曲面"命令的四条边界线必须首尾相连，否则无法完成该操作。例如，以图14-60所示图形中的四条首尾相连的直线与圆弧作为边界进行边界曲面操作，将会得到如图14-61所示的三维模型。

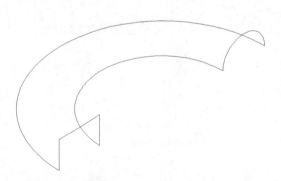

图14-60 边界

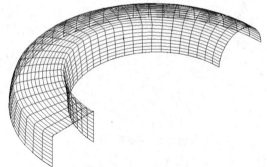

图14-61 边界曲面

制作螺丝、螺母模型

下面将结合以上所学的知识点，来绘制螺丝及螺母模型，涉及三维命令有拉伸、扫掠和布尔运算命令等，其中，布尔运算命令会在下一章进行详细介绍。

扫码观看视频

Step 01 打开AutoCAD应用程序，执行"直线"命令，绘制一条长26mm的直线，再执行"多边形"命令，捕捉直线的中点和端点绘制正六边形，如图14-62所示。

Step 02 切换到西南等轴测视图,执行"常用>建模>拉伸"命令,根据提示选择拉伸对象,如图14-63所示。

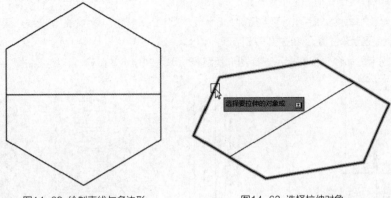

图14-62 绘制直线与多边形   图14-63 选择拉伸对象

Step 03 按回车键确认,根据提示将多边形对象拉伸出9mm的高度,制作出螺丝头部,如图14-64所示。

Step 04 执行"圆柱体"命令,捕捉多边形角点绘制半径为6mm、高为15mm的圆柱体,如图14-65所示。

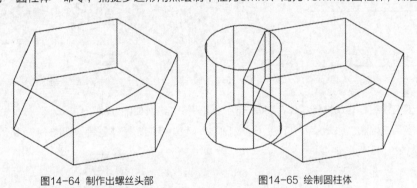

图14-64 制作出螺丝头部   图14-65 绘制圆柱体

Step 05 切换到俯视图,执行"移动"命令,将圆柱体的中点与多边形的中点对齐,如图14-66所示。

Step 06 切换到左视图,将圆柱体向上移动9mm,如图14-67所示。

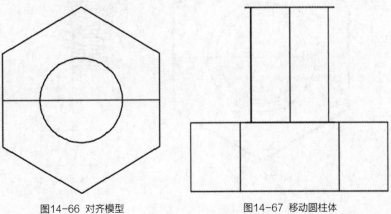

图14-66 对齐模型   图14-67 移动圆柱体

Step 07 执行"复制"命令，向上复制一个圆柱体，如图14-68所示。

Step 08 切换到西南等轴测视图，执行"常用>建模>按住并拖动"命令，将复制出的圆柱体向上拖出 25mm，如图14-69所示。

Step 09 执行"螺旋"命令，绘制上下半径都为6mm、圈数20、高度40mm的螺旋线，再绘制一个半径 1mm的圆，调整至合适位置，如图14-70所示。

Step 10 执行"扫掠"命令，根据提示选择图形及路径，即可制作出螺旋体，其结果如图14-71所示。

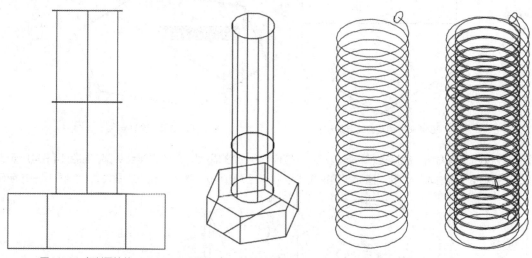

图14-68 复制圆柱体　　图14-69 按住并拖动图形　图14-70 绘制螺旋线与圆　图14-71 扫掠实体

Step 11 切换到俯视图，移动螺旋实体，将其与圆柱体对齐，结果如图14-72所示。

Step 12 再切换至左视图，将螺旋实体向上移动15mm，与上方的圆柱体重合，如图14-73所示。

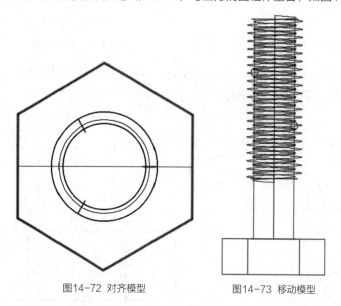

图14-72 对齐模型　　　　　图14-73 移动模型

Step 13 执行"常用>实体编辑>并集"命令，根据提示将除了螺旋体以外的实体模型进行合并，选择模型，可以看到已经成为了一个整体，如图14-74所示。

Step 14 再执行"常用>实体编辑>差集"命令，根据提示将螺旋体从螺丝模型中减去，即可制作出螺丝的模型，如图14-75所示。

Step 15 从菜单栏执行"视图>视觉样式>概念"命令，即可看到更加真实的效果，如图14-76所示。

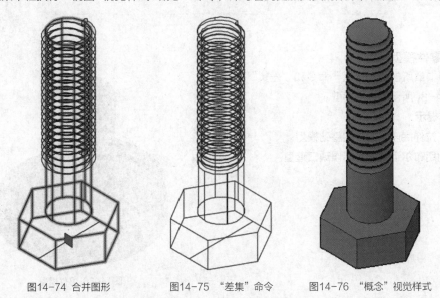

图14-74 合并图形　　　　　图14-75 "差集"命令　　　　　图14-76 "概念"视觉样式

Step 16 根据Step 01~Step 03的操作方法制作出一个尺寸相同的多边体模型，结果如图14-77所示。

Step 17 复制螺丝模型，与多边体中心对齐，并沿Z轴调整其位置，如图14-78所示。

Step 18 再次执行"差集"命令，将螺丝从多边体中减去，即可完成螺母模型的制作，如图14-79所示。

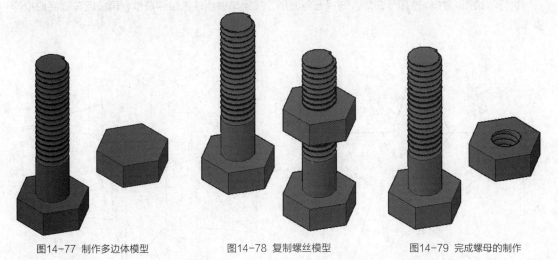

图14-77 制作多边体模型　　　　　图14-78 复制螺丝模型　　　　　图14-79 完成螺母的制作

为了让读者更好地掌握本章所学的知识，在这里提供了两个关于本章知识的课后作业，以供读者练手。

1. 创建零件模型

利用本章所学的"建模"命令和"差集"命令绘制如图14-80所示的零件模型。

操作提示：

Step 01 先拉伸底座和上方的基础模型。

Step 02 利用布尔运算命令制作缺口造型。

图14-80 零件模型

2. 拉伸五角图形

利用"拉伸"命令拉伸五角图形，如图14-81和图14-82所示。

操作提示：

执行"绘图>建模>拉伸"命令，选择五角图形，按回车键后输入拉伸高度，再按回车键完成拉伸操作。

图14-81 五角图形

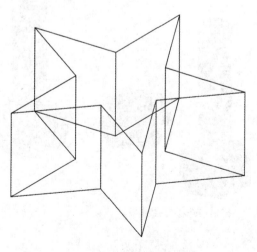

图14-82 拉伸后的效果

Chapter 15

三维模型的编辑

本章概述

　　本章将对三维模型的编辑操作进行介绍，如使用移动、对齐、旋转、镜像和阵列等功能编辑三维模型，或者利用差集、并集和交集命令更改图形的形状。通过本章的学习，读者应该学会使用基本编辑功能和实体面、边编辑功能，去构建和完善结构复杂的三维物体。

学习目标

- 熟悉三维实体边和三维实体面的编辑
- 掌握三维对象的变换操作
- 掌握三维实体的编辑
- 掌握复合实体的编辑

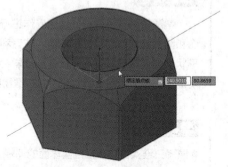

15.1 变换三维对象

在创建较复杂的三维模型时，为了使其更加美观，会使用到移动、对齐、旋转、镜像、阵列等编辑命令。

15.1.1 三维移动

在三维建模环境中，利用"三维移动"命令能够将指定模型沿X轴、Y轴、Z轴或其他任意方向，以及沿轴线、面或任意两点之间移动，从而准确定位模型在三维空间中的位置。"三维移动"的操作方式与"移动"类似，但是前者使用起来更形象、更直观。

用户可以通过以下方式调用"三维移动"命令：

（1）从菜单栏执行"修改>三维操作>三维移动"命令。

（2）在"常用"选项卡的"修改"面板中单击"三维移动"按钮⬚。

（3）在命令行中输入3DMOVE命令，然后按回车键。

执行"修改>三维操作>三维移动"命令，选择要移动的对象，然后按回车键确认，可以看到在模型上出现一个三维坐标轴，如图15-1所示。将光标移动到坐标轴上，该坐标轴会变成金色，而且沿该轴出现一条彩色辅助线，在坐标轴上单击并移动光标，模型可以沿坐标轴进行任意移动操作，如图15-2所示。

图15-1 选择移动对象   图15-2 选择坐标轴

命令行的提示如下：

```
命令：_3DMOVE
选择对象：找到 1 个
选择对象：
指定基点或 [位移（D）] <位移>：
指定第二个点或 <使用第一个点作为位移>：正在重生成模型
```

命令行中各选项的说明如下：

● **基点：** 指定要移动的三维对象的基点。

- **位移：** 选定三维对象，使用在命令提示下输入的坐标值指定其位置的相对距离和方向。
- **移动点：** 设置选定对象的新位置。
- **复制：** 创建选定对象的副本，而非仅移动选定对象。可以通过继续指定位置来创建多个副本。

15.1.2　三维旋转

使用"旋转"命令仅能使对象在XY平面内旋转，其旋转轴只能是Z轴。"三维旋转"命令能使对象绕三维空间中的任意轴按照指定的角度进行旋转。在旋转三维对象之前需要定义一个点作为三维对象的基准点。

用户可以通过以下方式调用"三维旋转"命令：

（1）从菜单栏执行"修改>三维操作>三维旋转"命令。

（2）在"常用"选项卡的"修改"面板中单击"三维旋转"按钮⊕。

（3）在命令行中输入3DROTATE命令，然后按回车键。

命令行的提示如下：

```
命令：_3DROTATE
UCS当前的正角方向：ANGDIR = 逆时针　ANGBASE = 0
选择对象：找到 1 个
选择对象：
指定基点：
** 旋转 **
指定旋转角度或 [基点（B）/复制（C）/放弃（U）/参照（R）/退出（X）]：正在重生成模型
```

命令行中各选项的说明如下：

- **指定基点：** 指定该三维模型的旋转基点。
- **拾取旋转轴：** 选择三维轴，并以该轴进行旋转。这里三维轴为X轴、Y轴和Z轴。其中，X轴为红色，Y轴为绿色，Z轴为蓝色。
- **角起点或输入角度：** 输入旋转角度值。

动手练 **将实体对象沿轴旋转60°** ─────────────

下面利用"三维旋转"命令将指定模型沿任意轴旋转60°，操作步骤介绍如下：

Step 01 打开素材图形，如图15-3所示。

Step 02 选择旋转对象，执行"修改>三维操作>三维旋转"命令，如图15-4所示。

图15-3 素材图形

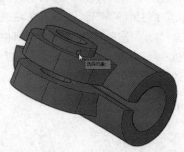
图15-4 选择旋转对象

Step 03 按回车键后进入旋转状态，可以看到模型上出现了三维旋转图标，如图15-5所示。

Step 04 任意指定一个旋转轴，该旋转轴会变成黄色，而且会出现中心轴线，如图15-6所示。

图15-5 旋转轴　　　　　　　　　　　　　图15-6 选择旋转轴

Step 05 单击后移动光标，根据提示输入旋转角度60°，如图15-7所示。

Step 06 按回车键确认，再按Esc键退出编辑，即可完成操作，如图15-8所示。

图15-7 输入旋转角度　　　　　　　　　　图15-8 三维旋转效果

15.1.3　三维对齐

"三维对齐"是指在三维空间中将两个对象与其他对象对齐，可以为源对象指定一个、两个或三个点，然后为目标对象指定一个、两个或三个点，其中，源对象的目标点要与目标对象的点相对应。

用户可以通过以下方式调用"三维对齐"命令：

（1）从菜单栏执行"修改>三维操作>三维对齐"命令。

（2）在"常用"选项卡的"修改"面板中单击"三维对齐"按钮🔲。

（3）在命令行中输入3DALIGN命令，然后按回车键。

命令行的提示如下：

```
命令: _3DALIGN
选择对象: 找到 1 个
选择对象:
指定源平面和方向……
```

指定基点或 [复制（C）]:
指定第二个点或 [继续（C）] <C>:
指定第三个点或 [继续（C）] <C>:
指定目标平面和方向……
指定第一个目标点:
指定第二个目标点或 [退出（X）] <X>:
指定第三个目标点或 [退出（X）] <X>:

命令行中各选项的说明如下:

- **基点:** 指定一个点用作源对象上的基点。
- **第二点:** 指定源对象在X轴上的点。第二个点在平行于当前UCS的XY平面内指定新的X轴方向。
- **第三点:** 指定对象在XY平面上的点。第三个点设置源对象的X轴和Y轴方向。
- **继续:** 向前跳至指定目标点的提示。
- **第一个目标点:** 定义源对象基点的目标。
- **第二个目标点:** 在平行于当前UCS的XY平面内为目标指定新的X轴方向。
- **第三个目标点:** 设置目标平面的X轴和Y轴方向。

知识点拨

　　使用"三维对齐"命令时，用户不必指定所有的对齐点。

　　如果仅指定一对对齐点，AutoCAD就把源对象由第一个源点移动到第一个目标点处;如果指定两对对齐点，则AutoCAD移动源对象后，会使两个源点的连线与两个目标点的连线重合，并使第一个源点与第一个目标点重合;如果指定三对对齐点，那么操作结束以后，三个源点定义的平面将与三个目标点定义的平面重合。

动手练 对齐长方体和棱锥体

　　下面将绘制好的长方体和棱锥体对齐放置，操作步骤介绍如下:

Step 01 打开素材图形，如图15-9所示。

Step 02 执行"修改>三维操作>三维对齐"命令，根据提示选择要对齐的源对象，如图15-10所示。

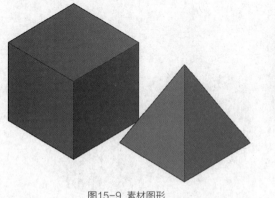

图15-9 素材图形

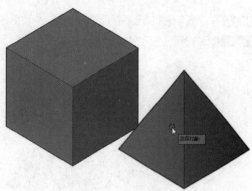

图15-10 选择源对象

Step 03 按回车键确认，根据提示指定源平面上的第一点，如图15-11所示。

Step 04 移动光标，指定源平面上的第二点，如图15-12所示。

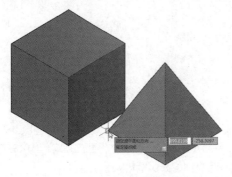

图15-11 指定源对象的第一点

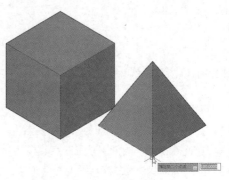

图15-12 指定源对象的第二点

Step 05 再移动光标，指定源平面上的第三点，如图15-13所示。

Step 06 继续移动光标，指定目标平面上的第一个目标点，如图15-14所示。

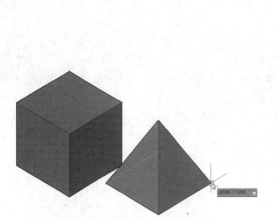

图15-13 指定源对象的第三点

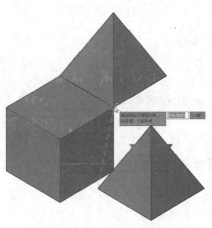

图15-14 指定第一个目标点

Step 07 移动光标，指定目标平面上的第二个目标点，如图15-15所示。

Step 08 移动光标，指定目标平面上的第三个目标点，如图15-16所示。

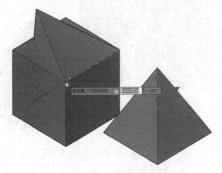

图15-15 指定第二个目标点

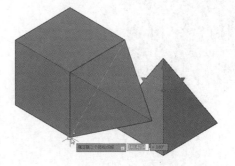

图15-16 指定第三个目标点

Step 09 在第三个目标点处单击后即可完成三维对齐操作，如图15-17所示。

图15-17 三维对齐效果

15.1.4　三维镜像

　　"三维镜像"是将选择的三维对象沿指定的面进行镜像操作。镜像平面可以是已经创建的面，如实体的面和坐标轴上的面，也可以通过三点创建一个镜像平面。

　　用户可以通过以下方式调用"三维镜像"命令：

　　（1）从菜单栏执行"修改>三维操作>三维镜像"命令。

　　（2）在"常用"选项卡的"修改"面板中单击"三维镜像"按钮█。

　　（3）在命令行中输入MIRROR3D命令，然后按回车键。

　　命令行的提示如下：

```
命令：_MIRROR3D
选择对象：找到 1 个
选择对象：
指定镜像平面（三点）的第一个点或 [对象（O）/最近的（L）/Z轴（Z）/视图（V）/XY平面（XY）/YZ平面（YZ）/
ZX平面（ZX）/三点（3）] <三点>：
在镜像平面上指定第二个点：
在镜像平面上指定第三个点：
是否删除源对象？[是（Y）/否（N）] <否>：
```

　　命令行中各选项的说明如下：

- **对象：** 通过选择圆、圆弧或二维多段线等二维对象，将选择对象所在的平面作为镜像平面。
- **三点：** 通过三个点定义镜像平面。
- **最近的：** 使用上一次镜像操作中使用的镜像平面作为本次镜像操作的镜像平面。
- **Z轴：** 依次选择两点，并将两点的连线作为镜像平面的法线，同时镜像平面通过选择的第一点。
- **视图：** 通过指定一点并将通过该点且与当前视图平面平行的平面作为镜像平面。
- **XY平面、YZ平面、ZX平面：** 将镜像平面与一个通过指定点的标准平面（XY、YZ、ZX）对齐。

动手练 镜像复制圆柱体

　　下面为模型镜像复制已创建好的圆柱体模型，操作步骤介绍如下：

Step 01 打开素材图形，如图15-18所示。

Step 02 执行"修改>三维操作>三维镜像"命令，根据提示选择要镜像复制的圆柱体，如图15-19所示。

图15-18　素材图形

图15-19　选择镜像对象

Step 03 按回车键确认后，根据提示指定镜像平面的第一个点，如图15-20所示。

Step 04 移动光标，指定镜像平面上的第二个点，如图15-21所示。

图15-20　指定镜像平面的第一个点

图15-21　指定镜像平面的第二个点

Step 05 继续移动光标，指定镜像平面上的第三个点，如图15-22所示。

Step 06 单击指定第三点后会弹出"是否删除源对象"的提示，这里选择"否"选项，如图15-23所示。

Step 07 至此完成三维镜像操作，如图15-24所示。

图15-22　指定镜像平面的第三个点

图15-23　不删除源对象

图15-24　完成三维镜像操作

15.1.5　三维阵列

"三维阵列"是指将指定的三维模型按照一定的规则进行阵列，在三维建模工作空间中，三维阵列也分为矩形阵列和环形阵列两种，主要用于零件模型的等距阵列复制。

用户可以通过以下方式调用"三维阵列"命令：

（1）从菜单栏执行"修改>三维操作>三维阵列"命令。

（2）在命令行中输入3DARRAY命令，然后按回车键。

1. 三维矩形阵列

三维矩形阵列可以将对象在三维空间以行、列、层的方式复制并排布。执行"修改>三维操作>三维阵列"命令，根据命令行的提示选择阵列对象，按回车键后再根据提示选择"矩形阵列"方式，输入相关的行数、列数、层数和各个间距值，即可完成三维矩形阵列操作，如图15-25和图15-26所示为三维矩形阵列效果。

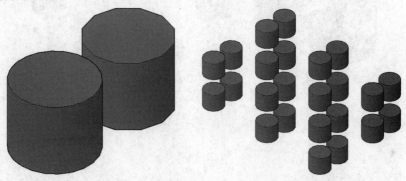

图15-25 阵列对象　　　　　　　图15-26 三维矩形阵列效果

命令行的提示如下：

```
命令：_3DARRAY
选择对象：找到 1 个
选择对象：
输入阵列类型 [矩形（R）/环形（P）] <矩形>: R
输入行数（---）<1>: 2
输入列数（III）<1>: 2
输入层数（...）<1>: 2
指定行间距（---）: 100
指定列间距（III）: 100
指定层间距（...）: 100
_.COPY
选择对象：找到 1 个
选择对象：
指定基点或 [位移（D）/多个（M）] <位移>: 0, 0, 0
指定第二个点或 [阵列（A）] <使用第一个点作为位移>:
命令：_.ARRAY
选择对象：找到 1 个
选择对象：找到 1 个，总计 2 个
```

选择对象：输入阵列类型 [矩形（R）/环形（P）] <R>：_R
输入行数（－－－）<1>：2
输入列数（Ⅲ）<1>：2
输入行间距或指定单位单元（－－－）：120
指定列间距（Ⅲ）：120
命令：

2. 三维环形阵列

"环形阵列"是指将三维模型设置指定的阵列角度进行环形阵列。在执行"三维阵列"命令的过程中，选择"环形"选项，则可以在三维空间中环形阵列三维对象，如图15-27和图15-28所示。

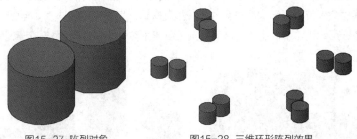

图15-27 阵列对象　　　　　图15-28 三维环形阵列效果

命令行的提示如下：

命令：_3DARRAY
选择对象：找到 1 个
选择对象：
输入阵列类型 [矩形（R）/环形（P）] <矩形>：P
输入阵列中的项目数：6
指定要填充的角度（＋＝逆时针，－＝顺时针）<360>：
旋转阵列对象？[是（Y）/否（N）] <Y>：
指定阵列的中心点：
指定旋转轴上的第二个点：_.UCS
当前UCS名称：*世界*
指定UCS的原点或 [面（F）/命名（NA）/对象（OB）/上一个（P）/视图（V）/世界（W）/X/Y/Z/Z轴（ZA）] <世界>：
_ZAXIS
指定新原点或 [对象（O）] <0,0,0>：
在正Z轴范围上指定点 <1093.0926, −78.3939, 1.0000>：
命令：_.ARRAY
选择对象：找到 1 个
选择对象：输入阵列类型 [矩形（R）/环形（P）] <R>：_P
指定阵列的中心点或 [基点（B）]：
输入阵列中的项目数：6
指定填充角度（＋＝逆时针，－＝顺时针）<360>：360
是否旋转阵列中的对象？[是（Y）/否（N）] <Y>：_Y
命令：_.UCS
当前UCS名称：*没有名称*
指定UCS的原点或 [面（F）/命名（NA）/对象（OB）/上一个（P）/视图（V）/世界（W）/X/Y/Z/Z轴（ZA）] <世界>：_p
命令：

15.2 编辑三维实体

在对三维实体进行编辑时，可以对模型进行分割、抽壳、加厚、剖切等操作，还可以将对象转换为实体或曲面。

15.2.1 抽壳

利用"抽壳"命令可以将三维模型转换为中空薄壁或壳体，其厚度可以由用户自己指定。

用户可以通过以下方式调用"抽壳"命令：

（1）从菜单栏执行"修改>实体编辑>抽壳"命令。

（2）在"实体"选项卡的"实体编辑"面板中单击"抽壳"按钮。

（3）在命令行中输入SOLIDEDIT命令，然后按回车键，根据命令行的提示输入b，再按回车键后输入SHELL命令。

命令行的提示如下：

```
命令：_SOLIDEDIT
实体编辑自动检查：SOLIDCHECK = 1
输入实体编辑选项 [面（F）/边（E）/体（B）/放弃（U）/退出（X）] <"退出">：_body
输入体编辑选项 [压印（I）/分割实体（P）/抽壳（S）/清除（L）/检查（C）/放弃（U）/退出（X）] <"退出">：
_shell
选择三维实体：
删除面或 [放弃（U）/添加（A）/全部（ALL）]：找到一个面，已删除 1 个
删除面或 [放弃（U）/添加（A）/全部（ALL）]：
输入抽壳偏移距离：20
已开始实体校验
已完成实体校验
```

命令行中各选项的说明如下：

● **删除面：** 从实体对象中删除选定的面，从而生成开放壳体。

● **抽壳偏移距离：** 输入正值，从表面向内生成厚度，其他实体被删除；输入负值，则从表面向外生成厚度，实体内部全部删除。

动手练 制作实体抽壳效果

下面为实体模型制作抽壳效果，操作步骤介绍如下：

Step 01 打开素材模型，如图15-29所示。

Step 02 执行"修改>实体编辑>抽壳"命令，根据提示选择要抽壳的对象，如图15-30所示。

图15-29　素材图形

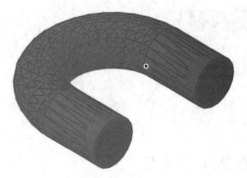

图15-30　选择对象

Step 03 再根据提示选择删除面，如图15-31所示。

Step 04 按回车键确认，根据提示输入抽壳偏移距离5，如图15-32所示。

图15-31　选择删除面

图15-32　输入抽壳偏移距离

Step 05 再按回车键确认，即可看到模型抽壳效果，系统会弹出"输入体编辑选项"列表，如图15-33所示。

Step 06 再按两次回车键，即可完成本次操作，如图15-34所示。

图15-33　"输入体编辑选项"列表

图15-34　抽壳效果

15.2.2　分割

使用"分割"命令可以将不连续的三维实体对象分割为独立的三维实体对象。

用户可以通过以下方式调用"分割"命令：

（1）从菜单栏执行"修改>实体编辑>分割"命令。

（2）在"实体"选项卡的"实体编辑"面板中单击"分割"按钮。

（3）在命令行中输入SOLIDEDIT命令，然后按回车键，根据命令行的提示输入b，再按回车键后输入SEPARATE命令。

命令行的提示如下：

```
命令：_SOLIDEDIT
实体编辑自动检查：SOLIDCHECK = 1
输入实体编辑选项 [面（F）/边（E）/体（B）/放弃（U）/退出（X）] <"退出">：_body
输入体编辑选项 [压印（I）/分割实体（P）/抽壳（S）/清除（L）/检查（C）/放弃（U）/退出（X）] <"退出">：
_separate
选择三维实体：
输入体编辑选项 [压印（I）/分割实体（P）/抽壳（S）/清除（L）/检查（C）/放弃（U）/退出（X）] <"退出">：P
选择三维实体：
```

知识点拨

"分割"命令仅可分离已通过并集运算合并的不相交的复合实体，不适用于布尔运算生成的相交对象，分割前后的模型在外观上并无变化。

15.2.3　加厚

"加厚"命令可以为曲面添加厚度，将其转换为三维实体。

用户可以通过以下方式调用"加厚"命令：

（1）从菜单栏执行"修改>三维操作>加厚"命令。

（2）在"实体"选项卡的"实体编辑"面板中单击"加厚"按钮。

（3）在命令行中输入THICKEN命令，然后按回车键，选择所需的曲面图形，再次按回车键，输入厚度参数即可。

（4）执行"修改>三维操作>加厚"命令，根据命令行的提示即可完成曲面加厚操作。

命令行的提示如下：

```
命令：_THICKEN
选择要加厚的曲面：找到 1 个
选择要加厚的曲面：指定厚度 <100.0000>：50
```

动手练 将平面曲面加厚转换为三维实体

下面利用"加厚"命令将平面曲面转换为三维实体，操作步骤介绍如下：

Step 01 执行"绘图>建模>曲面>平面"命令，绘制尺寸为200mm×100mm的平面曲面，如图15-35所示。

Step 02 执行"修改>三维操作>加厚"命令，根据提示选择要加厚的曲面，如图15-36所示。

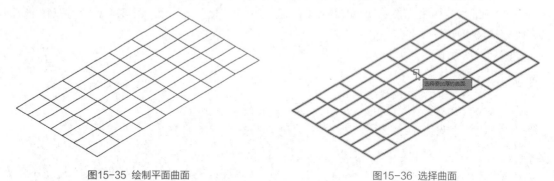

图15-35 绘制平面曲面   图15-36 选择曲面

Step 03 按回车键确认，再根据提示指定加厚厚度为40，如图15-37所示。

Step 04 再按回车键确认，即可完成加厚操作，如图15-38所示。

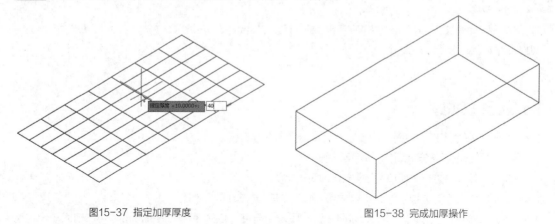

图15-37 指定加厚厚度   图15-38 完成加厚操作

15.2.4 剖切

剖切就是使用假想的一个与对象相交的平面或曲面，将三维实体切为两半。被切开实体的两部分可以保留一侧，也可以都保留。通常利用该工具剖切一些复杂的零件，如腔体类零件，其外形看似简单，但内部却极其复杂，通过剖切可以更加清楚地表达模型内部的形体结构。

用户可以通过以下方式调用"剖切"命令：

（1）从菜单栏执行"修改>三维操作>剖切"命令。

（2）在"实体"选项卡的"实体编辑"面板中单击"剖切"按钮。

（3）在命令行中输入SLICE命令，然后按回车键。

命令行的提示如下：

```
命令：_SLICE
选择要剖切的对象：找到 1 个
选择要剖切的对象：
指定切面的起点或 [平面对象（O）/曲面（S）/Z轴（Z）/视图（V）/XY（XY）/YZ（YZ）/ZX（ZX）/三点（3）]<"三点">:
```

命令行中各选项的含义介绍如下：

● **指定切面的起点：** 该方式是默认的剖切方式，即通过指定剖切实体的两点，系统将默认两点所在垂直平面为剖切平面，对实体进行剖切操作。

命令行的提示如下：

```
命令：_SLICE
选择要剖切的对象：找到 1 个
选择要剖切的对象：
指定切面的起点或 [平面对象（O）/曲面（S）/Z轴（Z）/视图（V）/XY（XY）/YZ（YZ）/ZX（ZX）/三点（3）]<"三点">:
指定平面上的第二个点：
在所需的侧面上指定点或 [保留两个侧面（B）]<"保留两个侧面">:
命令：
```

● **平面对象：** 该剖切方式是利用曲线、圆、椭圆、圆弧或椭圆弧、二维样条曲线、二维多段线作为剖切平面，对所选实体进行剖切操作。

命令行的提示如下：

```
命令：_SLICE
选择要剖切的对象：找到 1 个
选择要剖切的对象：
指定切面的起点或 [平面对象（O）/曲面（S）/Z轴（Z）/视图（V）/XY（XY）/YZ（YZ）/ZX（ZX）/三点（3）]<"三点">: O
选择用于定义剖切平面的圆、椭圆、圆弧、二维样条曲线或二维多段线：
在所需的侧面上指定点或 [保留两个侧面（B）]<"保留两个侧面">:
```

● **曲面：** 该方式是以曲面作为剖切平面，选取待剖切的对象后，在命令行中输入S，按回车键后选择曲面，即可执行剖切操作。

命令行的提示如下：

```
命令：_SLICE
选择要剖切的对象：找到 1 个
选择要剖切的对象：
指定切面的起点或 [平面对象（O）/曲面（S）/Z轴（Z）/视图（V）/XY（XY）/YZ（YZ）/ZX（ZX）/三点（3）]<"三点">: S
选择曲面：
选择要保留的剖切对象或 [保留两个侧面（B）]<"保留两个侧面">:
```

● **Z轴：** 该方式可以指定Z轴方向的两点作为剖切平面。选取待剖切的对象后，在命令行中输入Z，按回车键后直接在实体上指定两点，即可执行剖切操作。

命令行的提示如下：

```
命令：_SLICE
选择要剖切的对象：找到 1 个
选择要剖切的对象：
指定切面的起点或 [平面对象（O）/曲面（S）/Z轴（Z）/视图（V）/XY（XY）/YZ（YZ）/ZX（ZX）/三点（3）]<"三点">：Z
指定剖面上的点：
指定平面Z轴（法向）上的点：
在所需的侧面上指定点或 [保留两个侧面（B）] <"保留两个侧面">：
```

● **视图：**该方式是以实体所在的视图为剖切平面，选取剖切对象后，在命令行中输入V，按回车键后指定三维坐标点或输入坐标数字，即可执行剖切操作。

命令行的提示如下：

```
命令：_SLICE
选择要剖切的对象：找到 1 个
选择要剖切的对象：
指定切面的起点或 [平面对象（O）/曲面（S）/Z轴（Z）/视图（V）/XY（XY）/YZ（YZ）/ZX（ZX）/三点（3）]<"三点">：V
指定当前视图平面上的点 <"0, 0, 0">：
在所需的侧面上指定点或 [保留两个侧面（B）] <"保留两个侧面">：
```

● **XY、YZ、ZX：**该方式是利用坐标系平面的XY、YZ、ZX平面作为剖切平面。选取待剖切的对象后，在命令行中指定坐标系平面，按回车键后指定该平面上的一点，即可执行剖切操作。

命令行的提示如下：

```
命令：_SLICE
选择要剖切的对象：找到 1 个
选择要剖切的对象：
指定切面的起点或 [平面对象（O）/曲面（S）/Z轴（Z）/视图（V）/XY（XY）/YZ（YZ）/ZX（ZX）/三点（3）]<"三点">：YZ
指定YZ平面上的点 <"0, 0, 0">：
在所需的侧面上指定点或 [保留两个侧面（B）] <"保留两个侧面">：
```

● **三点：**该方式是在绘图区中选取三点，利用这三个点组成的平面作为剖切平面。选取剖切对象后，根据命令行的提示输入3，按回车键后直接在实体上选取三个点，系统会自动根据这三个点组成的平面执行剖切操作。

命令行的提示如下：

```
命令：_SLICE
选择要剖切的对象：找到 1 个
选择要剖切的对象：
指定切面的起点或 [平面对象（O）/曲面（S）/Z轴（Z）/视图（V）/XY（XY）/YZ（YZ）/ZX（ZX）/三点（3）]<"三点">：3
指定平面上的第一个点：
指定平面上的第二个点：
```

指定平面上的第三个点：
在所需的侧面上指定点或 [保留两个侧面（B）] <"保留两个侧面">：

动手练 两点剖切实体

下面通过指定两点剖切实体，操作步骤介绍如下：

Step 01 打开素材图形，如图15-39所示。

Step 02 执行"修改>三维操作>剖切"命令，根据提示选择剖切对象，如图15-40所示。

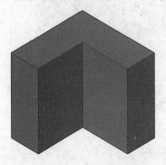

图15-39 素材图形

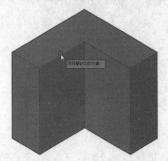

图15-40 选择对象

Step 03 按回车键确认，根据提示指定切面的起点，如图15-41所示。

Step 04 移动光标，指定剖切平面上的第二个点，如图15-42所示。

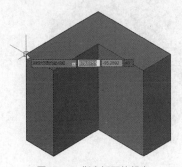

图15-41 指定切面的起点

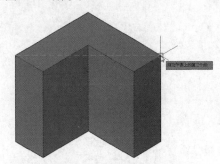

图15-42 指定切面的第二个点

Step 05 再移动光标，在需要保留的一侧捕捉一点，如图15-43所示。

Step 06 执行"绘图>建模>长方体"命令，如图15-44所示。

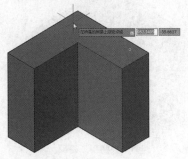

图15-43 指定要保留的一侧

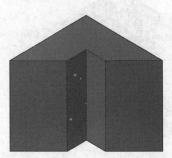

图15-44 剖切效果

动手练 三点剖切实体

下面通过指定三点剖切实体，操作步骤介绍如下：

Step 01 打开素材图形，如图15-45所示。

Step 02 执行"修改>三维操作>剖切"命令，根据提示选择剖切对象，如图15-46所示。

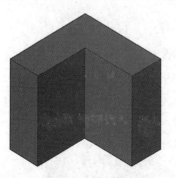

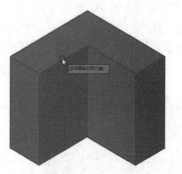

图15-45 素材图形　　　　　　　　　　　图15-46 选择对象

Step 03 按回车键确认，根据命令行的提示输入3，如图15-47所示。

Step 04 按回车键确认，根据提示指定剖切平面上的第一个点，如图15-48所示。

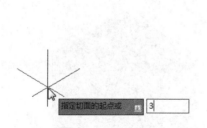

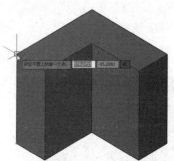

图15-47 输入3　　　　　　　　　　　图15-48 指定剖切平面的第一个点

Step 05 移动光标，指定剖切平面上的第二个点，如图15-49所示。

Step 06 继续移动光标，指定剖切平面上的第三个点，如图15-50所示。

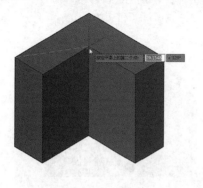

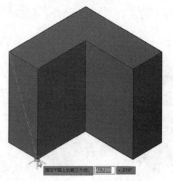

图15-49 指定剖切平面的第二个点　　　　图15-50 指定剖切平面的第三个点

Step 07 在所需保留的一侧捕捉一点，如图15-51所示。

Step 08 执行"绘图>建模>长方体"命令，如图15-52所示。

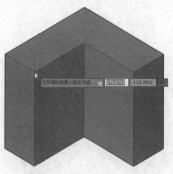

图15-51 指定保留的一侧

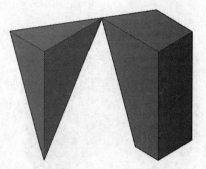

图15-52 剖切效果

动手练 二维图形剖切实体

下面利用一个封闭的二维图形来剖切实体，操作步骤介绍如下：

Step 01 打开素材图形，如图15-53所示。

Step 02 切换到俯视图，执行"圆"命令，绘制一个半径为30mm的圆，如图15-54所示。

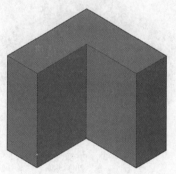

图15-53 素材图形

图15-54 绘制圆

Step 03 切换到西南等轴测视图，执行"移动"命令，将圆形向上移动15mm的高度，如图15-55所示。

Step 04 执行"修改>三维操作>剖切"命令，根据提示选择剖切对象，如图15-56所示。

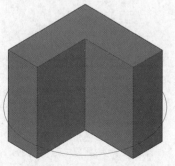

图15-55 移动圆位置

图15-56 选择对象

Step 05 按回车键确认，再根据提示输入o命令，如图15-57所示。

Step 06 再按回车键确认，根据提示选择用于定义剖切平面的二维图形，这里选择圆，如图15-58所示。

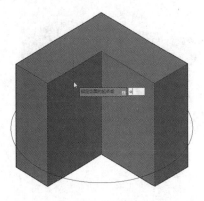
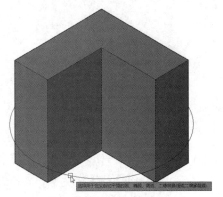

图15-57 输入o命令　　　　　　　　　　图15-58 选择剖切平面

Step 07 移动光标在所需保留的一侧捕捉一点，如图15-59所示。

Step 08 单击捕捉点即可完成剖切操作，如图15-60所示。

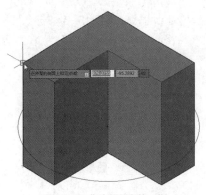
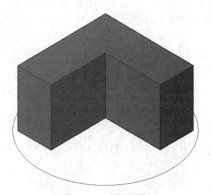

图15-59 指定要保留的一侧　　　　　　　图15-60 剖切效果

15.3 编辑复合实体

　　布尔运算功能可以合并、减去或找出两个或两个以上的三维实体、曲面或面域的相交部分来创建复合三维对象。运用布尔运算命令可以绘制出一些较为复杂的三维实体。

15.3.1 并集

　　并集运算命令可以对所选的两个或两个以上的面域或实体进行合并运算。

　　用户可以通过以下方式调用"并集"命令：

（1）从菜单栏执行"修改>实体编辑>并集"命令。

（2）在"常用"选项卡的"实体编辑"面板中单击"并集"按钮⑩。

（3）在"实体"选项卡的"布尔值"面板中单击"并集"按钮⑩。

（4）在命令行中输入UNION命令，然后按回车键。

执行以上任意操作，根据提示依次选择要合并的实体模型，按回车键确认即可完成并集操作。

命令行的提示如下：

```
命令：_UNION
选择对象：找到 1 个
选择对象：找到 1 个，总计 2 个
选择对象：找到 1 个，总计 3 个
选择对象：
```

15.3.2 差集

"差集"命令可以从一组实体中删除与另一组实体的公共区域，从而生成一个新的实体或面域。

用户可以通过以下方式调用"差集"命令：

（1）从菜单栏执行"修改>实体编辑>差集"命令。

（2）在"常用"选项卡的"实体编辑"面板中单击"差集"按钮⑩。

（3）在"实体"选项卡的"布尔值"面板中单击"差集"按钮⑩。

（4）在命令行中输入SUBTRACT命令，然后按回车键。

命令行的提示如下：

```
命令：_SUBTRACT
选择要从中减去的实体、曲面和面域……
选择对象：找到 1 个
选择对象：
选择要减去的实体、曲面和面域……
选择对象：找到 1 个
选择对象：
```

动手练 模型挖孔

扫码观看视频

下面利用"差集"功能将模型挖孔，操作步骤介绍如下：

Step 01 打开素材图形，如图15-61所示。

Step 02 执行"修改>实体编辑>差集"命令，根据提示选择主体模型，如图15-62所示。

图15-61 素材图形

图15-62 选择主体模型

Step 03 按回车键确认，再根据提示选择要减去的模型，这里依次选择四个圆柱体，如图15-63所示。

Step 04 按回车键确认即可完成差集操作，如图15-64所示。

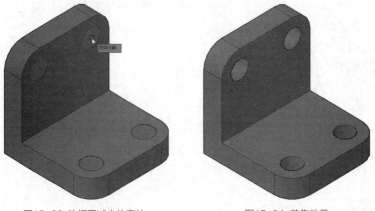

图15-63 选择要减去的实体　　　　　　　图15-64 差集效果

15.3.3　交集

交集是将多个面域或实体之间的公共部分生成新实体。

用户可以通过以下方式调用"交集"命令：

（1）从菜单栏执行"修改>实体编辑>交集"命令。

（2）在"常用"选项卡的"实体编辑"面板中单击"交集"按钮◎。

（3）在"实体"选项卡的"布尔值"面板中单击"交集"按钮◎。

（4）在命令行中输入INTERSECT命令，然后按回车键。

执行以上任意操作，根据提示选择相交的实体模型，按回车键确认即可完成交集操作，如图15-65和图15-66所示。

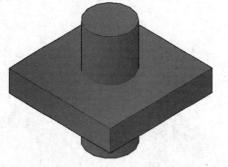

图15-65 两个相交的实体　　　　　　　图15-66 交集效果

命令行的提示如下：

```
命令：_INTERSECT
选择对象：指定对角点：找到 2 个
选择对象：找到 1 个（1 个重复），总计 2 个
选择对象：
```

15.4　编辑三维实体边

AutoCAD提供了丰富的实体编辑命令,对于三维实体的边,可以进行提取、压印、复制、着色、倒角、圆角操作。

15.4.1　提取边

使用"提取边"命令,可以从三维实体、曲面、网格、面域或子对象的边创建线框几何图形,也可以按住Ctrl键选择提取单个边和面。

用户可以通过以下方式调用"提取边"命令:

（1）从菜单栏执行"修改>三维操作>提取边"命令。

（2）在"常用"选项卡的"实体编辑"面板中单击"提取边"按钮⬚。

（3）在"实体"选项卡的"实体编辑"面板中单击"提取边"按钮⬚。

（4）在命令行中输入XEDGES命令,然后按回车键。

执行"修改>三维操作>提取边"命令,选择实体上需要提取的边,按回车键即可完成提取边的操作,删除源实体模型即可看到边线效果,如图15-67和图15-68所示。

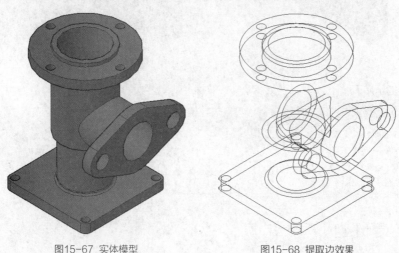

图15-67　实体模型　　　　　　　　　　　图15-68　提取边效果

15.4.2　压印边

在选定的对象上压印一个对象,相当于将一个选定的对象映射到另一个三维实体上。为了压印成功,被压印的对象必须与选定对象的一个面或多个面相交,被压印的对象可以是圆弧、圆、直线、多段线、椭圆、样条曲线、面域或三维实体等。

用户可以通过以下方式调用"压印边"命令:

（1）从菜单栏执行"修改>实体编辑>压印边"命令。

（2）在"常用"选项卡的"实体编辑"面板中单击"压印"按钮。

（3）在"实体"选项卡的"实体编辑"面板中单击"压印"按钮。

（4）在命令行中输入IMPRINT命令，然后按回车键。

　　执行"修改>实体编辑>压印边"命令，选择三维实体，再选择压印对象，根据提示选择是否删除源对象即可完成操作，如图15-69和图15-70所示分别为压印边实体和压印效果。

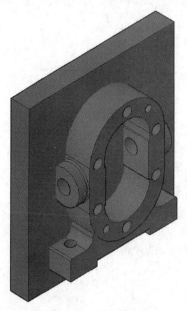

图15-69　实体模型

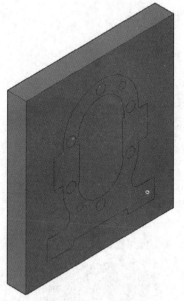

图15-70　压印边效果

　　命令行的提示如下：

```
命令：_IMPRINT
选择三维实体或曲面：
选择要压印的对象：
是否删除源对象 [是（Y）/否（N）] <N>：Y
选择要压印的对象：
```

15.4.3　复制边

　　"复制边"命令可以复制三维实体对象的各种边，用于把实体的边复制成直线、圆、圆弧或样条曲线等，其操作过程与常用的"复制"命令类似。

　　用户可以通过以下方式调用"复制边"命令：

（1）从菜单栏执行"修改>实体编辑>复制边"命令。

（2）在"常用"选项卡的"实体编辑"面板中单击"复制边"按钮。

（3）在命令行中输入SOLIDEDIT命令，然后按回车键，根据命令行的提示输入E，按回车键后再输入COPY命令。

　　命令行的提示如下：

```
命令：_SOLIDEDIT
实体编辑自动检查：SOLIDCHECK = 1
输入实体编辑选项 [面（F）/边（E）/体（B）/放弃（U）/退出（X）] <"退出">：_edge
输入边编辑选项 [复制（C）/着色（L）/放弃（U）/退出（X）] <"退出">：_copy
选择边或 [放弃（U）/删除（R）]：
选择边或 [放弃（U）/删除（R）]：
指定基点或位移：
指定位移的第二个点：
输入边编辑选项 [复制（C）/着色（L）/放弃（U）/退出（X）] <"退出">：
实体编辑自动检查：SOLIDCHECK = 1
输入实体编辑选项 [面（F）/边（E）/体（B）/放弃（U）/退出（X）] <"退出">：
```

动手练 从实体中复制边线

下面从实体模型中复制出一个面上的边线，操作步骤介绍如下：

Step 01 执行"绘图>建模>长方体"命令，绘制任意尺寸的长方体，如图15-71所示。

Step 02 执行"修改>实体编辑>复制边"命令，根据提示选择要复制的边，如图15-72所示。

Step 03 按回车键确认，根据提示指定复制基点的位置，如图15-73所示。

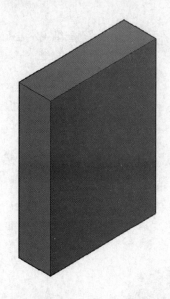
图15-71 绘制长方体

图15-72 选择边

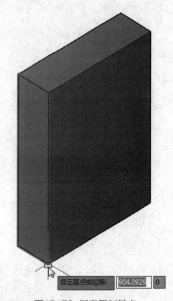
图15-73 指定复制基点

知识点拨

在复制边时，建议开启"对象捕捉"功能和"正交"功能，这样可以更加精确地将模型边复制到指定的位置。

Step 04 移动光标，指定位移的目标点，如图15-74所示。

Step 05 按两次回车键，即可完成复制边的操作，如图15-75所示。

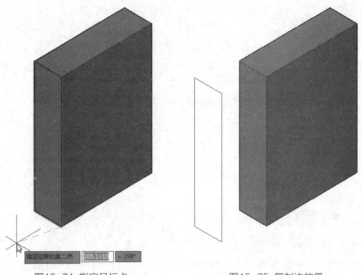

图15-74 指定目标点　　　　　　　　图15-75 复制边效果

15.4.4　实体倒角

对三维图形进行倒角和圆角可以去除实体的棱边，使边角过渡平滑。下面分别介绍对三维实体进行倒角和圆角的方法。

1. 倒角边

三维倒直角命令只能用于实体，对表面模型不适用。在对三维对象应用此命令时，AutoCAD的提示顺序与二维对象倒角时不同。

用户可以通过以下方式调用"倒角边"命令：

（1）从菜单栏执行"修改>实体编辑>倒角边"命令。

（2）在"常用"选项卡的"实体编辑"面板中单击"倒角边"按钮。

（3）在命令行中输入CHAMFEREDGE命令，然后按回车键。

执行"修改>实体编辑>倒角边"命令，根据命令行的提示输入倒角距离，并选择所需的倒角边即可，如图15-76和图15-77所示。

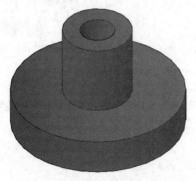
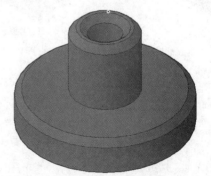

图15-76 三维实体　　　　　　　　　图15-77 倒角边效果

命令行的提示如下：

```
命令：_CHAMFEREDGE  距离 1 = 1.0000，距离 2 = 1.0000
选择一条边或 [环（L）/距离（D）]：
选择同一个面上的其他边或 [环（L）/距离（D）]：
选择同一个面上的其他边或 [环（L）/距离（D）]：
选择同一个面上的其他边或 [环（L）/距离（D）]：
选择同一个面上的其他边或 [环（L）/距离（D）]：
按Enter键接受倒角或 [距离（D）]：D
指定基面倒角距离或 [表达式（E）]<"1.0000">：100
指定其他曲面倒角距离或 [表达式（E）]<"1.0000">：100
按Enter键接受倒角或 [距离（D）]：
```

2. 圆角边

三维倒圆角命令可以给实心体的棱边倒圆角，该命令对表面模型不适用。在3D空间中使用此命令时与在2D空间中有所不同，用户不必事先设定倒角的半径值，AutoCAD会提示用户进行设定。

用户可以通过以下方式调用"圆角边"命令：

（1）从菜单栏执行"修改>实体编辑>圆角边"命令。

（2）在"常用"选项卡的"实体编辑"面板中单击"圆角边"按钮 。

（3）在命令行中输入FILLETEDGE命令，然后按回车键。

执行"修改>实体编辑>圆角边"命令，根据命令行的提示输入半径值，并选中需要倒角的实体边即可，如图15-78和图15-79所示。

图15-78 三维实体

图15-79 圆角边效果

命令行的提示如下：

```
命令：_FILLETEDGE
半径 = 1.0000
选择边或 [链（C）/环（L）/半径（R）]：
选择边或 [链（C）/环（L）/半径（R）]：
已选定 1 个边用于圆角
按Enter键接受圆角或 [半径（R）]：R
指定半径或 [表达式（E）]<"1.0000">：100
按Enter键接受圆角或 [半径（R）]：100
按Enter键接受圆角或 [半径（R）]：
```

15.5　编辑三维实体面

除了可以对实体进行倒角、阵列、镜像及旋转等操作外，AutoCAD还专门提供了编辑实体模型表面、棱边及体的命令——SOLIDEDIT命令。对于面的编辑，AutoCAD提供了拉伸面、移动面、偏移面、删除面、旋转面、倾斜面、复制面和着色面这几种命令。

15.5.1　拉伸面

"拉伸面"是通过选择一个实体的面，然后指定一个高度和倾斜角度或指定一条拉伸路径，使实体的面被拉伸形成新的实体。可以作为拉伸路径的曲线有：直线、圆、圆弧、椭圆、椭圆弧、多段线和样条曲线。

用户可以通过以下方式调用"拉伸面"命令：

（1）从菜单栏执行"修改>实体编辑>拉伸面"命令。

（2）在"常用"选项卡的"实体编辑"面板中单击"拉伸面"按钮。

（3）在"实体"选项卡的"实体编辑"面板中单击"拉伸面"按钮。

执行以上任意操作，根据命令行的提示，选择实体上要拉伸的面，按回车键确认后再输入要拉伸的高度，再按两次回车键即可完成拉伸面操作，如图15-80、图15-81、图15-82所示。

图15-80　选择拉伸面

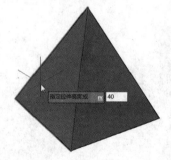

图15-81　指定拉伸高度

图15-82　拉伸面效果

命令行的提示如下：

```
命令：_SOLIDEDIT
实体编辑自动检查：SOLIDCHECK = 1
输入实体编辑选项 [面（F）/边（E）/体（B）/放弃（U）/退出（X）] <"退出">：_face
输入面编辑选项 [拉伸（E）/移动（M）/旋转（R）/偏移（O）/倾斜（T）/删除（D）/复制（C）/颜色（L）/材质
（A）/放弃（U）/退出（X）] <"退出">：_extrude
选择面或 [放弃（U）/删除（R）]：找到一个面
选择面或 [放弃（U）/删除（R）/全部（ALL）]：
指定拉伸高度或 [路径（P）]：200
指定拉伸的倾斜角度 <"0">：
已开始实体校验
```

已完成实体校验

输入面编辑选项 [拉伸（E）/移动（M）/旋转（R）/偏移（O）/倾斜（T）/删除（D）/复制（C）/颜色（L）/材质（A）/放弃（U）/退出（X）] <"退出">：

实体编辑自动检查：SOLIDCHECK = 1

输入实体编辑选项 [面（F）/边（E）/体（B）/放弃（U）/退出（X）] <"退出">：

15.5.2　移动面

"移动面"则是将选定的面沿着指定的高度或距离进行移动，当然，一次也可以选择多个面进行移动。

用户可以通过以下方式调用"移动面"命令：

（1）从菜单栏执行"修改>实体编辑>移动面"命令。

（2）在"常用"选项卡的"实体编辑"面板中单击"移动面"按钮。

（3）在"实体"选项卡的"实体编辑"面板中单击"移动面"按钮。

执行以上任意操作，根据命令行的提示，选择实体上需要移动的面，按回车键确认后指定移动基点，其后再指定新基点即可完成移动面操作，效果如图15-83、图15-84、图15-85所示。

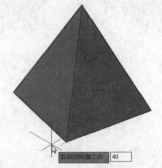

| 图15-83 选择移动面 | 图15-84 输入位移距离 | 图15-85 移动面效果 |

命令行的提示如下：

命令：_SOLIDEDIT

实体编辑自动检查：SOLIDCHECK = 1

输入实体编辑选项 [面（F）/边（E）/体（B）/放弃（U）/退出（X）] <"退出">：_face

输入面编辑选项 [拉伸（E）/移动（M）/旋转（R）/偏移（O）/倾斜（T）/删除（D）/复制（C）/颜色（L）/材质（A）/放弃（U）/退出（X）] <"退出">：_move

选择面或 [放弃（U）/删除（R）]：找到一个面

选择面或 [放弃（U）/删除（R）/全部（ALL）]：

指定基点或位移：

指定位移的第二个点：

已开始实体校验

已完成实体校验

输入面编辑选项 [拉伸（E）/移动（M）/旋转（R）/偏移（O）/倾斜（T）/删除（D）/复制（C）/颜色（L）/材质（A）/放弃（U）/退出（X）] <"退出">：

15.5.3　偏移面

使用"偏移面"命令可以按指定的距离均匀地偏移面。通过将现有的面从原始位置向内或向外偏移指定的距离，可以创建新的面。

用户可以通过以下方式调用"偏移面"命令：

（1）从菜单栏执行"修改>实体编辑>偏移面"命令。

（2）在"常用"选项卡的"实体编辑"面板中单击"偏移面"按钮。

（3）在"实体"选项卡的"实体编辑"面板中单击"偏移面"按钮。

执行以上任意操作，根据命令行的提示，选择实体上要偏移的面，按回车键确认后输入偏移距离，再按回车键确认即可完成偏移面操作，如图15-86和图15-87所示。

图15-86　选择复制面

图15-87　偏移面效果

命令行的提示如下：

命令：_SOLIDEDIT
实体编辑自动检查：SOLIDCHECK = 1
输入实体编辑选项 [面（F）/边（E）/体（B）/放弃（U）/退出（X）] <"退出">：_face
输入面编辑选项 [拉伸（E）/移动（M）/旋转（R）/偏移（O）/倾斜（T）/删除（D）/复制（C）/颜色（L）/材质（A）/放弃（U）/退出（X）] <"退出">：_copy
选择面或 [放弃（U）/删除（R）]：找到一个面
选择面或 [放弃（U）/删除（R）/全部（ALL）]：
指定基点或位移：

15.5.4　删除面

使用"删除面"命令可以删除三维实体的某些表面，即将删除的表面必须具备一定的条件，当该表面被删除后，删除面所在的区域必须可以被相邻的表面填充。通常可以删除的表面包括实体的内表面、倒角和圆角等。

用户可以通过以下方式调用"删除面"命令：

（1）从菜单栏执行"修改>实体编辑>删除面"命令。

（2）在"常用"选项卡的"实体编辑"面板中单击"删除面"按钮。

（3）在"实体"选项卡的"实体编辑"面板中单击"删除面"按钮。

执行以上任意操作，选择实体上要删除的面，按回车键确认即可完成删除面操作，如图15-88和图

15-89所示。

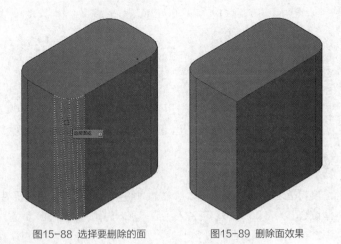

图15-88 选择要删除的面　　　　　图15-89 删除面效果

15.5.5　复制面

"复制面"命令可以将已有实体的表面复制并移动到指定的位置。被复制出来的面可以用来执行"拉伸"和"旋转"等操作。

用户可以通过以下方式调用"复制面"命令：

（1）从菜单栏执行"修改>实体编辑>复制面"命令。

（2）在"常用"选项卡的"实体编辑"面板中单击"复制面"按钮 。

（3）在"实体"选项卡的"实体编辑"面板中单击"复制面"按钮 。

执行以上任意操作，选择实体上需要复制的面，按回车键确认后指定复制基点，其后指定新基点即可完成复制面操作，如图15-90和图15-91所示。

图15-90 选择复制面　　　　　图15-91 复制面效果

命令行的提示如下：

```
命令：_SOLIDEDIT
实体编辑自动检查：SOLIDCHECK = 1
输入实体编辑选项 [面（F）/边（E）/体（B）/放弃（U）/退出（X）] <"退出">：_face
```

输入面编辑选项 [拉伸（E）/移动（M）/旋转（R）/偏移（O）/倾斜（T）/删除（D）/复制（C）/颜色（L）/材质（A）/放弃（U）/退出（X）]<"退出">: _copy

选择面或 [放弃（U）/删除（R）]: 找到一个面

选择面或 [放弃（U）/删除（R）/全部（ALL）]:

指定基点或位移:

指定位移的第二个点:

输入面编辑选项 [拉伸（E）/移动（M）/旋转（R）/偏移（O）/倾斜（T）/删除（D）/复制（C）/颜色（L）/材质（A）/放弃（U）/退出（X）]<"退出">:

15.5.6　倾斜面

倾斜面则是按照角度将指定的实体面进行倾斜操作。倾斜角的旋转方向由选择基点和第二个点的顺序决定。输入的倾斜角度数值为−90~90。若输入正值，则向内倾斜；若输入负值，则向外倾斜。

用户可以通过以下方式调用"倾斜面"命令：

（1）从菜单栏执行"修改>实体编辑>倾斜面"命令。

（2）在"常用"选项卡的"实体编辑"面板中单击"倾斜面"按钮 。

（3）在"实体"选项卡的"实体编辑"面板中单击"倾斜面"按钮 。

执行以上任意操作，根据命令行的提示选中实体上所需倾斜的面，再指定倾斜轴的两个基点，其后输入倾斜角度即可完成倾斜面操作，如图15-92、图15-93、图15-94、图15-95所示。

　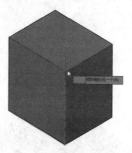　　

图15-92　选择倾斜面　　　　图15-93　指定倾斜轴　　　　图15-94　输入倾斜角度　　　　图15-95　倾斜面效果

命令行的提示如下：

```
命令：_SOLIDEDIT
实体编辑自动检查: SOLIDCHECK = 1
输入实体编辑选项 [面（F）/边（E）/体（B）/放弃（U）/退出（X）]<"退出">: _face
输入面编辑选项 [拉伸（E）/移动（M）/旋转（R）/偏移（O）/倾斜（T）/删除（D）/复制（C）/颜色（L）/材质（A）/放弃（U）/退出（X）]<"退出">: _taper
选择面或 [放弃（U）/删除（R）]: 找到一个面
选择面或 [放弃（U）/删除（R）/全部（ALL）]:
指定基点:
指定沿倾斜轴的另一个点:
指定倾斜角度: 20
已开始实体校验
已完成实体校验
```

输入面编辑选项 [拉伸（E）/移动（M）/旋转（R）/偏移（O）/倾斜（T）/删除（D）/复制（C）/颜色（L）/材质（A）/放弃（U）/退出（X）] <"退出">：

15.5.7 旋转面

使用"旋转面"命令可以将选择的面沿着指定的旋转轴和方向进行旋转，从而改变三维实体的形状。

用户可以通过以下方式调用"旋转面"命令：

（1）从菜单栏执行"修改>实体编辑>旋转面"命令。

（2）在"常用"选项卡的"实体编辑"面板中单击"旋转面"按钮。

（3）在"实体"选项卡的"实体编辑"面板中单击"旋转面"按钮。

执行以上任意操作，根据命令行的提示，选择实体上所需旋转的面，再选择旋转轴，输入旋转角度即可完成旋转面操作，如图15-96、图15-97、图15-98、图15-99所示。

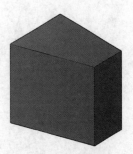

图15-96 选择旋转面　　图15-97 指定旋转轴　　图15-98 输入旋转角度　　图15-99 旋转面效果

命令行的提示如下：

```
命令：_SOLIDEDIT
实体编辑自动检查：SOLIDCHECK = 1
输入实体编辑选项 [面（F）/边（E）/体（B）/放弃（U）/退出（X）] <"退出">：_face
输入面编辑选项 [拉伸（E）/移动（M）/旋转（R）/偏移（O）/倾斜（T）/删除（D）/复制（C）/颜色（L）/材质（A）/放弃（U）/退出（X）] <"退出">：_rotate
选择面或 [放弃（U）/删除（R）]：找到一个面
选择面或 [放弃（U）/删除（R）/全部（ALL）]：
指定轴点或 [经过对象的轴（A）/视图（V）/X轴（X）/Y轴（Y）/Z轴（Z）] <"两点">：Y
指定旋转原点 <"0, 0, 0">：
指定旋转角度或 [参照（R）]：20
已开始实体校验
已完成实体校验
输入面编辑选项 [拉伸（E）/移动（M）/旋转（R）/偏移（O）/倾斜（T）/删除（D）/复制（C）/颜色（L）/材质（A）/放弃（U）/退出（X）] <"退出">：
```

根据三视图制作底座模型

下面将利用前面所学习的知识，根据绘制好的机械三视图制作机械模型，操作步骤介绍如下：

扫码观看视频

Step 01 打开素材图形，如图15-100所示。

Step 02 删除尺寸标注，执行"多段线"命令，捕捉俯视图绘制轮廓图形，再删除俯视图中多余的图形，如图15-101所示。

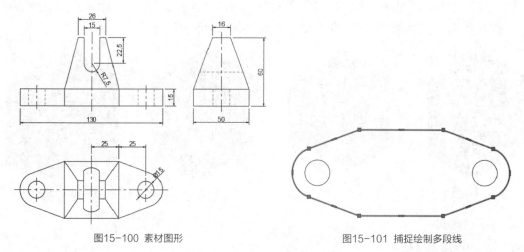

图15-100 素材图形　　　　　　　　图15-101 捕捉绘制多段线

Step 03 切换到"三维建模"工作空间，执行"绘图>建模>拉伸"命令，将多段线轮廓和两个圆都向上拉伸15mm的高度，如图15-102所示。

Step 04 切换到"概念"视觉样式，执行"修改>实体编辑>差集"命令，根据提示选择要保留的实体，如图15-103所示。

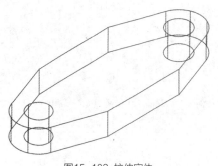

图15-102 拉伸实体　　　　　　　　图15-103 选择实体

Step 05 按回车键确认，再选择要减去的实体，如图15-104所示。

Step 06 再按回车键确认，即可完成差集操作，如图15-105所示。

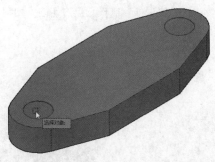

图15-104 选择要减去的实体

图15-105 差集运算

Step 07 执行"长方体"命令，捕捉模型端点绘制高度为45mm的长方体，如图15-106所示。

Step 08 切换到俯视图，执行"多段线"命令，从正立面图中捕捉绘制缺口轮廓，如图15-107所示。

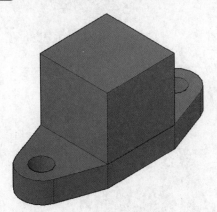

图15-106 绘制长方体

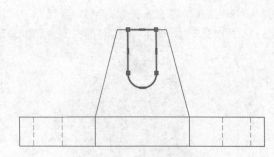

图15-107 捕捉绘制缺口轮廓

Step 09 执行"绘图>建模>拉伸"命令，将多段线向上拉伸50mm，如图15-108所示。

Step 10 执行"修改>三维操作>三维旋转"命令，选择刚拉伸的模型，再选择红色旋转轴将模型旋转90°，如图15-109所示。

Step 11 执行"修改>三维操作>三维移动"命令，捕捉模型上方中点对齐到长方体，如图15-110所示。

图15-108 拉伸实体

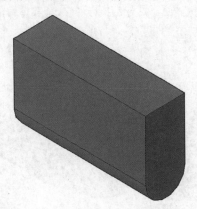

图15-109 旋转实体

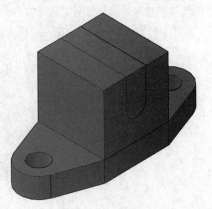

图15-110 对齐实体

Step 12 执行"修改>实体编辑>差集"命令，对两个实体进行差集操作，制作出上方切口，如图15-111所示。

Step 13 执行"修改>实体编辑>旋转面"命令，根据提示选择要旋转的面，如图15-112所示。

Step 14 按回车键确认，根据提示依次指定旋转轴上的两个点，如图15-113所示。

图15-111 差集运算

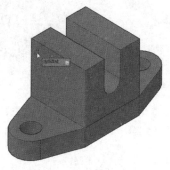
图15-112 选择面

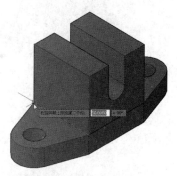
图15-113 指定旋转轴

Step 15 按回车键确认，根据提示输入旋转角度15°，如图15-114所示。

Step 16 再按两次回车键，即可完成旋转面的操作，如图15-115所示。

图15-114 输入旋转角度

图15-115 旋转面效果

Step 17 按住Shift键旋转视图，按照上述操作方法再将另一侧的面旋转，如图15-116所示。

Step 18 再将另外两个方向上的面各自向内旋转21°，最后执行"修改>实体编辑>并集"命令，将制作的实体合并为一个整体，完成底座模型的制作，如图15-117所示。

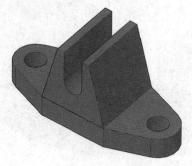
图15-116 旋转另一侧的面

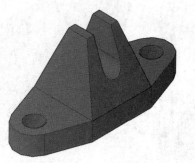
图15-117 完成模型制作

为了让读者更好地掌握本章所学的知识，在这里提供了两个关于本章知识的课后作业，以供读者练手。

1. 制作三角垫片模型

利用"拉伸""差集"等命令将二维图形制作成三角垫片模型，如图15-118和图15-119所示。

操作提示：

Step 01 执行"拉伸"命令，将二维图形拉伸出厚度。

Step 02 执行"差集"命令，将三个圆柱体从主体模型中减去。

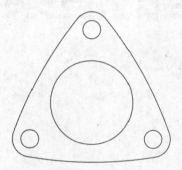

图15-118　二维图形

图15-119　三角垫片模型

2. 绘制零件模型

制作如图15-120所示的零件模型。

操作提示：

Step 01 绘制模型侧轮廓，执行"拉伸"命令，拉伸出厚度。

Step 02 绘制圆柱体并进行镜像复制操作，执行"差集"命令，将圆柱体从模型中减去。

Step 03 执行"圆角边"命令，对模型的边进行圆角处理。

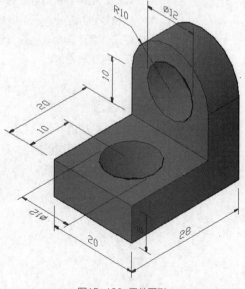

图15-120　零件图形

Chapter 16

三维模型的渲染

本章概述

　　AutoCAD提供了很强的渲染功能。用户能在模型中添加多种类型的光源，如模拟太阳光或在室内设置一盏灯。用户也可以给三维模型附加材质特性，如钢、塑料、玻璃等，并能在场景中加入背景图片及各种风景实体（树木、人物等），此外，还可以把渲染图像以多种文件格式输出。渲染的对象可以使设计者更容易表达设计思想。本章将向用户介绍三维渲染的基础知识及材质的创建与设置。

学习目标

- 了解光源的应用
- 掌握材质的查找与创建
- 掌握渲染参数的设置

16.1 材质和贴图的添加

为了显著增强模型的真实感，需要为对象添加相应的材质。在渲染环境中，材质描述对象如何反射或发射光线。在材质中，贴图可以模拟纹理、凹凸效果、反射或折射。在AutoCAD中，可以将材质附着到模型对象上，并且也可以对创建的材质进行修改编辑，如材质纹理、颜色、透明度等。

16.1.1 材质浏览器

材质浏览器主要用于管理由Autodesk提供的材质库，或者为特定的项目创建自定义材质库。用户可以使用材质浏览器导航和管理材质，更改要显示的材质、缩略图的大小和显示的信息数量。

用户可以通过以下几种方式打开材质浏览器：

（1）执行"视图>渲染>材质浏览器"命令。

（2）在"渲染"选项卡的"材质"面板中单击"材质浏览器"按钮⊗。

（3）在"视图"选项卡的"选项板"面板中单击"材质浏览器"按钮⊗。

执行以上任意操作，都可以打开"材质浏览器"选项板，如图16-1所示，可以看到面板主要分为三个部分：文档材质、Autodesk库和材质预览列表。

下面对各选项组进行简单说明：

图16-1 "材质浏览器"选项板

● 搜索：在多个库中搜索材质外观。

● 文档材质：显示所有打开的图形保存的材质。

● Autodesk库：列出当前可用的材质库类别。选中类别中的材质将会显示在右侧。

● 更改您的视图⋮☰：提供用于过滤和显示材质列表的选项。

● 主页🏠：在右侧内容窗格中显示库的文件夹视图，单击文件夹以打开库列表。

● 创建、打开并编辑用户定义的库▤：创建、打开或编辑库和库类别。

● 在文档中创建新材质⬚：创建新材质。

● 材质编辑器▣：单击可以打开材质编辑器。

16.1.2 材质编辑器

在AutoCAD软件中，系统提供了一个材质编辑器，用户可以在材质编辑器中设置各种材质。

用户可以通过以下几种方式打开材质编辑器：

（1）执行"视图>渲染>材质编辑器"命令。

（2）在"渲染"选项卡的"材质"面板中单击"材质编辑器"快捷按钮⊗。

（3）在"视图"选项卡的"选项板"面板中单击"材质编辑器"按钮 。

（4）在命令行中输入MATEDITOROPEN并按回车键。

执行以上任意操作，都可以打开"材质编辑器"选项板，可以看到"材质编辑器"包括"外观"和"信息"两个选项卡，从中可以对材质进行创建或编辑，如图16-2和图16-3所示。

"材质编辑器"选项板是由不同的选项组组成，其中包括常规、反射率、透明度、剪切、自发光、凹凸和染色等。下面将对这些选项组进行简单说明：

● **外观：** 在该选项卡中，显示了图形中可用的材质样例及材质创建编辑的各个选项。系统默认材质名称为Global。

● **常规：** 单击该选项组左侧的扩展按钮，在扩展列表中，用户可以对材质的常规特性进行设置，如"颜色"和"图像"。单击"颜色"下拉按钮，在其列表中可以选择颜色的着色方式；单击"图像"下拉按钮，在其列表中可以选择材质的漫射颜色贴图。

● **反射率：** 在该选项组中，用户可以对材质的反射特性进行设置。

● **透明度：** 在该选项组中，用户可以对材质的透明度特性进行设置，完全不透明的实体对象不允许光穿过其表面，不具有不透明性的对象是透明的。

● **剪切：** 在该选项组中，用户可以设置剪切特性。

● **自发光：** 在该选项组中，用户可以对材质的自发光特性进行设置。当设置的数值大于0时，可以使对象自身显示为发光而不依赖图形中的光源。选择自发光时，亮度不可用。

● **凹凸：** 在该选项组中，用户可以对材质的凹凸特性进行设置。

● **染色：** 在该选项组中，用户可以对材质进行着色设置。

● **创建或复制材质 ：** 单击该按钮，在打开的列表中，用户可以选择创建材质的基本类型选项，如图16-4所示。

● **打开或关闭材质浏览器 ：** 单击该按钮，可以打开"材质浏览器"选项板，在该选项板中用户可以选择系统自带的材质贴图。

图16-2　"外观"选项卡

图16-3　"信息"选项卡

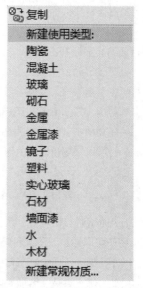

图16-4　"创建或复制材质"列表

16.1.3 赋予材质

材质创建好后，用户可以使用两种方法将创建好的材质赋予至实体模型上。一种是直接使用拖拽的方法赋予材质，而另一种则是使用右键菜单的方法赋予材质。下面将对其具体操作进行介绍。

1. 使用鼠标拖拽的方法操作

执行"渲染>材质>材质浏览器"命令，在"材质浏览器"对话框的"Autodesk库"中选择需要的材质缩略图，按住鼠标左键，将该材质图拖至模型的合适位置后释放鼠标即可，如图16-5和图16-6所示。

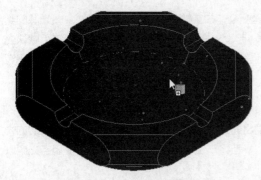

图16-5 使用鼠标拖拽操作

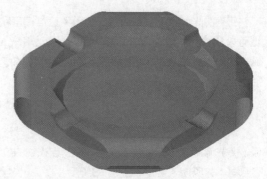

图16-6 赋予材质

 注意事项

在"材质浏览器"面板中单击"更改您的视图"下拉按钮，在打开的快捷列表中，用户可以根据需要设置材质缩略图显示效果，如"查看类型""排列""缩略图大小"等。

2. 使用右键菜单的方法操作

选择要赋予材质的模型，执行"材质浏览器"按钮，在打开的面板中右击所需的材质图，在打开的快捷列表中选择"指定给当前选择"选项即可，如图16-7所示。

材质赋予到实体模型后，用户可以切换到"真实"视觉样式，查看赋予材质后的效果。

知识点拨

在AutoCAD中，为了方便查看材质效果，可以在视图中显示材质，但是这样会占用更多的资源。在"渲染"选项卡的"材质"面板中单击"材质/纹理"开关按钮，即可控制场景中材质与纹理的显示与否。

图16-7 右键菜单操作

16.2　光源的应用

　　光源的设置是进行模型渲染操作中不可缺少的一步。光源功能主要起着照亮模型的作用，使三维实体模型在渲染过程中能够得到最真实的效果。

16.2.1　光源类型

　　正确的光源对于在绘图时显示着色三维模型和创建渲染非常重要。在AutoCAD软件中，光源的类型可以分为四种：点光源、聚光灯、平行光和光域网。若没有指定光源的类型，系统则会使用默认光源，该光源没有方向、阴影，并且模型各个面的灯光强度都是一样的，自然其真实效果远不如添加光源后的效果了。

1. 点光源

　　该光源从其所在位置向四周发射光线。它与灯泡发出的光源类似，它是从一点向各个方向发射的光源。点光源不以一个对象为目标，根据点光线的位置，模型将产生较为明显的阴影效果。使用点光源以达到基本的照明效果，如图16-8所示。

2. 聚光灯

　　聚光灯发射定向锥形光。它与点光源相似，也是从一点发出，但点光源的光线没有可指定的方向，而聚光灯的光线是可以沿着指定的方向发射出锥形光束。像点光源一样，聚光灯也可以手动设置为强度随距离衰减。但是，聚光灯的强度始终还是根据相对于聚光灯的目标矢量的角度衰减。此衰减由聚光灯的聚光角角度和照射角角度控制。聚光灯可以用于亮显模型中的特定特征和区域，如图16-9所示。

3. 平行光

　　平行光源仅向一个方向发射统一的平行光光线。它需要指定光源的起始位置和发射方向，从而以定义光线的方向，如图16-10所示。平行光的强度并不随着距离的增加而衰减；对于每个照射的面，平行光的亮度都与其在光源处相同，在照亮对象或照亮背景时，平行光很有用。

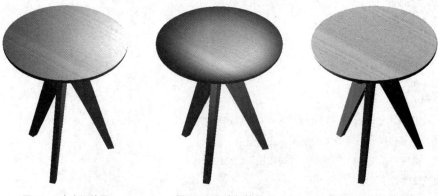

图16-8　点光源效果　　　　　　图16-9　聚光灯效果　　　　　　图16-10　平行光效果

4. 光域网

光域网光源是具有现实中的自定义光分布的光度控制光源。它同样也需要指定光源的起始位置和发射方向。光域网是灯光分布的三维表示。它将测角图扩展到三维，以便同时检查照度对垂直角度和水平角度的依赖性。光域网的中心表示光源对象的中心。

16.2.2　创建光源

对光源类型有所了解后，用户可以根据需要创建合适的光源。

用户可以通过以下几种方式创建光源：

（1）执行"视图>渲染>光源"命令，在级联菜单中选择需要的灯光类型。

（2）在"渲染"选项卡的"光源"面板中选择需要的光源按钮。

（3）在命令行中输入LIGHT并按回车键，根据命令行的提示选择需要的光源类型。

执行以上任意操作，根据需要选择合适的光源类型，并根据命令行的提示设置光源位置及光源基本特性。

命令行的提示如下：

```
命令：_LIGHT
指定源位置 <0, 0, 0>：
指定目标位置 <0, 0, -10>：
输入要更改的选项 [名称（N）/强度因子（I）/状态（S）/光度（P）/聚光角（H）/照射角（F）/阴影（W）/衰减
（A）/过滤颜色（C）/退出（X）] <退出>：
```

光源的基本属性选项说明如下：

● **名称：** 指定光源名称。该名称可以使用大小写英文字母、数字、空格等多个字符。

● **强度因子：** 设置光源灯光的强度或亮度。

● **状态：** 打开和关闭光源。若没有启用光源，则该设置不受影响。

● **光度：** 测量可见光源的照度。当Lightingunits系统变量设为1或2时，该光度可用。而照度是指对光源沿特定方向发出的可感知能量的测量。

● **聚光角：** 指定最亮光锥的角度。该选项只有在使用聚光灯光源时可用。

● **照射角：** 指定完整光锥的角度。照射角度的取值范围为0~160。该选项同样在聚光灯中可用。

● **阴影：** 该选项包含多个属性参数，其中，"关"表示关闭光源阴影的显示和计算；"强烈"表示显示带有强烈边界的阴影；"已映射柔和"表示显示带有柔和边界的真实阴影；"已采样柔和"表示显示真实阴影和基于扩展光源的柔和阴影。

● **衰减：** 该选项同样包含多个属性参数。其中，"衰减类型"表示控制光线如何随着距离增加而衰减，对向距点光源越远，则越暗；"使用界线衰减起始界限"表示指定是否使用界限；"衰减结束界限"表示指定一点，光线的亮度相对于光源中心的衰减于该点结束。没有光线投射在此点之外，在光线的效果很微弱，以致计算将浪费处理时间的位置处，设置结束界限提高性能。

● **过滤颜色：** 控制光源的颜色。

● **矢量：** 通过矢量方式指定光源方向，该属性在使用平行光时可用。

● **光域网：** 指定球面栅格上的点的光源强度，该属性在使用光域网时可用。

在执行"创建光源"命令后，系统会打开提示框，此时用户需要关闭默认光源，否则系统会默认保持默认光源处于打开状态，从而影响渲染效果。

16.2.3 设置光源

光源创建完毕后，为了使图形渲染得更为逼真，通常都需要对创建的光源进行多次设置。在此用户可以通过"光源列表"或"地理位置"两种方法对当前的光源属性进行适当的修改。

执行"视图>渲染>光源>光源列表"命令，打开"模型中的光源"选项板，该选项板按照光源名称和类型列出了当前图形中的所有光源。选中任意光源名称后，图形中相应的灯光将一起被选中。右击光源名称，用户可以从打开的右键菜单中选择对该光源进行删除、特性、轮廓显示等操作，如图16-11所示。

在右键菜单中选择"特性"选项，可以打开"特性"面板，用户可以根据需要对光源基本属性进行修改设置，如图16-12所示。

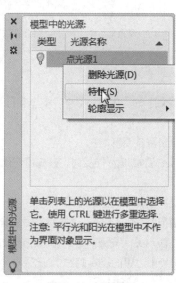

图16-11 右键菜单

图16-12 "特性"面板

在AutoCAD软件中，如果使用一个光源照亮模型，其渲染结果会显得有点生硬。这是因为模型的背光面和亮光面的黑白太过鲜明而造成的。此时不妨在模型背光面适当地添加一个光源，并调整好光源位置，这样渲染出的画面则会生动许多。但需要注意的是，如果添加了多个光源，就必须分清楚哪些光源为主光源，哪些为次光源。通常主光源的强度因子较高，而次光源的强度因子较低。把握好主、次光源之间的参数及位置，是图形渲染的关键步骤之一。

16.3 渲染模型

渲染是创建三维模型的最后一道工序。利用AutoCAD中的渲染器可以生成真实准确的模拟光照效果，包括光线跟踪反射、折射和全局照明。而渲染的最终目的是通过多次渲染测试创建出一张真实照片级的演示图像。

16.3.1 渲染基础

通过"渲染预设管理器"选项板可以对渲染的级别、渲染大小、曝光类型等参数进行设置，如图16-13所示。

用户可以通过以下方式打开"渲染预设管理器"选项板：

（1）执行"视图>渲染>高级渲染设置"命令。

（2）在"可视化"选项卡的"渲染"面板中单击"渲染预设管理器"快捷按钮。

（3）在命令行中输入RPREF命令，然后按回车键。

"渲染预设管理器"选项板中主要选项组说明如下：

1. 渲染位置

该选项主要用于确定渲染器显示渲染图像的位置，包括"窗口""视口""面域"三种方式。

- 窗口：将当前视图渲染到渲染窗口。
- 视口：在当前视口中渲染当前视图。
- 面域：在当前视口中渲染指定区域。

图16-13 "渲染预设管理器"选项板

2. 渲染大小

该选项主要用于指定渲染图像的输出尺寸和分辨率。选择"更多输出设置"选项可以打开"渲染到尺寸输出设置"对话框，在该对话框中可以自定义输出尺寸，但仅当从"渲染位置"列表中选择"窗口"时，该选项才可用。

3. 当前预设

该选项用于指定渲染视图或区域时要使用的渲染预设。

- 创建副本：复制选定的渲染预设。将复制的渲染预设名称及后缀"-CopyN"附加到该名称，以便为新的自定义渲染预设创建位移名称。N所表示的数字会递增，直到创建唯一名称。
- 删除：从图形的"当前预设"下拉列表中删除选定的自定义渲染预设。

4. 预设信息

该选项组主要用于显示选定渲染预设的名称和说明。

- 名称：指定选定渲染预设的名称，用户可以重命名自定义渲染预设而非标准的渲染预设。

- 说明：指定选定渲染预设的说明。

5. 渲染持续时间

该选项组用于控制渲染器为创建最终渲染输出而执行的迭代时间或层级数。增加时间或层级数可以提高渲染图像的质量。

- **直到满意**：渲染将继续直到取消为止。
- **按级别渲染**：指定渲染引擎为创建渲染图像而执行的层级数或迭代数。
- **按时间渲染**：指定渲染引擎用于反复细化渲染图像的分钟数。

6. 光源和材质

该选项组用于控制渲染图像的光源和材质计算的准确度。

- **低**：简化光源模型，最快但最不真实。全局照明、反射和折射处于禁用状态。
- **草稿**：基本光源模型，平衡性能和真实感。全局照明处于启用状态，反射和折射处于禁用状态。
- **高**：高级光源模型，较慢但更真实。全局照明、反射和折射都处于启用状态。

> **知识点拨**
>
> 当用户指定一组渲染设置时，可以将其保存为自定义预设，以便能够快速地重复使用这些设置。使用标准预设作为基础，用户可以尝试各种设置并查看渲染图形的外观，如果得到满意的效果，即可创建为自定义预设。

16.3.2　渲染等级

在执行渲染命令时，用户可以根据需要对渲染的过程进行详细的设置。AutoCAD提供给用户低、中、高、茶歇质量、午餐质量、夜间质量六种渲染等级，如图16-14所示。渲染等级越高，其图像越清晰，但其渲染时间则越长。

图16-14　选择渲染等级

下面将分别对这几种渲染等级进行简单说明：

- **低**：该渲染等级采用较低渲染精度且光线跟踪深度为3个渲染迭代。
- **中**：该渲染等级提高了质量，使其高于低渲染预设，使用光线跟踪深度5执行5次渲染迭代。
- **高**：该渲染等级在渲染质量方面与中渲染预设相符，但执行10次渲染迭代，光线跟踪深度设置为7。渲染的图像需要更长的时间进行处理，图像质量也要好得多。
- **茶歇质量**：该渲染等级使用低渲染精度和光线跟踪深度3执行渲染，持续时间超过10分钟。
- **午餐质量**：该渲染等级提高了质量，使其高于茶歇质量渲染预设。使用低渲染精度和光线跟踪深度5执行渲染，持续时间超过60分钟。
- **夜间质量**：该渲染等级可以创建最高质量渲染图像的渲染预设，应用于最终渲染。光线跟踪深度设置为7，但需要12个小时来处理。

动手练 渲染书房场景

模型渲染完毕后，可以将渲染的结果保存为图片文件，以便作进一步处理，用户可以根据需要选择相应的图片格式。下面将介绍其具体的操作过程。

扫码观看视频

Step 01 打开素材模型，如图16-15所示。

Step 02 利用默认参数渲染场景，如图16-16所示。

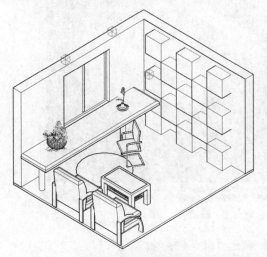

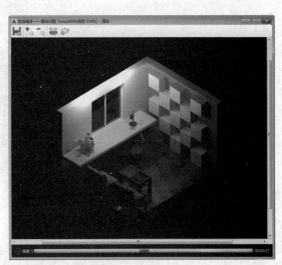

图16-15 打开素材模型　　　　　　　　　　图16-16 测试渲染

Step 03 在"可视化"选项卡的"渲染"面板中单击"渲染到尺寸"下拉按钮，在展开的列表中选择"更多输出设置"选项，如图16-17所示。

Step 04 打开"渲染到尺寸输出设置"对话框，从中设置图像大小及分辨率，如图16-18所示。

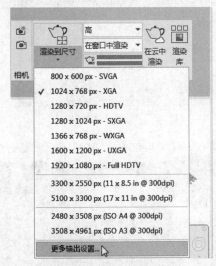

图16-17 "更多输出设置"选项　　　　　　　图16-18 输出设置

Step 05 执行"视图>渲染>高级渲染设置"命令，打开"渲染预设管理器"选项板，设置预设等级为"高"，如图16-19所示。

Step 06 再次渲染场景，效果如图16-20所示。

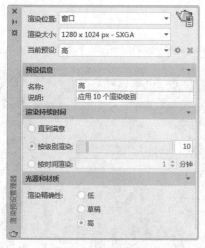

图16-19　高级渲染参数

图16-20　渲染场景

Step 07 在渲染面板中单击"将渲染的图像保存到文件"按钮，打开"渲染输出文件"对话框，设置存储路径和文件名，文件类型为JPEG，如图16-21所示。

Step 08 单击"保存"按钮，会弹出"JPG图像选项"对话框，拖动质量滑块到最佳，如图16-22所示。

图16-21　输出文件

图16-22　设置输出图像质量

Step 09 单击"确定"按钮，输出渲染效果，打开输出的图像文件，如图16-23所示。

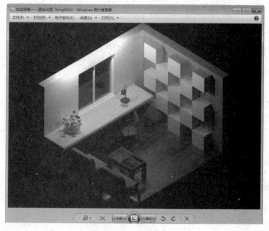

图16-23　打开图像

Example

创建大理石材质

综合实例

用户除了可以使用Autodesk库中默认的材质外，还可以自定义需要的材质，本案例将创建一个大理石材质。具体操作步骤介绍如下：

扫码观看视频

Step 01 执行"视图>渲染>材质浏览器"命令，打开材质浏览器，在左下角单击"创建新材质"按钮，在打开的列表中选择"新建常规材质"选项，如图16-24所示。

Step 02 打开"材质编辑器"选项板，如图16-25所示。

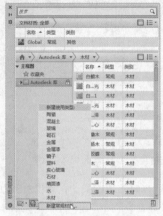

图16-24　新建常规材质

图16-25　"材质编辑器"选项板

Step 03 在"常规"卷展栏中单击"图像"右侧的空白区，打开"材质编辑器打开文件"对话框，选择需要的贴图文件，单击"打开"按钮，如图16-26所示。

Step 04 返回到"材质编辑器"选项板，调整预览区，可以看到添加了贴图后的材质效果，如图16-27所示。

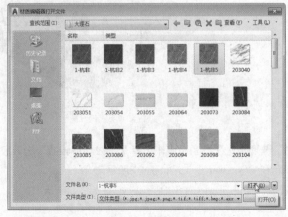

图16-26　选择贴图

图16-27　材质效果

Step 05 勾选"反射率"复选框,打开卷展栏,可以看到材质增加了反射的效果,如图16-28所示。

Step 06 调整光泽度和反射值,再观察材质效果,如图16-29所示。

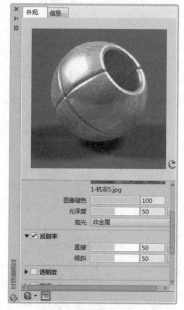

图16-28 增加反射参数　　　　　　　　图16-29 设置参数值

Step 07 材质设置完毕后,关闭选项板,执行"长方体"命令,创建一个尺寸为800mm×800mm×40mm的长方体,如图16-30所示。

Step 08 在材质浏览器中找到新创建的材质,将其拖曳至长方体上,切换到"真实"视觉样式,观察材质效果,如图16-31所示。

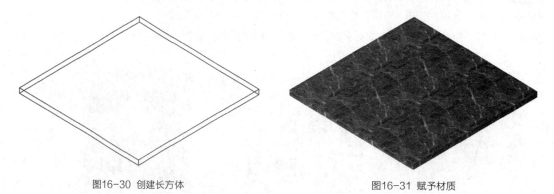

图16-30 创建长方体　　　　　　　　　图16-31 赋予材质

Step 09 重新打开新材质的"材质编辑器"选项板,在贴图上单击,打开"纹理编辑器"选项板,在图像预览处可以看到当前图片尺寸为304.8mm×304.8mm,如图16-32所示。

Step 10 在"比例"卷展栏中设置新的样例尺寸为800mm×800mm,如图16-33所示。

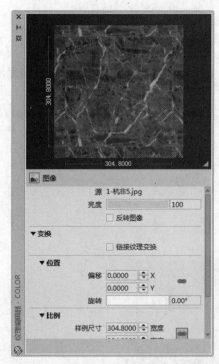
图16-32 默认贴图尺寸

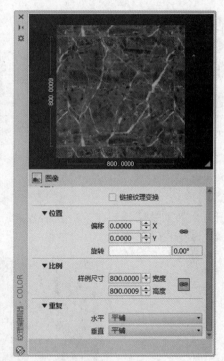
图16-33 设置贴图尺寸

Step 11 设置完毕后关闭纹理编辑器和材质编辑器，在绘图区中观察调整后的材质贴图效果，如图16-34所示。

图16-34 设置后的材质贴图效果

为了让读者更好地掌握本章所学的知识，在这里提供了两个关于本章知识的课后作业，以供读者练手。

1. 创建木纹理材质

自定义一个木纹理材质，如图16-35所示。

操作提示：

Step 01 打开一个空白的材质编辑器，为材质添加木纹理贴图。

Step 02 设置光泽度和反射参数值。

图16-35 木纹理材质

2. 为弹簧模型赋予合适的材质

为弹簧模型选择合适的不锈钢材质，并赋予到模型，如图16-36所示。

操作提示：

Step 01 打开材质浏览器，选择镀锌不锈钢材质。

Step 02 拖动材质到模型上，将材质指定给模型，观察效果。

图16-36 弹簧模型材质效果

Part 04

综合
实战篇

Chapter 17

机械零件图的绘制

本章概述

在机械制图领域中，零件图是用以指导制造和检查零件的重要技术文件，因此绘制零件图的要求相对较为严谨。本章将以绘制机件、泵盖和轴承座图形为例，结合AutoCAD中的一些基本命令，来介绍机械零件图的绘制方法和技巧。

学习目标

- 掌握机件三视图的绘制
- 掌握泵盖三视图的绘制
- 掌握轴承座三视图和模型的绘制

17.1　绘制机件三视图

机件用于装配机器的各个零件，下面将以绘制底座正视图、侧视图、俯视图来介绍机件的绘制方法。

17.1.1　绘制机件正立面图

扫码观看视频

下面将绘制机件正立面图，具体操作步骤如下：

Step 01 打开"图层特性管理器"选项板，新建"粗实线""标注"和"中心线"等图层，设置图层颜色、线型及线宽，如图17-1所示。

Step 02 设置"粗实线"图层为当前图层，执行"直线"命令，绘制尺寸为20mm×48mm的矩形图形，如图17-2所示。

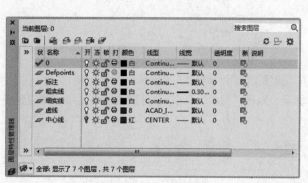

图17-1　新建图层

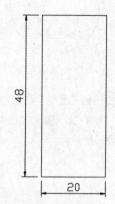

图17-2　绘制矩形

Step 03 执行"偏移"命令，将顶部边线向下偏移10mm，如图17-3所示。

Step 04 执行"圆"命令，捕捉直线中点绘制四个圆形，尺寸如图17-4所示。

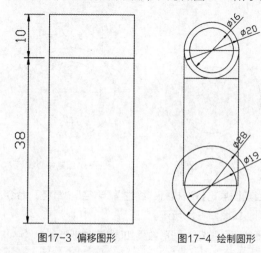

图17-3　偏移图形　　　　图17-4　绘制圆形

Step 05 执行"修剪"命令，修剪并删除多余的线条，如图17-5所示。

Step 06 再执行"偏移"命令，按照如图17-6所示的尺寸偏移图形。

Step 07 执行"修剪"命令，修剪多余的线条，如图17-7所示。

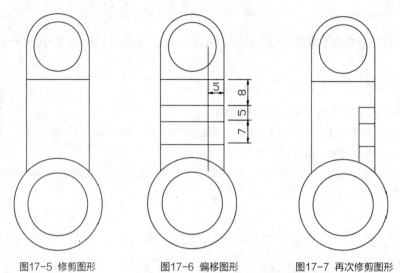

图17-5 修剪图形　　　　图17-6 偏移图形　　　　图17-7 再次修剪图形

Step 08 调整线段到"虚线"图层，并设置线型比例，如图17-8所示。

Step 09 设置"中心线"图层为当前图层，执行"直线"命令，为图形绘制中心线，再设置线型比例为0.3，如图17-9所示。

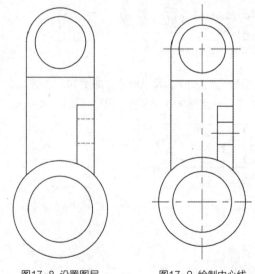

图17-8 设置图层　　　　　图17-9 绘制中心线

Step 10 设置"标注"图层为当前图层，依次执行"线性""半径""直径"命令，为图形创建尺寸标注，至此完成机件正立面图的绘制，如图17-10所示。

Step 11 在状态栏中单击"显示线宽"按钮，图形效果如图17-11所示。

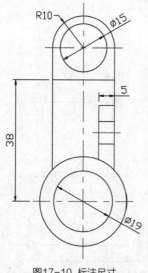

图17-10　标注尺寸　　　　　　图17-11　显示线宽

17.1.2　绘制机件侧立面图

下面将根据正立面图绘制机件的侧立面图，具体操作步骤如下：

Step 01 执行"直线"命令，从正立面图中捕捉绘制直线，如图17-12所示。

Step 02 执行"偏移"命令，设置偏移尺寸为39mm，将右侧直线向左偏移，再执行 扫码观看视频
"修剪"命令，修剪多余的线条，如图17-13所示。

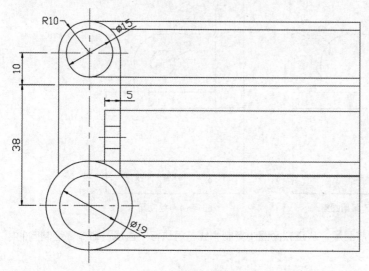

图17-12　捕捉绘制直线

图17-13　修剪图形

Step 03 执行"偏移"命令，按照如图17-14所示的尺寸偏移竖向边线。

Step 04 执行"修剪"命令，修剪出侧立面图的轮廓，如图17-15所示。

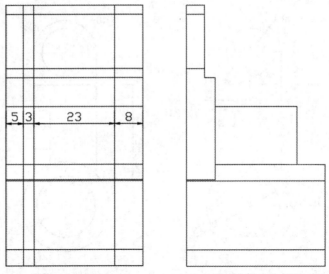

图17-14 偏移图形   图17-15 修剪出侧立面图的轮廓

Step 05 执行"圆角"命令，设置圆角半径为8mm，对图形进行圆角操作，如图17-16所示。

Step 06 执行"圆"命令，捕捉圆角的圆心绘制直径为7mm的圆，如图17-17所示。

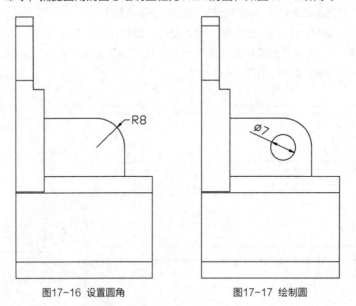

图17-16 设置圆角   图17-17 绘制圆

Step 07 设置"中心线"图层为当前图层，从正立面图中复制中线，再执行"直线"命令，绘制圆的中线，如图17-18所示。

Step 08 再设置虚线图形到虚线图层，设置线型比例为0.2，效果如图17-19所示。

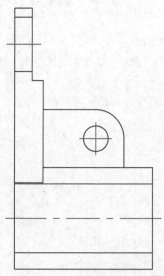
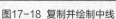

图17-18 复制并绘制中线

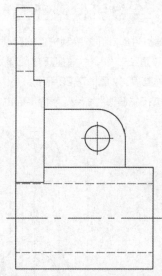

图17-19 设置虚线

Step 09 设置"尺寸标注"图层为当前图层，依次执行"线性""半径""直径"命令，对机件侧立面图进行尺寸标注，完成机件侧立面图的绘制，如图17-20所示。

Step 10 在状态栏中单击"显示线宽"按钮，图形效果如图17-21所示。

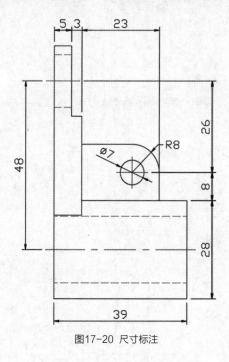

图17-20 尺寸标注

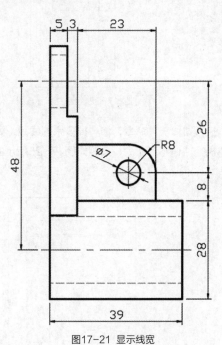

图17-21 显示线宽

17.1.3　绘制机件俯视图

下面根据机件的立面图绘制机件的俯视图，具体操作步骤如下：

Step 01 执行"直线"命令，捕捉正立面图绘制直线，再执行"偏移"命令，将图形偏移出39mm的高度，如图17-22所示。

Step 02 继续执行"偏移"命令，偏移横向边线，偏移尺寸如图17-23所示。

扫码观看视频

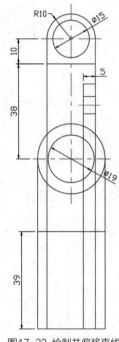

图17-22　绘制并偏移直线

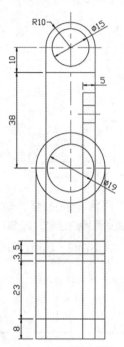

图17-23　偏移横向边线

Step 03 执行"修剪"命令，修剪掉多余的线段，如图17-24所示。

Step 04 执行"偏移"命令，按照如图17-25所示的尺寸偏移直线图形。

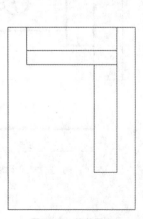

图17-24　修剪图形

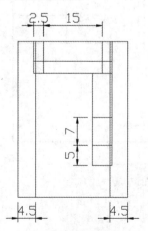

图17-25　偏移直线

Step 05 执行"修剪"命令，修剪图形，再设置虚线的图层及比例，如图17-26所示。

Step 06 设置"中心线"图层为当前图层，绘制一条长45mm的中心线放置在图形中并居中，如图17-27所示。

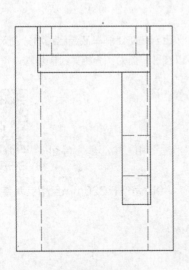

图17-26 修剪图形并设置图层

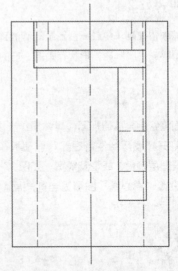

图17-27 绘制中心线

Step 07 设置"尺寸标注"图层为当前图层，执行"标注>线性"命令，对机件俯视图进行尺寸标注，完成机件俯视图的绘制，如图17-28所示。

Step 08 在状态栏中单击"显示线宽"按钮，图形效果如图17-29所示。

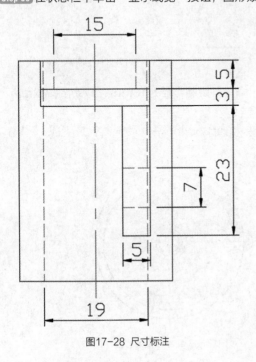

图17-28 尺寸标注

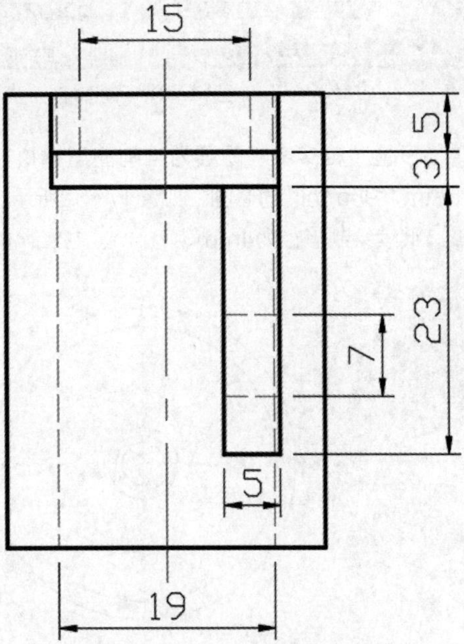

图17-29 显示线宽

17.2　绘制泵盖三视图

　　泵盖放置在刹车泵或离合器泵的储液罐上端。泵盖上有橡胶密封垫防止刹车液漏出和水分进入。泵盖可能是塑料或金属制成，形状有圆的、方的或长方的。下面就以圆形泵盖为例介绍其绘制步骤。

17.2.1　绘制泵盖俯视图

扫码观看视频

　　下面将绘制泵盖俯视图，具体操作步骤如下：

Step 01 打开"图层特性管理器"选项板，新建"粗实线""标注"和"中心线"等图层，设置图层颜色、线型及线宽，如图17-30所示。

Step 02 设置"中心线"图层为当前图层，执行"直线"命令，绘制两条长220mm且相互垂直的中心线，如图17-31所示。

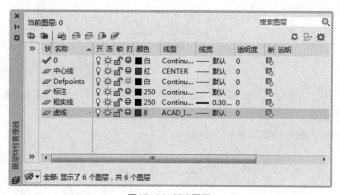

图17-30　新建图层

图17-31　绘制中心线

Step 03 设置"粗实线"图层为当前图层，执行"圆"命令，绘制半径为13mm、17mm、22mm、83.5mm、95mm的同心圆，如图17-32所示。

Step 04 继续绘制半径为4mm、7mm、12mm的同心圆，如图17-33所示。

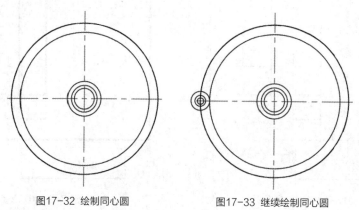

图17-32　绘制同心圆　　　　　　图17-33　继续绘制同心圆

Step 05 执行"阵列>环形阵列"命令，设置项目数6，介于60，填充360，如图17-34所示。

Step 06 执行"修剪"命令，修剪掉多余的线段，如图17-35所示。

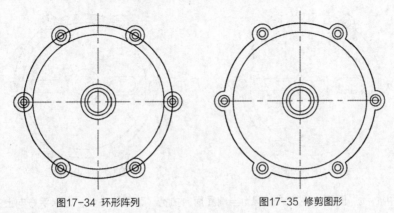

图17-34 环形阵列　　　　　　　图17-35 修剪图形

Step 07 关闭"中心线"图层，以同心圆的圆心为中点绘制长50mm和160mm的两条相交的直线，如图17-36所示。

Step 08 执行"偏移"命令，将线段向内进行偏移，尺寸如图17-37所示。

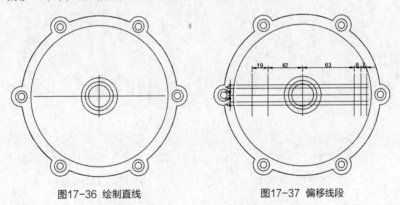

图17-36 绘制直线　　　　　　　图17-37 偏移线段

Step 09 执行"修剪"命令，修剪掉多余的线段，如图17-38所示。

Step 10 执行"圆"命令，绘制半径为8mm和12mm的同心圆，如图17-39所示。

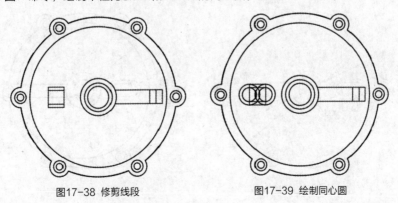

图17-38 修剪线段　　　　　　　图17-39 绘制同心圆

Step 11 执行"修剪"命令，修剪掉多余的线段，如图17-40所示。

Step 12 选择内部结构线图层，设置为"虚线"图层，如图17-41所示。

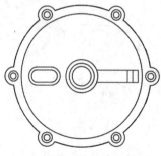

图17-40 修剪图形

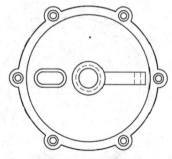

图17-41 设置图层

Step 13 显示"中心线"图层，设置该图层为当前图层，执行"直线"命令，为水平方向上的圆绘制中心线，如图17-42所示。

Step 14 执行"环形阵列"命令，选择外侧圆的中心线，指定大圆的圆心为阵列中心，阵列复制中心线，如图17-43所示。

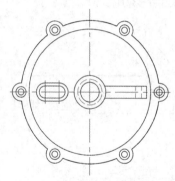

图17-42 显示并绘制中心线

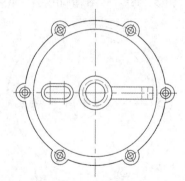

图17-43 阵列复制中心线

Step 15 依次执行"线性""直径""半径"等命令，对泵盖的俯视图进行尺寸标注，如图17-44所示。

Step 16 在状态栏中单击"显示线宽"按钮，图形效果如图17-45所示。

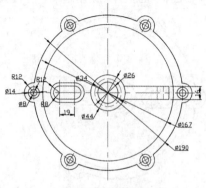

图17-44 尺寸标注

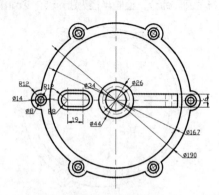

图17-45 显示线宽

17.2.2　绘制泵盖剖面图

　　下面将绘制泵盖剖面图，具体操作步骤如下：

Step 01 复制泵盖俯视图，执行"射线"命令，绘制射线，如图17-46所示。

Step 02 执行"直线""偏移""修剪"命令，绘制泵盖剖面图的轮廓图形，如图17-47所示。

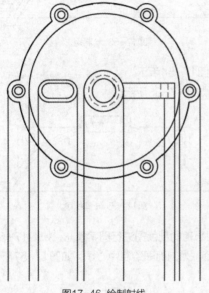

图17-46　绘制射线

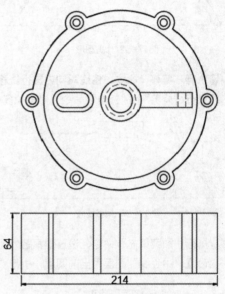

图17-47　绘制泵盖剖面图的轮廓图形

Step 03 执行"偏移"命令，将粗实线向内进行偏移，尺寸如图17-48所示。

Step 04 执行"圆弧"命令，绘制一条圆弧，如图17-49所示。

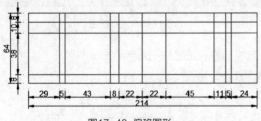

图17-48　偏移图形

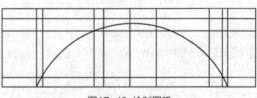

图17-49　绘制圆弧

Step 05 执行"偏移"和"延伸"命令，将圆弧向外偏移5mm，并进行延伸，如图17-50所示。

Step 06 执行"圆"命令，绘制一个半径为4的圆，如图17-51所示。

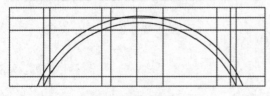

图17-50　偏移圆弧

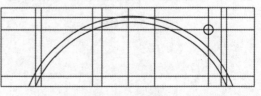

图17-51　绘制圆

Step 07 执行"修剪"命令，修剪掉多余的线段，如图17-52所示。

Step 08 执行"矩形"命令，绘制矩形图形，放置在图中的合适位置，如图17-53所示。

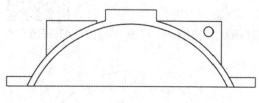

图17-52 修剪图形

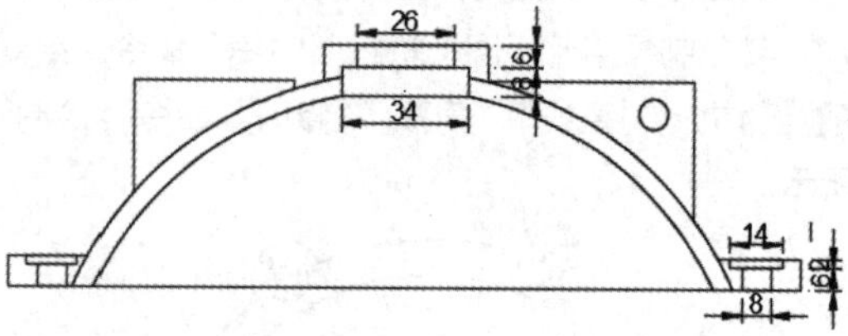

图17-53 绘制矩形

Step 09 执行"偏移"命令，将线段向内进行偏移4mm，如图17-54所示。

Step 10 执行"修剪"和"延伸"命令，修剪掉多余的线段，如图17-55所示。

图17-54 偏移线段

图17-55 修剪线段

Step 11 执行"图案填充"命令，设置图案名为ANSI31，对泵盖的剖面图进行图案填充，如图17-56所示。

Step 12 设置"中心线"图层为当前图层，执行"直线"命令，为剖面图绘制中心线，如图17-57所示。

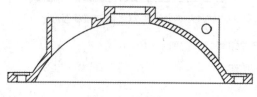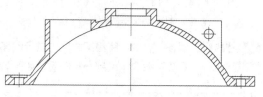

图17-56 图案填充

图17-57 尺寸标注

Step 13 执行"标注>线性"命令，对泵盖的剖面图进行尺寸标注，如图17-58所示。

Step 14 在状态栏中单击"显示线宽"按钮，图形效果如图17-59所示。

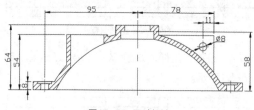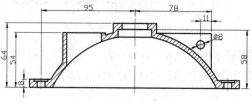

图17-58 尺寸标注

图17-59 显示线宽

17.3 绘制轴承座图形

有轴承的地方就要有支撑点，轴承的内支撑点是轴，外支撑就是常说的轴承座。由于一个轴承可以选用不同的轴承座，而一个轴承座同时又可以选用不同类型的轴承，因此轴承座的品种很多。

17.3.1 绘制轴承座俯视图

下面将介绍轴承座俯视图的绘制过程，具体绘制步骤介绍如下：

Step 01 打开"图层特性管理器"选项板，创建"辅助线""粗实线"和"虚线"等图层，并设置图层颜色、线型、线宽等参数，如图17-60所示。

Step 02 执行"直线"命令，绘制尺寸为60mm×100mm的长方形，如图17-61所示。

扫码观看视频

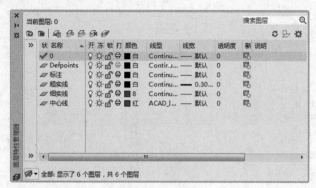

图17-60 创建图层

图17-61 绘制长方形

Step 03 执行"偏移"命令，偏移图形，如图17-62所示。

Step 04 执行"圆"命令，捕捉绘制多个圆，如图17-63所示。

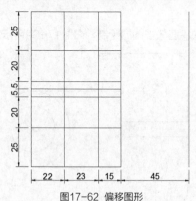

图17-62 偏移图形

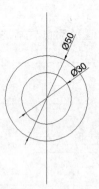

图17-63 绘制圆

Step 05 执行"修剪"命令，修剪图形，如图17-64所示。

Step 06 执行"延伸"和"拉伸"命令，延长部分直线，如图17-65所示。

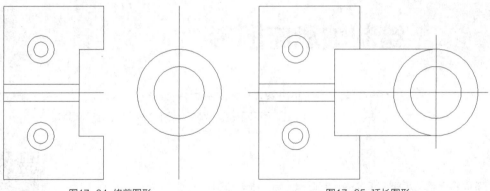

图17-64 修剪图形   图17-65 延长图形

Step 07 执行"圆角"命令，设置圆角半径为10mm，对图形的两个角进行圆角操作，如图17-66所示。

Step 08 设置"轴线"图层为当前图层，执行"直线"命令，绘制轴线，并设置已绘制的直线到"轴线"图层，如图17-67所示。

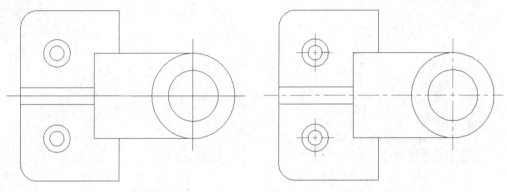

图17-66 圆角操作   图17-67 绘制轴线

Step 09 设置"虚线"图层为当前图层，再执行"直线"命令，绘制一条虚直线并设置比例，如图17-68所示。

Step 10 为图形添加尺寸标注，并开启"显示线宽"，完成轴承座俯视图的绘制，如图17-69所示。

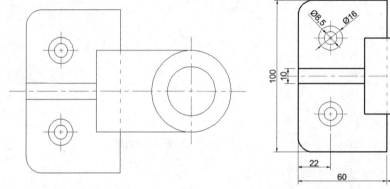

图17-68 绘制虚线

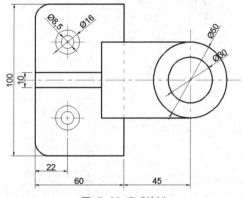

图17-69 完成绘制

17.3.2　绘制轴承座左视图

下面将介绍轴承座左视图的绘制过程，具体绘制步骤介绍如下：

扫码观看视频

Step 01 设置"粗实线"图层为当前图层，执行"直线"命令，捕捉绘制多条直线，如图17-70所示。

Step 02 执行"偏移"命令，将上方直线向下偏移72mm，如图17-71所示。

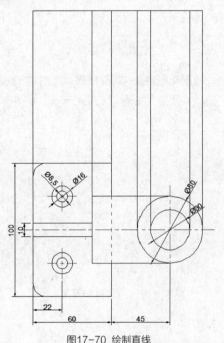

图17-70　绘制直线

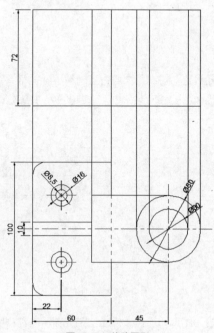

图17-71　偏移图形

Step 03 执行"修剪"命令，修剪多余的辅助线，再执行"偏移"命令，将上方边线向下依次偏移10mm、14mm、10mm、23mm、15mm，如图17-72所示。

Step 04 执行"修剪"命令，修剪图形，如图17-73所示。

图17-72　再次偏移图形

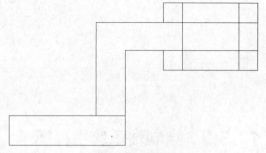

图17-73　修剪图形

Step 05 执行"圆角"命令，分别设置圆角半径为10mm和15mm，对图形的两个拐角进行圆角操作，如图17-74所示。

Step 06 执行"直线"命令，捕捉端点绘制一条斜线，如图17-75所示。

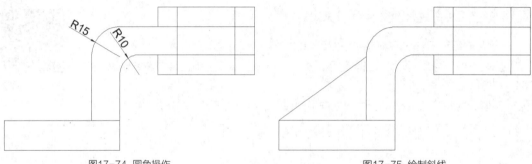

图17-74　圆角操作　　　　　　　　图17-75　绘制斜线

Step 07 设置"轴线"图层为当前图层，执行"直线"命令，绘制两条轴线并调整比例，如图17-76所示。

Step 08 执行"修剪"命令，修剪图形，并设置两条线到"虚线"图层，如图17-77所示。

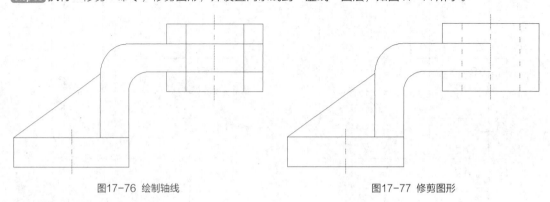

图17-76　绘制轴线　　　　　　　　图17-77　修剪图形

Step 09 为图形添加尺寸标注，完成轴承座左视图的绘制，如图17-78所示。

Step 10 显示线宽，效果如图17-79所示。

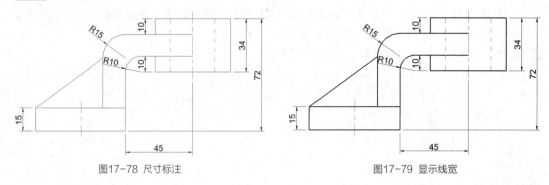

图17-78　尺寸标注　　　　　　　　图17-79　显示线宽

17.3.3　绘制轴承座主视图

下面将介绍轴承座主视图的绘制过程，具体绘制步骤介绍如下：

Step 01 设置"粗实线"图层为当前图层，执行"直线"命令，捕捉绘制多条直线作为辅助线，如图17-80所示。

扫码观看视频

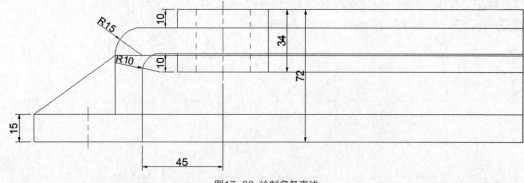

图17-80 绘制多条直线

Step 02 执行"偏移"命令，将右侧直线向左偏移100mm，再执行"修剪"命令，修剪多余的辅助线，如图17-81所示。

Step 03 执行"偏移"命令，依次偏移图形，如图17-82所示。

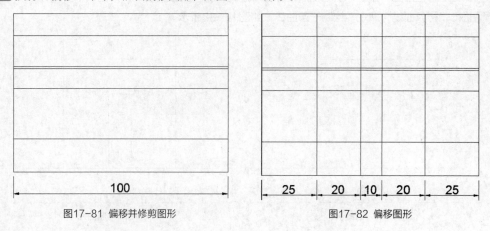

图17-81 偏移并修剪图形　　　　　　　　　　　图17-82 偏移图形

Step 04 执行"修剪"命令，修剪出轴承座主视图的轮廓，如图17-83所示。

Step 05 继续偏移图形，如图17-84所示。

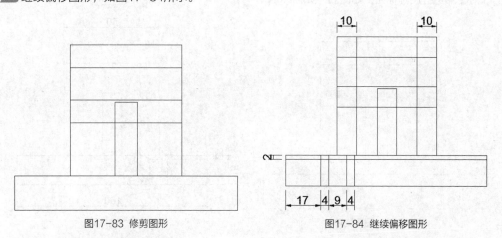

图17-83 修剪图形　　　　　　　　　　图17-84 继续偏移图形

Step 06 执行"直线"命令，捕捉绘制两条斜线，如图17-85所示。

Step 07 修剪图形，并删除多余的线条，如图17-86所示。

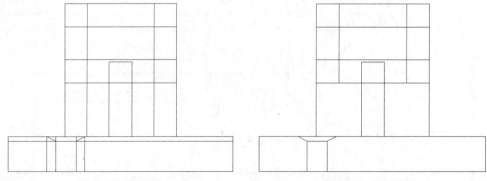

图17-85　绘制斜线　　　　　　　　　图17-86　修剪并删除

Step 08 执行"特性匹配"命令，从左视图中匹配"虚线"特性到主视图中，如图17-87所示。

Step 09 执行"样条曲线"命令，绘制一条曲线，如图17-88所示。

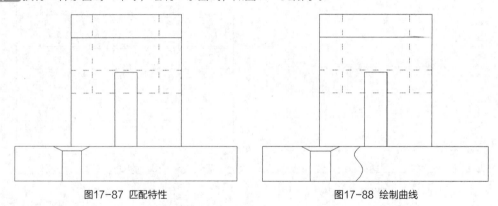

图17-87　匹配特性　　　　　　　　　图17-88　绘制曲线

Step 10 执行"图案填充"命令，选择ANSI31图案，对图形进行填充，如图17-89所示。

Step 11 对图形进行尺寸标注，如图17-90所示。

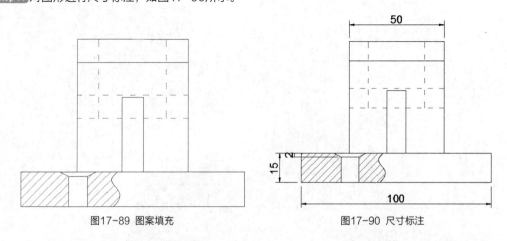

图17-89　图案填充　　　　　　　　　图17-90　尺寸标注

Step 12 绘制一条多段线，并创建文字，完成轴承座主视图的绘制，如图17-91所示。

Step 13 在状态栏中单击"显示线宽"按钮，效果如图17-92所示。

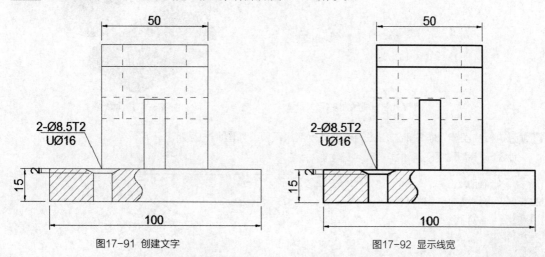

图17-91　创建文字　　　　　　　　　　　　图17-92　显示线宽

17.3.4　创建轴承座模型

扫码观看视频

下面将介绍轴承座模型的制作过程，具体操作步骤介绍如下：

Step 01 将工作空间切换为"三维建模"，复制三视图，删除尺寸标注、轴线、虚线和图案填充等图形，如图17-93所示。

Step 02 执行"多段线"命令，捕捉绘制俯视图轮廓，再删除俯视图中多余的图形，如图17-94所示。

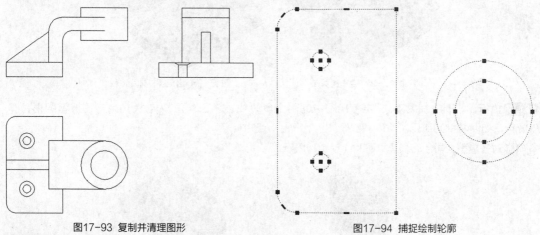

图17-93　复制并清理图形　　　　　　　　　图17-94　捕捉绘制轮廓

Step 03 继续执行"多段线"命令，捕捉绘制左视图图形，如图17-95所示。

Step 04 切换到西南等轴测视图，执行"拉伸"命令，将俯视图中的底座拉伸15mm，将两个圆拉伸34mm，再切换到"概念"视觉样式，如图17-96所示。

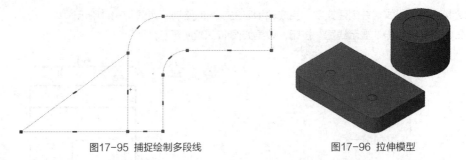

图17-95 捕捉绘制多段线　　　　　　　　图17-96 拉伸模型

Step 05 执行"差集"命令，对创建的模型进行差集运算，如图17-97所示。

命令行的提示如下：

```
命令：_SUBTRACT
选择要从中减去的实体、曲面和面域……
选择对象：找到 1 个
选择对象：
选择要减去的实体、曲面和面域……
选择对象：找到 1 个
选择对象：
```

Step 06 执行"圆柱体"命令，捕捉管状模型创建一个圆柱体，可以看到圆柱体与管状模型重合了，如图17-98所示。

图17-97 差集运算　　　　　　　　图17-98 创建圆柱体

Step 07 执行"拉伸"命令，拉伸左视图中的两个多段线，将三角形拉伸10mm，将折弯图形拉伸50mm，如图17-99所示。

Step 08 对齐模型，再旋转模型，如图17-100所示。

图17-99 拉伸模型　　　　　　　　图17-100 对齐并旋转

Step 09 再将模型对齐到底座上，将圆柱体向上移动38mm，如图17-101所示。

Step 10 执行"差集"命令，将圆柱体从模型中减去，如图17-102所示。

图17-101 对齐并移动　　　　图17-102 差集运算

Step 11 将管状模型向上移动38mm，如图17-103所示。

Step 12 执行"圆锥体"命令，捕捉圆心创建两个底面半径为8mm、顶面半径为4.25mm、高度为2mm的圆锥体，如图17-104所示。

图17-103 移动模型　　　　图17-104 创建圆锥体

　　命令行的提示如下：

```
命令：_CONE
指定底面的中心点或 [三点（3P）/两点（2P）/切点、切点、半径（T）/椭圆（E）]：
指定底面半径或 [直径（D）] <4.3273>：8
指定高度或 [两点（2P）/轴端点（A）/顶面半径（T）] <8.5390>：t
指定顶面半径 <0.0000>：4.25
指定高度或 [两点（2P）/轴端点（A）] <8.5390>：2
```

Step 13 执行"差集"命令，将圆锥体从模型中减去，再执行"并集"命令，合并所有模型，至此完成轴承座模型的制作，如图17-105所示。

图17-105 完成制作

Chapter 18

室内施工图的绘制

本章概述

　　在室内设计过程中，施工图的绘制是表达设计者设计意图的重要手段之一，是设计者与各相关专业之间交流的标准化语言，是控制施工现场能否充分正确理解、消化并实施设计理念的一个重要环节。施工图的绘制是建筑室内设计中劳动量最大也是完成成果的最后一步。绘制出满足施工要求的施工图纸，确定全部施工尺寸、用料及造型。

　　本章就室内施工图的绘制方法及基本规范进行详细的介绍，读者通过本章的学习可以掌握室内设计施工图的绘制技巧。

学习目标

- 掌握平面图的绘制
- 掌握立面图的绘制
- 掌握结构详图的绘制

18.1　绘制平面图纸

室内平面图是施工图纸中必不可少的一项内容。它能够反映出在当前户型中各空间布局及家具摆放是否合理。同时，用户还能从中了解到各空间的功能和用途。

18.1.1　绘制原始户型图

在进入制图程序时，首先要绘制的是原始户型图，下面为用户介绍原始户型图的绘制步骤：

Step 01 打开"图层特性管理器"选项板，单击"新建图层"按钮，新建"轴线"图层，设置颜色为红色，如图18-1所示。

扫码观看视频

Step 02 继续单击"新建图层"按钮，依次创建出"墙体""门窗""标注"等图层，并设置图层参数，如图18-2所示。

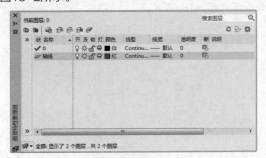
图18-1　新建图层

图18-2　创建多个图层

Step 03 将"轴线"图层设置为当前图层，依次执行"直线"和"偏移"命令，根据实际尺寸绘制出墙体轴线，如图18-3所示。

Step 04 将"墙体"图层设置为当前图层，执行"多段线"命令，沿轴线绘制出墙体轮廓，如图18-4所示。

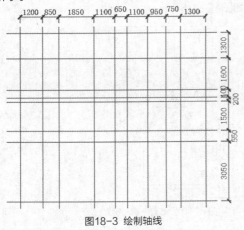
图18-3　绘制轴线

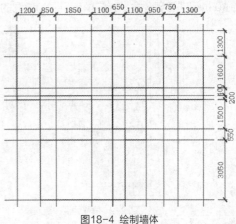
图18-4　绘制墙体

Step 05 关闭"轴线"图层，然后执行"偏移"命令，将多段线分别向两侧偏移120mm，删除中间的线段，如图18-5所示。

Step 06 执行"修剪"和"删除"等命令，修剪并删除多余的线段，如图18-6所示。

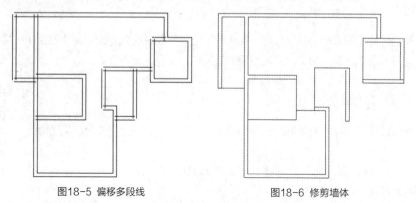

图18-5 偏移多段线   图18-6 修剪墙体

Step 07 执行"偏移"命令，偏移120mm的墙体，执行"修剪"命令，修剪多余线段，如图18-7所示。

Step 08 执行"直线"和"偏移"命令，绘制出其他墙体，尺寸如图18-8所示。

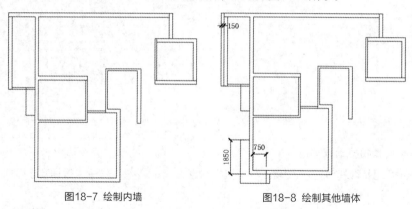

图18-7 绘制内墙   图18-8 绘制其他墙体

Step 09 执行"直线"和"偏移"命令，偏移门洞和窗洞的位置，如图18-9所示。

Step 10 执行"修剪"命令，修剪出门洞和窗洞的位置，如图18-10所示。

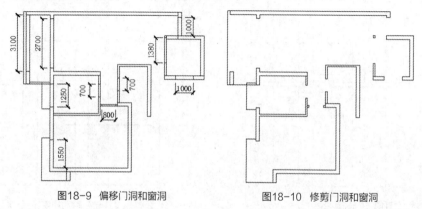

图18-9 偏移门洞和窗洞   图18-10 修剪门洞和窗洞

Step 11 将"门窗"图层设置为当前图层,执行"直线"命令,在窗洞位置绘制直线,如图18-11所示。

Step 12 执行"偏移"命令,设置偏移距离为80mm,偏移窗户图形,结果如图18-12所示。

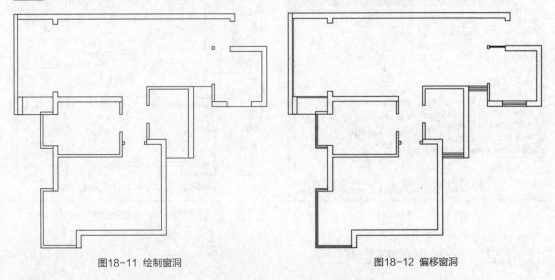

图18-11　绘制窗洞　　　　　　　　　　　图18-12　偏移窗洞

Step 13 执行"矩形""圆""复制""旋转"等命令,绘制出门图形并将其放置在合适的位置,如图18-13所示。

Step 14 将"墙体"图层设置为当前图层,执行"圆""矩形"等命令,在合适的位置绘制墙柱、下水管及排烟管图形,如图18-14所示。

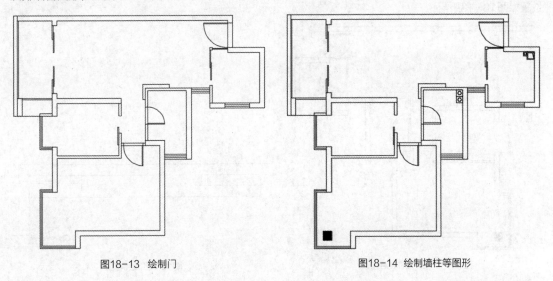

图18-13　绘制门　　　　　　　　　　　图18-14　绘制墙柱等图形

Step 15 执行"标注样式"命令,新建"平面标注"样式,设置单位精度为0,文字高度为250,箭头类型为"建筑标记",箭头大小为200,再设置尺寸界线参数,如图18-15所示。

Step 16 将"标注"图层设置为当前图层,执行"线性""连续"标注命令,为平面布置图添加尺寸标注,如图18-16所示。至此,原始户型图绘制完毕。

图18-15 设置标注样式

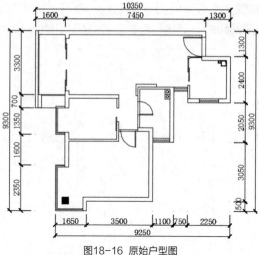

图18-16 原始户型图

18.1.2 绘制平面布置图

对室内平面图进行布置时，需要注意家具之间的距离，以及家具摆放是否合理。绘制时，可以在原始结构上执行操作，绘制插入家具图块，并放置于图纸的合适位置。绘制过程如下：

Step 01 复制原始结构图，删除标注，如图18-17所示。

Step 02 将"家具"图层设置为当前图层，执行"矩形"命令，绘制尺寸为1000mm×200mm的矩形，位置如图18-18所示。

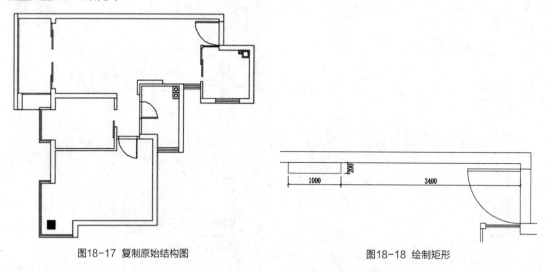

图18-17 复制原始结构图

图18-18 绘制矩形

Step 03 依次执行"分解"和"偏移"命令，将矩形左边线段向右依次偏移250mm、500mm，绘制柜子轮廓，如图18-19所示。

Step 04 执行"直线"命令，捕捉线段端点绘制两条相交的线段。选择线段，将其置于虚线层，示意高柜，结果如图18-20所示。

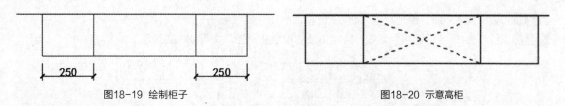

图18-19 绘制柜子　　　　　　　　　　　　图18-20 示意高柜

Step 05 执行"直线""偏移""修剪"等命令，绘制电视背景墙，如图18-21所示。

Step 06 执行"插入>块选项板"命令，选择并插入电视机图形，如图18-22所示。

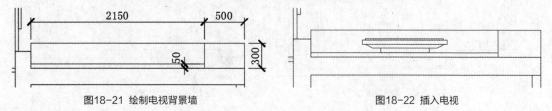

图18-21 绘制电视背景墙　　　　　　　　　　图18-22 插入电视

Step 07 继续插入组合沙发图形，如图18-23所示。

Step 08 执行"直线""偏移""修剪"命令，绘制餐厅背景墙，如图18-24所示。

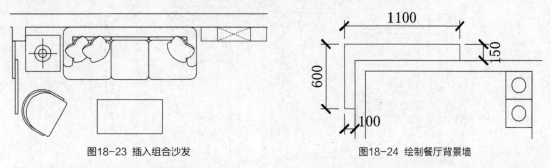

图18-23 插入组合沙发　　　　　　　　　　图18-24 绘制餐厅背景墙

Step 09 为餐厅区域插入餐桌椅图形，然后执行"分解"和"修剪"命令，修剪掉被遮挡的部分，如图18-25所示。

Step 10 执行"直线"和"偏移"命令，绘制客卧的衣柜及台面，尺寸如图18-26所示。

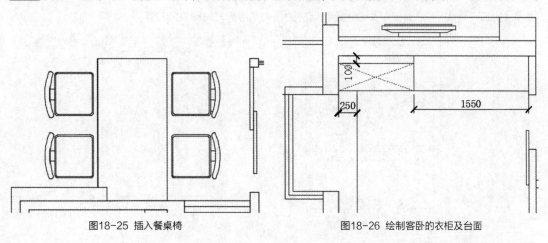

图18-25 插入餐桌椅　　　　　　　　　　图18-26 绘制客卧的衣柜及台面

Step 11 为客卧插入衣架、座椅及单人床等图形，如图18-27所示。

Step 12 执行"直线"和"偏移"命令，绘制主卧的衣柜及台面，如图18-28所示。

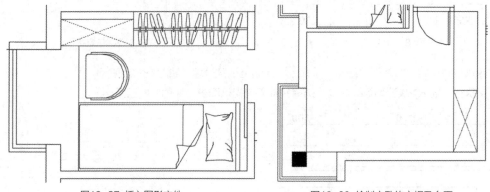

图18-27 插入图形文件   图18-28 绘制主卧的衣柜及台面

Step 13 再为主卧区域插入衣架、座椅及双人床等图形，如图18-29所示。

Step 14 执行"直线"和"圆弧"等命令，绘制卫生间的台面及置物柜，如图18-30所示。

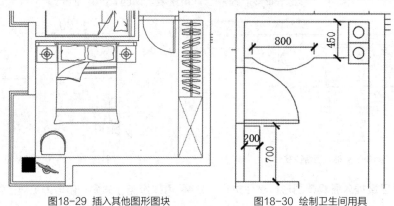

图18-29 插入其他图形图块   图18-30 绘制卫生间用具

Step 15 为卫生间区域插入洗手池、马桶及浴缸等图形，如图18-31所示。

Step 16 执行"直线"和"偏移"命令，绘制厨房的台面及吊柜，如图18-32所示。

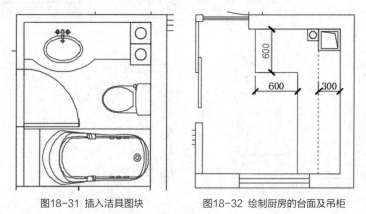

图18-31 插入洁具图块   图18-32 绘制厨房的台面及吊柜

Step 17 为厨房区域插入洗手池、燃气灶及冰箱等图形，如图18-33所示。

Step 18 继续插入植物图块放置于阳台位置，如图18-34所示。

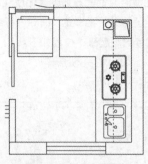
图18-33　插入厨具图块

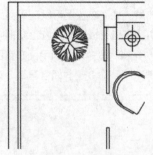
图18-34　插入植物图块

Step 19 执行"文字样式"命令，新建"文字说明"样式，并设置其字体为"宋体"，高度为250，如图18-35所示。

Step 20 将"标注"图层设置为当前图层，执行"多行文字"命令，对客厅添加文字注释，如图18-36所示。

图18-35　设置文字样式

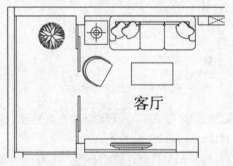
图18-36　添加文字

Step 21 执行"多行文字"命令，对平面图的其他位置进行文字注释，如图18-37所示。

Step 22 执行"线性"和"连续"标注命令，为平面布置图添加尺寸标注，完成平面布置图的绘制，如图18-38所示。

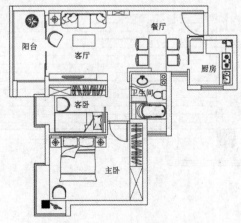
图18-37　添加其他位置的文字

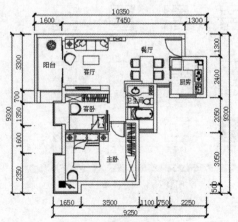
图18-38　添加尺寸标注

18.1.3 绘制地面布置图

布置好各房间的基本设备后，应对其各房间布置相应的地板砖，地面布置图能够反映出住宅地面材质及造型的效果。地面布置图可以在平面图上将家具删除后，运用"图案填充"命令进行绘制。

在对各功能区进行填充时，应绘制相应的辅助线，将各区域封闭起来，过程如下：

Step 01 执行"复制"命令，复制平面布置图，删除家具及标注，如图18-39所示。

Step 02 执行"直线"命令，封闭各区域，调整文字位置，如图18-40所示。

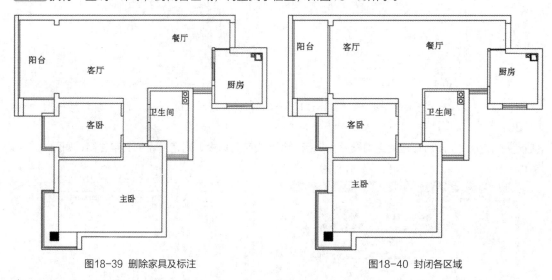

图18-39 删除家具及标注　　　　　　　　　　　图18-40 封闭各区域

Step 03 将"地面填充"图层设置为当前图层，执行"图案填充"命令，选择图案DOLMIT，设置填充比例为25，如图18-41所示。

Step 04 拾取主卧区域进行填充操作，如图18-42所示。继续拾取客卧区域进行填充。

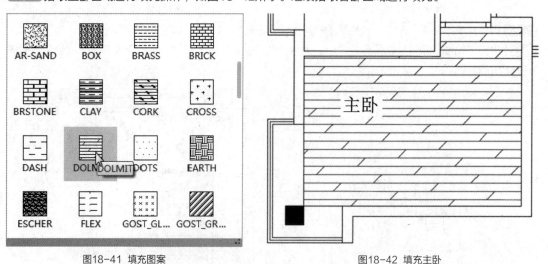

图18-41 填充图案　　　　　　　　　　　图18-42 填充主卧

Step 05 执行"图案填充"命令，根据提示输入T命令，打开"图案填充和渐变色"对话框，选择用户定义图案，勾选"双向"复选框，设置比例为300、角度为45°，如图18-43所示。

Step 06 依次拾取"卫生间""厨房""阳台"内部进行图案填充，按回车键完成填充，结果如图18-44所示。

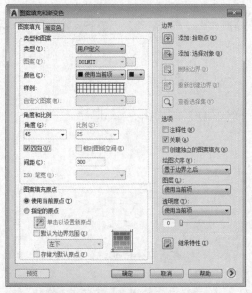

图18-43 "图案填充和渐变色"对话框

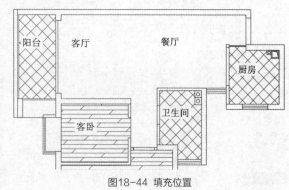

图18-44 填充位置

Step 07 再执行"图案填充"命令，选择与Step 05相同的图案，设置比例为600、角度为0°，填充客厅及餐厅位置，如图18-45所示。

Step 08 执行"图案填充"命令，选择图案为AR-CONC，比例为2，依次拾取卧室的飘窗位置进行填充，如图18-46所示。

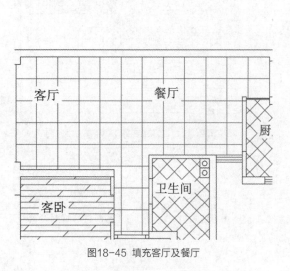

图18-45 填充客厅及餐厅

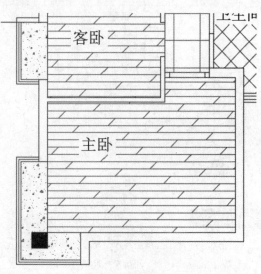

图18-46 填充飘窗

Step 09 执行"多行文字"命令，在厨房内框选出文字输入范围后，单击"背景遮罩"按钮，在打开的"背景遮罩"对话框中设置边界偏移量为1，填充颜色为白色，如图18-47所示。

Step 10 设置完成后单击"确定"按钮，将"标注"图层设置为当前图层，对厨房地面材质进行文字说明，设置字体大小为150，如图18-48所示。

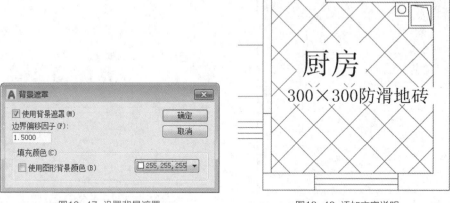

图18-47 设置背景遮罩　　　　　　　　　　图18-48 添加文字说明

Step 11 执行"复制"命令，双击文字进行修改，对其他的地面材质进行文字说明，结果如图18-49所示。

Step 12 执行"线性"和"连续"标注命令，为地面布置图添加尺寸标注，如图18-50所示。至此，完成地面布置图的绘制。

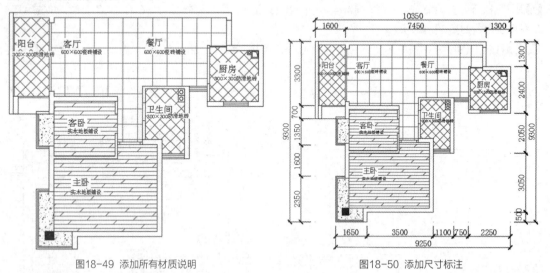

图18-49 添加所有材质说明　　　　　　　　图18-50 添加尺寸标注

知识点拨

在对室内施工图纸进行尺寸标注时，用户可以先绘制辅助线，再标注尺寸；也可以在设置标注样式时设置尺寸界线的固定长度，再直接标注尺寸即可。

18.2 绘制居室立面图

立面图是将建筑物装饰外墙或内部墙面向铅直的投影面所做的正投影图，主要反映墙面的装饰造型、饰面处理及剖切吊顶顶棚的断面形状、投影到的灯具等内容。

18.2.1 绘制卧室立面图

在绘制之前要先复制绘制立面图的平面区域，然后利用射线、直线、偏移等命令绘制立面图轮廓线，绘制过程如下：

扫码观看视频

Step 01 打开"图层特性管理器"选项板，新建"轮廓线""门窗""墙体"等图层，设置图层特性，如图18-51所示。

Step 02 执行"复制"命令，复制主卧的床头背景墙部分，在要绘制的部位绘制矩形，执行"修剪"命令，修剪掉矩形外面所有的线段，如图18-52所示。

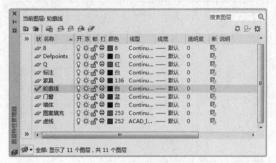

图18-51 新建图层

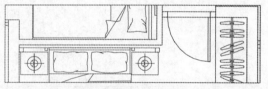

图18-52 复制平面图

Step 03 执行"射线"命令，捕捉平面图的位置绘制辅助线，如图18-53所示。

Step 04 执行"直线"和"偏移"命令，绘制横向直线并向下偏移2850mm，再执行"修剪"命令，修剪掉多余的辅助线条，如图18-54所示。

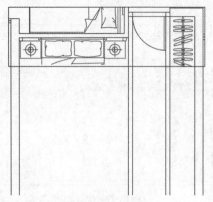

图18-53 绘制射线

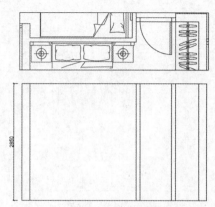

图18-54 修剪层高

Step 05 执行"偏移"命令，将顶部边线依次向下偏移250mm、600mm、1920mm，如图18-55所示。

Step 06 执行"修剪"命令，修剪掉多余的线段，结果如图18-56所示。

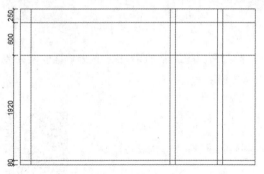

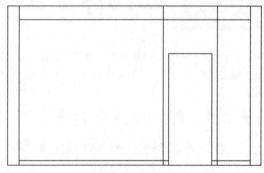

图18-55 偏移线段   图18-56 修剪线段

Step 07 执行"偏移"命令，将顶边线段向下偏移450mm，作为衣柜高度，如图18-57所示。

Step 08 执行"修剪"命令，修剪掉多余的线段，结果如图18-58所示。卧室背景墙的立面轮廓线绘制完成。

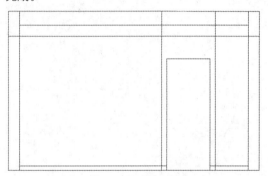

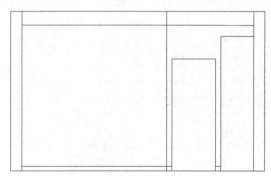

图18-57 偏移线段作为衣柜   图18-58 轮廓绘制完成

Step 09 执行"偏移"和"修剪"命令，偏移吊顶造型和装饰面，修剪掉多余线段，具体尺寸如图18-59所示。

Step 10 继续执行"偏移"和"修剪"命令，绘制背景墙装饰，修剪掉多余线段，具体尺寸如图18-60所示。

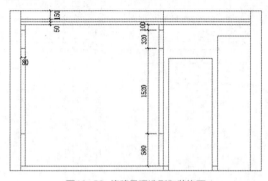

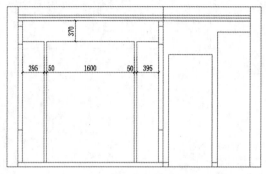

图18-59 偏移吊顶造型和装饰面   图18-60 绘制背景墙装饰

Step 11 分别执行"矩形""直线""复制""修剪"命令，绘制背景造型，具体尺寸如图18-61所示。

Step 12 执行"偏移"和"修剪"命令，依次偏移10mm、30mm、20mm，偏移出门框，修剪掉多余线段，如图18-62所示。

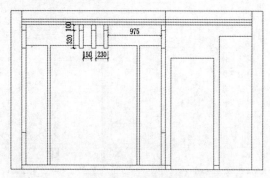

图18-61 绘制背景造型

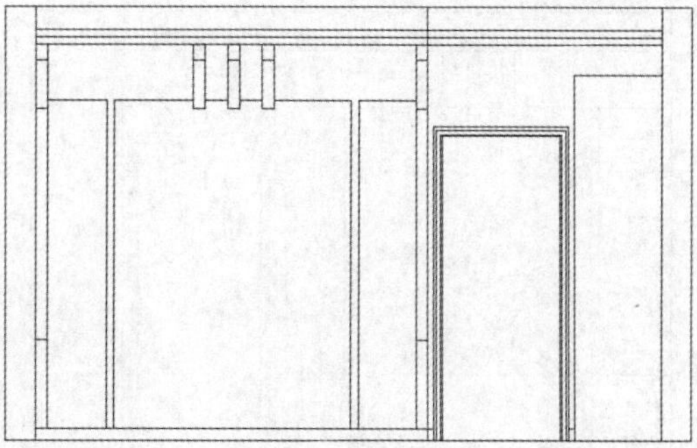

图18-62 偏移出门框

Step 13 执行"直线"命令，绘制线段示意门洞，如图18-63所示。

Step 14 继续执行"直线"命令，在衣柜位置处绘制交叉线段，然后将线段置于虚线层，如图18-64所示。

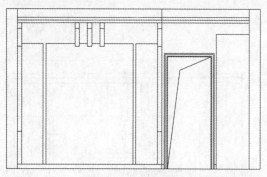
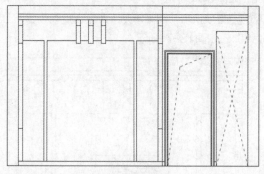

图18-63 示意门洞

图18-64 绘制直线

Step 15 执行"插入"命令，插入床头柜立面图，执行"修剪"命令，修剪掉被覆盖的图形，如图18-65所示。

Step 16 继续执行"插入"命令，插入双人床立面图，执行"修剪"命令，修剪掉被覆盖的图形，如图18-66所示。

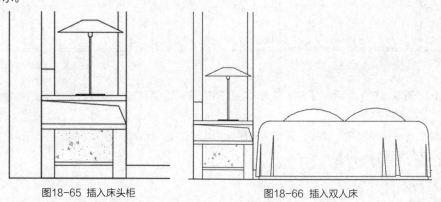

图18-65 插入床头柜

图18-66 插入双人床

Step 17 执行"镜像"命令，对床头柜立面图进行镜像操作，执行"修剪"命令，修剪掉被遮挡的部分，结果如图18-67所示。

Step 18 执行"插入"命令，插入装饰画和射灯的立面图，位置如图18-68所示。

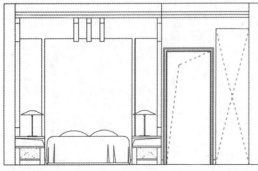

图18-67　镜像床头柜

图18-68　插入装饰画和射灯

Step 19 执行"图案填充"命令，设置填充图案为用户定义，比例为400，拾取双人床上方的位置进行填充，如图18-69所示。

Step 20 继续执行"图案填充"命令，拾取位置同上，填充图案为用户定义，设置填充比例为200，角度为90°，如图18-70所示。

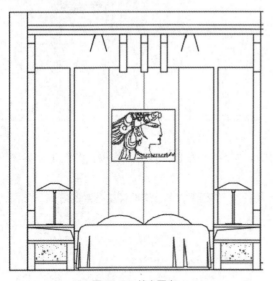

图18-69　填充图案

图18-70　继续填充图案

Step 21 执行"图案填充"命令，填充图案为AR-RROOF，比例为20，角度为45°，拾取背景墙两侧进行填充，如图18-71所示。

Step 22 重复执行"图案填充"命令，设置填充图案为ANSI32，比例为200，角度为315°，拾取射灯位置进行填充，如图18-72所示。

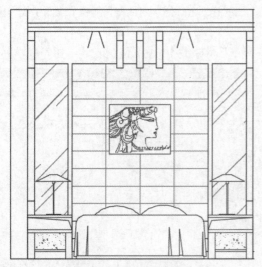

图18-71　填充背景墙两侧　　　　　　　　　　　　图18-72　填充射灯

Step 23 执行"图案填充"命令，选择图案AR-CONC，拾取剩余墙面部分进行填充，如图18-73所示。

Step 24 执行"图案填充"命令，拾取墙体部分，填充图案为ANSI35，比例为15，如图18-74所示。

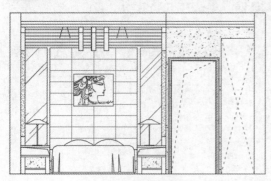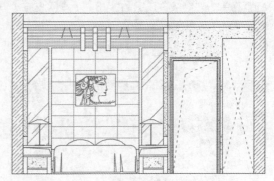

图18-73　填充剩余墙面　　　　　　　　　　　　图18-74　填充墙体

Step 25 执行"格式>文字样式"命令，新建"文字标注"样式，如图18-75所示。

Step 26 设置字体为"宋体"，高度为120，将其置为当前，如图18-76所示。

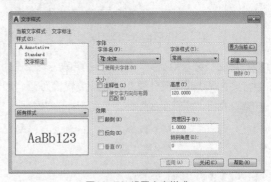

图18-75　新建标注样式　　　　　　　　　　　　图18-76　设置文字样式

Step 27 执行"格式>多重引线样式"命令，打开"多重引线样式管理器"对话框，新建"立面引线"样式，如图18-77所示。

Step 28 设置引线的箭头大小为50，并将该样式置为当前，如图18-78所示。

图18-77 新建"立面引线"样式　　　　图18-78 设置引线的箭头大小

Step 29 执行"标注样式"命令，新建"立面标注"样式，如图18-79所示。

Step 30 单击"继续"按钮，打开"新建标注样式"对话框，设置主单位精度为0，再设置文字高度为80，如图18-80所示。

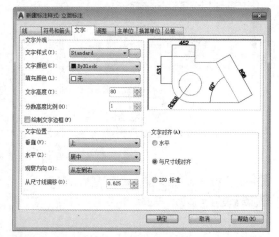

图18-79 新建标注样式　　　　图18-80 设置标注样式

Step 31 在"符号和箭头"选项卡中将箭头类型设为"建筑标记"，箭头大小为30。再在"线"选项卡中将尺寸界线超出尺寸线20，起点偏移量为50，固定尺寸界线长度为100，如图18-81所示。

Step 32 执行"多重引线"命令，指定标注的位置，指定引线方向，输入文字，如图18-82所示。

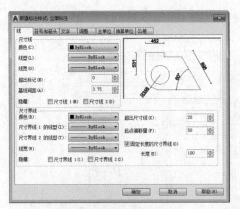

图18-81 设置箭头样式

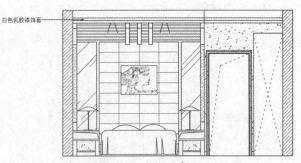

图18-82 添加多重引线

Step 33 重复执行"多重引线"命令，按照同样的操作方法标注其他墙面的装饰材质，结果如图18-83所示。

图18-83 添加其他文字标注

Step 34 执行"尺寸标注"命令，指定尺寸界线点，并指定尺寸线的位置，进行尺寸标注，如图18-84所示。

Step 35 执行"连续标注"命令，标注其他尺寸，如图18-85所示。

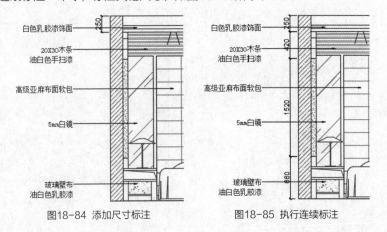

图18-84 添加尺寸标注　　　　图18-85 执行连续标注

Step 36 重复执行"尺寸标注"和"连续标注"命令，标注其他位置的尺寸，结果如图18-86所示。

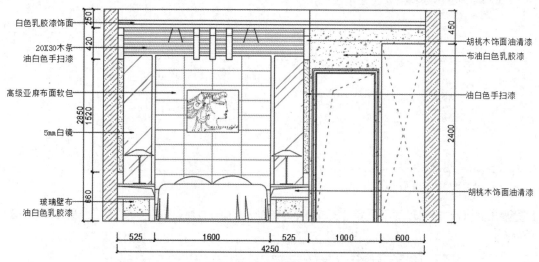

白色乳胶漆饰面

20X30木条
油白色手扫漆

高级亚麻布面软包

5mm白镜

玻璃壁布
油白色乳胶漆

胡桃木饰面油清漆
布油白色乳胶漆

油白色手扫漆

胡桃木饰面油清漆

图18-86 添加所有尺寸标注

18.2.2 绘制卫生间立面图

下面继续对卫生间立面图的绘制过程进行介绍：

Step 01 执行"复制"命令，复制卫生间洗手台的墙面部分，在要绘制的部位绘制矩形，执行"修剪"命令，修剪掉矩形外面的所有线段，如图18-87所示。

Step 02 执行"射线"命令，捕捉平面图主要的轮廓位置绘制射线，如图18-88所示。

扫码观看视频

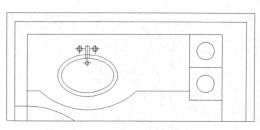

图18-87 复制平面并修剪

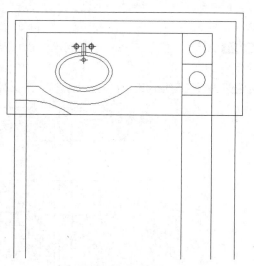

图18-88 绘制射线

Step 03 执行"直线""偏移""修剪"命令，绘制高度为2400mm的立面轮廓，如图18-89所示。

Step 04 执行"偏移"命令，将上方边线向下依次偏移1400mm、200mm、600mm，如图18-90所示。

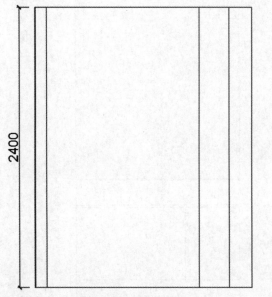

图18-89 绘制立面轮廓

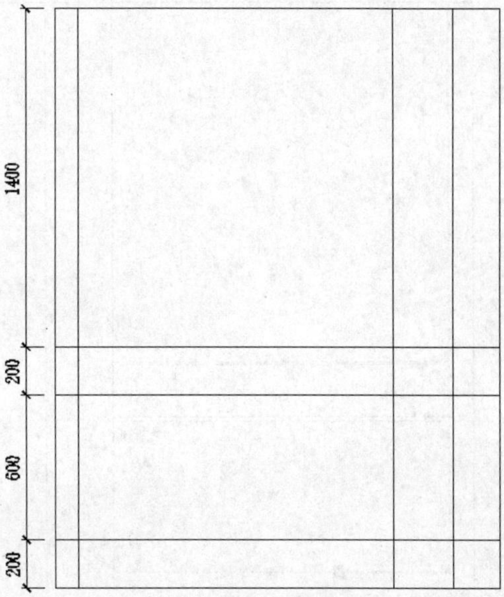

图18-90 偏移直线

Step 05 执行"修剪"命令，修剪多余的线段，结果如图18-91所示。

Step 06 继续执行"偏移"命令，偏移出12mm的玻璃隔板厚度和20mm的洗手台面厚度，如图18-92所示。

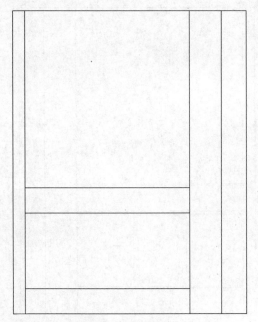

图18-91 修剪图形

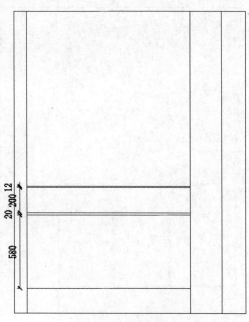

图18-92 偏移图形

Step 07 执行"定数等分"命令，将一条线段等分为三份，如图18-93所示。

Step 08 执行"直线"命令，捕捉绘制两条直线，再删除定数等分点，如图18-94所示。

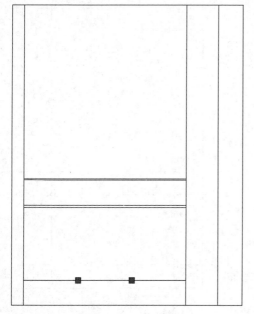

<table>
<tr><td>图18-93　定数等分</td><td>图18-94　绘制直线</td></tr>
</table>

Step 09 执行"矩形"和"偏移"命令，绘制矩形并向内偏移10mm，如图18-95所示。

Step 10 删除外侧矩形及中心线，如图18-96所示。

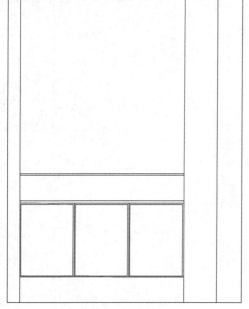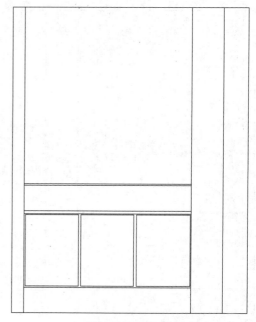

<table>
<tr><td>图18-95　绘制并偏移矩形</td><td>图18-96　删除图形</td></tr>
</table>

Step 11 设置"虚线"图层为当前图层，捕捉绘制柜门装饰线，如图18-97所示。

Step 12 执行"插入"命令，在立面图中插入镜前灯、洗手盆立面、毛巾等图块，并调整位置，如图18-98所示。

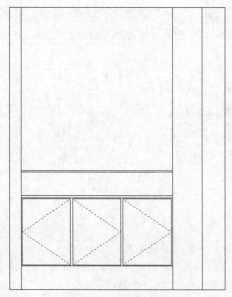
图18-97 绘制虚线

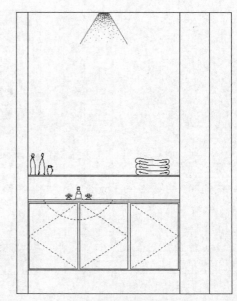
图18-98 插入图块

Step 13 执行"图案填充"命令，拾取墙体部分，填充图案为ANSI35，比例为15，如图18-99所示。

Step 14 执行"图案填充"命令，拾取墙面部分，填充图案为ANSI31，角度为315°，比例为15，如图18-100所示。

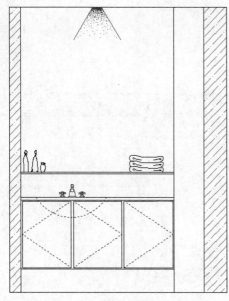
图18-99 填充墙体

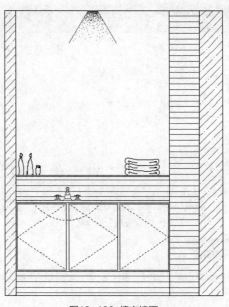
图18-100 填充墙面

Step 15 执行"图案填充"命令，拾取镜面部分，填充图案为AR-RROOF，角度为45°，比例为25，如图18-101所示。

Step 16 创建"卫生间立面"标注样式，设置文字高度为50，箭头大小为40，如图18-102所示。

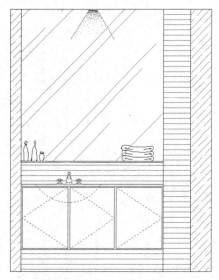

图18-101 填充镜面

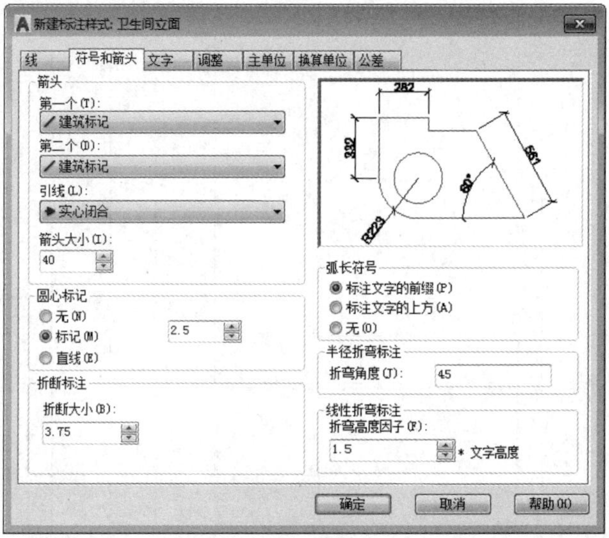

图18-102 设置标注样式

Step 17 创建"卫生间立面"多重引线样式，设置箭头大小为40，文字高度为80，如图18-103所示。

Step 18 执行"多重引线"命令，为立面图添加引线标注，如图18-104所示。

图18-103 设置引线样式

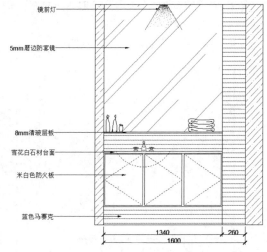

图18-104 添加引线标注

知识点拨

标注室内施工图时，可以使用多重引线和快速智能引线两种方式进行装饰材料的标注。

Step 19 最后为立面图添加尺寸标注，完成卫生间立面图的绘制，如图18-105所示。

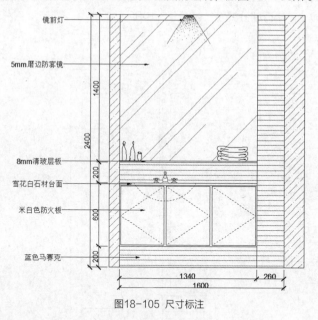

图18-105　尺寸标注

18.3 绘制结构详图

结构详图是指对平面布置图、立面图等图样中未表达清楚的部分进一步放大比例以绘制出更详细的图样，使施工人员在施工时可以清楚地了解每一个细节，做到准确无误。

Step 01 打开"块"选项板，在合适的位置插入剖面符号，如图18-106所示。

Step 02 绘制打断线，再执行"射线"命令，捕捉端点绘制射线，如图18-107所示。

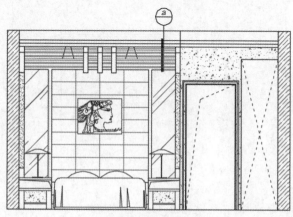

图18-106　添加剖面符号

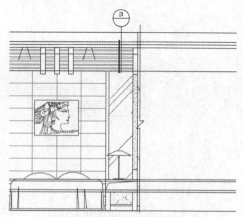

图18-107　绘制射线

Step 03 执行"直线""偏移""修剪"命令，根据平面图的尺寸绘制剖面轮廓，如图18-108所示。

Step 04 执行"修剪"命令，修剪部分线段，如图18-109所示。

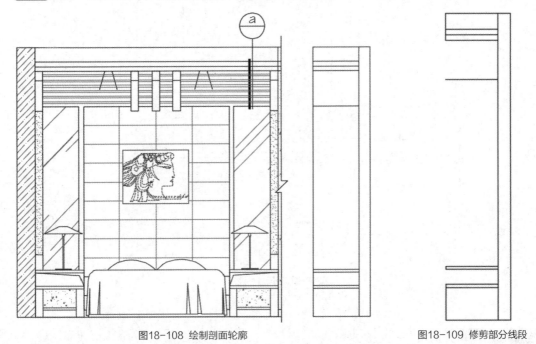

图18-108 绘制剖面轮廓　　　　　　　　　　　　　　图18-109 修剪部分线段

Step 05 执行"直线""偏移""修剪"命令，绘制吊顶部分细节图，详细尺寸如图18-110所示。

Step 06 继续执行"直线""偏移""修剪"命令，绘制吊顶下侧墙面的装饰部分，修剪多余线段，如图18-111所示。

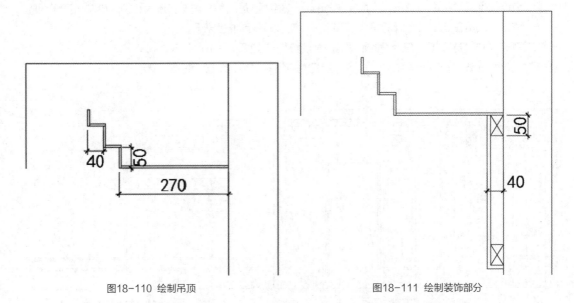

图18-110 绘制吊顶　　　　　　　　　　　　　　图18-111 绘制装饰部分

Step 07 执行"矩形"命令，绘制20mm×30mm的矩形装饰木条，执行"矩形阵列"命令，阵列结果如图18-112所示。

Step 08 执行"偏移"和"修剪"命令，偏移墙线，修剪多余线段，如图18-113所示。

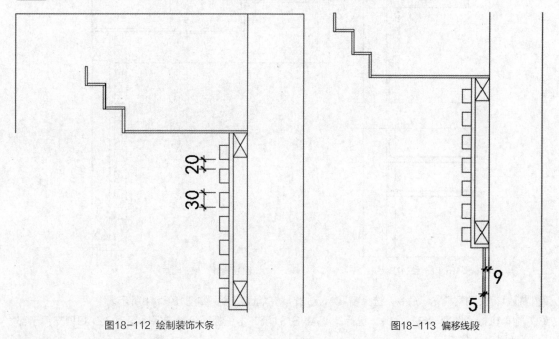

图18-112　绘制装饰木条　　　　　　　　　　　　图18-113　偏移线段

Step 09 执行"偏移"和"修剪"命令，绘制床头柜，阵列结果如图18-114所示。

Step 10 执行"偏移"和"修剪"命令，绘制床头装饰，执行"插入"命令，插入射灯立面图块，如图18-115所示。

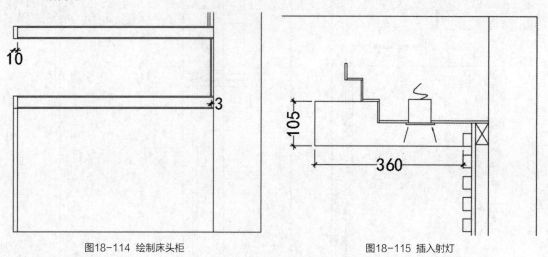

图18-114　绘制床头柜　　　　　　　　　　　　　图18-115　插入射灯

Step 11 绘制打断线，执行"偏移"和"修剪"命令，调整图形，如图18-116所示。

Step 12 执行"圆弧"命令，在装饰木条部分绘制填充图案，如图18-117所示。

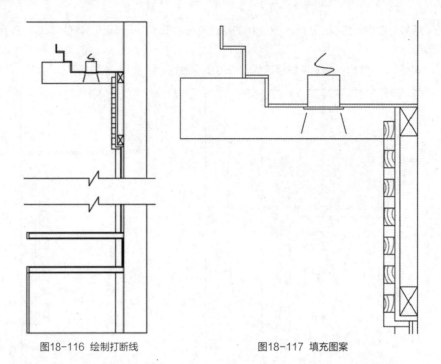

图18-116 绘制打断线　　　　　　　　　　　图18-117 填充图案

Step 13 执行"图案填充"命令，选择图案ANSI35填充墙面部分，如图18-118所示。

Step 14 再执行"图案填充"命令，选择图案ANSI31填充木工板部分，选择图案ZIGZAG填充镜子部分，如图18-119所示。

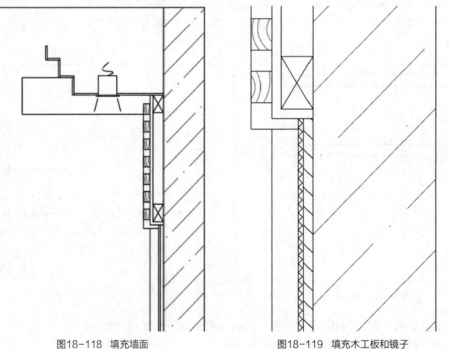

图18-118 填充墙面　　　　　　　　　　　图18-119 填充木工板和镜子

Step 15 执行"图案填充"命令，填充床头柜部分，如图18-120所示。

Step 16 执行"格式>多重引线样式"命令，打开"多重引线样式管理器"对话框，新建"详图引线"样式，设置箭头大小为30，文字高度为50，将其置为当前，如图18-121所示。

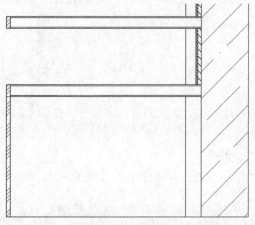

图18-120 填充床头柜

图18-121 设置引线样式

Step 17 执行"标注样式"命令，新建"剖面标注"样式，如图18-122所示。

Step 18 设置箭头类型为"建筑标记"，大小为30，再设置尺寸界线参数，如图18-123所示。

图18-122 创建标注样式

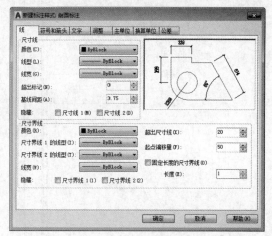

图18-123 设置标注样式

知识点拨

图纸中需要的标注样式较多时，建议新建多个合适的标注样式，而不是直接修改已有的标注样式。

Step 19 执行"多重引线"命令，创建第一条多重引线，如图18-124所示。

Step 20 执行"复制"命令，复制引线至其他需要标注的位置，双击文字进行修改，如图18-125所示。

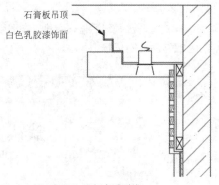

图18-124　添加多重引线

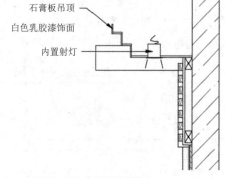

图18-125　复制并修改文字

Step 21 重复以上步骤，标注其他位置的材质，如图18-126所示。

Step 22 执行"复制"命令，复制引线至其他需要标注的位置，双击文字进行修改，如图18-127所示。

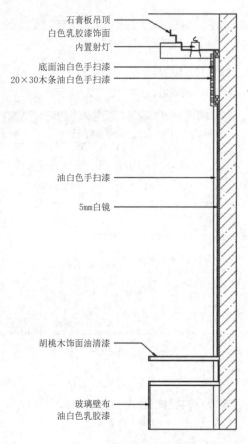

图18-126　完成文字注释

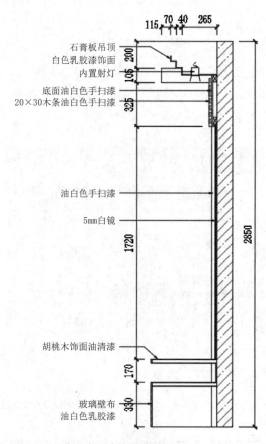

图18-127　完成添加标注

Chapter 19

园林施工图的绘制

本章概述

　　景观设计是指在建筑设计或规划设计的过程中，对周围环境要素的整体考虑及设计自然要素和人工要素，使得建筑与自然环境产生呼应关系，使其使用起来更方便、更舒适，提高其整体的艺术价值。

　　本章将以绘制树池图和休闲庄园规划图为例，结合AutoCAD中的一些基本命令，来介绍园林景观图的绘制方法和技巧。

学习目标

● 掌握园林小品的绘制
● 掌握景观园林平面的规划与绘制

19.1　绘制景观指示牌

景观指示牌作为指导性标识物，关键在于创造具有冲击力的视觉符号和听觉信号，使人由此产生兴趣从而产生认同感，达到塑造景观形象、吸引人的目的。

19.1.1　绘制指示牌俯视图

扫码观看视频

下面利用直线、偏移、修剪等命令绘制指示牌俯视图，绘制步骤介绍如下：

Step 01 执行"绘图>直线"命令，绘制1500mm×300mm的矩形，如图19-1所示。

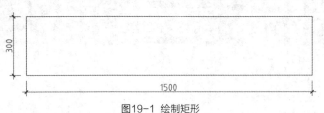

图19-1　绘制矩形

Step 02 执行"修改>偏移"命令，偏移图形，具体偏移尺寸如图19-2所示。

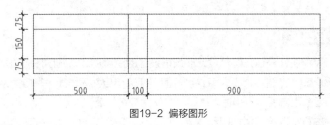

图19-2　偏移图形

Step 03 执行"修改>修剪"命令，修剪图形，如图19-3所示。

图19-3　修剪图形

Step 04 执行"线性"和"连续"标注命令，为图形添加尺寸标注，如图19-4所示。

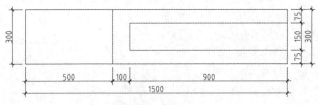

图19-4　尺寸标注

Step 05 执行"快速引线"命令，为俯视图添加引线标注，完成指示牌俯视图的绘制，如图19-5所示。

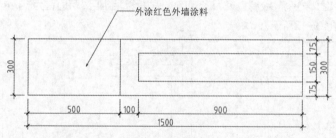

图19-5　引线标注

19.1.2　绘制指示牌正立面图

下面利用直线、矩形、圆、偏移、修剪等命令绘制指示牌正立面图，绘制步骤介绍如下：

扫码观看视频

Step 01 执行"绘图>直线"命令，绘制1500mm×1500mm的正方形，如图19-6所示。

Step 02 执行"修改>偏移"命令，将边线依次进行偏移操作，具体偏移尺寸如图19-7所示。

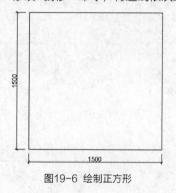

图19-6　绘制正方形

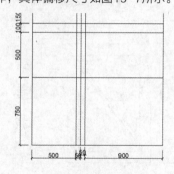

图19-7　偏移图形

Step 03 执行"绘图>圆"命令，捕捉直线交点绘制半径为150mm的圆，如图19-8所示。

Step 04 继续执行"修改>修剪"命令，修剪并删除多余的图形，如图19-9所示。

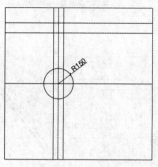

图19-8　绘制圆

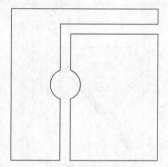

图19-9　修剪图形

Step 05 执行"绘图>矩形"命令，捕捉端点绘制一个矩形，再执行"修改>偏移"命令，将矩形向内偏移120mm，如图19-10所示。

Step 06 删除外侧矩形，如图19-11所示。

Step 07 执行"绘图>圆"命令，绘制直径为25mm的圆并移动到距离两边皆为50mm的位置，再对圆形进行镜像复制，如图19-12所示。

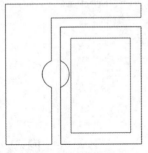

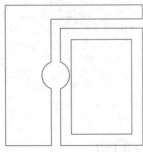

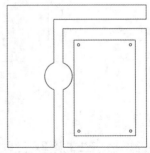

图19-10 绘制矩形   图19-11 删除外侧矩形   图19-12 绘制并镜像圆形

Step 08 执行"插入>块选项板"命令，选择景观路线图图块，插入到合适的位置，如图19-13所示。

Step 09 执行"多行文字"命令，设置字体为黑体，高度为100，再设置1.5倍行距，创建文字，放置到合适的位置，如图19-14所示。

Step 10 执行"绘图>多段线"命令，绘制长1650mm、宽10mm的多段线，如图19-15所示。

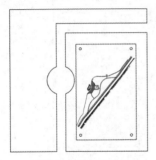

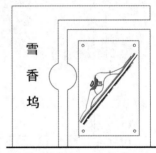

图19-13 插入图块   图19-14 创建多行文字   图19-15 绘制多段线

Step 11 依次执行"线性""连续""半径"标注命令，添加尺寸标注，如图19-16所示。

Step 12 执行"快速引线"命令，为图形添加引线标注，完成指示牌正立面图的绘制，如图19-17所示。

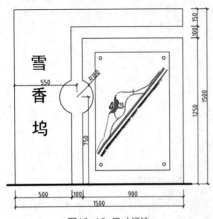

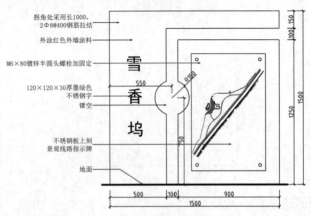

图19-16 尺寸标注   图19-17 引线标注

19.1.3　绘制指示牌剖面图

扫码观看视频

下面利用直线、矩形、圆、偏移、修剪等命令绘制指示牌剖面图，绘制步骤介绍如下：

Step 01 执行"绘图>直线"命令，绘制尺寸为2600mm×700mm的长方形，如图19-18所示。

Step 02 执行"修改>偏移"命令，将边线依次进行偏移操作，具体偏移尺寸如图19-19所示。

Step 03 执行"修改>修剪"命令，修剪图形，如图19-20所示。

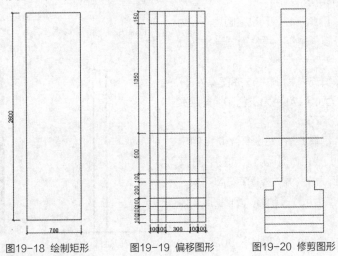

图19-18　绘制矩形　　　图19-19　偏移图形　　　图19-20　修剪图形

Step 04 继续执行"修改>偏移"命令，偏移图形，如图19-21所示。

Step 05 执行"修改>修剪"命令，修剪图形，如图19-22所示。

Step 06 执行"绘图>矩形"命令，绘制三个矩形并调整全局宽度为10，移动到合适的位置，如图19-23所示。

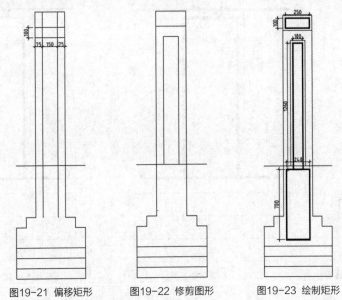

图19-21　偏移矩形　　　图19-22　修剪图形　　　图19-23　绘制矩形

Step 07 执行"绘图>多段线"命令，绘制两条多段线，设置全局宽度为10，如图19-24所示。

Step 08 执行"圆"和"图案填充"命令，绘制半径为5mm的圆并进行实体填充，如图19-25所示。

Step 09 执行"绘图>矩形"命令，绘制一个1050mm×10mm的矩形和两个25mm×10mm的矩形，如图19-26所示。

Step 10 执行"修改>圆角"命令，设置圆角半径为5mm，对矩形进行圆角操作，再修剪图形，如图19-27所示。

Step 11 执行"图案填充"命令，选择图案AR-CONC，设置比例为0.6，颜色为灰色，填充混凝土区域，如图19-28所示。

Step 12 继续执行"图案填充"命令，选择图案AR-CONC，设置比例为1；选择图案HONEY，设置比例为5；再选择图案EARTH，设置比例为10，角度为45°，填充地下基层，如图19-29所示。

Step 13 修剪并删除多余图形，如图19-30所示。

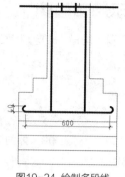

图19-24 绘制多段线

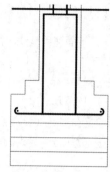

图19-25 绘制圆并填充

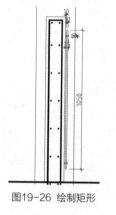

图19-26 绘制矩形

图19-27 修剪图形

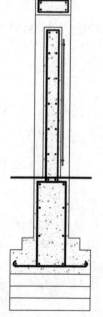

图19-28 填充混凝土区域

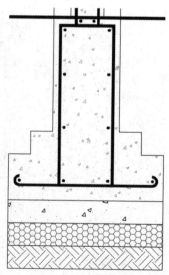

图19-29 填充地下基层

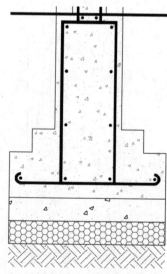

图19-30 修剪图形

Step 14 执行"线性"和"连续"标注命令，为图形添加尺寸标注，如图19-31所示。

Step 15 为图形添加快速引线标注，完成指示牌剖面图的绘制，如图19-32所示。

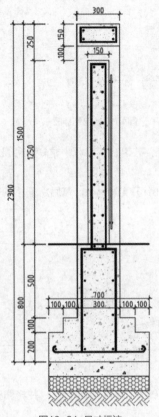

图19-31 尺寸标注

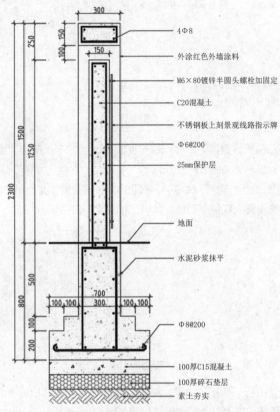

- 4Φ8
- 外涂红色外墙涂料
- M6×80镀锌半圆头螺栓加固定
- C20混凝土
- 不锈钢板上刻景观线路指示牌
- Φ6@200
- 25mm保护层
- 地面
- 水泥砂浆抹平
- Φ8@200
- 100厚C15混凝土
- 100厚碎石垫层
- 素土夯实

图19-32 引线标注

19.2 绘制休闲庄园平面规划图

　　景观图的绘制主要包括道路、建筑物及景观图中池塘的绘制，其过程是先确定道路的位置，然后确定景观图区域，再对其景观图中的建筑物进行绘制。

19.2.1 绘制山庄整体布局

　　首先来绘制山庄的整体布局及道路、房屋等场所，绘制步骤介绍如下：

Step 01 首先来绘制山庄的道路布局。打开"图层特性管理器"选项板，新建"道路"图层，并将其设为当前图层，如图19-33所示。

Step 02 执行"椭圆"命令，绘制一个长半轴274200mm、短半轴65100mm的椭圆形，如图19-34所示。

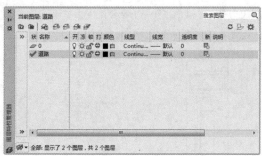

图19-33 新建图层

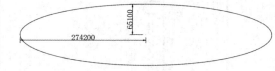

图19-34 绘制椭圆

Step 03 执行"直线"命令，捕捉椭圆两侧上、下象限点，绘制直线，并执行"修剪"命令，将图形修剪为半椭圆形，如图19-35所示。

Step 04 执行"偏移"命令，将椭圆弧向内偏移7500mm、2400mm和2400mm，其后将偏移的第二条轮廓线设置为红色点划线，其结果如图19-36所示。

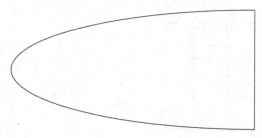

图19-35 修剪图形

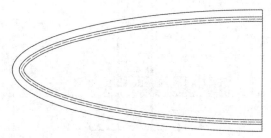

图19-36 偏移圆弧

Step 05 执行"偏移"命令，将垂直线向右依次偏移6000mm、6000mm、12000mm，并将偏移的第一条直线设置为红色点划线，如图19-37所示。

Step 06 执行"直线"命令，捕捉垂直线的中点，再执行"偏移"命令，将水平直线向上向下各偏移48900mm、1800mm、1800mm、7500mm，并将偏移后的第二条直线设置为红色点划线，如图19-38所示。

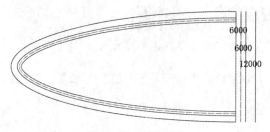

图19-37 偏移垂直线

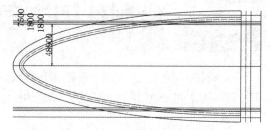

图19-38 偏移水平线

Step 07 执行"修剪"命令，将当前图形进行修剪，如图19-39所示。

Step 08 执行"偏移"命令，将左侧的边线依次向左偏移6000mm、3000mm、3000mm、80950mm、3000mm和3000mm，如图19-40所示。

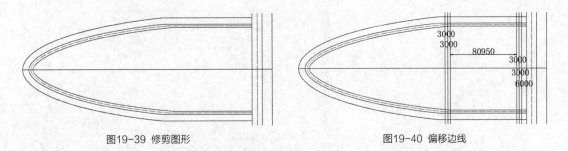

图19-39 修剪图形　　　　　　　　　　　　图19-40 偏移边线

Step 09 执行"偏移"命令，将水平线段向下偏移600mm、3000mm、3000mm，如图19-41所示。

Step 10 执行"修剪"命令，修剪图形，再设置红色点划线，如图19-42所示。

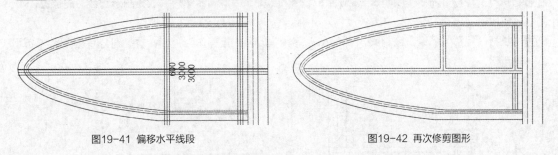

图19-41 偏移水平线段　　　　　　　　　　图19-42 再次修剪图形

Step 11 执行"直线"命令，并启动"捕捉自"功能，绘制斜线，其结果如图19-43所示。

Step 12 执行"偏移"命令，将该斜线向两侧各偏移3750mm，其后将斜线设置为红色点划线，执行"延长"和"修剪"命令，将图形进行修剪，其结果如图19-44所示。

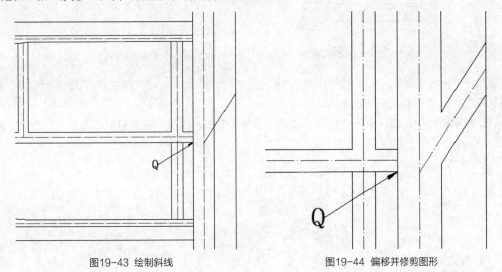

图19-43 绘制斜线　　　　　　　　　　　　图19-44 偏移并修剪图形

Step 13 执行"圆角"命令，设置圆角半径为30000mm，对道路边线进行圆角操作，结果如图19-45所示。

Step 14 山庄主道路绘制完毕后，就可以绘制山庄的房屋了。在"图层"面板中执行"图层控制"命令，新建"建筑"图层，设置其图层属性，并双击该图层将其设为当前图层，如图19-46所示。

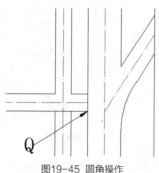

图19-45 圆角操作　　　　　　　　　　　图19-46 新建图层

Step 15 执行"矩形"命令，绘制长6000mm、宽5100mm的观望台图形，放置图形到合适的位置，如图19-47所示。

Step 16 执行"矩形"命令，绘制长2100mm、宽4200mm的矩形作为入口，放置到合适的位置，如图19-48所示。

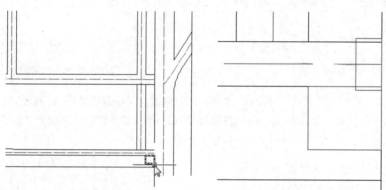

图19-47 绘制观望台图形　　　　　　　　图19-48 绘制矩形入口

Step 17 执行"分解"命令，将入口图形进行分解，执行"偏移"命令，将矩形的水平边线进行偏移，偏移的距离为300mm，如图19-49所示。

Step 18 选择观望台和入口，执行"镜像"命令，指定镜像线，将图形镜像复制到上方，如图19-50所示。

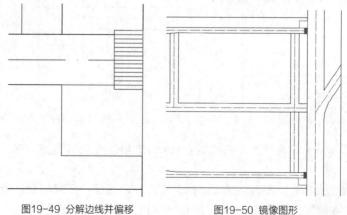

图19-49 分解边线并偏移　　　　　　　　图19-50 镜像图形

Step 19 执行"矩形"命令，绘制长6000mm、宽12000mm的长方形作为监控室，放置图形到合适的位置，并执行"镜像"命令将其进行镜像复制，如图19-51所示。

Step 20 执行"圆角"命令，设置圆角半径为6000mm，将镜像的监控室进行圆角操作，如图19-52所示。

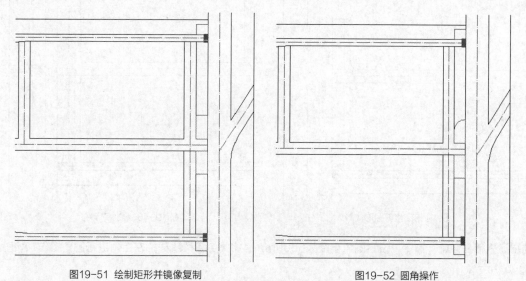

图19-51 绘制矩形并镜像复制　　　　　　　　图19-52 圆角操作

Step 21 执行"矩形"命令，绘制长12000mm、宽24900mm的矩形，并放置图形到合适的位置，如图19-53所示。

Step 22 执行"圆角"命令，设置圆角半径为6000mm，对矩形进行圆角操作，如图19-54所示。

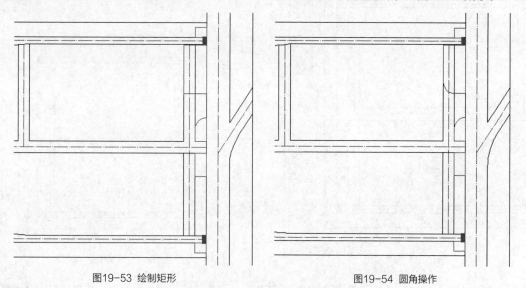

图19-53 绘制矩形　　　　　　　　　　　图19-54 圆角操作

Step 23 执行"修剪"命令，将圆角后的图形进行修剪，其结果如图19-55所示。

Step 24 执行"多段线"命令，根据命令行中的尺寸绘制图形，如图19-56所示。

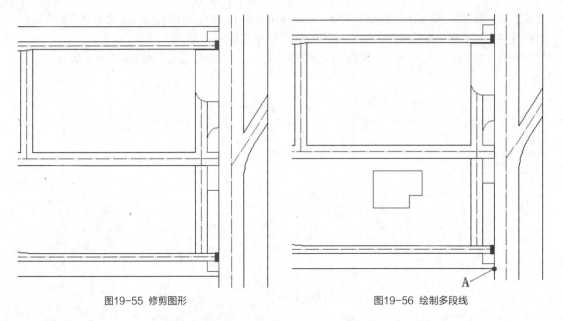

图19-55 修剪图形　　　　　　　　　　　图19-56 绘制多段线

Step 25 执行"圆角"命令，设置圆角半径为6000mm，将闭合多段线框的左上角进行圆角操作，如图19-57所示。

Step 26 执行"矩形"命令，捕捉B点，绘制长30000mm、宽18000mm的矩形，其结果如图19-58所示。

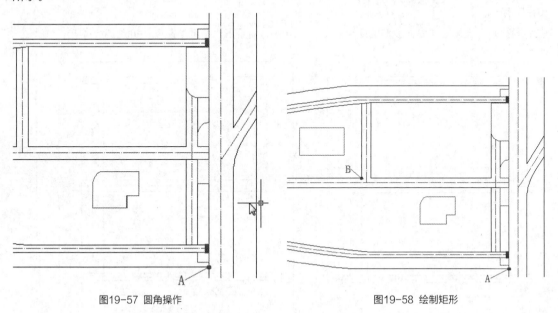

图19-57 圆角操作　　　　　　　　　　　图19-58 绘制矩形

Step 27 执行"偏移"命令，将绘制的矩形向内偏移300mm，再执行"镜像"命令，选择矩形，进行镜像操作，如图19-59所示。

Step 28 执行"直线"命令，绘制休闲山庄图形，其尺寸如图19-60所示。

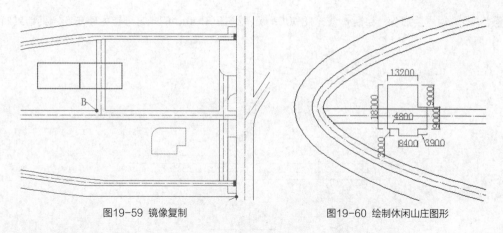

图19-59　镜像复制　　　　　　　　图19-60　绘制休闲山庄图形

Step 29 执行"偏移"命令，将山庄右侧的垂直线向左偏移两次，偏移的距离为450mm，其结果如图19-61所示。

Step 30 执行"直线"命令，在景观图中适当的位置绘制一个闭合区域作为健身场地，如图19-62所示。

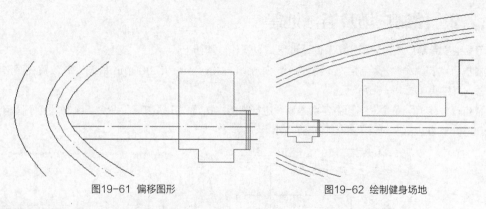

图19-61　偏移图形　　　　　　　　图19-62　绘制健身场地

Step 31 执行"矩形"命令，在网球场的旁边绘制一个长和宽均为6000mm的矩形作为观望台，如图19-63所示。

Step 32 执行"矩形"命令，绘制一个长和宽均为12000mm的矩形作为山庄总监控室，其结果如图19-64所示。

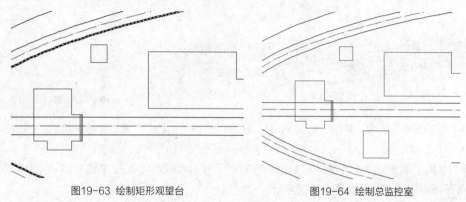

图19-63　绘制矩形观望台　　　　　　图19-64　绘制总监控室

Step 33 执行"矩形"命令，绘制一个长18000mm、宽12000mm的长方形作为停车场，其结果如图19-65所示。

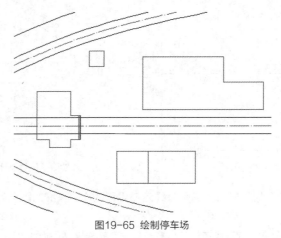

图19-65　绘制停车场

19.2.2　绘制广场及游泳池等

下面继续绘制广场、休闲场所及游泳池区域，操作步骤如下：

Step 01 执行"圆"命令，绘制半径分别为15600mm、9000mm和3000mm的圆，并放置在图形的合适位置，其结果如图19-66所示。

Step 02 执行"修剪"命令，将圆中多余的直线进行修剪，执行"正多边形"命令，绘制外切于圆且边长为1200mm的四边形，其结果如图19-67所示。

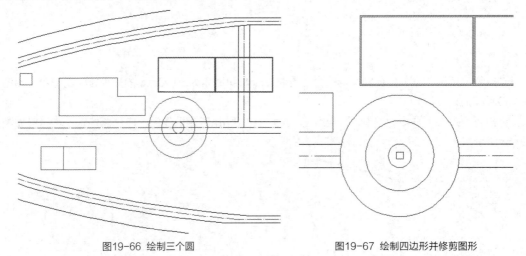

图19-66　绘制三个圆　　　　　　　　　　图19-67　绘制四边形并修剪图形

Step 03 执行"偏移"命令，正四边形向内偏移300mm，其后执行"分解"命令，将两个四边形进行分解，如图19-68所示。

Step 04 将大四边形右侧的线段向右依次偏移300mm，共偏移6次，执行"直线"和"修剪"命令，将图形进行修剪操作，其结果如图19-69所示。

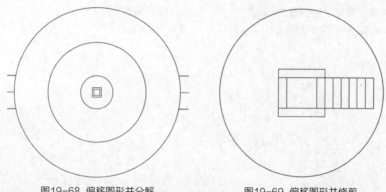

图19-68 偏移图形并分解　　　　　　　图19-69 偏移图形并修剪

Step 05 下面绘制休闲场所。执行"圆"命令，绘制半径分别为15000mm、9000mm的同心圆，并放置图形到合适的位置，其结果如图19-70所示。

Step 06 执行"弧线"命令，绘制道路拐角，其后执行"修剪"命令，将多余的道路线进行修剪，其结果如图19-71所示。

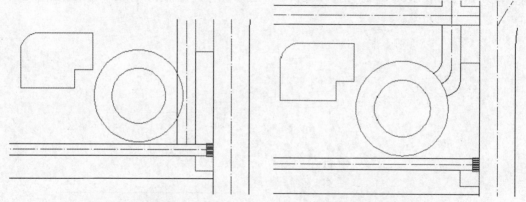

图19-70 绘制同心圆　　　　　　　　　图19-71 绘制弧线道路并修剪

Step 07 执行"直线"命令，捕捉半径为15000mm的圆的上象限点和下象限点，绘制直线，如图19-72所示。

Step 08 执行"偏移"命令，将该直线分别向两边偏移，偏移距离为600mm，其结果如图19-73所示。

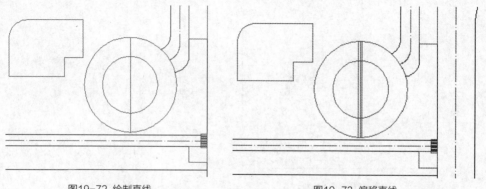

图19-72 绘制直线　　　　　　　　　图19-73 偏移直线

Step 09 执行"直线"命令，捕捉直线与圆的交点，绘制斜线，如图19-74所示。

Step 10 将多余的线段进行删除，如图19-75所示。

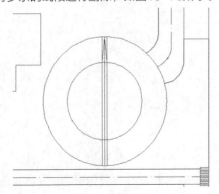

图19-74 绘制斜线

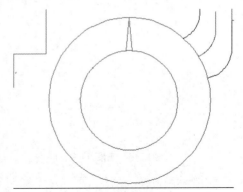

图19-75 删除多余图形

Step 11 执行"环形阵列"命令，以圆心为阵列中心，阵列数为8，其结果如图19-76所示。

Step 12 执行"直线"命令，捕捉半径为9000mm的圆的象限点，绘制两条直线，其结果如图19-77所示。

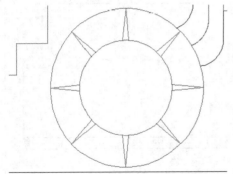

图19-76 环形阵列

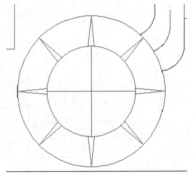

图19-77 绘制直线

Step 13 执行"偏移"命令，将水平直线向上偏移，距离为2100mm和2400mm，其后将垂直直线向两边偏移1500mm，其结果如图19-78所示。

Step 14 执行"弧线"命令，捕捉直线与圆弧交点，绘制圆弧，如图19-79所示。

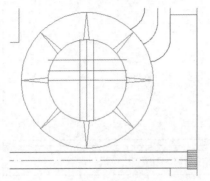

图19-78 偏移图形

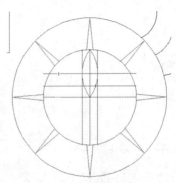

图19-79 绘制弧线

Step 15 选择左边的圆弧，复制并移动圆，然后将其旋转90°，如图19-80所示。

Step 16 执行"偏移"命令，将绘制的圆弧向上进行偏移，偏移的距离为450mm，其结果如图19-81所示。

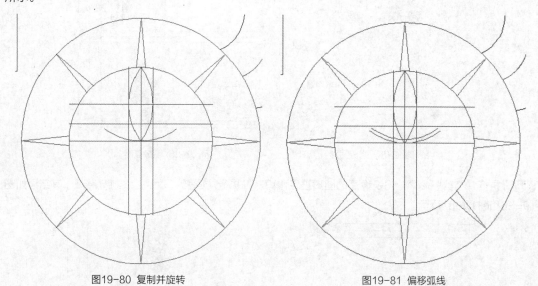

图19-80 复制并旋转　　　　　　　　　　图19-81 偏移弧线

Step 17 将图形中多余的线段进行删除，并执行"偏移"命令，将两侧的弧线向内各偏移450mm，再执行"修剪"命令将其进行修剪，其结果如图19-82所示。

Step 18 执行"阵列"命令，将修剪后的图形以圆心为中心点进行环形阵列，如图19-83所示。

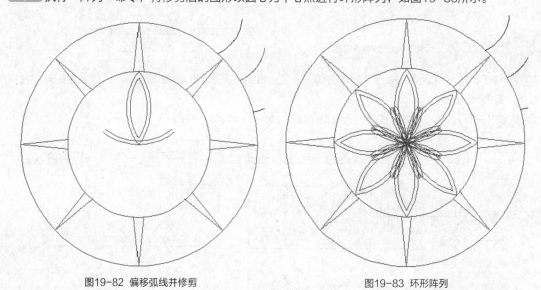

图19-82 偏移弧线并修剪　　　　　　　　图19-83 环形阵列

Step 19 执行"分解"命令，将阵列后的图形进行分解操作，执行"修剪"命令，修剪掉多余的弧线，其结果如图19-84所示。

Step 20 执行"镜像"命令，将绘制好的图形进行镜像，其结果如图19-85所示。

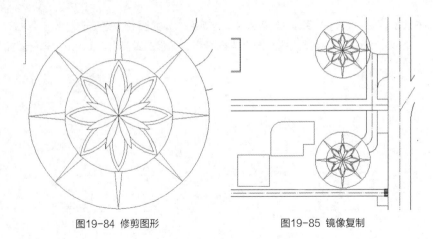

图19-84 修剪图形　　　　　　　　　　　　图19-85 镜像复制

Step 21 执行"修剪"命令，将镜像后的图形进行修剪，并执行"圆弧"命令，绘制弯道路，其结果如图19-86和图19-87所示。

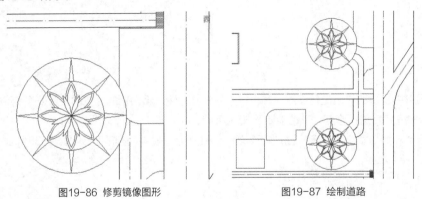

图19-86 修剪镜像图形　　　　　　　　　　图19-87 绘制道路

Step 22 接下来绘制游泳池。执行"样条曲线"命令，绘制出不规则的游泳池过道，并放置到图形的合适位置，如图19-88所示。

Step 23 同样执行"样条曲线"命令，绘制出景观水池的图形轮廓，如图19-89所示。

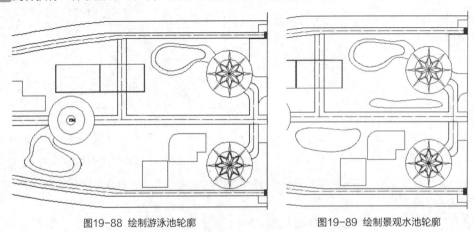

图19-88 绘制游泳池轮廓　　　　　　　　　图19-89 绘制景观水池轮廓

Step 24 执行"图案填充"命令，将填充模式设置为"渐变色"，并选择青色，对游泳池和景观池图形进行填充，其结果如图19-90所示。

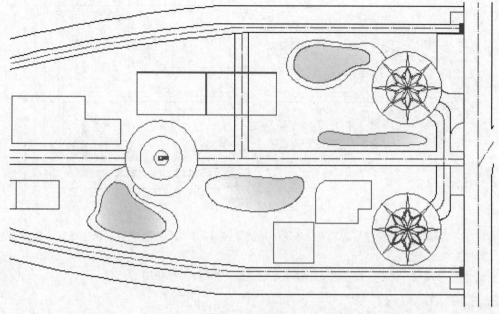

图19-90 渐变色填充

19.2.3　绘制人行道、植被及景观小品

当山庄所有建筑物的轮廓绘制完毕后，接下来即可对该山庄进行细节描绘，操作步骤如下：

Step 01 将"道路"图层设置为当前图层，执行"样条曲线""直线""圆弧"命令，绘制出山庄的人行过道图形，其结果如图19-91所示。

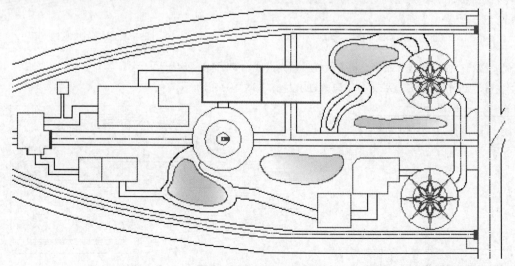

图19-91 绘制人行过道图形

Step 02 执行"图案填充"命令，将人行道进行填充，其结果如图19-92所示。

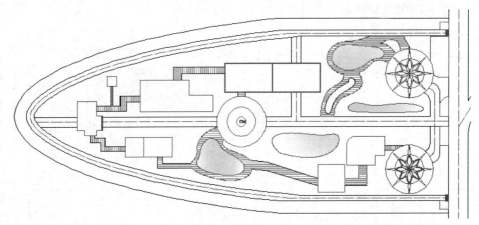

图19-92 填充人行道

Step 03 打开"图层特性管理器"选项板，新建"植物"图层，并设置图层特性，将该图层设置为当前图层，如图19-93所示。

Step 04 执行"多段线"命令，在图纸上绘制出植物区域，如图19-94所示。

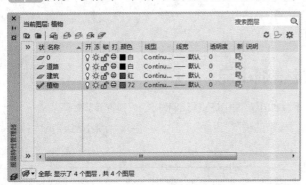

图19-93 新建"植物"图层

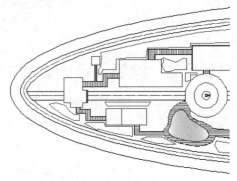

图19-94 绘制植物区域

Step 05 执行"修订云线"命令，将多段线设置为云线，如图19-95所示。

Step 06 按照同样的方法，完成所有多段线的设置，如图19-96所示。

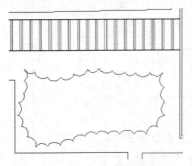

图19-95 设置多段线为云线

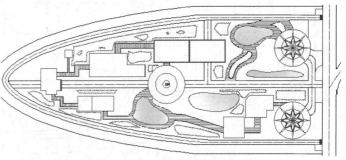

图19-96 设置所有多段线

Step 07 执行"图案填充"命令，将植被区进行渐变色填充，其结果如图19-97所示。

Step 08 执行"插入>块"命令，打开"块"选项板，选择植物图块插入到植被区周围，如图19-98所示。

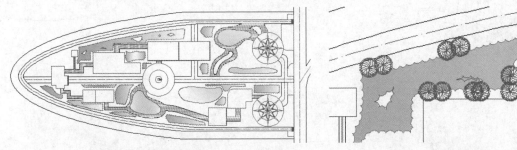

图19-97 填充植被区　　　　　　　　　　　图19-98 插入图块

Step 09 继续将植物图块插入图形中，并放置到其他位置的植被区或池子周围，结果如图19-99所示。

Step 10 接下来绘制休闲椅。将"建筑"图层置为当前图层，执行"圆"命令，捕捉广场的圆心，绘制半径为15300mm、16800mm、17100mm的圆，其结果如图19-100所示。

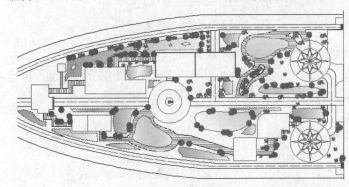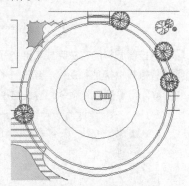

图19-99 整体效果　　　　　　　　　　　图19-100 绘制圆

Step 11 执行"直线"命令，捕捉广场圆心的中点作为起点绘制直线，如图19-101所示。

Step 12 执行"旋转"命令，将圆半径进行旋转复制，其旋转角度为1°，再执行"旋转"命令，将旋转好的两条半径再次进行旋转复制，其角度为3°，结果如图19-102所示。

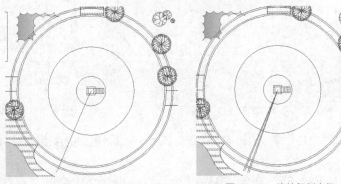

图19-101 绘制直线　　　　　　　　图19-102 旋转复制半径

Step 13 按照同样的操作方法，执行"旋转"命令，对半径进行旋转复制3次，如图19-103所示。

Step 14 执行"修剪"命令，修剪出花架图形，其结果如图19-104所示。

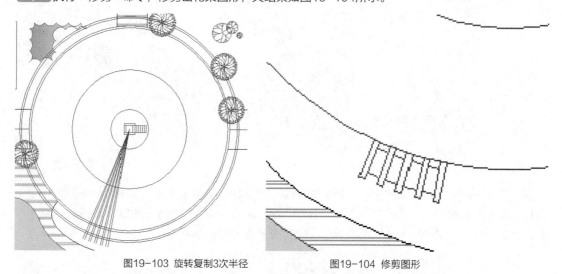

图19-103 旋转复制3次半径　　　　　　图19-104 修剪图形

Step 15 按照同样的方法完成其他椅子的绘制，其结果如图19-105所示。

Step 16 执行"矩形"命令，绘制一个长1200mm、宽1800mm的长方形放置到图形的合适位置，执行"分解"和"偏移"命令，将长方形左侧的边线向内偏移300mm，如图19-106所示。

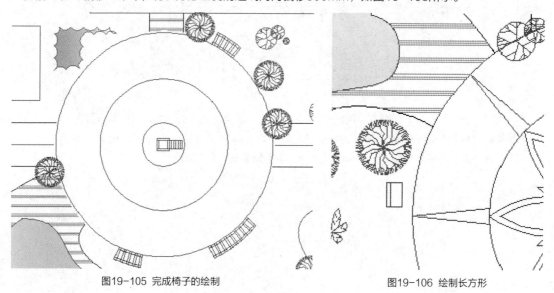

图19-105 完成椅子的绘制　　　　　　图19-106 绘制长方形

Step 17 执行"复制"和"旋转"命令，将该长椅复制多个，并放入图形的合适位置，其结果如图19-107所示。

Step 18 绘制亭子的造型。执行"圆"命令，绘制半径分别为1500mm和150mm的同心圆，放置到图形的合适位置，其结果如图19-108所示。

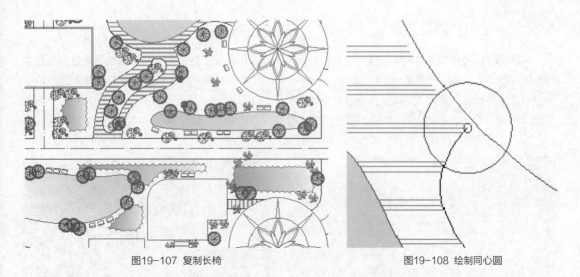

图19-107 复制长椅   图19-108 绘制同心圆

Step 19 执行"修订云线"命令，设置弧长为400，将大圆转换为修订云线，其结果如图19-109所示。

Step 20 执行"直线"命令，捕捉亭角的端点绘制直线，如图19-110所示。

Step 21 执行"修剪"命令，将亭子图形中多余的线删除，其结果如图19-111所示。

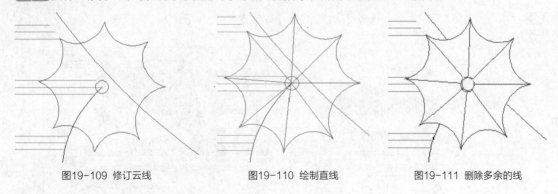

图19-109 修订云线   图19-110 绘制直线   图19-111 删除多余的线

Step 22 按照同样的操作方法，将亭子图形复制到其他合适的位置，如图19-112所示。

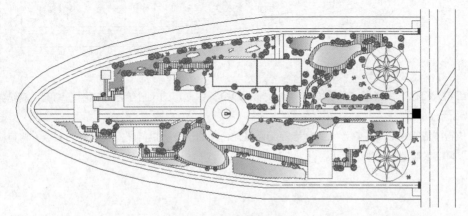

图19-112 复制亭子图形

19.2.4　添加标注

文字说明和尺寸标注是一张完整的建筑图的后续部分，也是绘图的重点。施工单位要根据标注及文字说明进行施工，所以在做这一部分工作时，一定要仔细、准确，确保标注无误。操作步骤介绍如下：

Step 01 新建"标注"图层，并设置图层参数，如图19-113所示。

Step 02 执行"格式>文字样式"命令，打开"文字样式"对话框，设置字体和字体大小，单击"置为当前"按钮，完成文字样式的设置，如图19-114所示。

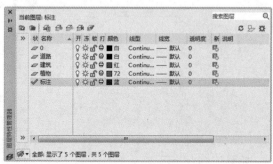

图19-113 新建图层

图19-114 设置文字样式

Step 03 执行"多行文字"命令，在图形的合适位置创建文本内容，如图19-115所示。

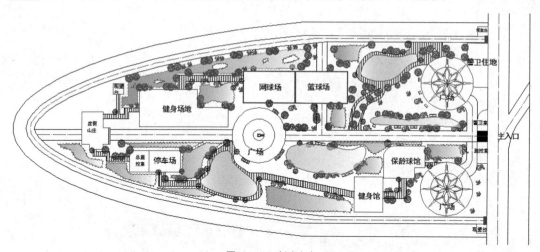

图19-115 创建文本

Step 04 绘制入口标志，执行"多段线"命令，根据命令行中提示的尺寸绘制出该标志轮廓，其结果如图19-116所示。

Step 05 执行"复制"命令，将该入口标志复制到其他合适的位置。执行"图案填充"命令，将其标志进行填充，其结果如图19-117所示。

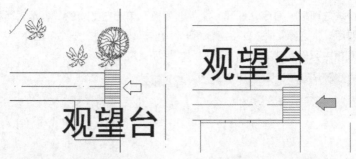

图19-116 绘制标志轮廓   图19-117 图案填充

Step 06 执行"格式>标注样式"命令，打开"标注样式管理器"对话框，如图19-118所示。

Step 07 单击"修改"按钮，打开"修改标注样式"对话框，设置标注精度为0，箭头类型设置为"建筑标记"，再设置尺寸界线参数，如图19-119所示。

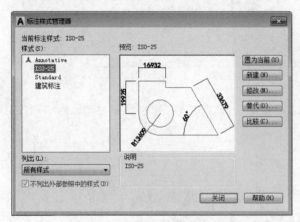

图19-118 "标注样式管理器"对话框

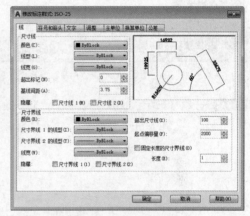

图19-119 修改标注样式

Step 08 单击"置为当前"按钮，关闭对话框，执行"标注>线性"命令，为图形创建尺寸标注，如图19-120所示。

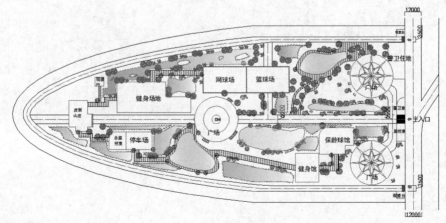

图19-120 添加尺寸标注

Step 09 执行"插入>块选项板"命令，打开"块"选项板，单击右上角的"显示对话框"按钮，打开"选择图形文件"对话框，选择要插入的指南针图形，单击"打开"按钮，如图19-121所示。

Step 10 在"块"选项板中可以看到新添加的图块，如图19-122所示。

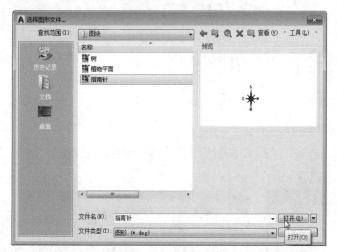

图19-121 插入指南针图形

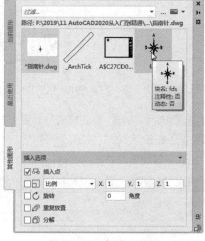

图19-122 "块"选项板

Step 11 选择"指南针"图块，将其插入到图形的右侧位置，至此完成规划图的绘制，效果如图19-123所示。

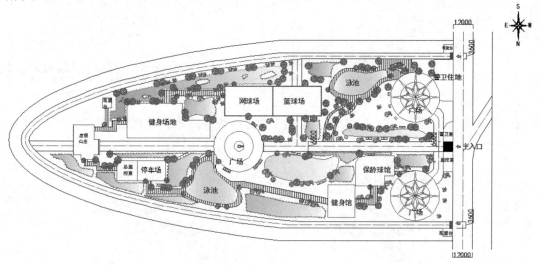

图19-123 完成绘制

Appendix

附 录

附录A AutoCAD常见疑难汇总及答案

Q001. AutoCAD中经常出现无法进一步缩小的情况怎么办?

在命令行中输入Z命令，按回车键确认，再输入A命令，再按回车键。

Q002. AutoCAD中画直线不能横平竖直怎么办?

按快捷键F8键或在状态栏中打开"正交模式"。

Q003. 图形里的圆不圆了怎么办?

执行RE命令即可。

Q004. 在标注时，如何使标注离图有一定的距离?

执行DIMEXO命令，再输入数字调整距离。

Q005. 怎样把多条直线合并成一条?

执行GROUP命令即可。

Q006. 画矩形或圆时没有了外面的虚框怎么办?

执行DRAGMODE命令，勾选系统变量DRAGMODE ON即可解决。如果要恢复到原始状态，可以将该系统变量设为"自动"。

Q007. 画完椭圆之后，椭圆是以多段线显示的怎么办?

当系统变量PELLIPSE为1时，生成的椭圆是多段线；当PELLIPSE为0时，显示的是实体。

Q008. 打开旧图遇到异常错误而中断退出怎么办?

新建一个图形文件，然后将旧图以图块的形式插入即可。

Q009. 填充图案不显示时怎么办?

方法1: 考虑系统变量。

方法2: 在命令行中输入OP命令，在打开的"选项"对话框的"显示"选项卡中勾选"显示性能"选项组中的"应用实体填充"复选框。

Q010. 光标不能指向需要的位置怎么办?

检查状态栏，查看"捕捉模式"是否处于打开状态，如果是，则再次单击"捕捉模式"按钮，将其切换成关闭状态。

Q011. 如何删除顽固图层?

在当前图层中关闭不需要的图层，将剩余的图形文件复制到新图形中即可。

Q012. 平方符号怎么打出来?

在命令行中输入T命令并按回车键后，拖出一个文本框，然后右击，在快捷菜单中选择"符号"子菜单中的"平方"选项即可。

013. **如何使镜像得到的字体保持不旋转？**

输入MIRRTEXT命令，当值为0时，可以保持镜像得到的字体不旋转；当值为1时，可以进行旋转。

014. **为什么输入的文字高度无法改变？**

右击要更改的文本，在快捷菜单中选择"特性"选项，在"特性"面板的"高度"文本框中输入高度值即可。

015. **如何输入特殊符号？**

直径符号"Φ"、地平面符号"±"、标注度符号"°"都可以用控制码%%C、%%P、%%D来输入：①执行文字命令T，拖出一个文本框；②在对话框中右击，选择"符号"子菜单下的选项即可。

016. **DWG文件被破坏了怎么办？**

执行"文件>图形实用工具>修复"命令，选中要修复的文件即可。

017. **如何消除点标记？**

在命令行中输入OP命令，打开"选项"对话框，在"绘图"选项卡的"自动捕捉设置"选项组中取消勾选"标记"复选框，单击"确定"按钮即可。

018. **命令行显示乱码，怎么办？**

如果命令行中的文字显示乱码，用户可以通过"选项"对话框进行设置。在命令行中直接输入OP命令，按回车键打开"选项"对话框，切换到"显示"选项卡，单击"字体"按钮，在打开的对话框中选择正常字体（宋体、黑体等）即可。

019. **标注尺寸后，图形中有时会出现一些小的白点却无法删除，为什么？**

AutoCAD在标注尺寸时，会自动生成一个Defpoints图层，保存有关标点的位置信息，该图层一般是冻结的。由于某种原因，这些点有时会显示出来。要删除这些点可以先将Defpoints图层解冻后再删除。但注意，若删除了与尺寸标注有关联的点，将同时删除对应的尺寸标注。

020. **标注的尾巴有0怎么办？**

输入D命令，在"标注样式管理器"对话框中单击"修改"按钮，在"修改标注样式"对话框的"主单位"选项卡中将"精度"设为0即可。

021. **标题栏中的显示路径不完整怎么办？**

执行OP命令，在打开的"选项"对话框中单击"打开和保存"选项卡，在"文件打开"选项组中勾选"在标题中显示完整路径"复选框即可。

022. **命令行中的模型和布局不见了怎么办？**

执行OP命令，在打开的"选项"对话框中单击"显示"选项卡，在"布局元素"选项组中勾选"显示布局和模型选项卡"复选框即可。

023. **对于所有图块是否都可以编辑属性？**

不是所有图块都可以编辑属性，只有在定义了块属性后才可以对其属性执行编辑操作。

024. **如何在图形窗口中显示滚动条？**

也许有人还用无滚轮的鼠标，那么滚动条就不可缺少了。执行OP命令，在打开的"选项"对话框的"显示"选项卡中勾选"窗口元素"选项组中的"在图形窗口中显示滚动条"复选框即可。

025. **如何隐藏坐标？**

在命令行中输入UCSICON命令并按回车键后，再输入OFF即可关闭；反之，输入ON即可打开。

026. **如何显示三维坐标？**

在三维视图中用动态观察器变动了坐标显示的方向后，可以在命令行中输入–VIEW命令，然后命令行会显示"–VIEW输入选项[?/删除(D)/正交(O)/恢复(R)/保存(S)/设置(E)/窗口(W)]:"，输入O命令再按回车键，就可以回到标准的显示模式了。绘制要求较高的机械图样时，目标捕捉是精确定点的最佳工具。

027. **为什么绘制的剖面线或尺寸标注线不是连续线型？**

AutoCAD绘制的剖面线、尺寸标注线都可以具有线型属性。如果当前的线型不是连续线型，那么绘制的剖面线和尺寸标注线就不会是连续线型。

028. **AutoCAD中的工具栏不见了怎么办？**

执行OP命令，在"选项"对话框中单击"配置"选项卡，单击"重置"按钮即可。

029. **复制粘贴后的图形总是离得很远怎么办？**

复制时使用带基点复制：执行"编辑>带基点复制"命令。

030. **如何测量带弧线的多段线长度？**

使用列表命令：选择多段线，在命令行中输入LIST命令，按回车键确认。

031. **为什么"堆叠"按钮不可用？**

一是要有堆叠符号（#、^、/），二是要选中堆叠内容后才可以操作。

032. **什么是AutoCAD"哑图"？**

"哑图"是只有图线和尺寸线、没有尺寸数值的现成的图纸。这是以前生产中的偷懒做法，现在使用计算机制图不提倡这样做。

033. **低版本的AutoCAD怎么打开高版本图纸？**

方法1：使用转换软件转换一下。

方法2：使用高版本的AutoCAD另存一份低版本格式再打开。

034. **如何使图形只能看不能修改？**

若是自己的图纸，可以将全部图层锁定；若图纸以后不想再使用，可以将所有图形都炸开；

若是防止别人修改，可以用Lisp语言写个加密程序，一旦运行后，图纸就只能看不能改了。

035. 命令别名是什么？

命令别名也就是通常所说的命令快捷键。为了便于输入命令，省得记忆英文全名，可以用命令别名来代替命令。例如，输入C就相当于输入CIRCLE命令，输入L就相当于输入LINE命令。使用命令别名可以大大加快命令的输入速度，提高绘图效率。

命令别名可以在Acad.pgp文件中设置，用任何文本编辑器均可以编辑该文件。AutoCAD提供了修改别名的工具Aliasedit，它以对话框的方式交互编辑命令别名。

036. 如何设置自动保存时间？

方法1： 输入OP命令打开"选项"对话框，在"打开和保存"选项卡中设置保存间隔分钟数。

方法2： 在命令行中输入SAVETIME命令，根据提示设置保存时间。

037. 错误保存导致覆盖了原图时，如何恢复数据？

如果仅保存了一次，可以将后缀为.bak的备份文件修改后缀为.dwg，再用AutoCAD打开即可；如果保存了多次，原图就无法恢复了。

038. 执行Plot和Ase命令后只在命令行中出现提示，而没有弹出对话框怎么办？

使用系统变量Cmddia来控制Plot和Ase命令的对话框显示，设置变量值为1，即可解决这个问题。

039. Ctrl键无效怎么办？

在绘图过程中会遇到组合键Ctrl+C、Ctrl+V、Ctrl+A等一系列与Ctrl键有关的命令失效的情况。在命令行中输入OP命令，打开"选项"对话框，在"用户系统配置"选项卡中勾选"Windows标准加速键"复选框即可。

040. 加选图形无效怎么办？

正常情况下，AutoCAD可以连续选择多个物体。但有时只能选中最后一次选择的物体。

在命令行中输入OP命令，打开"选项"对话框，在"选择集"选项卡中取消勾选"用Shift键添加到选择集"复选框即可解决问题。

041. 为什么圆角或斜角操作无效？

所设置的圆角半径值或斜角距离大于线段长度时，会提示操作无效。

042. 为什么有时要锁定块中的位置？

在动态块中，由于属性的位置包括在动作的选择集中，因此需要将其锁定。

043. 图层设置有哪些注意事项？

（1）图层设置的第一原则是在够用的基础上越少越好，因图层太多，会给绘制过程造成不便。

（2）一般不在O图层上绘制图线。

（3）不同的图层一般采用不同的颜色，这样可以利用颜色对图层进行区分。

044. 为什么设置了线宽值后，线条还是以默认值显示呢？

默认情况下，在"模型"界面中设置的线宽是不会被显示的，只有切换到"布局"界面才会正常显示线宽值。如果想要在"模型"界面中显示线宽大小，只需在状态栏中单击"显示或隐藏线宽"按钮即可。

045. 如何替换找不到的原文字体？

复制要替换的字体并将其名称修改为被替换的字体名。例如，打开一个图形文件，提示未找到字体JD，若想用字体Hztxt替换，那么可以在AutoCAD安装文件夹下的字体文件夹Font中复制Hztxt.shx，并将复制的字体重命名为JD.shx，再重新打开该图即可。

046. 在插入图框时不知道如何调整图框大小怎么办？

图框是按照标准图号绘制的，在使用时就要考虑到打印比例的问题。应该根据图形大小计算打印比例，如果比例为1:50，那么在用图框时就要把图框放大50倍，在打印时缩小50倍就正好是原图框的大小。

047. 填充图案时很久都找不到填充范围怎么办？尤其是DWG文件比较大的时候。

填充区域的边线要封闭，先用LAYISO命令让需要填充的范围线所在的层孤立出来是个好办法，好多人都没有注意到填充图案的编辑是一个确定边界集设置的问题。所谓边界集，是在对象集合中找到边界，默认设置是"当前视口"，所以很多时候会很慢。这种情况下可以新建一个边界集，让系统在这个范围内寻找边界会快很多。

048. 汉字在AutoCAD中为什么不能显示或变成问号？

可能有以下几个原因：

（1）对应的字型没有使用汉字字体，如Hztxt.shx等。

（2）当前系统中没有汉字字型文件，下载所用到的字型文件并复制到AutoCAD的字体目录中。

（3）对于某些符号，如希腊字母等，必须同样使用对应的字体文件，否则会显示成问号。

（注意：系统有一些自带的字体，但有时由于错误操作等一些外界因素而导致汉字字体丢失，这样会给用户带来很大的不便，这时去别的计算机中拷贝字体就可以解决问题了。）

049. 如何使用自定义填充图案？

AutoCAD的填充图案都保存在一个名为acad.pat的库文件中，其默认路径为安装目录的\AutoCAD 2020\Support目录下。可以用文本编辑器对该文件直接进行编辑，添加自定义图案的语句；也可以自己创建*.Pat文件，保存在该目录下；在网上下载填充图案，放置到Support目录下，AutoCAD均可识别。

050. 如何输入圆弧对齐文字？

在绘图过程中，有时需要对文字进行一些特殊处理，如输入圆弧对齐文字，即所输入的文字按指定的圆弧均匀分布。

安装AutoCAD Express Tools，绘制一个圆弧，在命令行中输入ARCTEXT命令并按回车键，根据提示选择圆弧，弹出ArcAlignedText Workshop-Create对话框，在该对话框中设置字体样式，再设置圆弧偏移量，然后在Text一栏中输入要排列的文字，再关闭对话框即可。

051. 如何打印PLT文件？

PLT文件是指扩展名为.plt的文件，是一种打印文件。通常在需要保密或防止别人对图形文件进行修改时，才会将图形文件制作成PLT格式。

PLT文件的主要处理方法是通过绘图仪打印出图形。其方法是将绘图仪与计算机连接，在DOS模式下输入COPY命令复制文件名*.plt，然后按回车键即可打印出图形。

052. 箭头的画法有哪些？

方法1：绘制多边形然后填充。

方法2：利用"多段线"命令设置起点宽度和终点宽度（其中一个设置为0），来绘制出实心箭头。

053. 如何处理复杂表格？

对于复杂表格，用户可以通过超链接的方式，将Excel或Access表格导入至CAD图纸中，其缺点在于在Excel中无法对图例符号进行编辑，只能完成文字部分的表单处理。

054. 绘制圆弧时应注意什么？

绘制圆弧时，应注意指定合适的端点或圆心，指定端点的指针方向即圆弧的绘制方向。例如，要绘制下半圆弧，则起始端点应在左侧，终止端点应在右侧，此时端点的指针方向为逆时针。

055. 如何灵活运用空格键？

默认情况下，按空格键表示重复AutoCAD的上一个命令，故用户在连续使用同一个命令进行操作时，只需连续按空格键即可，而不需要费时费力地输入命令或单击命令。

056. 如何制作非正交90°的轴线？

对于非正交90°的轴线，可以使用"旋转"命令将正交直线按角度进行旋转，调整为弧形斜交轴网，也可以使用"构造线"命令绘制定向斜线。

057. 如何设置保存的格式？

执行OP命令，打开"选项"对话框，选择"打开和保存"选项卡，在"文件保存"选项组中的"另存为"下拉框中可以设置保存的格式。尽量保存为低版本文件，因为AutoCAD的版本只向下兼容。

058. AutoCAD中的系统变量被更改，或者一些参数被调整了怎么办？

执行OP命令，打开"选项"对话框，在"配置"选项卡中单击"重置"按钮即可恢复。

059. 加选无效时怎么办？

AutoCAD正确的设置应该是可以连续选择多个对象，但有时连续选择对象会失效，只能选择最后一次所选中的对象，这时可以按照以下方法解决：执行OP命令，打开"选项"对话框，选择"选择集"选项卡，在"选择集模式"选项组中取消勾选"Shift键添加到选择集"复选框，使加选有效；反之，加选无效。

060. 如何缩小文件大小？

在图形完稿后执行"清理"命令（PURGE），清理掉多余的数据，如无用的块、没有实体的图层和未用的线型、字体、尺寸样式等，可以有效地缩小文件大小。一般彻底清理需要执行PURGE命令2~3次。

061. 为什么有时无法修改文字的高度？

当定义文字样式时，使用的字体高度的值不为0，用DTEXT命令输入文本时将不提示输入高度，而直接采用已定义的文字样式中的字体高度，这样输出的文本高度是不变的，包括使用该字体标注样式。

062. 在执行命令的过程中，误选不该选的图元怎么办？

在执行命令的过程中，有时会误选不该选择的图元。如果所选对象简洁明了，可以直接按Esc键取消操作，然后重新执行命令；如果所选对象繁冗复杂，此时可以使用以下方法删除该误选操作。

方法1：保持选择状态，输入r命令，再选择要从选择集中删除的对象。如果想重新选择该对象，则输入a命令。

方法2：按住Shift键单击选择或拖动窗口选择需要删除的对象，再次选择已选中的对象，即可将其从选择集中删除。

063. 在执行命令的过程中，有时出现的0和1是什么意思？

（1）系统命令MIRRTEXT控制MIRROR命令反映文字的呈现方式，初始值为0。0表示保持文字方向；1表示镜像显示文字。

（2）系统命令TEXTFILL控制打印和渲染时TrueType字体的填充方式，初始值为0。0表示以轮廓线的形式显示文字；1表示以填充图像的形式显示文字。

064. 图案填充时设置比例有哪些注意事项？

当使用"图案填充"命令时，所使用的图案比例均为1，即原本定义时的真实样式。然而随着界线定义的改变，比例应作相应的改变，否则会使填充图案过密或过疏，因此在选择比例时应注意以下四点：

（1）当处理较小区域的图案填充时，可以减小图案的比例值；相反，当处理较大区域的图案填充时，则可以增加图案的比例值。

（2）比例应当恰当，要视具体的图形界线大小而定。

（3）当处理较大的填充区域时，就要特别注意：如果设置的比例太小，则填充产生的图案就像实体填充的效果一样，这是因为在单位距离中有太多的线，看起来不恰当。

（4）比例的取值应遵循"宁大不小"的原则。

065. 文件占用空间大，计算机运行速度慢怎么办？

当图形文件经过多次修改，特别是插入多个图块后，文件占用的空间会越来越大，这样计算机运行的速度变慢，图形处理的速度也会变慢。

可以通过执行"文件>图形实用工具>清理"命令，打开"清理"对话框，清理无用的图块、字型、图层、标注样式、线型等，这样图形文件也会随之变小。

066. **如何关闭AutoCAD中的*BAK文件?**

方法1： 执行"工具>选项"命令，打开"选项"对话框，在"打开和保存"选项卡的"文件安全措施"选项组中取消勾选"每次保存时均创建备份副本"复选框。

方法2： 使用ISAVEBAK命令将ISAVEBAK的系统变量修改为0，系统变量为1时，每次保存都会创建*BAK备份文件。

067. **如何将AutoCAD图形插入到Word里?**

在制作Word文档时往往需要各种插图，Word的绘图功能有限，特别是对于复杂的图形，该缺点更加明显。AutoCAD是专业绘图软件，功能强大，很适合绘制比较复杂的图形，使用AutoCAD绘制好图形再插入Word制作复合文档是解决问题的好办法。可以用AutoCAD提供的输出功能先将AutoCAD图形以.bmp或.wmf等格式输出，然后插入到Word文档；也可以先将AutoCAD图形复制到剪贴板，再在Word文档中粘贴。需要注意的是，由于AutoCAD默认的背景颜色为黑色，而Word的背景颜色为白色，首先应将AutoCAD图形的背景颜色改成白色。另外，AutoCAD图形插入Word文档后，往往空边过大，效果不理想。利用Word"图片"工具栏中的"裁剪"功能进行修整，空边过大的问题即可解决。

068. **如何在AutoCAD中插入Excel表格?**

复制Excel中的内容，然后在AutoCAD中执行"编辑>选择性粘贴"命令，打开"选择性粘贴"对话框，在"粘贴"列表中选择"AutoCAD图元"选项，再单击"确定"按钮。

069. **将AutoCAD中的图形插入到Word时，发现圆变成了正多边形怎么办?**

在命令行中输入VIEWRES命令，将圆的缩放百分比设置得大一些，可以改变图形质量。

070. **将AutoCAD中的图形插入到Word时，线宽问题如何设置?**

当需要细线时，可以使用小于等于0.25mm的线宽；当需要粗线时，可以使用大于0.25mm的线宽（大于0.25mm的线宽在Word中打印时，打印出的宽度大于0.5mm）。需要注意的是，必须在AutoCAD中激活线宽显示，从Word中双击编辑过的图片，可以重新检查是否激活线宽。当需要的线宽在0.25mm~0.5mm时，请使用多段线设置宽度。

071. **为什么块文件不能炸开及不能执行另外一些常用命令?**

这种情况应该是AutoCAD病毒导致的。解决方法如下：

方法1： 删除acad.lsp和acadapp.lsp文件，大小应该都是3K，然后复制两次acadr14.lsp文件，将其命名为上述两个文件名，并加上只读，就可以对病毒免疫了。同时删掉DWG图形所在目录的所有lsp文件，不然会感染别人。

方法2： 利用专门查杀该病毒的软件杀毒。

072. **内部图块与外部图块的区别是什么?**

内部图块是在一个文件内定义的图块，可以在该文件内部自由作用，一旦被定义，它就和文件同时被存储和打开；外部图块将图块以主文件的形式写入磁盘，其他图形文件也可以使用它，这是二者之间的一个重要区别。

073. **中、西文字字高不相等怎么办？**

在创建文字时，会发现中、西文字输入同样的文字高度而实际高度并不相等，这个问题一直困扰着设计人员，并影响图面质量和美观。通过对AutoCAD字体文件的修改，使中、西文字字体协调，不仅扩展了字体功能，还提供了对于道路、桥梁、建筑等专业有用的特殊字符，提供了上下标文字及部分希腊字母的输入。

用户可以通过选择大字体，自行调整字体组合来得到中、西文字一样的字高，如Gbenor.shx与Gbcbig.shx组合。

074. **使用"缩放"命令时，如果不确定缩放比例怎么办？**

"缩放"命令可以将所选对象的真实尺寸按照指定的比例放大或缩小，但如果不确定缩放比例该怎么办呢？例如，图形的一条边长1000mm，需要缩小到555mm，如果按照比例缩放就非常麻烦。此时，执行"缩放"命令，选择缩放对象，按回车键，输入"555/1000"再按回车键即可将对象缩放到需要的尺寸。

075. **如何快速修改文字内容？**

执行菜单命令或使用快捷键命令都比较麻烦，用户可以直接双击文字进入编辑状态。

076. **标注样式时应注意什么？**

建筑制图中标注尺寸线的起始及结束均以倾斜45°的短线作为标记，因此在设置标注样式时会选择"建筑标记"箭头类型；机械制图中则以实心箭头作为标记，因此在设置标注样式时使用默认的"实心闭合"箭头类型。其余各项参数均可以参照相关制图标准或教科书来进行设置。

077. **怎么改变表格的单元格大小？**

选中单元格后会出现钳夹点，通过移动钳夹点可以改变单元格的大小。

078. **为什么有些图形能显示却打印不出来？**

如果图形绘制在AutoCAD自动产生的图层（如Defpoints、Ashade等）上，就会出现这种情况。应避免在这些图层上绘制实体。

079. **如何将右键命令设置为重复命令？**

打开"选项"对话框，选择"用户系统配置"选项卡，单击"自定义右键单击"按钮，在"自定义右键单击"对话框的"默认模式"选项中单击"重复上一个命令"单选按钮即可。

080. **倾斜角度和斜体效果的区别是什么？**

倾斜角度和斜体效果是两个不同的概念，前者可以设置任意的倾斜角度，后者则是在任意倾斜角度的基础上设置效果。

081. **如何用PSOUT命令输出图形到一张比A型图纸更大的图纸上？**

如果直接使用PSOUT命令输出EPS文件，系统变量FILEDIA又被设置为1，输出的EPS文件只能是A型图纸大小。

如果想选择图纸大小，必须在运行PSOUT命令之前取消文件交互对话框形式，为此设置系统变量FILEDIA为0。或者为AutoCAD配置一个Posts Cript打印机，然后输出文件，即可得到任意图纸大小的EPS文件。

082. 如何将自动保存的图形复原？

AutoCAD将自动保存的图形存放到AUTO.SV$或AUTO?.SV$文件中，找到该文件将其重命名为图形文件，即可在AutoCAD中打开。一般该文件存放在Windows的临时目录中，如C:\\Windows\\Temp。

083. 如何保存图层？

新建一个AutoCAD文档，把图层、标注样式等都设置好后另存为DWT格式（AutoCAD的模板文件）。在AutoCAD安装目录下找到DWT模板文件放置的文件夹，把刚才创建的DWT文件放进去，以后在新建文档时提示选择模板文件后进行选择即可，或者把相应的文件命名为acad.dwt（AutoCAD默认模板），替换默认模板，以后只要打开就可以了。

084. 如何选择绘图比例？

最好使用1:1的比例绘图。该比例有很多好处，如下：

（1）容易发现错误。由于按照实际尺寸绘图，很容易发现尺寸设置得不合理的地方。

（2）标注尺寸非常方便。尺寸数字是多少，软件可以自动测量，万一绘制错了，一看尺寸就发现了。

（3）在各图之间复制局部图形或使用块时都是1:1的比例，调整块尺寸很方便。

（4）由零件图组成装配图或由装配图拆成零件图时非常方便。

（5）不用进行繁琐的比例缩放计算，提高了工作效率，也防止换算过程中出现差错。

085. 如何使看起来粗糙的图形恢复平滑？

有时经过缩放或平移后，图形看起来会显得粗糙，如圆形看起来变成了多边形。这时使用"重生成"命令可以恢复视图中图形的平滑状态。

086. 鼠标中键的用法是什么？

（1）Ctrl加鼠标中键可以实现漫游。

（2）双击鼠标中键可以实现屏幕缩放。

087. 在命令前加"_"和不加"_"的区别是什么？

加"_"和不加"_"在AutoCAD中的意义是不一样的。AutoCAD 2000版以后为了使各种语言版本的指令有统一的写法，从而制定了相容指令，命令前加"_"是命令行模式，不加"_"是对话框模式。也就是说，命令前加"_"，在运行时不会出现对话框模式，所有的命令都是在命令行中输入；不加"_"，命令运行时会出现对话框，参数的设置也在对话框中进行。

088. 怎么把两个类似的图进行对比检查？

可以将其中一个图创建成块，并对颜色进行修改，如改为红色。然后把两个图重叠起来，若有不一致的地方很容易就能看出来。

089. 怎么把图纸用Word打印出来?

Word有"对象插入"功能,其中一个就是插入AutoCAD图形。插入前不要忘记在AutoCAD中将图形的背景颜色改为白色,否则打印出来的图形会因为有填充色而看不见图形。

090. 为什么执行删除操作后线条还在?

最大的可能是有几条线重合在一起了。对于新手,这是很常见的问题。另外,当一条中心线或虚线无论如何改变线型比例还像连续线时,多半也是这个原因。

091. 在绘制图形时,按住鼠标中键不能平移视图而是打开了一个菜单列表,该怎么恢复?

调整一下系统变量即可。在命令行中输入MBUTTONPAN命令,按回车键后将其变量值设为1即可。

092. 如何使用BREAK命令在一点打断对象?

输入BREAK命令,在提示输入第二点时输入@再按回车键,这样即可在第一点打断选定的对象。

093. 在标注文字时,如何标注上下标?

使用多行文字编辑命令。操作如下:

(1)上标:输入2^,然后选中2^,单击a/b键即可。

(2)下标:输入^2,然后选中^2,单击a/b键即可。

(3)上下标:输入2^2,然后选中2^2,单击a/b键即可。

094. 打印出来的字体是空心的怎么办?

在命令行中输入TEXTFILL命令,值为0,字体为空心的;值为1,字体为实心的。

095. 打开文件时不出现对话框,只在命令行中显示提示,怎么办?

更改系统变量即可。在命令行中输入FILEDIA命令,按回车键后将其变量值设为1即可。

096. 简单介绍两种打印方法。

打印无外乎有两种,一种是模型空间打印,另一种则是布局空间打印。常说的按图框打印就是模型空间打印,这需要对每一个独立的图形插入图框,然后根据图的大小对图框进行缩放。如果采用布局打印,则可以实现批量打印。

097. AutoCAD绘图时是按照1:1的比例吗? 还是由出图的纸张大小决定的?

在AutoCAD中,图形是按"绘图单位"来绘制的,一个绘图单位是指图上画的一个长度。一般在出图时有一个打印尺寸和绘图单位的比值关系,打印尺寸按毫米计,如果打印时按1:1出图,则一个绘图单位将打印出来一毫米。在规划图中,如果使用1:1000的比例,则可以在绘图时用1表示1米,打印时用1:1出图就行了。实际上,为了数据便于操作,往往用1个绘图单位来表示使用的主单位,如规划图的主单位为米,机械图、建筑图和结构图的主单位为毫米,这在打印时需要注意。 因此,绘图时先确定主单位,一般按1:1的比例,出图时再换算一下。按纸张大小出图仅仅用于草图,如现在大部分办公室的打印机都是设置成A3的,可以把图形出在满纸上,当然,草图的比例是不对的,仅仅是为了方便查看。

098. AutoCAD中如何计算二维图形的面积？

AutoCAD中可以方便、准确地计算二维封闭图形的面积（包括周长），但对于不同类别的图形，其计算方法也不尽相同。

方法1： 对于简单图形（如矩形、三角形），只须执行AREA命令（可以在命令行中输入或单击相对应的命令图标），在命令提示"指定第一个角点或 [对象(O)/增加面积(A)/减少面积(S)] <对象(O)>:"后打开"捕捉"功能，依次选取矩形或三角形各角点后按回车键，AutoCAD将自动计算面积（Area）和周长（Perimeter），并将结果列于命令行中。

方法2： 对于简单图形（如圆或其他多段线、样条线组成的二维封闭图形），执行AREA命令，在命令提示"指定第一个角点或 [对象(O)/增加面积(A)/减少面积(S)] <对象(O)>:"后选择"对象"选项，根据提示选择要计算的图形，AutoCAD将自动计算面积和周长。

方法3： 对于由简单直线、圆弧组成的复杂封闭图形，不能直接执行AREA命令计算图形面积。必须先使用REGION命令把要计算面积的图形创建为面域，然后再执行AREA命令，在命令提示"指定第一个角点或 [对象(O)/增加面积(A)/减少面积(S)] <对象(O)>:"后选择"对象"选项，根据提示选择刚刚建立的面域图形，AutoCAD将自动计算面积和周长。

099. 为什么打开一个AutoCAD文件就启动一个AutoCAD窗口？

在AutoCAD从单文档编辑软件转换为多文档编辑软件后，设置了一个变量SDI，当该变量设置为0时，AutoCAD为多文档编辑状态；设置为1时，AutoCAD为单文档编辑状态，打开一个文件就会打开一个软件窗口。因为考虑到程序的兼容问题，高版本的AutoCAD也保留着这个变量。

方法1： 关掉多余的窗口，仅保留一个，在命令行中输入SDI变量，设置变量值为0。

方法2： 如果记不住变量命令，可以输入OP命令，打开"选项"对话框，在"系统"选项卡中取消勾选"兼容单文档模式"复选框即可（该方法仅针对低版本的AutoCAD，高版本中无该选项）。

如果按上述方法都无法解决问题，那就需要检查一下计算机是否有自动加载的程序了，有些二次开发软件或恶意程序可能会在加载过程中去设置SDI变量。可以用AP命令打开"加载/卸载应用程序"对话框，检查一下已加载的程序。可以将安装的插件或二次开发软件卸载后重启AutoCAD试试。

100. 图纸因为断电或其他原因意外关闭后突然打不开了，没有备份文件怎么办？

方法1： 执行"文件>图形实用程序>修复"命令，在弹出的"选择文件"对话框中选择要恢复的文件后确认，系统就会开始执行修复文件操作。

方法2： 新建一个图形文件，把旧图以图块的方式插入到新的图形文件中。

方法3： 如果图形打开到30%时就停止加载了，说明图纸不一定被损坏。把计算机中AutoCAD安装文件夹下非系统自带的矢量字体文件删除（或移动到别的位置）后再试试。

附录B AutoCAD常用功能键速查

功能键或组合键	功能描述
F1	获取帮助
F2	实现作图窗口和文本窗口的切换
F3	切换"对象捕捉"模式控制
F4	启动或关闭"三维对象捕捉"功能
F5	切换等轴测平面
F6	控制状态行中坐标的显示方式
F7	切换"栅格显示"模式控制
F8	切换"正交"模式控制
F9	切换"栅格捕捉"模式控制
F10	切换"极轴追踪"模式控制
F11	切换"对象捕捉追踪"模式控制
F12	切换"动态输入"模式控制
Ctrl+1	切换"特性"选项板
Ctrl+2	切换"设计中心"
Ctrl+3	切换"工具选项板"窗口
Ctrl+4	切换"图纸集管理器"
Ctrl+6	切换"数据库连接管理器"
Ctrl+7	切换"标记集管理器"
Ctrl+8	切换"快速计算机"选项板
Ctrl+9	切换"命令行"窗口
Ctrl+A	选择图形中未锁定或冻结的所有对象
Ctrl+B	切换"栅格捕捉"模式控制（同F9键）
Ctrl+C	将选择的对象复制到剪贴板上
Ctrl+D	切换"动态UCS"模式控制
Ctrl+E	在等轴测平面之间循环

功能键或组合键	功能描述
Ctrl+F	切换"对象捕捉"模式控制（同F3键）
Ctrl+G	切换"栅格显示"模式控制（同F7键）
Ctrl+I	切换坐标显示
Ctrl+J	重复执行上一步命令
Ctrl+K	插入超链接
Ctrl+L	切换"正交"模式控制
Ctrl+N	新建图形文件
Ctrl+M	打开"选项"对话框
Ctrl+O	打开图形文件
Ctrl+P	打印当前图形
Ctrl+S	保存文件
Ctrl+U	切换"极轴追踪"模式控制（同F10键）
Ctrl+V	粘贴剪贴板上的内容
Ctrl+W	切换"选择循环"模式控制
Ctrl+X	剪切所选择的内容
Ctrl+Y	取消前面的"放弃"动作
Ctrl+Z	取消前一步的操作
Ctrl+Shift+A	切换"编组"
Ctrl+Shift+C	使用基点将对象复制到Windows剪贴板
Ctrl+Shift+S	另存为
Ctrl+Shift+V	将剪贴板中的数据作为块进行粘贴
Ctrl+Shift+P	切换"快捷特性"面板

	命令名称	命令	快捷键
绘图命令	点	POINT	PO
	定数等分	DIVIDE	DIV
	直线	LINE	L
	构造线	XLINE	XL
	多线	MLINE	ML
	多段线	PLINE	PL
	样条曲线	SPLINE	SPL
	矩形	RECTANGLE	REC
	正多边形	POLYGON	POL
	圆	CIRCLE	C
	圆弧	ARC	A
	椭圆	ELLIPSE	EL
	圆环	DONUT	DO
	填充	BHATCH	H
	定义块	BLOCK	B
	写块	WBLOCK	W
	插入块	INSERT	I
	单行文字	MTEXT	MT
	多行文字	TEXT	T
	面域	REGION	REG
	删除	ERASE	E
	分解	EXPLODE	X
	移动	MOVE	M
	旋转	ROTATE	RO
	缩放	SCALE	SC

命令名称	命令	快捷键
复制	COPY	CO
镜像	MIRROR	MI
偏移	OFFSET	O
阵列	ARRAY	AR
倒角	CHAMFER	CHA
圆角	FILLET	F
拉伸	STRETCH	S
延伸	EXTEND	EX
修剪	TRIM	TR
拉长	LENGTHEN	LEN
打断	BREAK	BK
合并	JOIN	J
多段线编辑	PEDIT	PE
修改文本	DDEDIT	ED
标注样式	DIMSTYLE	D
直线标注	DIMLINEAR	DLI
对齐标注	DIMALIGNED	DAL
半径标注	DIMRADIUS	DRA
直径标注	DIMDIAMETER	DDI
角度标注	DIMANGULAR	DAN
圆心标注	DIMCENTER	DCE
坐标标注	DIMORDINATE	DOR
标注形位公差	TOLERANCE	TOL
快速引出标注	QLEADER	LE/QL
基线标注	DIMBASELINE	DBA
连续标注	DIMCONTINUE	DCO
编辑标注	DIMEDIT	DED
替换标注系统变量	DIMOVERRIDE	DOV

标注命令

（续表）

命令名称	命令	快捷键
修改特性	PROPERTIES	CH
属性匹配	MATCHPROP	MA
文字样式	STYLE	ST
设置颜色	COLOR	COL
图层操作	LAYER	LA
线型	LINETYPE	LT
线型比例	LTSCALE	LTS
线宽	LWEIGHT	LW
图形单位	UNITS	UN
属性定义	ATTDEF	ATT
编辑属性	ATTEDIT	ATE,
自定义CAD设置	OPTIONS	OP
清除垃圾	PURGE	PU
重新生成	REDRAW	R
重命名	RENAME	REN
面积	AREA	AA
距离	DIST	DI
显示图形数据信息	LIST	LI

对象特性命令（行标题）